高等学校计算机应用规划教材

新编计算机基础教程

(Windows 7+Office 2010 版)

(第三版)

宋耀文 主 编

郭轶卓 张 麟 吴 瑕 副主编

清华大学出版社

北 京

内 容 简 介

本书以突出"应用"、强调"技能"为目标，同时涵盖了全国计算机等级考试一、二级(Windows 环境)相关内容。全书共 11 章，内容主要包括：计算机基础知识、Windows 7 操作系统、Word 2010 文字处理、Excel 2010 电子表格、PowerPoint 2010 演示文稿、数据库管理系统 Access 2010、计算机多媒体技术、数据通信技术基础、计算机网络与 Internet 基本应用、全国计算机等级考试二级公共基础知识。

本书适合作为各类高等学校非计算机专业的计算机基础课程教材，也可作为参加全国计算机等级考试一、二级的复习用书，以及各类计算机培训班教材或初学者的自学用书。

本书的电子课件可以通过 http://www.tupwk.com.cn/downpage 网站下载。

图书在版编目(CIP)数据

新编计算机基础教程：Windows 7+Office 2010 版 / 宋耀文 主编. —3 版. —北京：清华大学出版社，2018 (2019.12重印)

(高等学校计算机应用规划教材)

ISBN 978-7-302-50380-4

Ⅰ. ①新… Ⅱ. ①宋… Ⅲ. ①Windows 操作系统—高等学校—教材 ②办公自动化—应用软件—高等学校—教材 Ⅳ. ①TP316.7②TP317.1

中国版本图书馆 CIP 数据核字(2018)第 120039 号

责任编辑：胡辰浩　袁建华
装帧设计：孔祥峰
责任校对：牛艳敏
责任印制：李红英

出版发行：清华大学出版社
网　　　址：http://www.tup.com.cn，http://www.wqbook.com
地　　　址：北京清华大学学研大厦 A 座　　　　邮　　编：100084
社 总 机：010-62770175　　　　　　　　　　邮　　购：010-62786544
投稿与读者服务：010-62776969，c-service@tup.tsinghua.edu.cn
质 量 反 馈：010-62772015，zhiliang@tup.tsinghua.edu.cn
印 装 者：北京国马印刷厂
经　　销：全国新华书店
开　　本：185mm×260mm　　　印　　张：24.25　　　字　　数：605 千字
版　　次：2014 年 7 月第 1 版　　2018 年 8 月第 3 版　　印　　次：2019 年 12 月第 7 次印刷
定　　价：58.00 元

产品编号：078256-01

前　　言

"大学计算机基础"是高校开设最为普遍、受益面最广的一门计算机基础课程，是为高校非计算机专业学生开设的第一层次的计算机基础教育课程。本书是为了适应大学计算机基础教学新形势的需要，根据教育部高等学校非计算机专业计算机基础课程教学指导委员会提出的高等院校非计算机专业计算机基础教育大纲而编写的。主要为各级高校学生提供一本既有理论基础，又注重操作技能的实用计算机基础教程。本教材针对高等院校非计算机专业计算机基础教学的特点，注重基础知识的系统性和基本概念的准确性，更强调应用性和实用性。

全书共分为 11 章。第 1 章"电子计算机概述"由宋耀文编写；第 2 章"计算机系统"由张麟编写；第 3 章"操作系统"由宋耀文编写；第 4 章"Word 2010 文字处理"由郭轶卓编写；第 5 章"Excel 2010 电子表格"由郭轶卓编写；第 6 章"PowerPoint 2010 演示文稿"由郭轶卓编写；第 7 章"数据库管理系统 Access 2010"由郭轶卓编写；第 8 章"计算机多媒体技术"由宋耀文编写；第 9 章"数据通信技术基础"由吴瑕编写；第 10 章"计算机网络与 Internet 基本应用"由宋耀文编写；第 11 章"全国计算机等级考试二级公共基础知识"由宋耀文编写；附录 1、附录 2 及参考文献由宋耀文编写。全书由宋耀文副教授统稿。

本书配有实践教程，对教材的知识点、技术或方法，进行提炼、概括和总结，设计了大量的实验和习题，便于学生巩固复习。本书以突出"应用"、强调"技能"为目标，同时涵盖了全国计算机等级考试一、二级(Windows 环境)相关内容。本书适合作为各类高等学校非计算机专业的计算机基础课程教材，也可作为参加全国计算机等级考试一、二级的复习用书，以及各类计算机培训班教材或初学者的自学用书。

除封面署名的作者外，参加本教材编写工作的还有邓博巍、王振航、付艳平、隋文轩、王文娟、化小强、刘洪利、何忠志、康龙、单玲、李青宇、刘甄、王丽梅、袁博、李雪、李继梅、孙大伟、郑佳明、张成海、王铁男、李岩书、杨延博、张立森、马冠宇等，在此深表感谢。

由于作者水平所限，本书难免有不足之处，欢迎广大读者批评指正。我们的邮箱是huchenhao@263.net，电话是 010-62796045。

本书的电子课件可以通过 http://www.tupwk.com.cn/downpage 网站下载。

编　者
2018 年 3 月

目　　录

第1章 电子计算机概述

1.1 计算机概述

计算机的应用已经渗透到各个领域，成为人们工作、生活、学习不可或缺的重要组成部分，并由此形成了独特的计算机文化。计算机文化作为当今最具活力的一种崭新文化形态，加快了人类社会前进的步伐，其所产生的思想观念、所带来的物质基础条件以及计算机文化教育的普及，推动了人类社会的进步和发展。

1.1.1 计算机的产生

自从人类文明形成，人类就不断地追求先进的计算工具。远在古代，人们为了计数和计算发明了算筹和算盘。

1621 年，英国人威廉·奥特瑞发明了计算尺。法国数学家布莱斯·帕斯卡于 1642 年发明了机械计算器。机械计算器用纯粹机械代替了人的思考和记录，标志着人类已开始向自动计算工具领域迈进。

1822 年英国人查尔斯设计了差分机和分析机。设计的理论与现在的电子计算机理论类似。

机械计算机在程序自动控制、系统结构、输入/输出和存储等方面为现代计算机的产生奠定了技术基础。

1854 年，英国逻辑学家、数学家乔治·布尔设计了一组符号，表示逻辑理论中的基本概念，并规定了运算法则，把形式逻辑归结成一种代数运算，从而建立了逻辑代数。应用逻辑代数可以从理论上解决具有两种电状态的电子管作为计算机的逻辑元件问题，为现代计算机采用二进制奠定了理论基础。

1936 年，英国著名数学家图灵发表了论文《论可计算数及其在判定问题中的应用》，给出了现代电子数字计算机的数学模型，从理论上论证了通用计算机产生的可能性。

1945 年 6 月，美籍匈牙利数学家约翰·冯·诺依曼首先提出在计算机中"存储程序"的概念，奠定了现代计算机的结构理论基础。

1946 年，世界上第一台通用电子数字计算机 ENIAC(Electronic Numerical Integrator And Calculator，中文名为"埃尼阿克")在美国的宾夕法尼亚大学研制成功。ENIAC 的研制成功，是计算机发展史上的一座里程碑。该计算机最初是为了分析和计算炮弹的弹道轨迹而研制的。ENIAC 共使用了 18000 多个电子管、1500 个继电器以及其他器件，其总体积约 90 立方米，重达 30 吨，占地约 170 平方米，耗电量为 140 千瓦/小时，运算速度为 5000 次/秒。

1949 年 5 月，英国剑桥大学数学实验室根据冯·诺依曼的思想，制成电子延迟存储自动计算机(Electronic Delay Storage Automatic Calculator，EDSAC)，这是第一台带有存储程序结构的电子计算机。

1.1.2 计算机的发展

1. 计算机的发展历程

从世界上第一台电子计算机问世到现在，计算机技术获得了突飞猛进的发展，在人类科技史上还没有一门技术可以与计算机技术的发展速度相提并论。根据组成计算机的电子逻辑器件，可将计算机的发展分成如下 4 个阶段。

(1) 电子管计算机(1946 年—1957 年)

其主要特点是采用电子管作为基本电子元器件，体积大、耗电量大、寿命短、可靠性低、 成本高；存储器采用水银延迟线，在这个时期，没有系统软件，用机器语言和汇编语言编程。计算机只能在少数尖端领域中得到应用，一般用于科学、军事和财务等方面的计算。

(2) 晶体管计算机(1958 年—1964 年)

其主要特点是采用晶体管制作基本逻辑部件，体积减小，重量减轻，能耗降低，成本下降，计算机的可靠性和运算速度均得到提高；存储器采用磁芯和磁鼓，出现了系统软件(监控程序)，提出了操作系统的概念，并且出现了高级语言，如 FORTRAN 语言等。其应用扩大到数据和事务处理。

(3) 集成电路计算机(1965 年—1971 年)

其主要特点是采用中、小规模集成电路制作各种逻辑部件，从而使计算机体积小，重量更轻，耗电更省，寿命更长，成本更低，运算速度有了更大的提高。第一次采用半导体存储器作为主存，取代了原来的磁芯存储器，使存储器容量的存取速度有了革命性的突破，增加了系统的处理能力；系统软件有了很大发展，并且出现了计算机高级语言，如 BASIC、Pascal 等。

(4) 大规模、超大规模集成电路计算机(1972 年至今)

其主要特点是基本逻辑部件采用大规模、超大规模集成电路，使计算机体积、重量、成本均大幅度降低，计算机的性能空前提高。操作系统和高级语言的功能越来越强大，并且出现了微型计算机。

2. 我国计算机的发展历程

我国计算机事业始于 1956 年，经过几十年的发展，取得了很大的成就。

1958 年 8 月 1 日，我国成功研制出 103 小型电子计算机，从而实现了计算机技术零的突破。1959 年 10 月 1 日，我国又成功研制出 104 大型电子计算机，这种计算机的技术指标当时已处于比较先进的水平。

1973 年 1 月 15 日至 27 日在北京召开了"电子计算机首次专业会议"(即 7301 会议)。这次专业会议分析了计算机的发展形势，提出了我国计算机工业发展的政策，并规划了DJS-100 小型计算机系列、DJS-200 大中型计算机系列的联合设计和试制生产任务。

1983 年 12 月 6 日，我国第一台被命名为"银河-I"的亿次巨型电子计算机在国防科技大学研制成功。至此，中国成为继美、日等国之后，能够独立设计和制造巨型机的国家。2001 年 2 月，曙光 3000 超级服务器诞生，峰值计算速度达到每秒 4032 亿次。曙光 3000超级服务器的研制开发具有非同寻常的战略意义，它是我国综合科技实力的体现。

经过多年的努力，目前我国在国产 CPU 芯片的研制及其在巨型机上的应用取得了重大成果，已具备采用国产 CPU 芯片研制百万亿次量级巨型机的能力。"银河""曙光""深腾"等高性能计算机也都取得了令人瞩目的成果。2010 年 11 月中国天河-1A 超级计算机曾在世界 500 强超级计算机中排名第一位。天河-1A 每秒可进行 2.57 千万亿次浮点运算,这个速度意味着,如果用"天河一号"计算一秒,则相当于全国 13 亿人连续计算 88 年。如果用"天河一号"计算一天,一台当前主流微机得算 160 年。"天河一号"的存储量,则相当于 4 个国家图书馆藏书量之和。"天河一号"由国防科技大学研制,部署在国家超级计算天津中心。现在,中国的世界 500 强超级计算机已经从 42 台增加到 62 台。

1.1.3　计算机的发展趋势

随着计算机技术的发展以及社会对计算机不同层次的需求,当前计算机正在向巨型化、微型化、网络化和智能化方向发展。

1. 巨型化

巨型化是指向高速运算、大存储容量、高精度的方向发展的巨型计算机。其运算能力一般在每秒百亿次以上。巨型计算机主要用于尖端科学技术和军事国防系统的研究开发,如模拟核试验、破解人类基因密码等。巨型计算机的发展集中体现了当前计算机科学技术发展的最高水平,推动了计算机系统结构、硬件和软件的理论和技术、计算数学以及计算机应用等多个学科分支的发展。巨型机的研制水平标志着一个国家的科技能力和综合国力。

2. 微型化

微型化是指计算机向使用方便、体积小、成本低和功能齐全的方向发展,20 世纪 70 年代以来,由于大规模和超大规模集成电路的飞速发展,微处理器芯片连续更新换代,微型计算机的成本不断下降,加上丰富的软件和外设,易于操作,使微型计算机很快普及到社会各个领域并走进了千家万户。随着微电子技术的进一步发展,微型计算机的发展将更加迅速,其中笔记本型、掌上型等微型计算机必将以更优的性价比受到人们的青睐。

3. 网络化

网络化是指利用通信技术和计算机技术,把分布在不同地点的计算机互联起来,按照网络协议相互通信,以达到所有用户均可共享软件、硬件和数据资源的目的,方便快捷地实现信息交流。目前,计算机网络在交通、金融、企业管理、教育、邮电、商业等各行各业中得到广泛的应用。人们通过网络能更好地传送数据、文本资料、声音、图形和图像,可随时随地在全世界范围拨打可视电话或收看任意国家的电视和电影。

4. 智能化

智能化就是要求计算机能模拟人的感知和思维能力,是计算机研究的重要方向之一。智能化的研究领域很多,其中最具代表性的领域是专家系统和机器人。

1.1.4　计算机的分类

计算机按照不同的标准可以有不同的分类方法。

1. 按处理数据信息的形式分类

按处理数据信息的形式可以把计算机分为模拟计算机、数字计算机以及数字模拟混合计算机。

(1) 数字计算机

数字计算机是通过电信号的有无来表示数据，并利用算术和逻辑运算法则进行计算。它具有运算速度快、精度高、灵活性大和便于存储等优点，因此适合于科学计算、信息处理、实时控制和人工智能等应用。通常所用的计算机，一般是指数字计算机。

(2) 模拟计算机

模拟计算机是通过电压的高低来表示数据，即通过电的物理变化过程来进行数值计算。其优点是速度快，适合于解高阶的微分方程。在模拟计算和控制系统中应用较多，但通用性不强，信息不易存储，且计算机的精度受到设备的限制。因此，没有数字计算机的应用普遍。

(3) 数字模拟混合计算机

数模混合计算机兼有数字和模拟两种计算机的优点，既能接收、输出和处理模拟量，又能接收、输出和处理数字量。

2. 按规模分类

按照计算机的规模，根据其运算速度、输入/输出能力、存储能力等综合因素，通常将计算机分为巨型机、大型机、小型机和微型机。

(1) 巨型机

巨型机运算速度快，存储量大，结构复杂，价格昂贵，主要用于尖端科学研究领域，如 IBM 390 系列、银河计算机等。

(2) 大型机

大型机的规模次于巨型机，有比较完善的指令系统和丰富的外部设备，主要用于计算机网络和大型计算中心，如 IBM 4300。

(3) 小型机

小型计算机可以为多个用户执行任务，通常是一个多用户系统。结构简单、设计周期短，便于采用先进工艺，并且对运行环境要求低，易于操作和维护。典型的小型计算机如 PDP-11。

(4) 微型机

微型机采用微处理器、半导体存储器和输入/输出接口等芯片组成，比小型机体积更小、价格更低、灵活性更强、可靠性更高、使用更加方便。目前许多微型机的性能已超过以前的大型机。

3. 按功能分类

按计算机的功能分类，一般可分为专用计算机与通用计算机。专用计算机功能单一、可靠性高、适应性差。但在特定用途下最有效、最经济、最快速，是其他计算机无法替代的，如军事系统、银行系统使用的就是专用计算机。通用计算机功能齐全，适应性强，目前人们所使用的大都是通用计算机。

另外还可按工作模式分为服务器和工作站。

1.2　计算机的特点与应用

最初设计计算机的主要目的是用于复杂的数值计算，"计算机"也因此而得名。但随着计算机技术的迅猛发展，它的应用范围不断扩大，不再局限于数值计算，而被广泛地应用于自动控制、信息处理、智能模拟等各个领域。

1.2.1　计算机的特点

计算机凭借传统信息处理工具所不具备的特征，深入到社会生活的各个方面，而且它的应用领域正在变得越来越广泛，主要具备以下几方面的特点：

1. 运算能力强，运行速度快

一般微机运算速度可达几十兆至几百兆次/秒，目前计算机运算速度已超过百万亿次/秒。

2. 计算精度高，数据准确度高

数据的精确度主要取决于计算机的字长，字长越长，运算精度越高，从而计算机的数值计算更加精确。如圆周率 π 的计算，计算机在很短的时间内就能精确地计算到 200 万位以上。

3. 具有超强的"记忆"能力和逻辑判断能力

计算机依靠各种存储设备，存储容量越来越大，可存储大量信息。一片单面的 DVD容量为 4.7GB，可存储大约播放 135 分钟的电影。计算机不仅能进行计算，还具有逻辑判断能力，可实现推理和证明，并能根据判断的结果自动决定以后执行的命令，因而能解决各种各样的复杂问题。例如，百年数学难题"四色猜想"(任意复杂的地图，使相邻区域的颜色不同，最多只用 4 种颜色表示)利用计算机得以验证。

4. 自动化程度高

计算机可以按照预先编制的程序自动执行而不需要人工干预。

1.2.2　计算机的应用

1. 科学计算

科学计算主要指计算机用于完成和解决科学研究和工程技术中的数学计算问题，尤其是一些十分庞大而复杂的科学计算，靠其他计算工具有时难以解决。如天气预报、卫星发射轨迹的计算等都离不开计算机。

2. 数据及事务处理

所谓数据及事务处理，泛指数据管理和计算处理。其主要特点是，要处理的原始数据量大，而算术运算较简单，并有大量的逻辑运算和判断，结果常要求以表格或图形等形式存储或输出。如银行日常账务管理、股票交易管理、图书资料的检索等。

3. 自动控制与人工智能

由于计算机计算速度快且又有逻辑判断能力，因此可广泛用于自动控制领域。如对生产和实验设备及其过程进行控制，可以大大提高自动化水平，减轻劳动强度，缩短生产和实验周期，提高劳动效率，提高产品质量和产量，特别是在现代国防及航空航天等领域，可以说计算机控制技术起着决定性的作用。另外，随着智能机器人的研制成功，机器人可以代替人的部分脑力和体力劳动，特别是人难以完成的工作。21 世纪，人工智能的研究目标是使计算机更好地模拟人的思维活动，完成更复杂的任务。

4. 计算机辅助系统

计算机辅助系统是以计算机为工具，并且配备专用软件来辅助人们完成特定的工作任务，以提高工作效率和工作质量为目标的硬件环境和软件环境的总称。

(1) 计算机辅助设计(CAD)

利用计算机高速处理、大容量存储和图形处理的能力，可以辅助设计人员进行产品设计。计算机辅助设计技术已广泛应用于电路设计、机械设计、土木建筑以及服装设计等各个方面，不但提高了设计速度，而且大大提高了产品质量。

(2) 计算机辅助制造(CAM)

在机器制造业中，利用计算机通过各种数值计算控制机床和设备，自动完成产品的加工、装配、检测和包装等制造过程。

(3) 计算机辅助教学(CAI)

计算机用于支持教学和学习的各类应用统称为 CAI。计算机辅助教学系统使教学内容生动、形象逼真，能够模拟其他手段难以实现的动作和场景。通过交互方式帮助学生自学、自测，方便灵活，可满足不同层次人员对教学不同的要求。

(4) 其他计算机辅助系统

其他计算机辅助系统主要包括：利用计算机作为工具辅助产品测试的计算机辅助测试(CAT)；利用计算机对学生的教学、训练和对教学事务进行管理的计算机辅助教育(CAE)；利用计算机对文字、图像等信息进行处理、编辑、排版的计算机辅助出版系统(CAP)等。

5. 通信与网络

随着信息化社会的发展，特别是计算机网络的迅速发展，使得计算机在通信领域的作用越来越大，目前遍布全球的互联网(Internet)已把全球的大多数国家联系在一起。如远程教学，利用计算机辅助教学和计算机网络在家里学习来代替学校、课堂这种传统教学方式已经变成现实。

6. 计算机模拟

在传统的工业生产中，常使用"模型"对产品或工程进行分析、设计。20 世纪后期，人们尝试利用计算机程序代替实物模型进行模拟试验，并为此开发了一系列通用模拟语言。事实证明，计算机容易实现仿真环境、器件的模拟，特别是破坏性试验模拟，更能突出计算机模拟的优势，从而被工业和科研部门广泛采用，比如模拟核爆炸实验。目前，计算机模拟广泛应用于飞机、汽车等产品设计，危险或代价很高的人体试验、环境试验，人员训练以及"虚拟现实"新技术，社会科学等领域。

除此之外，计算机在电子商务、电子政务等领域的应用也得到了快速发展。

1.3　信息在计算机内部的表示与存储

在计算机中，无论是数值型数据还是非数值型数据，都是以二进制的形式存储的，即无论参与运算的是数值型数据，还是文字、图形、声音、动画等非数值型数据，都是以 0 和 1 组成的二进制代码表示的。计算机之所以能区别这些不同的信息，是因为它们采用不同的编码规则。

1.3.1　数制的概念

数制是指用一组固定的符号和统一的规则来计数的方法。

1. 进位计数制

计数是数的记写和命名，各种不同的记写和命名方法构成计数制。按进位的方式计数的数制，称为进位计数制，简称进位制。在日常生活中通常使用十进制数，除此之外，还使用其他进制数，比如，一年有 12 个月，为十二进制；1 小时等于 60 分钟，为六十进制；一双筷子有两支，为二进制。

数据无论采用哪种进位制表示，都涉及两个基本概念：基数和权。例如，十进制有 0、1、2、…、9 共 10 个数码，二进制有 0、1 两个数码，通常把数码的个数称为基数，十进制数的基数为 10，进位原则是"逢十进一"，二进制数的基数为 2，进位原则是"逢二进一"。即 R 进制数的进位原则是"逢 R 进 1"，其中 R 是基数。在进位计数制中，一个数可以由有限个数码排列在一起构成，数码所在数位不同，其代表的数值也不同，这个数码所表示的数值等于该数码本身乘以一个与它所在数位有关的常数，这个常数称为"位权"，简称"权"。例如十进制数 432，由 4、3、2 三个数码排列而成，4 在百位，代表 400(4×10^2)；3 在十位，代表 30(3×10^1)；2 在个位，代表 2(2×10^0)。它们分别具有不同的位权，4 所在数位的位权为 10^2，3 所在数位的位权为 10^1，2 所在数位的位权为 10^0。显然，权是基数的幂。

2. 计算机内部采用二进制的原因

(1) 易于物理实现

具有两种稳定状态的物理器件容易实现，如电压的高低、电灯的亮熄、开关的通断，这样的两种状态恰好可以表示为二进制数中的"0"和"1"。计算机中若采用十进制，则需要具有 10 种稳定状态的物理器件，制造出这样的器件是很困难的。

(2) 运算规则简单

二进制的加法和乘法规则各有 3 种，而十进制的加法和乘法运算规则各有 55 种，从而简化了运算器等物理器件的设计。

(3) 工作可靠性高

由于电压的高低、电流的有无两种状态分明，因此采用二进制可以提高信号的抗干扰能力，可靠性高。

(4) 适合逻辑运算

二进制的"0"和"1"两种状态，符合逻辑值的"真(TRUE)"和"假(FALSE)"，因此采用二进制数进行逻辑运算非常方便。

3. 计算机中常用的数制

计算机内部采用二进制数，但二进制数在表示一个数字时，位数太长，书写繁琐，不易识别。在书写计算机程序时，经常用到十进制数、八进制数、十六进制数，常见进位计数制的基数和数码如表 1-1 所示。

表 1-1 常见进位计数制的基数和数码表

进位制	基数	数字符号	标识
二进制	2	0，1	B
八进制	8	0，1，2，3，4，5，6，7	O 或 Q
十进制	10	0，1，2，3，4，5，6，7，8，9	D
十六进制	16	0，1，2，3，4，5，6，7，8，9，A，B，C，D，E，F	H

为了区分不同计数制的数，常采用括号外面加数字下标的表示方法，或采用数字后面加相应的英文字母标识来表示。如十进制数 230 可表示为$(230)_{10}$或 230D。

任何一种进位制数都可以表示成按位权展开的多项式之和的形式。

$$(X)_r = d_{n-1}r^{n-1} + d_{n-2}r^{n-2} + \cdots d_0 r^0 + d_{-1}r^{-1} + \cdots d_{-m}r^{-m}$$

其中：X 为 r 进制数，d 为数码，r 为基数，n 是整数位数，m 是小数位数，下标表示位置，上标表示幂的次数。

例如十进制数$(123.45)_{10}$可以表示为：

$$(123.45)_{10} = 1 \times (10)^2 + 2 \times (10)^1 + 3 \times (10)^0 + 4 \times (10)^{-1} + 5 \times (10)^{-2}$$

同理，八进制数$(123.45)_8$可以表示为：

$$(123.45)_8 = 1 \times (8)^2 + 2 \times (8)^1 + 3 \times (8)^0 + 4 \times (8)^{-1} + 5 \times (8)^{-2}$$

1.3.2 数制转换

1. 将 R 进制数转换为十进制数

把一个 R 进制数转换成为十进制数的方法是：按权展开，然后按十进制运算法则把数值相加。

【例 1-1】把二进制数$(11110.011)_2$转换为十进制数。

$$(11110.011)_2 = 1 \times 2^4 + 1 \times 2^3 + 1 \times 2^2 + 1 \times 2^1 + 0 \times 2^0 + 0 \times 2^{-1} + 1 \times 2^{-2} + 1 \times 2^{-3}$$
$$= 16 + 8 + 4 + 2 + 0 + 0 + 0.25 + 0.125$$
$$= (30.375)_{10}$$

【例 1-2】把八进制数$(26.76)_8$转换为十进制数。

$$(26.76)_8 = 2 \times 8^1 + 6 \times 8^0 + 7 \times 8^{-1} + 6 \times 8^{-2}$$
$$= 16 + 6 + 0.875 + 0.09375$$
$$= (22.96875)_{10}$$

【例 1-3】把十六制数$(2E.9A)_{16}$转换为十进制数。

$$(2E.9A)_{16} = 2 \times 16^1 + 14 \times 16^0 + 9 \times 16^{-1} + 10 \times 16^{-2}$$
$$= 32 + 14 + 0.5625 + 0.039$$
$$= (46.601)_{10}$$

2. 将十进制数转换成 R 进制数

将十进制数转换成 R 进制数时，应将整数部分和小数部分分别转换，然后加起来即可得出结果。整数部分采用"除 R 取余"的方法，即将十进制数除以 R，得到商和余数，再将商除以 R，又得到一个商和一个余数，如此继续下去，直至商为 0 为止，将每次得到的余数按得到的顺序逆序排列，即为 R 进制的整数部分；小数部分采用"乘 R 取整"的方法，即将小数部分连续地乘以 R，保留每次相乘的整数部分，直到小数部分为 0 或达到精度要求的位数为止，将得到的整数部分按得到的顺序排列，即为 R 进制的小数部分。

【例 1-4】把十进制数 $(143.8125)_{10}$ 转换为二进制数。

结果为 $(143.8125)_{10}=(10001111.1101)_2$

【例 1-5】把十进制数 $(132.525)_{10}$ 转换成八进制数(小数部分保留两位有效数字)。

结果为 $(132.525)_{10}=(204.41)_8$

【例 1-6】把十进制数 $(130.525)_{10}$ 转换成十六进制数(小数部分保留两位有效数字)。

结果为 $(130.525)_{10}=(82.86)_{16}$

3. 二进制数、八进制数、十六进制数的相互转换

(1) 将二进制数转换成八进制数

由于 $2^3=8$，即 3 位二进制数可以对应一位八进制数，如表 1-2 所示。利用这种对应关系，可以方便地实现二进制数和八进制数的相互转换。

表 1-2　二进制数与八进制数相互转换对照表

二　进　制　数	八　进　制　数	二　进　制　数	八　进　制　数
000	0	100	4
001	1	101	5
010	2	110	6
011	3	111	7

转换方法：以小数点为界，整数部分从右向左每 3 位分为一组，若不够 3 位，在左面补"0"，补足 3 位；小数部分从左向右每 3 位一组，若不足位，右面补"0"，然后将每 3 位二进制数用一位八进制数表示，即可完成转换。

【例 1-7】 将二进制数 $(1001101.1101)_2$ 转换成八进制数。

$$(001 \quad 001 \quad 101 . 110 \quad 100)_2$$
$$| \qquad | \qquad | \quad . \quad | \qquad |$$
$$(1 \qquad 1 \qquad 5 \quad . \quad 6 \qquad 4)_8$$

结果为 $(1001101.1101)_2=(115.64)_8$

(2) 将八进制数转换成二进制数

转换方法：将每位八进制数用 3 位二进制数替换，按照原有的顺序排列，即可完成转换。

【例 1-8】 把八进制数 $(611.53)_8$ 转换成二进制数。

$$(6 \quad 1 \quad 1 \quad . \quad 5 \quad 3)_8$$
$$| \quad | \quad | \qquad | \quad |$$
$$(110 \, 001 \, 001 \quad . \quad 101 \, 011)_2$$

结果为 $(611.53)_8=(110001001.101011)_2$

(3) 将二进制数转换成十六进制数

由于 $2^4=16$，即 4 位二进制数可以对应一位十六进制数，如表 1-3 所示。利用这种对应关系，可以方便地实现二进制数和十六进制数的相互转换。

表 1-3　二进制与十六进制相互转换对照表

二　进　制	十　六　进　制	二　进　制	十　六　进　制
0000	0	1000	8
0001	1	1001	9
0010	2	1010	A
0011	3	1011	B
0100	4	1100	C
0101	5	1101	D
0110	6	1110	E
0111	7	1111	F

转换方法：以小数点为界，整数部分从右向左每 4 位分为一组，若不够 4 位，在左面补 "0"，补足 4 位；小数部分从左向右每 4 位一组，若不足位，右面补 "0"，然后将每 4 位二进制数用一位十六进制数表示，即可完成转换。

【例 1-9】把二进制数 $(1011101011.001)_2$ 转换成十六进制数。

$$(0010 \quad 1110 \quad 1011 . 0010)_2$$
$$\quad | \qquad | \qquad | \qquad |$$
$$(2 \qquad E \qquad B . 2)_{16}$$

结果为 $(1011101011.001)_2=(2EB.2)_{16}$

(4) 将十六进制数转换成二进制数

转换方法：将每位十六进制数用 4 位二进制数替换，按照原有的顺序排列，即可完成转换。

【例 1-10】将 $(1F3.5E)_{16}$ 转换成二进制数。

$$(1 \qquad F \qquad 3 . 5 \qquad E)_{16}$$
$$| \quad | \qquad | \qquad | \qquad |$$
$$(0001 \quad 1111 \quad 0011 . 0101\ 1110)_2$$

结果为 $(1F3.5E)_{16}=(000111110011.01011110)_2$

八进制数和十六进制数的转换，一般利用二进制作为中间媒介进行转换。

4. 二进制数的算术运算和逻辑运算

二进制运算包括算术运算和逻辑运算。算术运算完成的是四则运算，而逻辑运算主要是对逻辑数据进行处理。

(1) 二进制数的算术运算

二进制数的算术运算非常简单，它的基本运算是加法。

在计算机中，引入补码表示后，加上一些控制逻辑，利用加法就可以实现二进制的减法、乘法和除法运算。

① 二进制数的加法运算规则

0+0=0；0+1=1+0=1；1+1=10(向高位进位)。

【例 1-11】完成 $(100)_2+(110)_2=(1010)_2$ 的运算。

$$\begin{array}{r} 100 \\ +110 \\ \hline 1010 \end{array}$$

② 二进制数的减法运算规则

0-0=1-1=0；1-0=1；0-1=1(向高位借位)。

【例 1-12】完成 $(1100)_2-(1001)_2=(11)_2$ 的运算。

$$\begin{array}{r} 1100 \\ -1001 \\ \hline 11 \end{array}$$

③ 二进制数的乘法运算规则

0×0=0；0×1=1×0=0；1×1=1。

【例 1-13】完成 $(101)_2 \times (110)_2 = (11110)_2$ 的运算。

$$
\begin{array}{r}
101 \\
\times\ 110 \\
\hline
000 \\
101\ \ \\
101\ \ \ \ \\
\hline
11110
\end{array}
$$

④ 二进制数的除法运算规则

$0 \div 1 = 0 (1 \div 0$ 无意义$)$；$1 \div 1 = 1$。

【例 1-14】完成 $(11100)_2 \div (100)_2 = (111)_2$ 的运算。

$$
\begin{array}{r}
111 \\
100\overline{)11100} \\
100\ \ \ \ \\
\hline
110\ \ \\
100\ \ \\
\hline
100 \\
100 \\
\hline
0
\end{array}
$$

(2) 二进制数的逻辑运算

因为现代计算机中经常处理逻辑数据，所以逻辑数据之间的运算称为逻辑运算。二进制数 1 和 0 在逻辑上可以代表"真(TRUE)"与"假(FALSE)""是"与"否"。计算机的逻辑运算与算术运算的主要区别是，逻辑运算是按位进行的，位与位之间不像加减运算那样有进位或借位的关系。

逻辑运算主要包括 3 种基本运算："或"运算(又称逻辑加法)、"与"运算(又称逻辑乘法)和"非"运算(又称逻辑否定)。此外还包括"异或"运算。

① "或"运算

用运算符号"+"或"∨"表示。逻辑加法运算规则：$0+0=0$；$0+1=1$；$1+0=1$；$1+1=1$。

从以上运算规则可以看出，只要两个变量中有一个是"1"，则逻辑或的结果为 1。

② "与"运算

用运算符号"×"或"∧"表示。逻辑乘法运算规则：$0 \times 0 = 0$；$0 \times 1 = 0$；$1 \times 0 = 0$；$1 \times 1 = 1$。

从以上运算规则可以看出，逻辑乘法具有"与"的意义，并且当且仅当参与运算的逻辑变量都同时取值为 1 时，其逻辑乘积才等于 1。

③ "非"运算

常在逻辑变量上方加一横线表示。例如：对 A 的非运算可表示为 $\bar{A}$。运算规则：$\bar{0} = 1$ (非 0 等于 1)；$\bar{1} = 0$ (非 1 等于 0)。

从以上运算规则可以看出，逻辑非运算具有对数据求反的功能。

④ "异或"运算

运算符号为"⊕"，运算规则：$0 \oplus 0 = 0$；$0 \oplus 1 = 1$；$1 \oplus 0 = 1$；$1 \oplus 1 = 0$。

从以上运算规则可以看出，仅当两个逻辑量相异时，输出才为 1。

1.3.3　计算机中的编码

广义上的数据是指表达现实世界中各种信息的一组可以记录和识别的标记或符号，是信息的载体和具体表现形式。在计算机领域，狭义的数据是指能够被计算机处理的数字、字母和符号等信息的集合。

计算机除了用于数值计算之外，还要进行大量的非数值数据的处理，但各种信息都是以二进制编码的形式存在的。计算机中的编码主要分为数值型数据编码和非数值型数据编码。

1. 计算机中数据的存储单位

位(Bit)：计算机中最小的数据单位，是二进制的一个数位，简称位(比特)，1 位二进制数取值为 0 或 1。

字节(Byte)：是计算机中存储信息的基本单位，规定把 8 位二进制数称为 1 个字节，单位是 B(1B＝8Bit)，常用的信息存储容量与字节有关的单位换算如下：

$1KB=2^{10}B=1024B$

$1MB=1024KB=2^{20}B$

$1GB=1024MB=2^{30}B$

$1TB=1024GB=2^{40}B$

字：字是位的组合，并作为一个独立的信息单位处理。字又称为计算机字，它的含义取决于机器的类型、字长以及使用者的要求。常用的固定字长有 8 位、16 位、32 位等。

字长：一个字可由若干个字节组成，通常将组成一个字的二进制位数称为该字的字长。在计算机中通常用"字长"表示数据和信息的长度。如 8 位字长与 16 位字长所表示数的范围是不一样的。

2. 计算机中数值型数据的编码

(1) 原码

原码是一种直观的二进制机器数表示形式，其中最高位表示符号。最高位为"0"表示该数为正数，最高位为"1"表示该数为负数，有效值部分用二进制数绝对值表示。例如：若机器的字长为 8 位，则$(+10)_{10}$的二进制原码表示为$(00001010)_2$、$(-10)_{10}$的原码为$(10001010)_2$。

(2) 反码

反码是一种中间过渡的编码，采用它主要原因是为了计算补码。编码规则是，正数的反码与其原码相同，负数的反码是该数的绝对值所对应的二进制数按位求反。例如：若机器的字长为 8 位，则$(+10)_{10}$的二进制反码为$(00001010)_2$，而$(-10)_{10}$的二进制反码表示为$(11110101)_2$。

(3) 补码

正数的补码等于它的原码，而负数的补码为该数的反码再加"1"。例如：$(+10)_{补}$ $=(00001010)_2$，而$(-10)_{补}=(11110110)_2$。

在计算机中，由于所要处理的数值数据可能带有小数，根据小数点的位置是否固定，数值的格式分为定点数和浮点数两种。定点数是指在计算机中小数点的位置固定不变的数，主要分为定点整数和定点小数两种。利用浮点数的主要目的是扩大实数的表示范围。

3. 计算机中非数值型数据的编码

在计算机中通常用若干位二进制数代表一个特定的符号，用不同的二进制数据代表不同的符号，并且二进制代码集合与符号集合一一对应，这就是计算机的编码原理。常见的符号编码如下。

(1) ASCII 码

ASCII(American Standard Code for Information Interchange，美国信息交换标准代码)码诞生于 1963 年，是一种比较完整的字符编码，现已成为国际通用的标准编码，已广泛用于微型计算机与外设的通信。每个 ASCII 码以 1 个字节(Byte)存储，从 0 到数字 127 代表不同的常用符号，例如大写 A 的 ASCII 码是十进制数 65，小写 a 则是十进制数 97。标准 ASCII 码使用 7 个二进制位对字符进行编码，标准的 ASCII 字符集共有 128 个字符，其中有 96 个可打印字符，包括常用的字母、数字、标点符号等，另外还有 32 个控制字符。对应的标准为 ISO 646 标准。标准 ASCII 码如表 1-4 所示。

表 1-4　标准 ASCII 码表

L \ H	0000	0001	0010	0011	0100	0101	0110	0111
0000	NUL	DLE	SP	0	@	P	`	p
0001	SOH	DC1	!	1	A	Q	a	q
0010	STX	DC2	"	2	B	R	b	r
0011	ETX	DC3	#	3	C	S	c	s
0100	EOT	DC4	$	4	D	T	d	t
0101	ENQ	NAK	%	5	E	U	e	U
0110	ACK	SYN	&	6	F	V	f	V
0111	BEL	ETB	,	7	G	W	g	W
1000	BS	CAN	)	8	H	X	h	X
1001	HT	EM	(	9	I	Y	i	Y
1010	LF	SUB	*	:	J	Z	j	Z
1011	VT	ESC	+	;	K	[	k	{
1100	FF	FS	,	<	L	\	l	|
1101	CR	GS	_	=	M	]	m	}
1110	SO	RS	.	>	N	^	n	~
1111	SI	US	/	?	0	-	o	DEL

标准 ASCII 码只用了字节的低七位，最高位并不使用。后来为了扩充 ASCII 码，将最高的一位也编入这套编码中，成为 8 位的扩充 ASCII 码，这套编码加上了许多外文和表格等特殊符号，成为目前常用的编码。

(2) 汉字编码

对于我国使用的汉字，在利用计算机进行汉字处理时，同样也必须对汉字进行编码。汉字的编码主要有以下几种：

① 国标区位码

由于汉字信息在计算机内部也以二进制形式存放，并且因为汉字数量多，用一个字节的 128 种状态不能全部表示出来，因此在我国于 1980 年颁布的《信息交换用汉字编码字符集—基本集》(即国家标准 GB2312-80 方案)中规定，用两个字节的十六位二进制数表示一个汉字，每个字节都只使用低 7 位(与 ASCII 码相同)，即有 128×128=16384 种状态。由于 ASCII 码的 34 个控制代码在汉字系统中也要使用，为了不发生冲突，因此不能作为汉字编码，所以汉字编码表的大小是 94(区)×94(位)=8836，用于表示国标码规定的 7445 个汉字和图形符号。

每个汉字或图形符号分别用两位的十进制区码(行码)和两位的十进制位码(列码)表示，不足的地方补 0，组合起来就是区位码。把区位码按一定的规则转换成的二进制代码称为信息交换码(简称国标区位码)。国标码共有汉字 6763 个(其中一级汉字，是最常用的汉字，按汉语拼音字母顺序排列，共 3755 个；二级汉字属于次常用汉字，按偏旁部首的笔画顺序排列，共 3008 个)，数字、字母、符号等 682 个，共 7445 个。

② 机内码

为方便计算机内部处理和存储汉字，又区别于 ASCII 码，将国标区位码中的每个字节在最高位设为 1，这样就形成了在计算机内部用来进行汉字的存储、运算的编码，即机内码(或汉字内码，或内码)。内码既与国标区位码有简单的对应关系，易于转换，又与 ASCII 码有明显的区别，且有统一的标准(内码是唯一的)。

③ 机外码

为了方便汉字的输入而制定的汉字编码，称为汉字输入码，又称机外码。不同的输入方法，形成了不同的汉字外码。常见的输入法有以下几类：

● 按汉字的排列顺序形成的编码，如国标区位码；

● 按汉字的读音形成的编码，如全拼、简拼、双拼等；

● 按汉字的字形形成的编码，如五笔字型、郑码等；

● 按汉字的音、形结合形成的编码，如自然码、智能 ABC。

虽然汉字输入法有很多种，但是输入码在计算机中必须转换成机内码，才能进行存储、处理和使用。

1.4　计算机病毒及防治

计算机病毒是一段可执行的程序代码，它们附着在各种类型的文件上，随着文件从一个用户复制给另一个用户，计算机病毒也就传播蔓延开来。计算机病毒具有非授权可执行性、隐蔽性、传染性、潜伏性、破坏性等特点，对计算机信息具有非常大的危害。

1.4.1　计算机病毒的基本知识

1. 计算机病毒

我国于 1994 年 2 月 18 日颁布实施的《中华人民共和国计算机信息系统安全保护条例》在第二十八条中对计算机病毒有明确的定义：计算机病毒，是指编制或者在计算机程序中插入的破坏计算机功能或者毁坏数据，影响计算机使用，并能自我复制的一组计算机指令或者程序代码。也就是说：

● 计算机病毒是一段程序。

- 计算机病毒具有传染性，可以传染其他文件。
- 计算机病毒的传染方式是修改其他文件，把自身的副本嵌入到其他程序中。

计算机病毒并不是自然界中发展起来的生命体，它们不过是某些人专门做出来的、具有一些特殊功能的程序或者程序代码片段。

计算机病毒既然是计算机程序，那么其运行就需要消耗计算机的资源。当然，计算机病毒并不一定都具有破坏力，有些计算机病毒可能只是恶作剧，例如计算机感染病毒后，只是显示一条有趣的消息和一幅恶作剧的画面，但是大多数计算机病毒的目的是设法毁坏数据。

2. 计算机病毒的特征

作为一段程序，计算机病毒和正常的程序一样可以执行，以实现一定的功能，达到一定的目的。但计算机病毒一般不是一段完整的程序，而需要附着在其他正常的程序之上，并且要不失时机地传播和蔓延。所以，计算机病毒又具有普通程序所没有的特性。计算机病毒一般具有以下特性：

(1) 传染性

传染性是计算机病毒的基本特征。计算机病毒通过把自身嵌入到一切符合其传染条件的未受到传染的程序中，实现自我复制和自我繁殖，达到传染和扩散的目的。其中，被嵌入的程序叫作宿主程序。计算机病毒的传染可以通过各种移动存储设备，如软盘、移动硬盘、U 盘、可擦写光盘、手机等；也可以通过有线网络、无线网络、手机网络等渠道迅速波及全球，而是否具有传染性是判别一个程序是否为计算机病毒的最重要条件。

(2) 潜伏性

计算机病毒在进入系统之后通常不会马上发作，但会长期隐藏在系统中，除了传染外不做什么破坏，以提供足够的时间繁殖扩散。计算机病毒在潜伏期，不破坏系统，因而不易被用户发现。潜伏性越好，其在系统中的存在时间就会越长，计算机病毒的传染范围就会越大。计算机病毒只有在满足特定触发条件时才启动。

(3) 可触发性

计算机病毒因某个事件或数值的出现，激发其进行传染。激活计算机病毒的表现部分或破坏部分的特性称为可触发性。计算机病毒一般都有一个或者多个触发条件，可能是使用特定文件、某个特定日期或特定时刻，或是计算机病毒内置的计数器达到一定次数等。计算机病毒运行时，触发机制检查预定条件是否满足，若满足，则会触发感染或破坏动作，否则继续潜伏。

(4) 破坏性

计算机病毒是一种可执行程序，计算机病毒的运行必然要占用系统资源，例如占用内存空间、占用磁盘存储空间以及系统运行时间等。所以，所有计算机病毒都存在一个共同的危害，即占用系统资源，降低计算机系统的工作效率，而具体的危害程度取决于具体的病毒程序。计算机病毒的破坏性主要取决于计算机病毒设计者的目的。

(5) 针对性

计算机病毒是针对特定的计算机、操作系统、服务软件甚至特定的版本和特定模板而设计的。例如：CodeBlue(蓝色代码)专门攻击 Windows 2000 操作系统。英文 Word 程序中的宏病毒模板在同一版本的中文 Word 程序中无法打开而自动失效。2002 年出现的感染 SWF 文件的 SWF.LFM.926 病毒由于依赖 Macromedia 独立运行的 Flash 播放器，而不是依靠安装在浏览器中的插件，使其传播受到限制。

(6) 隐蔽性

大部分计算机病毒都设计得短小精悍，一般只有几百 KB 甚至几十 KB，并且，计算机病毒通常都附在正常程序中或磁盘较隐蔽的地方(如引导扇区)，或以隐含文件形式出现，目的是不让用户发现它的存在。计算机病毒在潜伏期并不破坏系统工作，受感染的计算机系统通常仍能正常运行，从而隐藏计算机病毒的存在，使计算机病毒可以在不被察觉的情况下，感染更多的计算机系统。

(7) 衍生性

变种多是当前计算机病毒呈现出的新特点。很多计算机病毒使用高级语言编写，如"爱虫"是脚本语言病毒、"美丽莎"是宏病毒，它们比以往用汇编语言编写的计算机病毒更容易理解和修改。通过分析计算机病毒的结构可以了解设计者的设计思想和设计目的，从而衍生出各种不同于原版本的新的计算机病毒，称为变种病毒，这体现了计算机病毒的衍生性。变种病毒造成的后果可能比原版病毒更为严重。"爱虫"病毒在十几天中，出现 30 多种变种。"美丽莎"病毒也有多种变种，并且此后很多宏病毒都使用了"美丽莎"的传染机理。这些变种病毒的主要传染和破坏机理与母体病毒基本一致，只是改变了计算机病毒的外部表象。

随着计算机软件和网络技术的发展，网络时代的计算机病毒又具有很多新的特点，如利用微软漏洞主动传播，主动通过网络和邮件系统传播、传播速度极快、变种多；计算机病毒与黑客技术融合，具有更多攻击手段，更具危害性。

3. 计算机病毒的类型

通常，计算机病毒可以分为以下几种类型。

① 寄生病毒：这是一类传统、常见的计算机病毒类型。这种计算机病毒寄生在其他应用程序中。当被感染的程序运行时，寄生病毒程序也随之运行，继续感染其他程序，传播计算机病毒。

② 引导区病毒：这种病毒感染计算机操作系统的引导区，系统在引导操作系统前先将计算机病毒引导入内存，进行繁殖和破坏性活动。

③ 蠕虫病毒：蠕虫病毒通过不停地复制自己，最终使计算机资源耗尽而崩溃，或向网络中大量发送广播，致使网络阻塞。蠕虫病毒是目前网络中最为流行、猖獗的计算机病毒。

④ 宏病毒：是专门感染 Word、Excel 文件的计算机病毒，危害性极大。宏病毒与大多数计算机病毒不同，它只感染文档文件，而不感染可执行文件。文档文件本来存放的是不可执行的文本和数字，但"宏"是 Word 和 Excel 文件中的一段可执行代码。宏病毒伪装成 Word 和 Excel 中的"宏"，当 Word 或 Excel 文件被打开时，宏病毒便会运行，并感染其他文件。

⑤ 特洛伊病毒：又称为木马病毒。特洛伊病毒会伪装成应用程序、游戏而藏于计算机中。通过不断地将受到感染的计算机中的文件发送到网络中而泄露机密信息。

⑥ 变形病毒：这是一种能够躲避杀毒软件检测的计算机病毒。变形病毒在每次感染时都会创建与自己功能相同、但程序代码明显变化的复制品，这使得防病毒软件难以检测到。

4. 计算机病毒的破坏方式

不同的计算机病毒，会实施不同的破坏行为，主要的破坏方式有以下几种。

① 破坏操作系统，使计算机瘫痪。有一类计算机病毒使用直接破坏操作系统的磁盘引导区、文件分区表、注册表的方法，使计算机无法启动。

② 破坏数据和文件。计算机病毒发起攻击后会改写磁盘文件甚至删除文件，造成数据永久性的丢失。

③ 占用系统资源，使计算机运行异常缓慢，或使系统因资源耗尽而停止运行。例如，振荡波病毒，如果攻击成功，则会占用大量资源，使 CPU 占用率达到 100%。

④ 破坏网络。如果网络内的计算机感染了蠕虫病毒，蠕虫病毒会使该计算机向网络中发送大量的广播包，从而占用大量的网络带宽，使网络拥塞。

⑤ 传输垃圾信息。Windows XP 内置消息传送功能，用于传送系统管理员所发送的消息。Win32 QLExp 这样的计算机病毒会利用这个服务，使网络中的各个计算机频繁弹出一个名为"信使服务"的窗口，广播各种各样的信息。

⑥ 泄露计算机内的信息。像"广外女生"、Netspy.698 这样的木马程序，专门将所驻留计算机的信息泄露到网络中。有的木马病毒会向指定计算机传送屏幕显示情况或特定数据文件(如搜索到的口令)。

⑦ 扫描网络中的其他计算机，开启后门。感染"口令蠕虫"病毒的计算机会扫描网络中的其他计算机，进行共享会话，猜测其他计算机的管理员口令。如果猜测成功，就将蠕虫病毒传送到那台计算机上，开启 VNC 后门，对该计算机进行远程控制。被传染的计算机上的蠕虫病毒又会开启扫描程序，扫描、感染其他计算机。

各种破坏方式的计算机病毒自动复制，感染其他计算机，扰乱计算机系统和网络系统的正常运行，这对社会构成了极大危害。防治病毒是保障计算机系统安全的重要任务。

1.4.2　计算机病毒的防治

对于计算机病毒，需要树立以防为主、清除为辅的观念，防患于未然。由于计算机病毒在处理过程上，存在对症下药的问题，即发现计算机病毒后，才能找到相应的杀毒方法，因此具有很大的被动性。而防范计算机病毒，可具有主动性，重点应放在计算机病毒的防范上。

1. 防范计算机病毒

为了最大限度地减少计算机病毒的发生和危害，必须采取有效的预防措施，使计算机病毒的波及范围、破坏作用减到最小。下面列出一些简单有效的计算机病毒预防措施。

① 备好启动盘，并设置写保护。在对计算机进行检查、修复和手工杀毒时，通常要使用无毒的启动盘，使设备在较为干净的环境下操作。

② 尽量不用软盘、U 盘、移动硬盘或其他移动存储设备启动计算机，而用本地硬盘启动。同时尽量避免在无防毒措施的机器上使用可移动的存储设备。

③ 定期对重要的资料和系统文件进行备份，数据备份是保证数据安全的重要手段。可以通过比照文件大小、检查文件个数、核对文件名字来及时发现计算机病毒，也可以在文件损坏后尽快恢复。

④ 重要的系统文件和磁盘可以通过赋予只读功能，避免计算机病毒的寄生和入侵。也可以通过转移文件位置，并修改相应的系统配置来保护重要的系统文件。

⑤ 重要部门的计算机，尽量专机专用，与外界隔绝。

⑥ 使用新软件时，先用杀毒程序扫描，减少中毒机会。

⑦ 安装杀毒软件、防火墙等防病毒工具，并准备一套具有查毒、防毒、杀毒及修复系统的工具软件，并定期对软件进行升级、对系统进行查毒。

⑧ 经常升级安全补丁。80%的网络病毒是通过系统安全漏洞进行传播的，如红色代码、尼姆达等计算机病毒，所以应定期到相关网站去下载最新的安全补丁。

⑨ 使用复杂的密码。有许多网络病毒是通过猜测简单密码的方式攻击系统的，因此使用复杂的密码，可大大提高计算机的安全系数。

⑩ 不要在 Internet 上随意下载软件。免费软件是计算机病毒传播的重要途径，如果特别需要，须在下载软件后进行杀毒。

⑪ 不要轻易打开电子邮件的附件。邮件病毒是当前计算机病毒的主流之一，通过邮件传播计算机病毒具有传播速度快、范围广、危害大的特点。较妥当的做法是先将附件保存下来，待杀毒软件检查后再打开。

⑫ 不要随意借入和借出移动存储设备，在使用借入或返还的这些设备时，一定要通过杀毒软件的检查，避免感染计算机病毒，对返还的设备，若有干净备份，应重新格式化后再使用。

⑬ 使用合理的补丁程序，注意防病毒软件的安装顺序。

新安装完操作系统后，需要调整安全设置，安装补丁和防病毒软件。Windows 的下述操作顺序非常重要：

首先，要注意接入网络的时间。操作系统安装完成后，各种服务就会自动运行。此时，操作系统还存在着各种漏洞，非常容易被外界侵入。因此，在调整安全设置、安装补丁和防病毒软件工作完成之前，不要将计算机接入网络。

其次，应注意在什么时候安装补丁程序。补丁程序的安装应该在所有应用软件安装之后再安装，因为补丁程序往往要替换或修改一些系统文件，所以如果先装补丁程序的话，可能无法起到应有的效果。合理的系统安装顺序如图 1-1 所示。

了解一些计算机病毒知识，就可以及时发现新病毒并采取相应措施，在关键时刻使自己的计算机免受计算机病毒破坏。一旦发现计算机病毒，应迅速隔离受感染的计算机，避免计算机病毒继续扩散，并使用可靠的查杀工具。若硬盘资料已遭破坏，应利用杀毒程序和恢复工具加以分析，重建受损状态，而不要急于格式化。

图 1-1　合理的系统安装顺序

2. 清除计算机病毒

由于计算机病毒不仅干扰受感染的计算机的正常工作，更严重的是继续传播计算机病毒、泄密和干扰网络的正常运行，因此，当计算机感染了病毒后，需要立即采取措施予以清除。

清除计算机病毒一般采用人工清除和自动清除两种方法。

(1) 人工清除

借助工具软件打开被感染的文件，从中找到并清除病毒代码，使文件复原。这种方法仅适用于专业防病毒研究人员清除新病毒，不适合一般用户。

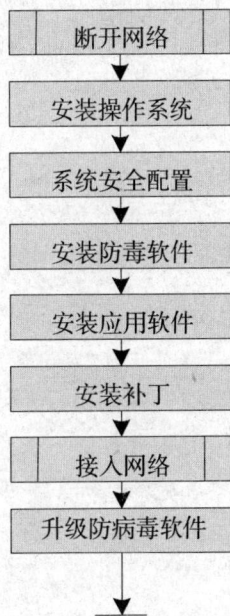

(2) 自动清除

杀毒软件是专门用于防堵和清除计算机病毒的工具。自动清除是借助杀毒软件来清除计算机病毒。用户只需要按照杀毒软件的菜单或联机帮助操作即可轻松杀毒。

目前，国内外有很多杀毒软件，比较流行的有卡巴斯基、诺顿、瑞星、金山毒霸、KV等杀毒软件。由于目前的杀毒软件都具有病毒防范和拦截功能，能够以快于病毒传播的速度发现、分析并部署拦截，因此安装杀毒软件是最有效的防范计算机病毒感染的方法。

对于计算机病毒的防治，不仅是设备的维护问题，而且是合理的管理问题；不仅要有完善的规章制度，而且要有健全的管理体制。所以，只有提高认识，加强管理，做到措施到位，才能防患于未然，减少计算机病毒入侵后造成的损失。

第2章 计算机系统

2.1 计算机系统的组成

完整的计算机系统包括硬件系统和软件系统两大部分。计算机硬件系统是计算机系统中由电子类、机械类和光电类器件组成的各种计算机部件和设备的总称，是组成计算机的物理实体，是计算机完成各项工作的物质基础。计算机软件系统是在计算机硬件设备上运行的各种程序、相关的文档和数据的总称。计算机硬件系统和计算机软件系统共同构造了一个完整的计算机系统，两者相辅相成，缺一不可。计算机系统的组成如图 2-1 所示。

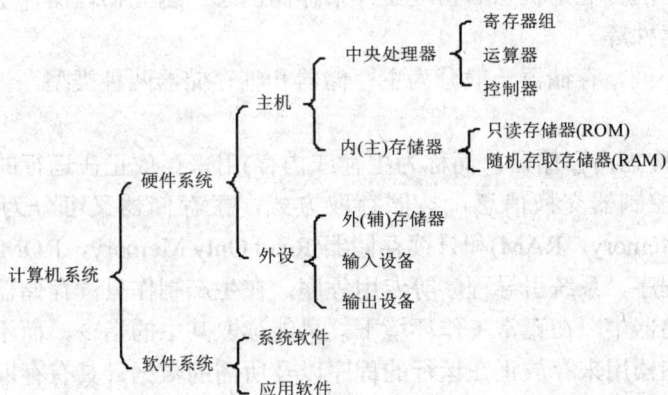

图 2-1　计算机系统的组成

2.1.1 冯·诺依曼型计算机

1946 年，美籍匈牙利数学家冯·诺依曼等人，在题为"电子计算装置逻辑设计的初步讨论"的论文中，系统且深入地阐述了以存储程序概念为指导的计算机逻辑设计思想(存储程序原理)，勾画出了一个完整的计算机体系结构。冯·诺依曼的这一设计思想是计算机发展史上的里程碑，标志着计算机时代的真正开始，冯·诺依曼也因此被誉为"现代计算机之父"。现代计算机虽然在结构上有多种类别，但就其本质而言，多数都服从冯·诺依曼提出的计算机体系结构理念，因此，称为冯·诺依曼型计算机。

冯·诺依曼型计算机的基本思想如下：

计算机由运算器、控制器、存储器、输入设备和输出设备五大部分组成。

数据和程序以二进制代码形式存放在存储器中，存放的位置由地址确定。

控制器根据存放在存储器中的指令序列(程序)进行工作，并由程序计数器控制指令的执行，控制器具有判断能力，能以计算结果为基础，选择不同的工作流程。

2.1.2　计算机硬件系统

冯·诺依曼提出的计算机"存储程序"工作原理决定了计算机硬件系统由五大部分组成：运算器、控制器、存储器、输入设备和输出设备，如图 2-2 所示。

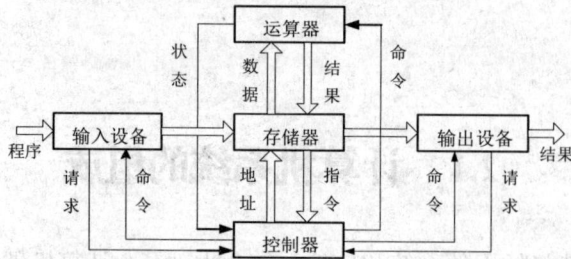

图 2-2　计算机硬件系统的逻辑结构

1. 存储器

存储器是用来存储数据和程序的部件。计算机中的信息都是以二进制代码形式表示的，必须使用具有两种稳定状态的物理器件来存储信息。这些物理器件主要有磁芯、半导体器件、磁表面器件等。

根据功能的不同，存储器一般分为主存储器和辅存储器两种类型。

(1) 主存储器

主存储器(又称为内存储器，简称为主存或内存)用来存放正在运行的程序和数据，可直接与运算器及控制器交换信息。按照存取方式，主存储器又可分为随机存取存储器(Random Access Memory，RAM)和只读存储器(Read Only Memory，ROM)两种。只读存储器用来存放监控程序、系统引导程序等专用程序，在生产制作只读存储器时，将相关的程序指令固化在存储器中，在正常工作环境下，只能读取其中的指令，而不能修改或写入信息。随机存取存储器用来存放正在运行的程序以及所需的数据，具有存取速度快、集成度高、电路简单等优点，但断电后，信息将自动丢失。

主存储器由许多存储单元组成，所有存储单元按一定顺序编号，称为存储器的地址。存储器采取按地址存(写)取(读)的工作方式，每个存储单元存放一个单位长度的信息。

(2) 辅存储器

辅存储器(又称为外存储器，简称为辅存或外存)用来存放多种大信息量的程序和数据，可以长期保存，其特点是存储容量大、成本低，但存取速度相对较慢。外存储器中的程序和数据不能直接被运算器、控制器处理，必须先调入内存储器。目前广泛使用的微型机外存储器主要有软盘、硬盘、光盘以及 U 盘等。

对某些辅存储器中的数据信息进行读写操作，需要使用驱动设备。如读写软盘上的数据信息，需要使用软盘驱动器；读取光盘上的数据信息，需要使用光盘驱动器。

2. 运算器

运算器是计算机中处理数据的核心部件，主要由执行算术运算和逻辑运算的算术逻辑单元 ALU(Arithmetic Logic Unit)、存放操作数和中间结果的寄存器组以及连接各部件的数据通路组成，用于完成各种算术运算和逻辑运算。

在运算过程中，运算器不断得到由主存储器提供的数据，运算后又把结果送回到主存储器保存起来。整个运算过程是在控制器的统一指挥下，按程序中编排的操作顺序进行的。

3. 控制器

控制器是计算机中控制管理的核心部件，主要由程序计数器(PC)、指令寄存器(IR)、指令译码器(ID)、时序控制电路和微操作控制电路等组成。在系统运行过程中，不断地生成指令地址、取出指令、分析指令、向计算机的各个部件发出微操作控制信号，指挥各个部件高速协调地工作。

运算器和控制器合称为中央处理器，即 CPU(Central Processing Unit)，是计算机的核心部件。

CPU 和主存储器是信息加工处理的主要部件，通常把这两个部分合称为主机。

4. 输入/输出设备

输入/输出设备(简称 I/O 设备)又称为外设，是与计算机主机进行信息交换，实现人机交互的硬件环境。

输入设备用于输入人们要求计算机处理的数据、字符、文字、图形、图像、声音等信息，以及处理这些信息所必需的程序，并把它们转换成计算机能识别的形式(二进制代码)。常见的输入设备有键盘、鼠标、扫描仪、光笔、手写板、麦克风(输入语音)等。

输出设备用于将计算机的处理结果或中间结果，以人们可识别的形式(如显示、打印、绘图)表达出来。常见的输出设备有显示器、打印机、绘图仪、音响设备等。

辅(外)存储器可以把存放的信息输入主机，主机处理后的数据也可以存储到辅(外)存储器中。因此，辅(外)存储设备既可以作为输入设备，也可以作为输出设备。

2.1.3　计算机软件系统

软件包括可在计算机上运行的各种程序、数据及其有关文档。通常把计算机软件系统分为系统软件和应用软件两大类。

1. 系统软件

系统软件也称为系统程序，是完成对整个计算机系统进行调度、管理、监控及服务等功能的软件。利用系统程序的支持，用户只需要使用简便的语言和符号等就可编制程序，并使程序在计算机硬件系统上运行。系统程序能够合理地调度计算机系统的各种资源，使之得到高效率的使用，能监控和维护系统的运行状态，能帮助用户调试程序、查找程序中的错误等，大大减轻了用户管理计算机的负担。系统软件一般包括操作系统、语言处理程序、数据库管理系统、系统服务程序、标准库程序等。

2. 应用软件

应用软件也称为应用程序，是专业软件公司针对应用领域的需求，为解决某些实际问题而研制开发的程序，或由用户根据需要编制的各种实用程序。应用程序通常需要系统软件的支持，才能在计算机硬件上有效运行。例如，文字处理软件、电子表格软件、作图软件、网页制作软件、财务管理软件等均属于应用软件。

2.1.4　计算机硬件系统和软件系统之间的关系

现代计算机不是一种简单的电子设备，而是由硬件与软件结合而成的十分复杂的整体。

　　计算机硬件是支撑软件工作的基础，没有足够的硬件支持，软件无法正常工作。相对于计算机硬件而言，软件是无形的。但是不安装任何软件的计算机(称为裸机)，不能进行任何有意义的工作。系统软件为现代计算机系统正常有效地运行提供良好的工作环境，丰富的应用软件使计算机强大的信息处理能力得以充分发挥。

　　在具体的计算机系统中，硬件、软件是紧密相关、缺一不可的，但是对某一具体功能来说，既可以用硬件实现，也可以用软件实现，这体现了硬件、软件在逻辑功能上的等效。所谓硬件、软件在逻辑功能上的等效，是指由硬件实现的操作，在原理上均可用软件模拟来实现；同样，任何由软件实现的操作，在原理上也可由硬件来实现。因此，在设计计算机系统时，必须充分考虑设计的复杂程度、现有的工艺技术条件、产品的造价等因素，确定哪些功能直接由硬件实现，哪些功能通过软件实现，这就是硬件和软件的功能分配。

　　在计算机技术的飞速发展过程中，计算机软件随着硬件技术的发展而不断发展与完善，软件的发展又促进了硬件技术的发展。

2.2　计算机的工作原理

　　依照冯·诺依曼型计算机的体系结构，数据和程序存放在存储器中，控制器根据程序中的指令序列进行工作。简单地说，计算机的工作过程就是运行程序指令的过程。

2.2.1　计算机的指令系统

1. 指令及其格式

　　指令是能被计算机识别并执行的二进制代码，它规定了计算机能完成的某一种操作。例如，加、减、乘、除、存数、取数等都是基本操作，分别用一条指令来实现。一台计算机所能执行的所有指令的集合称为该台计算机的指令系统。

　　计算机硬件只能够识别并执行机器指令，用高级语言编写的源程序必须由程序语言翻译系统把它们翻译为机器指令后，计算机才能执行。

　　计算机指令系统中的指令，有规定的编码格式。一般一条指令可分为操作码和地址码两部分。其中：操作码规定了该指令进行的操作种类，如加、减、存数、取数等；地址码给出了操作数地址、结果存放地址以及下一条指令的地址。指令的一般格式如图 2-3 所示。

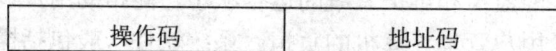

操作码	地址码

图 2-3　指令的一般格式

2. 指令的分类与功能

　　计算机指令系统一般包括下列几类指令。

　　(1) 数据传送型指令

　　数据传送型指令的功能是将数据在存储器之间、寄存器之间以及存储器与寄存器之间进行传送。如：取数指令将存储器某一存储单元中的数据读入寄存器；存数指令将寄存器中的数据写入某一存储单元。

　　(2) 数据处理型指令

　　数据处理型指令的功能是对数据进行运算和变换。如：加、减、乘、除等算术运算指令；与、或、非等逻辑运算指令。

(3) 程序控制型指令

程序控制型指令的功能是控制程序中指令的执行顺序。如：无条件转移指令、条件转移指令、子程序调用指令和停机指令。

(4) 输入/输出型指令

输入/输出型指令的功能是实现输入/输出设备与主机之间的数据传输。如：读指令、写指令。

(5) 硬件控制指令

硬件控制指令的功能是对计算机的硬件进行控制和管理。如：动态停机指令、空操作指令。

2.2.2　计算机的基本工作原理

计算机工作过程中主要有两种信息：数据信息和指令控制信息。数据信息指的是原始数据、中间结果、结果数据等，这些信息从存储器读入运算器进行运算，所得的计算结果再存入存储器或传送到输出设备。指令控制信息是由控制器对指令进行分析、解释后向各部件发出的控制命令，指挥各部件协调地工作。

指令的执行过程如图 2-4 所示。其中：左半部是控制器，包括指令寄存器、指令计数器、指令译码器等；右上部是运算器，包括累加器、算术与逻辑运算部件等；右下部是内存储器，其内存放程序和数据。

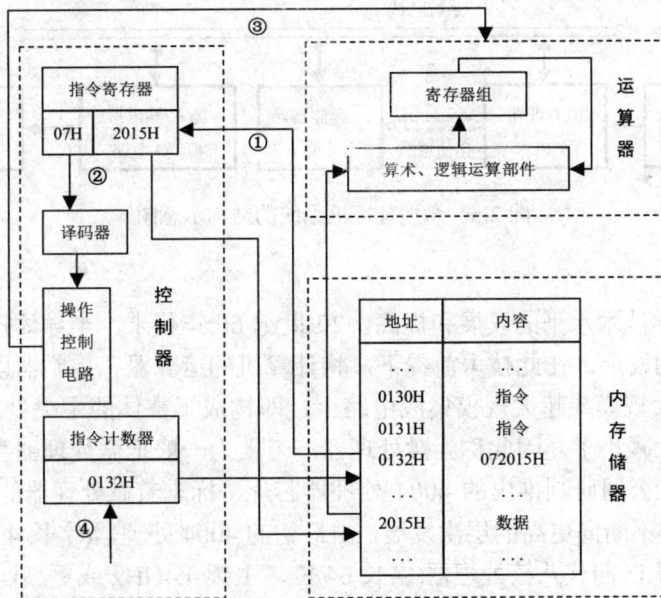

图 2-4　指令的执行过程

下面通过指令的执行过程简单来说明计算机的基本工作原理。指令的执行过程可分为以下步骤：

① 取指令。即按照指令计数器中的地址(图 2-4 中为"0132H")，从内存储器中取出指令(图 2-4 中的指令为"072015H")，并送往指令寄存器中。

② 分析指令。即对指令寄存器中存放的指令(图 2-4 中的指令为"072015H")进行分

析，由操作码("07H")确定执行什么操作，由地址码("2015H")确定操作数的地址。

③ 执行指令。即根据分析的结果，由控制器发出完成该操作所需要的一系列控制信息，去完成该指令所要求的操作。

④ 执行指令的同时，指令计数器加 1，为执行下一条指令做好准备。如果遇到转移指令，则将转移地址送入指令计数器。

2.3　微型计算机系统的组成

微型计算机简称微机，属于第四代计算机。微机的一个突出特点是：利用大规模集成电路和超大规模集成电路技术，将运算器和控制器做在一块集成电路芯片上(微处理器)。微机具有体积小、重量轻、功耗小、可靠性高、对使用环境要求低、价格低廉、易于成批生产等特点，从而得以迅速普及，深入到当今社会的各个领域，是计算机发展史上又一个里程碑。

2.3.1　微型计算机的基本结构

微型计算机硬件的系统结构与冯·诺依曼型计算机在结构上无本质上的差异，微处理器、存储器(主存)、输入/输出接口之间采用总线连接。

微型计算机系统的结构示意图如图 2-5 所示。

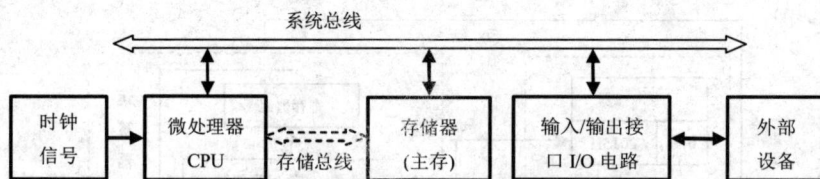

图 2-5　微型计算机系统的结构示意图

1. 微处理器

随着人类科学技术水平的发展和提高，20 世纪 60 年代末，半导体技术、微电子制作工艺有了突破性的发展。在此技术前提下，将计算机的运算器、控制器以及相关的部件集中制作在同一块大规模或超大规模集成电路上，即构成了整体的中央处理器(CPU)。由于处理器的体积大大减小了，因此称为微处理器。习惯上一般把微处理器直接称为 CPU。

1971 年 Intel 公司研制推出的 4004 处理器芯片，标志着微处理器的诞生。之后的 40 多年来，微处理器不断向更高的层次发展，由最初的 4004 处理器(字长 4 位，主频 1MHz)，发展到现在的酷睿 i7 四代八核处理器(字长 64 位，主频 4.4GHz 或更高)。

2. 系统总线

系统总线是将计算机各个部件联系起来的一组公共信号线。采用总线结构形式，具有系统结构简单、系统扩展及更新容易、可靠性高等优点，但由于必须在部件之间采用分时传送操作，因而降低了系统的工作速度。系统总线根据传送的信号类型，分为数据总线、地址总线和控制总线三部分。

(1) 数据总线

数据总线(Data Bus，DB)是传送数据和指令代码的信号线。数据总线是双向的，即数据可传送至 CPU，也可从 CPU 传送到其他部件。

(2) 地址总线

地址总线(Address Bus，AB)是传送 CPU 所要访问的存储单元或输入/输出接口地址的信号线。地址总线是单向的，因而通常地址总线将地址从 CPU 传送给存储器或输入/输出接口。

(3) 控制总线

控制总线(Control Bus，CB)是管理总线上活动的信号线。控制总线中的信号用来实现 CPU 对其他部件的控制、状态等信息的传送以及中断信号的传送等。

总线上的信号必须与连接到总线上的各个部件所产生的信号协调。用于将总线与某个部件或设备之间建立连接的局部电路称为接口。例如，用于实现存储器与总线相连接的电路称为存储器接口，而用于实现外设和总线连接的电路称为输入/输出接口。

早期的微型计算机采用单总线结构，即微处理器、存储器、输入/输出接口之间由同一组系统总线连接，相比而言，微处理器和主存储器之间的信息交换更为频繁，而单总线结构则降低了主存储器的地位。为此，在微处理器和主存储器之间增加了一组存储器总线，使微处理器可以通过存储器总线直接访问主存储器，从而构成面向主存的双总线结构。

3. 微型计算机和个人计算机

根据微处理器的应用领域，微处理器大致可以分为 3 类：通用高性能微处理器、嵌入式微处理器和微控制器。一般而言，通用处理器追求高性能，用于运行通用软件，配备完备、复杂的操作系统；嵌入式微处理器强调处理特定应用问题，用于运行面向特定领域的专用程序，配备轻量级操作系统，如移动电话、PDA(Personal Digital Assistant，个人数字助理)等电子设备；微控制器价位相对较低，在微处理器市场上需求量最大，主要用于汽车、空调、自动机械等领域的自控设备。

通常所说的微型计算机，其实特指以通用高性能微处理器为核心，配以存储器和其他外设部件，并装载完备的软件系统的通用微型计算机，简称微机。

微处理器诞生后的 10 年之间，布什内尔利用 4004 处理器发明了游戏机；罗伯茨利用 8080 微处理器组装了名为"阿尔泰"的计算机，可称为世界上第一台微型计算机；比尔·盖茨为"阿尔泰"编写过 BASIC 程序，进而开创了微软(Microsoft)公司，专门研制销售计算机软件；乔布斯开创了苹果(Apple)公司，专营"苹果"微型计算机。

1981 年 8 月，美国国际商用机器公司(IBM)推出了采用 Intel 公司 8088 微处理器作为 CPU 的 16 位个人计算机(Personal Computer，PC)。从此，微型计算机开始逐步进入社会生活的各个领域，并迅速普及。

随着微型计算机的广泛应用，其他品牌的微型计算机也先后进入市场，如 Dell(戴尔)、Compaq(康柏)、Lenovo(联想)、Acer(宏碁)、Founder(方正)等个人计算机。这些计算机以 IBM-PC 为参照标准，在结构设计、器件选用上与其不完全一致，在性能上和软件应用上与 IBM-PC 没有大的差异，甚至在某些方面优于 IBM-PC，相对 IBM-PC 而言称为兼容机。

购置 CPU、内存等器件自行组装(Do It Yourself，DIY)的计算机称为组装机，以求达到较高的性能或性价比，具有这种兴趣的电脑爱好者称为 DIYer。对于计算机硬件选购，不能片面追求高配置、高性能，应根据用途考虑合理的性价比。如一般的办公应用，选用主流标准配置即可；音乐编辑创作，则要考虑选择高性能的音频处理部件；图像影视编辑制作，则要考虑选择高速处理器、大容量存储器、高端显示器、高性能显卡等部件。

2.3.2 微型计算机的硬件组成

微型计算机的硬件组成同样遵循计算机硬件系统的"主机+外设"原则，如图2-6所示。从外观上看，一套基本的微机硬件由主机箱、显示器、键盘、鼠标组成，还可增加一些外设，如打印机、扫描仪、音视频设备等。

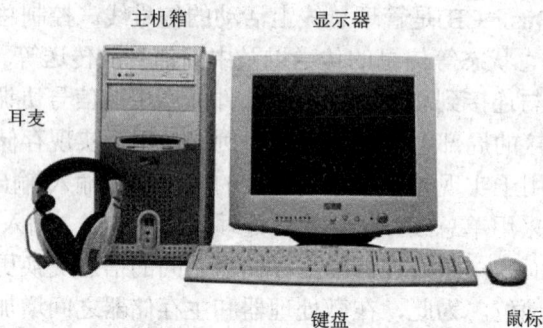

图2-6 微型计算机外观示意图

在主机箱内部，包括主板、CPU、内存、硬盘、软盘驱动器、光盘驱动器、各种接口卡(适配卡)、电源等。其中CPU、内存是计算机结构的"主机"部分，其他部件与显示器、键盘、鼠标、音视频设备等都属于"外设"。

1. 主板

主板(Main Board)又称系统板或母板，是微机的核心连接部件。微机硬件系统的其他部件全部都直接或间接通过主板相连。主板的实物图如图2-7所示。

主板是一块较大的平面电路板，电路板上配以各种必需的电子元件、接口插座和插槽。其结构(不同的主板，结构布局略有不同)如图2-8所示。

主板主要由如下几大部分组成：

(1) 主板芯片组

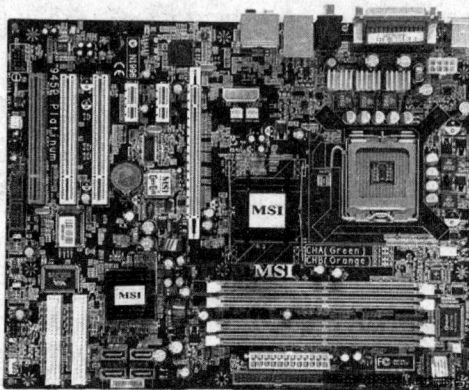

图2-7 主板

主板芯片组(Chipset)也称为外围芯片组，是与CPU相配合的系统控制集成电路，一般为两个集成电路，用于接受CPU指令，控制内存、总线和接口等。芯片组通常分为南桥和北桥两个芯片，所谓南桥、北桥，是根据这两个电路芯片在主板上所处的位置而约定俗成的称谓，将主板的背板端口向上放置，从地图方位的角度看，靠近主机的CPU、内存，布局位置偏上的芯片称为"北桥"，靠近总线、接口部分，布局位置偏下的芯片称为"南桥"。主板芯片组的主要厂商是Intel(英特尔)、SIS(矽统)、VIA(威盛)、Ali(扬智)公司。

(2) 内存芯片

主板上还有一类用于构成系统内部存储器的集成电路，统称为内存芯片，主要是 ROM BIOS 芯片和 CMOS RAM 芯片。

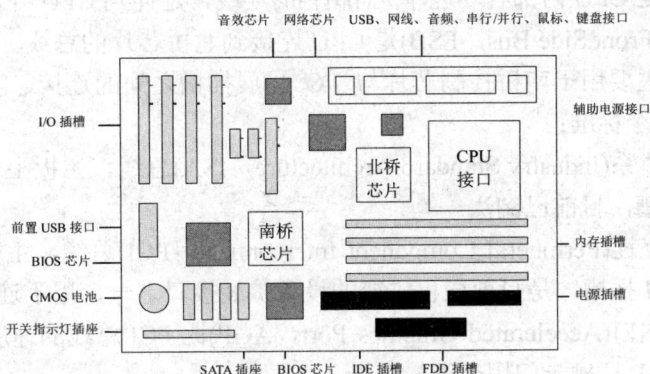

图 2-8　主板的结构示意图

① ROM BIOS 芯片

ROM BIOS 芯片是在内部"固化"了系统启动必需的基本输入/输出指令系统(BIOS) 的只读存储器。BIOS 程序在开机后由 CPU 自动顺序执行，使系统进入正常工作状态，并引导操作系统。

② CMOS RAM 芯片

CMOS RAM 芯片用于存储不允许丢失但用户可以改写的系统 BIOS 硬件配置信息，如软盘驱动器类型、硬盘驱动器类型、显示模式、内存大小和系统工作状态参数等。主板上安装了一块纽扣式锂电池来保证 CMOS RAM 芯片的供电支持。

(3) CPU 接口和内存插槽

主板上的 CPU 接口是一个方形的插座，不同型号的主板，CPU 接口的规格不同，接入的 CPU 类型也不同。从连接方式的角度来看，有对应于 CPU 的 PGA(针栅阵列)和 LGA(栅格阵列)封装方式的两种主流接口类型。

采用 PGA 方式封装的 CPU，对外电路的连接由几百个针脚组成，对应的 CPU 接口由对应数目的插孔组成；采用 LGA 方式封装的 CPU，取消了针脚，取而代之的是一个个排列整齐的金属圆形触点，对应的 CPU 接口由对应数目的具有弹性的触须组成。

目前主流的内存插槽是 DIMM(Dual Inline Memory Module，双列直插存储器模块)插槽，有两列共 184 个电路连接点，也叫作 184 线插槽。可接入 DDR(Double Data Rate，双倍数据速率)系列内存条。

(4) IDE 设备及软驱接口

IDE(Integrated Drive Electronics，本意是指把控制器与盘体集成在一起的硬盘驱动器)接口，也叫 ATA(Advanced Technology Attachment，高级技术附加装置)接口，用于将硬盘和光盘驱动器接入系统，采用并行数据传输方式。目前，性能更好、连接更方便的 SATA(Serial ATA，串行 ATA)接口已取代 IDE 接口。

软驱接口一般也称为 Floppy 接口或 FDD 接口，用于将软盘驱动器接入系统。

(5) I/O 扩展插槽

微机硬件系统是一种复杂的电子组合设备，由于技术发展速度、器件工艺、器件造价等多方面因素的制约，多数部件无法与 CPU 以同样的时钟频率工作，从而形成"瓶颈"。实际的微型计算机系统结构中，为了兼顾不同部件的特点，充分提高整机性能，采用了多种类型的总线。从连接范围、传输速率以及作用对象的角度，总线还可分为以下几种。

　① 片内总线是 CPU 内部各功能单元(部件)的连线，延伸到 CPU 外，又称 CPU 总线。

　② 前端总线(Front Side Bus，FSB)是 CPU 连接到北桥芯片的总线。

　③ 系统总线主要用于南桥控制芯片与 I/O 扩展插槽之间的连接，随着技术的不断改进，主要有下列几个标准：

- 工业标准体系(Industry Standard Architecture，ISA)总线，主板上对应的 I/O 插槽称为 ISA 插槽，目前已淘汰。
- 外围部件互连(Peripheral Component Interconnect，PCI)总线，主板上对应的 I/O 插槽称为 PCI 插槽，是目前微机主要的设备扩展接口之一，用于连接多种适配卡。
- 加速图像端口(Accelerated Graphics Port，AGP)比 PCI 总线的速度快两倍以上，主板上的 AGP 插槽专门用于连接显卡。
- 高速外围部件互联(PCI Express)总线，这是新一代的系统总线，采用串行传输方式，具有更高的速度。可采用多种连接方式，每台设备可以建立独立的数据传输通道，实现点对点的数据传输。目前，主板上的 PCI-E 插槽专门用于连接显卡。

　④ 外总线一般是指 PC 与 PC 之间、PC 与外设之间的通信线路。

(6) 端口

端口(Port)是系统单元和外设的连接槽。部分端口专门用于连接特定的设备，如连接鼠标、键盘的 PS/2 端口；多数端口则具有通用性，它们可以连接多种外设。

　① 串行口(Serial Port)：主要用于连接鼠标、键盘、调制解调器等设备到系统单元。串行口以比特串的方式传输数据，适用于相对较长距离的信息传输。

　② 并行口(Parallel Port)：用于连接需要在较短距离内高速收发信息的外设。在一条多导线的电缆上以字节为单位同时进行传输，最常见的是用并行口连接打印机。

　③ 通用串行总线口(Universal Serial Bus，USB)：是串行和并行口的最新替代技术。一个 USB 能同时连接多台设备到系统单元，并且速度更快。USB 1.1 标准的传输速率为 12Mb/s，USB 2.0 标准的传输速率为 480Mb/s。目前，利用 USB 接口可接入移动存储设备、打印机、扫描仪、鼠标、键盘、数码相机等多种外设。

　④ IEEE 1394 总线：又称为"火线"(Firewire)接口，是一种新的连接技术。目前主要用于连接高速移动存储设备和数码摄像机等设备。最高传输速率是 400Mb/s。

(7) 其他

目前多数主板上，都集成了具有音频处理功能的电路单元和网络连接处理的电路单元，并相应设置了音频输入/输出接口和网络连接接口，还有工作电源的开关、工作指示灯的连接点、参数设置的跳线开关等。

2. CPU

CPU 是微机的核心部件，在微机系统中特指微处理器芯片。目前主流的 CPU，一般是由 Intel 和 AMD 两大厂家生产的，虽然设计技术、工艺标准和参数指标存在差异，但都能满足微机的运行需求。CPU 的外观如图 2-9 所示。

图 2-9 CPU

为缓解微机系统的"瓶颈"，在 CPU 与内存之间设计增加了临时存储器单元，称为高速缓存(Cache Memory)，它的容量比内存小，但交换速度快。高速缓存分为一级缓存(L1 Cache)和二级缓存(L2 Cache)两部分，L1 Cache 集成在 CPU 内部，早期的 L2 Cache 制作在主板上，从 Pentium II 处理器问世起，L2 Cache 也集成到 CPU 内部了。

目前，Intel 和 AMD 两大生产厂家推出的 CPU 系列，均有高端和低端两大类产品，主要区别就在于 L2 Cache 的容量，一般同主频的低端产品的 L2 Cache 容量仅为高端产品的一半或更低，价格也因此大大降低。

Intel 公司的高端产品是奔腾(Pentium)系列，低端产品是赛扬(Celeron)系列；AMD 公司的高端产品是皓龙(Opteron)和速龙(Athlon)系列，低端产品是闪龙(Sempron)系列。

自 1971 年微处理器诞生以来，人们就习惯以 CPU 主频的不断提升来衡量 CPU 的更新速度和技术性能。但近两年来，CPU 主频的继续提升受到技术条件的制约，另外，仅靠提升 CPU 的处理速度，而整机的瓶颈得不到有效解决，微机整机性能不可能显著改善。

目前 CPU 的前沿技术主要有以下几种。

超线程(Hyper-Threading, HT)技术：利用特殊的硬件指令，在逻辑上将处理器内核模拟成两个物理芯片，使得单个处理器能同时执行两个线程，进行并行计算，进而支持多线程操作系统和应用软件，减少 CPU 的闲置时间，提高处理器的资源利用率，增加 CPU 的吞吐量。但当两个线程都同时需要某个资源时，其中一个要暂时停止，并让出资源，直到这个资源闲置后才能继续。因此，超线程技术的性能并非绝对等于两颗 CPU 的性能。

64 位技术：处理器的通用寄存器的数据宽度扩展为 64 位，采用 64 位指令集，即处理器的一个寄存器一次可以同时处理 64 位数据。可以进行更大范围的数值运算，计算精度更高，支持更大的内存。

双核技术：双核处理器是指在同一个集成电路芯片上，制作成的相互关联的两个功能一样的核心处理器，即两个物理处理器核心整合在一个内核中，将原来由单一处理器执行的任务分给两个处理器来完成。在此基础上，利用超线程技术，在逻辑上相当于拥有 4 个处理单元。

3. 内存条

微机系统的内存储器是将多个存储器芯片焊接在一块长方形的电路板上，构成内存组，一般称为内存条，它通过连接到主板的内存插槽接入系统。内存条如图 2-10 所示。

在微机中，内存主要指随机存取存储器(RAM)部分。RAM 存储器芯片又分为静态 RAM(Static RAM，SRAM)和动态

图 2-10 内存条

RAM(Dynamic RAM，DRAM)。

　　SRAM 主要应用于高速缓存单元，目前微机中主要应用的是用 DDR SDRAM(Double Data Rate Synchronous DRAM，双倍数据速率同步 DRAM)芯片制作的内存条。"双倍数据速率"是指在时钟脉冲的上升沿和下降沿都进行读写操作；"同步"是指存储器能与系统总线时钟同步工作。

4．外存储器

　　(1) 硬盘

　　硬盘是计算机重要的外部存储设备，计算机的操作系统、应用软件、文档、数据等都可以存放在硬盘上。

　　硬盘是硬盘系统的简称，由硬盘片、硬盘驱动器和接口等组成。硬盘片密封在硬盘驱动器中，不能随便取出，如图 2-11 所示。

图 2-11　硬盘的外观及内部结构

　　硬盘工作时，驱动器的电机带动硬盘片高速圆周旋转，磁头在传动手臂的带动下，做径向往复运动，从而可以访问到硬盘片的每一个存储单元。

　　目前市场上主流的硬盘容量有 500GB、1TB、4TB 等，盘片转速多数为 7200 转/分钟，磁盘缓存为 64MB，个人计算机的硬盘接口主要有 IDE 和 SATA 接口。主要的硬盘生产厂家有 Seagate(希捷)、Maxtor(迈拓)、WD(西部数据)等。

　　(2) 软盘和软盘驱动器

　　软盘是可移动的外部存储器。目前常用的软盘存储容量为 1.44MB，由直径为 3.5 英寸的涂有磁性介质的聚酯材料圆形盘和硬质塑料封套组成。

　　软盘驱动器又叫软驱，是用来读写软盘数据的设备。软盘和软盘驱动器如图 2-12 所示。

　　软盘盘片划分为多条同心圆磁道，以双面高密度 3.5 寸的软盘为例，最外为 0 磁道，向内依次为 1 磁道、2 磁道……共 80 个磁道，每个磁道又等分为 18 个扇形段，一般称为扇区，如图 2-13 所示。每个扇区的存储容量为 512B，整个磁盘的存储容量计算如下：

$$512B×80 \text{ 磁道} ×18 \text{ 扇区} ×2 \text{ 面} =1474560B≈1.44MB$$

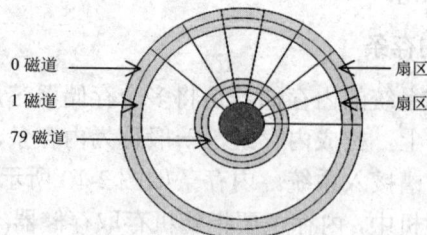

图 2-12　软盘和软驱

图 2-13　软盘的存储区

将软盘插入软盘驱动器，软盘封套上的金属滑片滑开，软驱的磁头通过露出读写口与盘片接触。进行软盘读写操作时，软盘驱动器的驱动系统使盘片做圆周运动，同时使磁头径向移动，从而读写数据。

软盘的右下角有写保护口，当把写保护滑片移到下边时，软盘处于写保护状态，这时软盘只能读，不能写，软盘上的数据不会被删除；当把写保护滑片移到上边，即覆盖写保护口时，软盘处于非写保护状态，这时软盘既能读、又能写，软盘上的数据也可以删除。

(3) 光盘和光盘驱动器

光盘驱动器是用来驱动光盘，完成主机与光盘信息交换的设备，简称光驱。光盘和光盘驱动器如图 2-14 所示。

光盘驱动器分为只读型光驱和刻录机(可擦写型光驱)。

只读型光驱分为 CD-ROM 驱动器和 DVD-ROM 驱动器两种，DVD-ROM 驱动器能读取 CD-ROM 光盘数据和 DVD-ROM 光盘数据，而 CD-ROM 驱动器只能读取 CD-ROM 光盘数据。

图 2-14　光盘与光驱

刻录机分为 CD 刻录机和 DVD 刻录机。DVD-ROM 驱动器能读写 CD-ROM 光盘数据和 DVD-ROM 光盘数据，而 CD-ROM 驱动器只能读写 CD-ROM 光盘数据。

光驱是利用光线的投射与反射原理来实现数据的存储与读取。光驱的主要技术指标是"倍速"，光驱读取信息的速率标准是 150KB/s，光驱的读写速率=速率标准×倍速系数，如 40 倍速光驱，是指光驱的读取速度为 150KB/s×40=6000KB/s。目前常用的光驱倍速是 8 倍速、16 倍速、24 倍速、40 倍速、52 倍速。

光盘的信息存储轨迹是一个螺旋道，从中心开始，旋向外边。CD-ROM 系列光盘的存储容量一般是 650MB，DVD-ROM 系列光盘的存储容量一般为 4.7GB，有的可以达到 8.5GB(双面)或 17GB(双面双层)，能存储容量较大的软件、游戏或影视节目等信息。

光盘一般分为只读型光盘、一次写入型光盘和可擦写型光盘。

- 只读型光盘(CD-ROM、DVD-ROM)：其内容由生产厂家写入，用户在使用过程中只能读取，不能修改和删除，也不能写入。
- 一次写入型光盘(CD-R、DVD-R)：一般由用户用光盘刻录机写入信息。它只能写一次，写入后不能删除和修改，是一次写入多次读出的光盘。
- 可擦写型光盘(CD-RW、DVD-RW)：用户既可以对这种光盘读取信息，还可以用光盘刻录机对光盘上的信息进行删除和改写。

Combo 光驱是一种多功能设备，能读取 CD-ROM 和 DVD 光盘的数据，还能刻录 CD-R 和 CD-RW 光盘。

(4) U 盘

U 盘也称为闪盘，采用半导体存储介质存储数据信息，存储容量一般为 4GB、8GB 或 16GB 等。通过微机的 USB 接口连接，可以热(带电)插拔。因具有操作简单、携带方便、容量大、用途广泛等优点，成为最便携的存储器件，如图 2-15 所示。

图 2-15　U 盘

(5) 其他存储设备

包括 ZIP 软盘和 MO 磁光盘,由于对应的驱动设备造价高,难以普及,因此没有得到广泛应用。另外,在某些特殊行业还用磁带作为存储介质。

5. 显示器与显卡

(1) 显示器

显示器是标准的输出设备,是计算机系统的重要组成部分。显示器性能的优劣,直接影响计算机信息显示的效果。目前主流显示器分为阴极射线管显示器(CRT)和液晶显示器(LCD)两大类。

显示器的技术参数主要有以下几个。

- 点距:对于 CRT 显示器来说,点距是荧光屏上两个相邻同色荧光点间的直线距离。点距越小,图像清晰度越高。大多数采用 0.28mm 的点距,较高档的显示器点距更小;对于 LCD 显示器,点距在 0.255mm~0.294mm 之间。
- 刷新频率:屏幕每秒时间内刷新的次数。刷新率低,则画面有闪烁和抖动现象,人眼容易疲劳。刷新频率达到 75Hz 以上,人眼基本上感觉不到闪烁和抖动。
- 分辨率:一般指屏幕可容纳的像素个数。屏幕越大,点距越小,分辨率就越高。
- 响应时间:LCD 显示器各像素点对输入信号反应的速度,即像素由暗转亮或由亮转暗所需要的时间。响应时间越短,显示动态画面时越不会有尾影拖曳现象。目前主流的 LCD 显示器的响应时间是 4ms、8ms。CRT 显示器不涉及此参数。
- 可视角度:是指用户可以从不同的方向清晰地观察 LCD 显示器屏幕上所有内容的角度。支持 LCD 显示器显示的光源经折射和反射后输出时已有一定的方向性,超出这一范围观看就会产生色彩失真现象,可视角度越大,视觉效果越好。目前市场上大多数产品的可视角度在 140°~160°之间,部分产品达到了 170°。CRT 显示器不涉及此参数。
- 带宽:带宽决定显示器可以处理的信号频率范围。带宽越宽,显示器处理的信号频率范围就越大,图像的边缘就越清晰。带宽=最大分辨率×刷新频率。
- 辐射与环保:液晶显示器属于低辐射的环保型显示器。阴极射线管显示器需要工作在高电压、高脉冲状态下,会辐射对人体有害的电磁波和射线。国际上有多种关于显示器环保的认证。

(2) 显示适配卡

显示适配卡简称显示卡或显卡,是微机与显示器之间的一种接口卡。显卡的作用主要是负责图形数据处理、传输数据给显示器并控制显示器的数据组织方式。显卡的性能主要取决于显卡上的图形处理芯片,早期的图形处理主要由 CPU 负责,显卡只负责把 CPU 处理好的数据传输给显示器,随着图形化软件的广泛应用,图形的处理任务加重,如果全部由 CPU 负责,会严重影响整机的运行效率。目前微机系统中大量的图形处理工作由显卡完成。显卡的性能直接决定显示器的成像速度和效果。

目前主流的显卡是具有 2D、3D 图形处理功能的 AGP 接口或 PCI-E 接口的显卡,由图形加速芯片(Graphics Processing Unit,图形处理器,简称 GPU)、随机存取存储器(显存或显卡内存)、数模转换器、时钟合成器以及基本输入/输出系统五大部分组成。GPU 负责将图形数据处理为可还原的显示视频信号。显存作为待处理的图形数据和处理后的图形信号的暂存空间，显存容量有 128MB、256MB、512MB、1024MB 等几种。

6. 键盘与鼠标

键盘是最常用的也是最主要的输入设备，通过键盘可以把英文字母、数字、中文文字、标点符号等输入计算机，从而可以对计算机发出指令，输入数据。现在常用的是 104 键的标准键盘，还有许多种添加了特定功能键的多媒体键盘。

鼠标最早用于苹果公司生产的系列微机中，随着 Windows 操作系统的流行，鼠标成了不可缺少的工具。

鼠标按工作原理分为机械式和光电式鼠标两种。机械式鼠标利用鼠标内的圆球滚动来触发传导杆控制鼠标指针的移动；光电式鼠标则利用光的反射来启动鼠标内部的红外线发射和接收装置。光电式鼠标比机械式鼠标的定位精度要高。

常用的鼠标是双键鼠标和三键鼠标，还有在双键鼠标的两键中间设置了一个或两个(水平和垂直)滚轮的鼠标，滑动滚轮为快速浏览屏幕窗口信息提供了方便。

无线鼠标有两种：无线红外型鼠标和无线电波型鼠标。使用无线红外型鼠标时需要对准计算机红外线发射装置，否则不起作用。无线电波型鼠标无须方向定位，使用起来更方便。

7. 扫描仪

图像扫描仪(Image Scanner)简称扫描仪。图像扫描仪不仅在印刷、广告、出版等领域得到了广泛应用，而且已成功地向医疗、数字影楼、电脑美术服务以及一般的办公、家用等领域延伸。扫描仪的类型一般有平台式扫描仪、手持式扫描仪和滚筒式扫描仪等。

扫描仪的主要部件是感光器件，分为 CIS 和 CCD 两种。

CIS(Contact Image Sensor，接触式传感器件)感光器件早期被广泛应用于传真机和手持式扫描仪，其极限分辨率为 600dpi 左右。缺点是扫描的层次有些不足，对扫描摆放不平的文稿和图片成像程度较差。

CCD(Charge Couple Device，电荷耦合器件)感光器件的扫描仪技术已经成熟，配合由光源、反射镜和光学镜头组成的成像系统，在传感器表面进行成像，有一定的景深，能扫描凹凸不平的实物。

目前，常用扫描仪的光学分辨率是 2400dpi×4800dpi，主流接口标准是 USB 接口。

8. 打印机

打印机是重要的输出设备，可以分为击打式和非击打式打印机两种。

(1) 击打式打印机

击打式打印机利用打印头内的点阵撞针，撞击在色带和纸上来产生打印效果，所以又称为针式打印机。针式打印机性能稳定，便于维护，耗材比较便宜，应用广泛。常见的针式打印机为 24 针，如 Epson 公司生产的 LQ-1600K、LQ-1900K 等。

(2) 非击打式打印机

非击打式打印机主要有喷墨打印机和激光打印机两种。

喷墨打印机利用排成阵列的微型喷墨机，在纸上喷出墨点来形成打印效果。具有价格适当、输出品质佳和噪音低的优点。但对耗材、纸张要求较高，使用成本较高。主流的喷墨打印机有 Lexmark(利盟)、Epson(爱普生)、Cannon(佳能)等系列。

激光打印机综合利用了复印机、计算机和激光技术来进行输出，打印速度快、质量高，但碳粉、硒鼓等成像材料和配件价格较高。常见的产品是 HP(惠普)系列激光打印机。

2.3.3　微型计算机的软件配置

应用较普遍的微型机通用类软件，版本不断更新，功能不断完善，交互界面更加友好，同时也要求具有较苛刻的硬件环境。为适应不同的需要或更好地解决某些应用问题，新软件也层出不穷。一台微型计算机应该配备哪些软件，应根据实际需求来决定。

对于一般微机用户来讲，列出如下软件供参考。

1. 操作系统

操作系统是微机必须配置的软件。目前用户采用微软公司的 Windows XP、Windows 7 等操作系统的比较普遍。

Windows 7 是目前较新的操作系统软件，支持最新的软硬件技术，但对硬件设备要求较高，近几年来购置的微机均可使用，但稍早购置的设备，因部分部件的技术落后，在功能上会受限。

建议近两年购置的微机最好安装 Windows 7 操作系统，有利于整机性能的充分发挥。

2. 工具软件

配置必要的工具软件有利于管理系统、保障系统安全、方便传输交互。

- 反病毒软件，用于尽量减少计算机病毒对资源的破坏，保障系统正常运行。常用的有瑞星、金山毒霸、卡巴斯基等。
- 压缩工具软件，用于对大容量的数据资源压缩存储或备份，便于交换传输，缓解资源空间危机，有利于数据安全。常用的有 ZIP、WinRAR 等。
- 网络应用软件，用于网络信息浏览、资源交流、实时通信等。常用的有腾讯 TT(浏览器)、迅雷(下载软件)、Foxmail(邮件处理软件)、QQ(实时通信软件)等。

3. 办公软件

相对而言，办公软件是应用最广泛的应用软件，可提供文字编辑、数据管理、多媒体编辑演示、工程制图、网络应用等多项功能。常用的有微软 Office 系列、金山 WPS 系列。

4. 程序开发软件

程序开发软件主要指计算机程序设计语言，用于开发各种程序。目前较常用的有 C/C++、Visual Studio 系列、Visual Studio .NET 系列、Java 等。

5. 多媒体编辑软件

多媒体编辑软件主要用于对音频、图像、动画、视频进行创作和加工。

常用的有 Cool Edit Pro(音频处理软件)、Photoshop(图像处理软件)、Flash(动画处理软件)、Premiere(视频处理软件)、Authorware(多媒体制作软件)等。

6. 工程设计软件

工程设计软件用于机械设计、建筑设计、电路设计等多行业的设计工作，常用的有 AutoCAD、Protel、Visio 等。

7. 教育与娱乐软件

教育软件主要指用于各方面教学的多媒体应用软件，如"轻松学电脑"系列、"小星星启蒙"儿童教育系列等。

娱乐软件主要指用于图片、音频、视频的播放软件以及电脑游戏等，如 ACDSee(图片浏览软件)、暴风影音(影音播放软件)、魔兽争霸(游戏软件)。

8. 其他专用软件

基于不同的工作需求，还有大量的行业专用软件，如"用友"财务软件系统、"北大方正"印刷出版系统、"法高"彩色证卡系统等。

在具体配置微机软件系统时，操作系统是必须安装的，工具软件、办公软件也应该安装，对于其他软件，应根据需要选择安装，也可以事先准备好可能需要的程序安装软件，在使用时即用即装。不建议将尽可能全的软件都安装到同一台微机中，一方面影响整机的运行速度，以 Windows 操作系统平台为例，软件安装的越多，注册表就越庞大，资源管理工作量就加大，则速度会下降；另一方面，软件间可能发生冲突，如反病毒软件在系统工作时，进行实时监控，不断收集分析可疑数据和代码。若同时安装两套反病毒软件，将会造成互相侦测、怀疑，如此反复循环，最终导致系统瘫痪；此外，不常用的程序安装在微机中，还将对宝贵的存储空间造成不必要的浪费。

2.4　计算机的主要技术指标及性能评价

计算机是由多个组成部分构成的复杂系统，技术指标繁多，涉及面广，评价计算机的性能，要结合多种因素，综合分析。

2.4.1　计算机的主要技术指标

1. 字长

字长是指 CPU 能够同时处理的比特(bit)数目。它直接关系到计算机的计算精度、功能和速度。字长越长，计算精度越高，处理能力越强。目前微型机字长有 8 位、16 位、32 位、64 位。

2. 主频

主频即 CPU 的时钟频率(CPU Clock Speed)，是 CPU 内核(整数和浮点数运算器)电路的实际运行频率。一般称为 CPU 运算时的工作频率，简称主频。主频越高，单位时间内完成的指令数也越多。目前主流的微型机 CPU 主频是 3.6GHz、4.4GHz。

3. 运算速度

由于计算机执行不同的运算所需的时间不同，因此只能用等效速度或平均速度来衡量。一般以计算机单位时间内执行的指令条数来表示运算速度。单位是 MIPS(每秒百万条指令数)。

4．内存容量

内存容量是指内存储器中能够存储信息的总字节数，以 KB、MB、GB 为单位，反映了内存储器存储数据的能力。内存容量的大小直接影响计算机的整体性能。

5．存取周期

存取周期是指对内存进行一次读/写(取数据/存数据)访问操作所需的时间。

2.4.2　计算机的性能评价

对计算机的性能进行评价，除采用上述主要技术指标外，还应考虑如下几个方面：

1．系统的兼容性

系统的兼容性一般包括硬件的兼容、数据和文件的兼容、系统程序和应用程序的兼容、硬件和软件的兼容等。对用户而言，兼容性越好，越便于硬件和软件的维护和使用；对机器而言，更有利于机器的普及和推广。

2．系统的可靠性和可维护性

系统的可靠性是指系统在正常条件下不发生故障或失效的概率，一般用平均无故障时间来衡量。系统的可维护性是指系统出了故障能否尽快恢复，一般用平均修复时间来衡量。

3．外设配置

外设包括计算机的输入和输出设备，不同的外设配置将影响计算机性能的发挥。例如，显示器有高、中、低分辨率之分，若使用分辨率较低的显示器，将难以准确还原显示高质量的图片；硬盘的存储大小不同，若选用低容量的硬盘，则系统无法满足大信息量的存储需求。

4．软件配置

软件配置包括操作系统、工具软件、程序设计语言、数据库管理系统、网络通信软件、汉字软件及其他各种应用软件等。计算机只有配备了必需的系统软件和应用软件，才能高效地完成相关任务。

5．性能价格比

性能一般指计算机的综合性能，包括硬件、软件等各方面；价格指购买整个计算机系统的价格，包括硬件和软件的价格。购买时应该从性能、价格两方面考虑。性能价格比(简称性价比)越高越好。

此外，评价计算机的性能时，还要兼顾多媒体处理能力、网络功能、信息处理能力、部件的可升级扩充能力等因素。

第3章 操 作 系 统

3.1 操作系统概述

操作系统是最重要的系统软件，是整个计算机系统的管理与指挥中心，管理着计算机的所有资源。但要熟练使用计算机的操作系统，首先须了解一些有关操作系统的基本知识。

3.1.1 操作系统的基本概念

操作系统管理和控制着计算机软硬件资源，合理组织计算机的工作流程，以便有效地利用这些资源为用户提供功能强大、使用方便且可扩展的工作环境，为用户使用计算机提供程序接口。

在计算机系统中，操作系统位于硬件和用户之间，一方面它能向用户提供接口，方便用户使用计算机；另一方面它能管理计算机软硬件资源，以便充分合理地利用它们。

3.1.2 操作系统的功能

从资源管理的角度来看，操作系统具有如下功能。

1. 处理机管理

处理机管理的主要任务是对处理机的分配和运行实施有效的管理。分配资源的基本单位是进程。进程是指一个具有一定独立功能的程序在一个数据集上的一次动态执行过程。因此，对处理机的管理可归结为对进程的管理。进程管理应实现下述主要功能：

- 进程控制：负责进程的创建、撤销及状态转换。
- 进程同步：对并发执行的进程进行协调。
- 进程通信：负责完成进程间的信息交换。
- 进程调度：按一定算法进行处理机分配。

2. 存储器管理

存储器管理的主要任务是负责内存分配、内存保护、内存扩充。合理地为程序分配内存，保证程序间不发生冲突和相互破坏。

- 内存分配：按一定的策略为每个程序分配内存。
- 内存保护：保证各程序在自己的内存区域内运行而不相互干扰。
- 内存扩充：借助虚拟存储技术增加内存。

3. 设备管理

设备管理的主要任务是对计算机系统内的所有设备实施有效的管理，使用户方便灵活地使用设备。设备管理应实现下述功能：

- 设备分配：根据一定的设备分配原则对设备进行分配。
- 设备传输控制：实现物理的输入/输出操作，即启动设备、中断处理、结束处理等。
- 设备独立性：用户程序中的设备与实际使用的物理设备无关。

4. 文件管理

文件管理负责管理软件资源，并为用户提供对文件的存取、共享和保护等手段。文件管理应实现下述功能：

- 文件存储空间管理：负责存储空间的分配与回收等功能。
- 目录管理：目录是为方便文件管理而设置的数据结构，能提供按名存取的功能。
- 文件操作管理：实现文件的操作，负责完成数据的读写。
- 文件保护：提供文件保护功能，防止文件遭到破坏。

5. 用户接口

提供方便、友好的用户界面，使用户无须了解过多的软硬件细节就能方便灵活地使用计算机。通常，操作系统以两种方式提供给用户使用。

- 命令接口：提供一组命令供用户方便地使用计算机，近年来出现的图形接口(也称图形界面)是命令接口的图形化。
- 程序接口：提供一组系统程序，供用户程序和其他系统程序使用。

3.1.3　操作系统的分类

操作系统是计算机系统软件的核心，根据操作系统在用户界面的使用环境和功能特征的不同，有很多分类方法。

1. 按结构和功能分类

一般分为：批处理系统、分时系统、实时系统、网络操作系统和分布式操作系统。

(1) 批处理操作系统

批处理(Batch Processing)操作系统的工作方式是，用户将作业交给系统操作员，系统操作员将许多用户的作业组成一批作业，之后输入到计算机中，在系统中形成一个自动转接的连续的作业流，然后启动操作系统，系统自动、依次执行每个作业，最后由操作员将作业结果交给用户。

(2) 分时操作系统

分时(Time Sharing)操作系统的工作方式是一台主机连接了若干个终端，每个终端有一个用户在使用。用户交互式地向系统提出命令请求，系统接受每个用户的命令，采用时间片轮转方式处理服务请求，并通过交互方式在终端上向用户显示结果。用户根据上步结果发出下道命令。分时操作系统将 CPU 的时间划分成若干个片段，称为时间片。操作系统以时间片为单位，轮流为每个终端用户服务。每个用户轮流使用一个时间片，使每个用户并不会感到有其他用户存在。

(3) 实时操作系统

实时操作系统(Real-Time Operating System，RTOS)是指使计算机能及时响应外部事件的请求，在规定的严格时间内完成对该事件的处理，并控制所有实时设备和实时任务协调一致地工作的操作系统。实时操作系统追求的目标是对外部请求在严格时间范围内做出反应，有高可靠性和完整性。

(4) 网络操作系统

网络操作系统基于计算机网络，是在各种计算机操作系统上按网络体系结构协议标准开发的系统软件，包括网络管理、通信、安全、资源共享和各种网络应用。其目标是相互通信及资源共享。网络操作系统除了具有一般操作系统的基本功能之外，还具有网络管理模块。网络操作系统用于对多台计算机的硬件和软件资源进行管理和控制。网络管理模块的主要功能是提供高效而可靠的网络通信能力，提供多种网络服务。

网络操作系统通常用在计算机网络系统中的服务器上。最有代表性的几种网络操作系统产品有：Novell 公司的 Netware、Microsoft 公司的 Windows 2000 Server、Unix 和 Linux 等。

(5) 分布式操作系统

分布式操作系统是由多台计算机通过网络连接在一起而组成的系统，系统中任意两台计算机可以通过远程过程调用交换信息，系统中的计算机无主次之分，系统中的资源所有用户共享，一个程序可分布在几台计算机上并行地运行，互相协调完成一个共同的任务。分布式操作系统的引入主要是为了增加系统的处理能力、节省投资、提高系统的可靠性。用于管理分布式系统资源的操作系统称为分布式操作系统。

2. 按用户数目分类

一般分为单用户操作系统和多用户操作系统。

单用户操作系统又可以分为单用户单任务操作系统和单用户多任务操作系统。

(1) 单用户单任务操作系统是指在一个计算机系统内，一次只能运行一个用户程序，此用户独占计算机系统的全部软硬件资源。常见的单用户单任务操作系统有 MS-DOS、PC-DOS 等。

(2) 单用户多任务操作系统也是为单用户服务的，但它允许用户一次提交多项任务。常见的单用户多任务操作系统有 Windows 95、Windows 98 等。

(3) 多用户操作系统允许多个用户通过各自的终端使用同一台主机，共享主机中的各类资源。常见的多用户多任务操作系统有 Windows 2000 Server、Windows XP、Windows 2003 和 Unix。

3.1.4　典型操作系统介绍

1. DOS 操作系统

DOS(Disk Operation System，磁盘操作系统)由微软公司于 1981 年 8 月推出，它是一种单用户单任务的计算机操作系统。DOS 采用字符界面，必须输入各种命令来操作计算机，这些命令都是英文单词或缩写，比较难以记忆，不利于一般用户操作计算机。进入 20 世纪 90 年代后，DOS 逐步被 Windows 操作系统取代。

2. Windows 操作系统

Microsoft 公司成立于 1975 年，目前已经成为世界上最大的软件公司，其产品覆盖操作系统、编译系统、数据库管理系统、办公自动化软件和 Internet 支撑软件等各个领域。

从 1983 年 11 月 Microsoft 公司宣布 Windows 1.0 诞生到今天的 Windows 10，Windows 已经成为风靡全球的计算机操作系统。Windows 操作系统的发展历程如表 3-1 所示。

表 3-1　Windows 操作系统发展历程

Windows 版本	推出时间	特点
Windows 3.x	1990 年	具备图形化界面，增加 OLE 技术和多媒体技术
Windows 95	1995年8月	脱离 DOS 独立运行，采用 32 位处理技术，引入"即插即用"等许多先进技术，支持 Internet
Windows 98	1998 年 6 月	FAT 32 支持，增强 Internet 支持、增强多媒体功能
Windows 2000	2000 年	网络操作系统，稳定、安全、易于管理
Windows XP	2001 年 10 月	纯 32 位操作系统，更加安全、稳定、易用性更好
Windows 2003	2003 年 4 月	服务器操作系统，易于构建各种服务器
Windows Vista	2005 年 7 月	在界面、安全性和软件驱动集成性上有重大改进
Windows 7	2009 年 10 月	更易用、更快速、更简单、更安全
Windows 8	2012 年 10 月	支持来自 Intel、AMD 和 ARM 的芯片架构，被应用于个人电脑和平板电脑上，尤其是移动触控电子设备，如触屏手机、平板电脑等。另外在界面设计上，采用平面化设计
Windows 10	2015 年 7 月	Windows 10 经历了 Technical Preview(技术预览版)以及 Insider Preview(内测者预览版)，下一代 Windows 将作为 Update 形式出现

Windows XP 的技术特点：

(1) 多用户多任务操作系统，在 32 位下具有抢先多任务能力。

(2) 支持对称多处理器和多线程，即多个任务可基于多个线程被对称地分布到各个 CPU 上工作，从而大大提高了系统处理数据的能力。

(3) 32 位页式虚拟存储管理。

(4) 支持多种可装卸文件系统。

(5) 提供"即插即用"功能，系统增加新设备时，只需把硬件插入系统，由 Windows 解决设备驱动程序的选择和设置等问题。

(6) 新的图形化界面，具有较强的多媒体支持功能。

(7) 内置网络功能，直接支持联网和网络通信。

(8) 具有更高的安全性和稳定性。

Windows 7 的技术特点：

同以往的 Windows 版本相比，Windows 7 有以下新特性：

(1) 便捷的连接：Windows 7 提供了非常便捷的连接功能，不仅可以帮助用户用最短的时间完成网络连接，直接接入 Internet，而且还能紧密和快捷地将其他的计算机、所需要的信息以及电子设备无缝连接起来，使所有的计算机和电子设备连为一体。

(2) 透明的操作：Windows 7 中透明的操作有两层意思，一是指系统所使用的界面看起来将会有一种水晶的感觉，从界面上让用户感到更加整洁；二是指 Windows 7 将会更加有效地处理和归类用户的数据，系统将会为用户带来最快捷的个人数据服务，让用户更加快捷地管理自己的信息。

(3) 加固的安全：Windows 7 为用户带来经过改善的安全措施，将会比以往的操作系统更加安全地保护计算机，使之不受计算机病毒侵害。

3. Unix 操作系统

Unix 操作系统于 1969 年在贝尔实验室诞生。它是一个交互式的分时操作系统。

Unix 取得成功的最重要原因是系统的开放性、公开源代码、易理解、易扩充、可移植性。用户可以方便地向 Unix 系统中逐步添加新功能和工具，这样可使 Unix 越来越完善，能提供更多服务，从而成为程序开发的有效支撑平台。它是可以安装和运行在从微型机、工作站直到大型机和巨型机上的操作系统。

Unix 系统因其稳定可靠的特点而在金融、保险等行业得到广泛应用。

Unix 的技术特点：

(1) 多用户多任务操作系统，用 C 语言编写，具有较好的易读、易修改和可移植性。

(2) 结构分核心部分和应用子系统，便于做成开放系统。

(3) 具有分层可装卸卷的文件系统，提供文件保护功能。

(4) 提供 I/O 缓冲技术，系统效率高。

(5) 剥夺式动态优先级 CPU 调度，有力地支持分时功能。

(6) 请求分页式虚拟存储管理，内存利用率高。

(7) 命令语言丰富齐全，提供功能强大的 Shell 语言作为用户界面。

(8) 具有强大的网络与通信功能。

4. Linux 操作系统

Linux 是由芬兰科学家 Linus Torvalds 于 1991 年编写完成的一个操作系统内核。当时他还是芬兰首都赫尔辛基大学计算机系的学生，在学习操作系统的课程中，自己动手编写了一个操作系统原型。Linus 把这个系统放在 Internet 上，允许自由下载，许多人对这个系统进行改进、扩充、完善，进而一步一步地发展成完整的 Linux 系统。

Linux 是一个开放源代码、类 Unix 的操作系统。它除了继承 Unix 操作系统的特点和优点外，还进行了许多改进，从而成为一个真正的多用户多任务的通用操作系统。

Linux 的技术特点：

(1) 继承了 Unix 的优点，并进一步改进，紧跟技术发展潮流。

(2) 全面支持 TCP/IP，内置通信联网功能，让异种机方便联网。

(3) 是完整的 Unix 开发平台，几乎所有主流语言都已被移植到 Linux。

(4) 提供强大的本地和远程管理功能，支持大量外设。

(5) 支持 32 位文件系统。

(6) 提供 GUI，有图形接口 X-Window，有多种窗口管理器。

(7) 支持并行处理和实时处理，能充分发挥硬件性能。

(8) 开放源代码，在该平台上开发软件成本低，有利于推广各种特色的操作系统。

在 Linux 基础上，我国中科红旗软件技术公司于 1999 年成功研制了红旗 Linux。它是应用于以 Intel 和 Alpha 芯片为 CPU 的服务器平台上的第一个国产操作系统。红旗 Linux

标志着我国拥有了独立知识产权的操作系统，它在政府、电信、金融、交通和教育等领域拥有众多成功案例。继服务器版 1.0、桌面版 2.0、嵌入式 Linux 之后，红旗后来又推出了 Red Flag DC Server (红旗数据中心服务器) 5.0 及多种发行版本，这意味着红旗软件所主导的 Linux 系统在产品技术方面更加成熟完善。红旗 Linux 为中国国产操作系统的发展奠定了坚实的基础。

3.2　Windows 7 操作系统简介

Windows 7 是由微软公司开发的新一代操作系统，可供家庭及商业工作环境、笔记本电脑、平板电脑、多媒体中心等使用。Windows 7 继承了 Windows XP 的实用和 Windows Vista 的华丽，并进行了一次升华，性能更高、启动更快、兼容性更强，还具有很多新的特性和优点。Windows 7 的设计主要围绕 5 个重点：针对笔记本电脑的特有设计、基于应用服务的设计、用户的个性化、视听娱乐的优化、用户易用性的新引擎。这些重点和许多方便用户的新功能使 Windows 7 成为非常易用的 Windows 版本系列。

3.2.1　Windows 7 概述

Windows 7 是微软公司开发的综合了 Windows XP 实用性和 Windows Vista 华丽性的新一代视窗操作系统。Windows 7 实现了许多方便用户的设计，如快速最大化、窗口半屏显示、跳转列表、系统故障快速修复等。它还大幅缩减了 Windows 的启动时间，并改进了原有的安全和功能合法性。Windows 7 的 Aero 效果华丽，有碰撞效果、水滴效果，还有丰富的桌面小工具，这些都比 Windows Vista 增色不少，但其资源消耗却非常低。此外，Windows 7 系统集成的搜索功能非常强大，只要用户打开"开始"菜单并输入搜索内容，无论是查找应用程序还是文本文档等，搜索功能都能自动完成，给用户的操作带来了极大的便利。

3.2.2　Windows 7 的启动与关闭

1. 启动

对于安装了 Windows 7 操作系统的计算机，打开计算机电源开关即可启动 Windows 7。打开电源后系统首先进行硬件自检。如果用户在安装 Windows 7 时设置了口令，则在启动过程中将出现口令对话框，用户只有回答了正确的口令后方可进入 Windows 7 系统。

成功启动 Windows 7 后，用户将在计算机屏幕上看到如图 3-1 所示的 Windows 7 界面。它表示 Windows 7 已经处于正常工作状态。

图 3-1　Windows 7 初始画面

如果启动计算机时，在系统进入 Windows 7 初始画面前按 F8 键，或是在启动计算机时按住 Ctrl 键，就可以以安全模式启动计算机。安全模式是 Windows 用于修复操作系统错误的专用模式，是一种不加载任何驱动的最小系统环境。用安全模式启动计算机，可以方便用户排除问题、修复错误。安全模式的具体作用如下：

(1) 修复系统故障。

(2) 恢复系统设置。

(3) 彻底清除计算机病毒。

(4) 系统还原。

(5) 检测不兼容的硬件。

(6) 卸载不正确的驱动程序。

2. 关闭

正确关闭 Windows 7 系统的操作方法为：单击任务栏的"开始"按钮，在弹出的"开始"菜单中选择"关机"命令。

如果用户单击"关机"按钮右边的三角形按钮，系统就会弹出如图 3-2 所示的菜单。若用户在此菜单中选择"切换用户"，系统就会进行用户的切换。若用户选择"重新启动"，则先退出 Windows 7 系统，然后重新启动计算机，可以再次选择进入 Windows 7 系统。

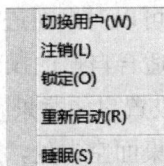

图 3-2 "关机选项"菜单

"切换用户"允许另一个用户登录计算机，但前一个用户的操作依然被保留在计算机中，一旦计算机又切换到前一个用户，那么他仍能继续操作，这样就可保证多个用户互不干扰地使用计算机。"注销"就是向系统发出清除现在登录用户的请求。"锁定"是指系统主动向电源发出信息切断除内存以外的所有设备的供电，由于内存没有断电，系统中运行的所有数据将依然被保存在内存中。"睡眠"是指系统将内存中的数据保存到硬盘上，然后切断除内存以外的所有设备的供电。

3.3 Windows 7 的基本操作

3.3.1 桌面及其操作

1. 桌面

Windows 7 开机后展现在用户面前的界面称为桌面，如图 3-3 所示，用户使用计算机时总是从桌面开始进入各种具体的应用。桌面上主要包含图标、任务栏、快速启动栏及"开始"按钮等元素。

图标

"开按"钮始　　快速启动栏　　任务栏

图 3-3　桌面

2. 桌面设置

用户可以对桌面进行个性化设置，将桌面的背景修改为自己喜欢的图片，或者将分辨率设置为适合自己的操作习惯等。

(1) 设置桌面背景

右击桌面空白处，选择"个性化"→"桌面背景"命令，弹出如图 3-4 所示的"桌面背景"窗口。窗口中"图片位置(L)"右侧的下拉列表中列出了系统默认的图片存放文件夹，在其下的背景列表框中选择一张图片并单击"保存修改"按钮，即可为桌面铺上一张墙纸。如果用户对背景列表框中的所有墙纸都不满意，也可通过"浏览"按钮将"计算机"中的某个图片文件设置为墙纸。

图 3-4　"桌面背景"窗口

"图片位置(P)"下拉列表中的各选项用于限定图片在桌面上的显示位置。"填充"是让图片充满整个窗口，但图片可能显示不完整；"适应"是将图片按比例放大或缩小，填充桌面；"拉伸"表示若图片较小，系统将自动拉大图片以使其覆盖整个桌面；"平铺"表示可能连续显示多个文件图片以覆盖整个桌面；"居中"表示将图片显示在桌面的中央。

如果选中背景列表框中的几张或全部图片，在"更改图片时间间隔"下拉列表中选中其中的某个时间间隔后，选中的墙纸就会按顺序定时切换。

(2) 设置屏幕分辨率和刷新频率

屏幕分辨率指的是屏幕上显示的文本和图像的清晰度。分辨率越高，在屏幕上显示的项目越小，项目越清楚，因此屏幕上可以容纳更多的项目。分辨率越低，在屏幕上显示的项目越少，但屏幕上项目的尺寸越大。设置屏幕分辨率的操作步骤如下：

右击桌面空白处，选择"屏幕分辨率"命令，打开如图 3-5 所示的"屏幕分辨率"窗口，用户可以看到系统设置的默认分辨率与方向。

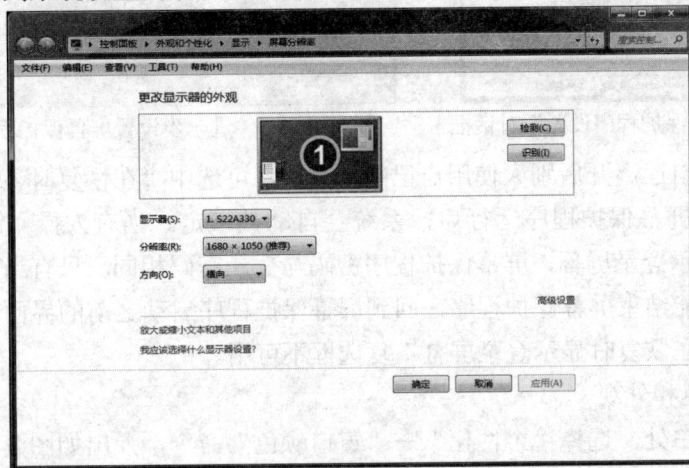

图 3-5 "屏幕分辨率"窗口

单击"分辨率"右侧下拉列表框的下拉按钮，在弹出的列表中拖动滑块，选择需要设置的分辨率，最后单击"确定"按钮。

刷新频率是屏幕画面每秒被刷新的次数，当屏幕出现闪烁现象时，就会导致眼睛疲劳和头痛。此时用户可以通过设置屏幕刷新频率，消除闪烁现象。

用户可以在"屏幕分辨率"窗口中单击"高级设置"文本链接，在打开的对话框中选择"监视器"选项卡，在"屏幕刷新频率"下拉列表中选择合适的刷新频率，单击"确定"按钮，返回到"屏幕分辨率"窗口，再单击"确定"按钮即可完成设置。

(3) 设置屏幕保护程序

在指定的一段时间内没有使用鼠标或键盘后，屏幕保护程序就会出现在计算机的屏幕上，此程序为变动的图片或图案。屏幕保护程序最初用于保护较旧的单色显示器免遭破坏，现在它们主要是使计算机具有个性化或通过提供密码保护来增强计算机安全性的一种方式。

设置屏幕保护程序的方法：右击桌面空白处，选择"个性化"→"屏幕保护程序"命令，弹出如图 3-6 所示的"屏幕保护程序设置"对话框。

单击"屏幕保护程序"下拉列表框的下拉箭头，从列表中选择一个屏幕保护程序，如"三维文字"，这时可从对话框上方的预览栏中看到屏幕保护效果。若不满意，还可单击"设置"按钮对屏幕保护内容进行修改，如图 3-7 所示。设置完成后，可单击"预览"按钮查看效果。"等待"时间是指用户在多长时间内未对计算机进行任何操作后，系统启动屏幕保护程序。

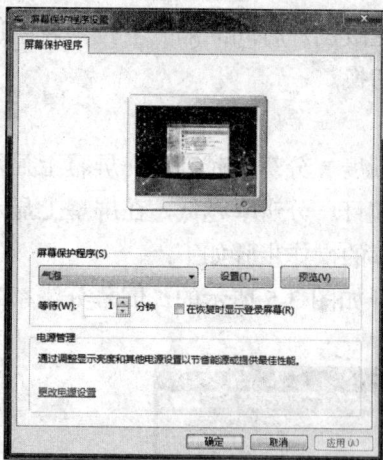

图 3-6　"屏幕保护程序设置"对话框　　　图 3-7　进一步设置屏幕保护程序

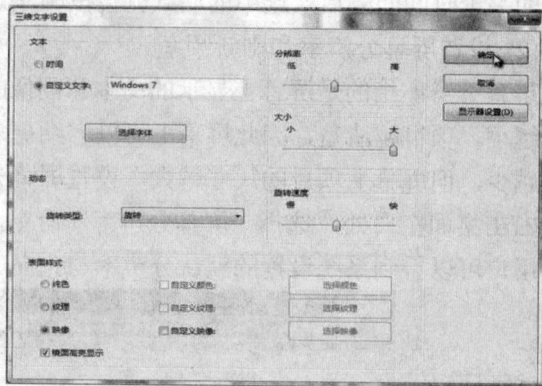

　　如果想防止自己离开后别人使用自己的计算机，可选中"在恢复时显示登录屏幕"复选框。这样，当屏幕保护程序运行后，系统会自动被锁定。当有人操作键盘或鼠标时，Windows 就会显示登录屏幕，屏幕保护程序密码与登录密码相同。只有当用户输入正确的登录密码后，才能结束屏幕保护程序，回到屏幕保护程序启动之前的界面。如果没有使用密码登录，则"在恢复时显示登录屏幕"复选框不可用。

　　(4) 窗口颜色和外观

　　右击桌面空白处，选择"个性化"→"窗口颜色"命令，弹出如图 3-8 所示的"窗口颜色和外观"窗口。在这里，用户可以对桌面、消息框、活动窗口和非活动窗口等的字体、颜色、尺寸大小进行修改。

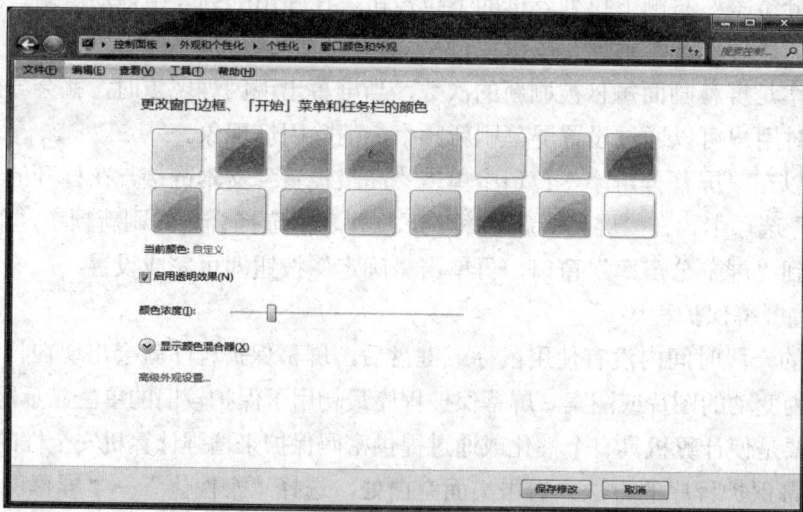

图 3-8　"窗口颜色和外观"窗口

　　如果想更改窗口边框、"开始"菜单和任务栏的颜色，选择下面的示例颜色即可。如果选中"启用透明效果"复选框，窗口边框、"开始"菜单和任务栏就会有半透明的效果。拖动"颜色浓度"右边的滑块，颜色会有深浅变化。

　　单击"高级外观设置"文本链接，弹出如图 3-9 所示的"窗口颜色和外观"对话框。该对话框的"项目"下拉列表中提供了所有可更改设置的选项，单击"项目"下拉列表框中想要更改的项目，如"窗口""菜单"或"图标"，然后调整相应的设置，如颜色、字体或字号等。

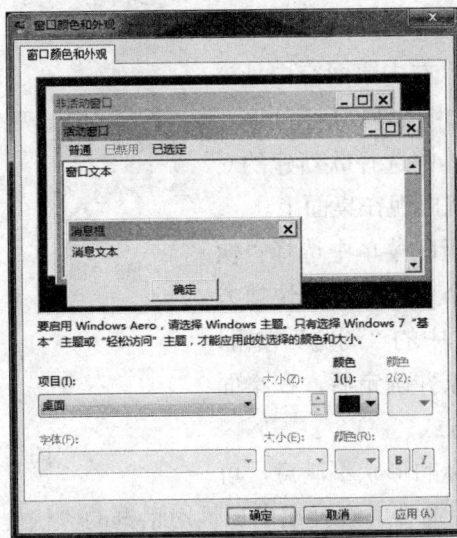

图 3-9 "窗口颜色和外观"对话框

3.3.2 图标及其操作

图标是代表程序、数据文件、系统文件或文件夹等对象的图形标记。从外观上看，图标是由图形和文字说明组成的，不同类型对象的图标形状大都不同。系统最初安装完毕后，桌面上通常产生一些重要图标(如 Administrator、"计算机"和"回收站"等)，以方便用户快速启动并使用相应对象。用户也可根据自己的需要在桌面上建立其他图标。双击图标可以进入相应的程序窗口。

桌面上图标的多少及图标排列的方式，完全由用户根据自己的喜好来设置。

1. 图标的种类

除了安装 Windows 7 后自动产生的几个系统图标外，还有以下几种类型的图标：文件图标(代表文件)、文件夹图标(代表文件夹)和快捷方式图标。从外观上看，快捷方式图标的特点是左下角带有一个旋转箭头标记。实质上，快捷方式图标是指向原始文件(或文件夹)的一个指针，它只占用很少的硬盘空间。当双击某个快捷方式图标时，系统会自动根据指针的内部链接打开相应的原始文件(或文件夹)，用户不必考虑原始目标的实际物理位置，使用非常方便。

2. 图标的常用操作

图标的常用操作主要有选择图标、排列图标、添加图标及删除图标等。

(1) 排列图标

右击桌面空白处，选择"排序方式"命令，弹出如图 3-10 所示的级联菜单，用户可从中选择"名称""大小""项目类型"或"修改时间"4 种排序方式之一。

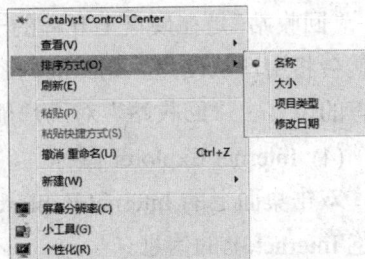

图 3-10 用快捷菜单排列图标

(2) 添加图标

添加图标可分为新建图标和移动(或复制)其他窗口中的图标两种。

在桌面上新建图标时，右击桌面空白处，选择"新建"命令，弹出如图 3-11 所示的"新建"命令的级联菜单。在其中选择欲新建的对象类型，新建的对象图标就出现在桌面上。

若在"新建"命令的级联菜单中选择"快捷方式"选项，则弹出一个名为"创建快捷方式"的对话框。单击对话框中的"浏览"按钮，选择欲创建快捷方式的对象并确定后，在桌面上就会创建该对象的快捷方式。

若用户对快捷方式图标的形状不满意，可

图 3-11　新建对象

右击该图标，选择"属性"命令，在弹出的属性对话框的"快捷方式"选项卡中单击"更改图标"按钮，在新弹出的对话框中选择一种满意的图标并确定，即可改变该快捷方式图标的形状。

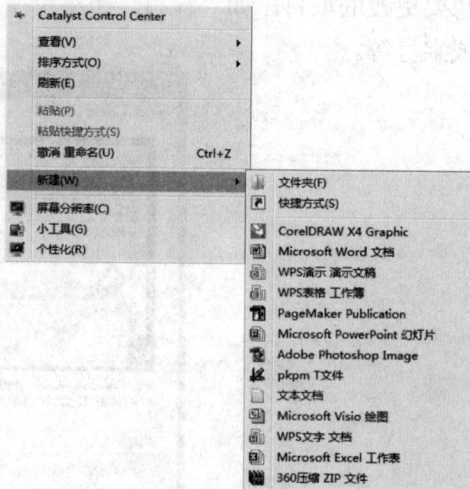

3. 删除图标

右击欲删除的图标，选择"删除"命令，即可删除该图标。

注意：

桌面上的"计算机""网上邻居""回收站"等图标是系统固有的，不能用上述方法删除。

3. 桌面上的常用图标

桌面上通常会包含以下常用图标。

(1) "计算机"图标

双击桌面上的"计算机"图标可以打开"计算机"窗口，用户通过该窗口可以访问计算机上存储的所有文件和文件夹，还可以对计算机的各种软硬件资源进行设置。

(2) Administrator 图标

Windows 7 桌面上的 Administrator 文件夹是这个用户的根文件夹，里面包含了该用户的"联系人""我的文档""我的音乐""我的图片"等子文件夹。

(3) "回收站"图标

"回收站"是在硬盘上开辟的一块区域，默认情况下，只要"回收站"没有存满，Windows 7 就会将用户从硬盘上删除的内容暂存在"回收站"内，用户可以随时将这些内容恢复到原有的位置。"回收站"对用户删除的文件起到保护的作用。

(4) Internet Explorer 图标

双击桌面上的 Internet Explorer 图标可以打开浏览器窗口，用户可以通过该窗口方便地浏览 Internet 上的信息。

(5) "网络"图标

利用"网络"图标可以访问局域网中其他计算机上共享的资源。

双击"网络"图标打开"网络"窗口，在该窗口中，可以看到同一局域网中其他计算机的图标，如图 3-12 所示，图标旁边的名字用于标识和区别不同的计算机。双击要访问的计算机图标，就可以访问这些"邻居"的共享文件夹。

3.3.3 任务栏及其操作

系统中打开的所有应用软件的图标都显示在任务栏中，任务栏由"开始"按钮、"应用程序"区域和"通知"区域组成。利用任务栏还可以进行窗口排列和任务管理等操作。

- "开始"按钮：单击"开始"按钮可以打开"开始"菜单。
- "应用程序"区域：显示正在运行的应用程序的名称。
- "通知"区域：显示时钟等系统当前的状态。

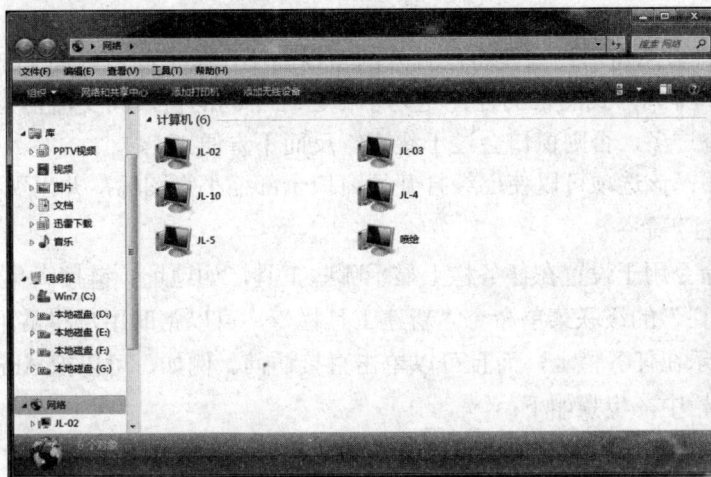

图 3-12 "网络"窗口

任务栏通常位于桌面最底部，高度与"开始"按钮相同。右击任务栏的空白处，确定快捷菜单中的"锁定任务栏"选项未被选中的情况下，用户可以调整任务栏的位置和高度。

1. 调整任务栏的位置

任务栏可以放置在屏幕上、下、左、右的任一方位。改变任务栏位置的方法是：将鼠标指针指向任务栏的空白处，按下鼠标左键拖动至屏幕的最上(或最左、最右)边，松开鼠标左键，任务栏随之移动到屏幕的上(或左、右)边。

2. 调整任务栏的高度

任务栏的高度最多可以达到整个屏幕高度的一半。调整任务栏高度的方法是：将鼠标指针移到任务栏的边缘，鼠标指针会变成双向箭头形状，此时将鼠标向增加或减小高度的方向拖动，即可调整任务栏的高度。

3. 利用任务栏设置排列窗口及任务栏

(1) 排列窗口

当用户打开多个窗口时，除当前活动窗口可全部显示外，其他窗口往往被遮盖。用户若需要同时查看多个窗口的内容，可以利用 Windows 7 提供的窗口排列功能使窗口层叠显示或并排显示。

排列窗口的操作方法为：右击任务栏上未被图标占用的空白区域，弹出如图 3-13 所示的任务栏快捷菜单。选择执行其中关于窗口排列的选项，即可出现不同的窗口排列形式。

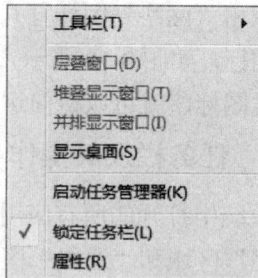

图 3-13　任务栏快捷菜单

- 层叠窗口：将已打开的窗口层叠排列在桌面上，当前活动窗口在最前面，其他窗口只露出标题栏和窗口左侧的少许部分。
- 堆叠/并排显示窗口：系统将已打开的窗口缩小，按横向或纵向平铺在桌面上。采用该窗口排列方式的目的往往是为了便于在不同的窗口间交流信息，所以打开的窗口不宜过多，否则窗口会过于狭窄，反而不方便。
- 显示桌面：该选项可以使已经打开的窗口全部缩小为图标，并出现在任务栏中。

(2) "工具栏"命令

"工具栏"命令用于设置在任务栏上显示哪些工具，如地址、链接、桌面等。

使用"工具栏"的级联菜单命令"新建工具栏"，可以帮助用户将常用的文件夹或经常访问的网址显示在任务栏上，而且可以单击直接访问。例如，可以把 Administrator 文件夹放到新建工具栏中，步骤如下：

① 用鼠标右击任务栏的空白处，打开快捷菜单。

② 选择"工具栏"→"新建工具栏"命令，打开"新工具栏-选择文件夹"对话框，如图 3-14 所示。

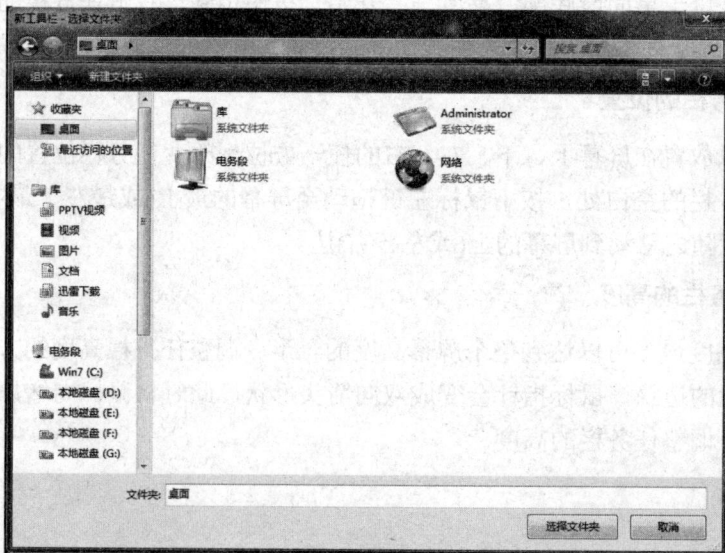

图 3-14　"新工具栏-选择文件夹"对话框

③ 在文件夹列表框中选择要新建的 Administrator 文件夹后，单击"选择文件夹"按钮，Administrator 文件夹就被添加到了"新建工具栏"中。

在 Administrator 工具栏中，该文件夹中的子文件夹和文件以图标形式显示，单击这些图标就可以直接打开相应的文件夹或文件。由于受空间的限制，不是所有的文件夹和文件都能列出。单击 Administrator 工具栏右侧的双箭头按钮，会出现一个列表，在这个列表中列出了 Administrator 文件夹下所有子文件夹和文件的图标。

若要取消 Administrator 工具栏的显示，可右击任务栏的空白处，在快捷菜单的"工具栏"的级联菜单中取消对 Administrator 选项的选择即可。

(3) "锁定任务栏"命令

选择该选项后，任务栏的位置和高度等均不可调整。

(4) "属性"命令

选择执行任务栏的"属性"命令可弹出如图 3-15 所示的对话框，利用该对话框可以对任务栏和开始菜单的属性进行设置。图 3-15 中显示的是"任务栏"选项卡的内容。

- "自动隐藏任务栏"：是指只有当鼠标指向原任务栏时，"任务栏"才显示出来，其他情况下隐藏。
- "使用小图标"：是指任务栏上的所有程序都以"小图标"的形式显示。
- "屏幕上的任务栏位置"：从右边的下拉列表中可以选择让任务栏出现在桌面的"底部""左侧""右侧"或"顶部"。
- "任务栏按钮"：打开"任务栏按钮"下拉列表，有"始终合并、隐藏标签""当任务栏被占满时合并"和"从不合并"3 个选项。如果选

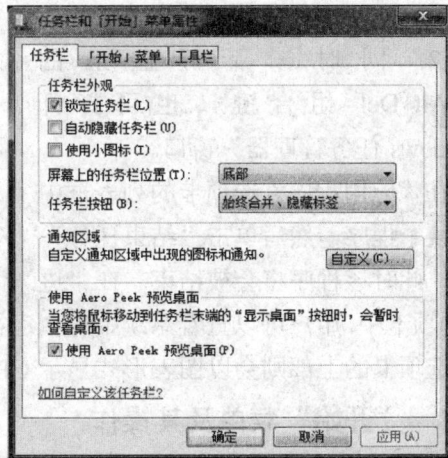

图 3-15 "任务栏和「开始」菜单属性"对话框

择"始终合并、隐藏标签"，则"应用程序"区域只会显示应用程序的图标，如果在同一程序中打开许多文档，Windows 会将所有文档组合为一个任务栏图标。如果选择"当任务栏被占满时合并"，则当任务栏上打开太多程序导致任务栏被占满时，Windows 会合并所有相同类型的程序。如果选择"从不合并"，那么即便在任务栏上打开太多程序导致任务栏被占满的情况下，任务栏中的图标也不会被合并。

4. 多窗口多任务的切换

Windows 7 系统具有多任务处理功能，用户可以同时打开多个窗口，运行多个应用程序，并可以在多个应用程序之间传递并交换信息。为了使上述功能得到充分利用，Windows 7 提供了灵活方便的切换技术。任务栏是多任务多窗口间切换的最有效方法之一。单击任务栏上任意一个应用软件的图标，其应用软件窗口即被显示在桌面的最上层，并处于活动状态。

另外，也可以直接用鼠标单击某窗口的可见部分，实现切换。如果当前窗口完全遮住

了需要使用的窗口，用户可先用鼠标指针移开当前窗口或缩小当前窗口的尺寸，然后进行切换。

用户按 Alt+Tab 组合键也可以完成多窗口多任务的切换。

5. 任务管理器

"任务管理器"提供了有关计算机性能、计算机运行的程序和进程的信息。用户可利用"任务管理器"启动程序、结束程序或进程、查看计算机性能的动态显示，更加方便地管理、维护自己的系统，提高工作效率，使系统更加安全、稳定。

用户可以通过以下两种方法打开"任务管理器"：

(1) 右击任务栏的空白处，选择"启动任务管理器"命令，打开如图 3-16 所示的"Windows 任务管理器"窗口。

(2) 同时按下键盘上的 Ctrl+Alt+Del 组合键，也可打开"Windows 任务管理器"窗口。

在"应用程序"选项卡的列表框中选择某个程序，然后单击"结束任务"按钮，此时该程序将会被结束。在"进

图 3-16　"Windows 任务管理器"窗口

程"选项卡中，用户可以查看系统中每个运行中的任务所占用的 CPU 时间及内存大小。"性能"选项卡的上部则会以图表形式显示 CPU 和内存的使用情况。

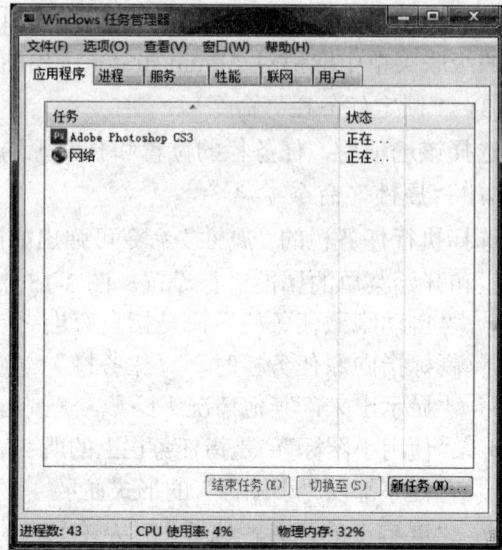

3.3.4　"开始"菜单及其操作

"开始"按钮位于任务栏上，单击"开始"按钮，即可启动程序、打开文档、改变系统设置、获得帮助等。无论在哪个程序中工作，都可以使用"开始"按钮。

在桌面上单击"开始"按钮，"开始"菜单即可展现在屏幕上，如图 3-17 所示。用户移动鼠标在上面滑动，一个矩形光条也随之移动。若在右边有小三角的选项上停下来，与之对应的级联菜单(即下级子菜单)就会立即出现，它相当于二级菜单。用户继续重复以上操作，还可以打开三级、四级菜单。打开最后一级菜单后，单击光标停驻的应用程序选项，即可启动相应的应用程序。

右击"开始"按钮，选择"属性"命令，可打开"任务栏和「开始」菜单属性"对话框。在"「开始」菜单"选项卡中单击"自定义"按钮，可打开"自定义「开始」菜单"对话框，如图 3-18 所示。在这里，用户可以自定义"开始"菜单上的链接、图标以及菜单的外观和行为。

在"开始"菜单中会显示用户最近使用的程序的快捷方式，系统默认显示 10 个，用户可以在"要显示的最近打开过的程序的数目"微调框中调整其数目。系统会自动统计出

使用频率最高的程序，使其显示在"开始"菜单中，这样用户在使用时就可以直接在"开始"菜单中选择启动，而不用在"所有程序"菜单中启动。

图 3-17　"开始"菜单

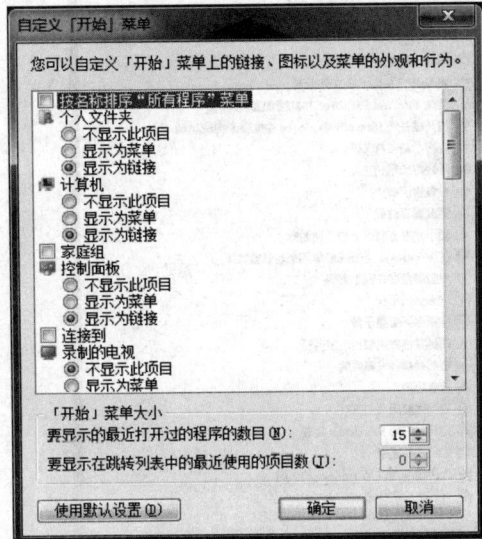

图 3-18　"自定义「开始」菜单"对话框

1. 搜索框

搜索框位于"开始"菜单最下方，用来搜索计算机中的项目资源，是快速查找资源的有力工具，功能非常强大。搜索框将遍历用户的程序以及个人文件夹(包括"文档""图片""音乐""桌面"以及其他常见位置)中的所有文件夹，因此是否提供项目的确切位置并不重要。它还将搜索用户的电子邮件，已保存的即时消息、约会和联系人等。

用户在搜索框中输入需要查询的文件名，"开始"菜单就会立即变成搜索结果列表，如图 3-19 所示。随着输入内容的变化，搜索结果也会实时更改，甚至不需要输入完整的键字就能列出相关的项目，从程序到设置选项，从文档到邮件，应有尽有，使用它查找资源非常方便。

如果在这些结果中找不到要搜索的文件，也没有关系，因为这只是很小的一部分搜索结果，只要单击搜索框上方的"查看更多结果"，就能查看全部搜索结果了。

2. "帮助和支持"选项

Windows 7 为用户提供了一个功能强大的帮助系统，使用帮助是学习和使用 Windows 7 的一条非常有效的途径。

"Windows 帮助和支持"窗口如图 3-20 所示，通过它可以广泛访问各种联机帮助系统，可以向联机 Microsoft 客户支持技术人员寻求帮助，也可以与其他 Windows 7 用户和专家利用 Windows 新闻组交换问题和答案，还可以使用"Windows 远程协助"来向朋友或同事寻求帮助。

"帮助和支持"的使用方法很简单。例如，要查找关于"网络"的帮助，只需要在"搜索框"中输入"网络"并按 Enter 键，下面的窗口中就会出现很多关于"网络"的主题。

单击其中的某个主题，窗口中就会列出详细的帮助文本。

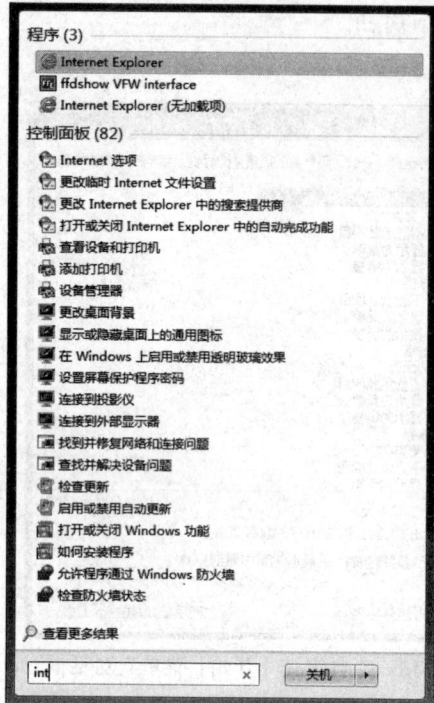

图 3-19　在 Windows 7 的搜索框中输入关键字

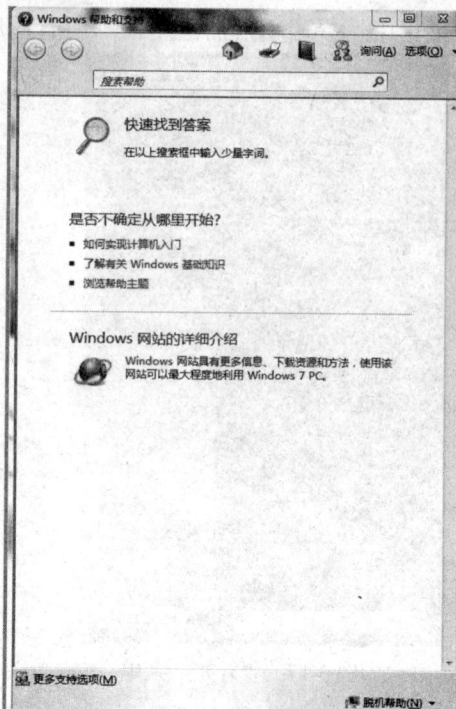

图 3-20　"Windows 帮助和支持"窗口

3.3.5　窗口及其操作

在 Windows 7 操作系统中，窗口是用户界面中最重要的组成部分，对窗口的操作也是最基本的操作之一。

窗口是屏幕中一种可见的矩形区域，如图 3-21 所示。窗口是用户与产生该窗口的应用程序之间的可视界面，用户可随意在任意窗口上工作，并在各窗口之间交换信息。Windows 7 的窗口分为两大类：应用程序窗口和文件夹窗口。窗口的操作包括打开、关闭、移动、放大及缩小等。在桌面上可以同时打开多个窗口，每个窗口可扩展至覆盖整个桌面或者被缩小为图标。

窗口通常包含以下组成部分。

(1) 标题栏

位于窗口上方第一行的是标题栏。标题栏的右侧依次是"最小化"按钮(单击此按钮可使窗口缩小为任务栏上的图标)、"最大化"按钮(单击此按钮可使窗口扩大到覆盖整个屏幕，此时"最大化"按钮变为"向下还原"按钮，单击它可使窗口还原为原始大小)和"关闭"按钮(单击此按钮可关闭当前窗口)。当同时打开多个窗口时，只有当前处于活动状态的窗口，其标题栏的颜色是用户在控制面板中设定好的窗口颜色。当窗口不处于最大化状态时，将鼠标指针置于窗口标题栏，按下鼠标左键并拖动鼠标即可移动窗口位置。双击标题栏可使窗口在"最大化"和"向下还原"两种状态间进行切换。在标题栏上单击鼠标右键，将弹出窗口的控制菜单，使用它也可完成最小化、最大化、还原、关闭及移动窗口等功能。

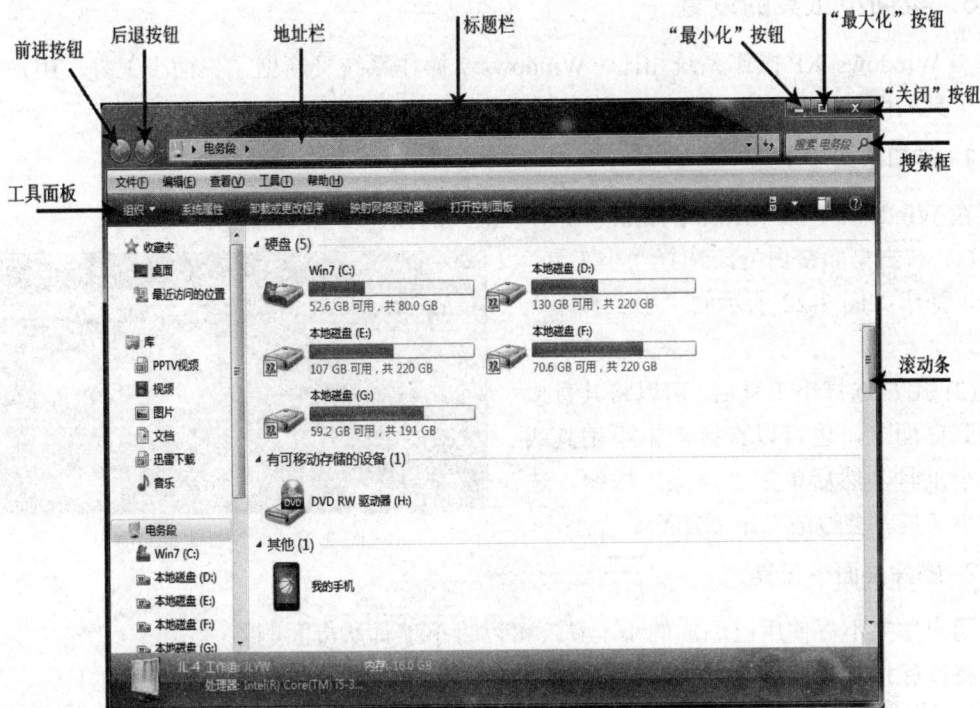

图 3-21 窗口的组成部分

当窗口不处于最大化状态时，可把鼠标指针移到窗口的边框处，此时鼠标指针变成双向箭头形状，按下鼠标左键拖动即可改变窗口的大小。

(2) "后退"和"前进"按钮

窗口左上角是"后退"与"前进"按钮，用户可以通过单击"后退"和"前进"按钮，导航至已经访问的位置，就像浏览 Internet 一样。用户还可以通过单击"后退"按钮右侧的向下箭头，然后从下拉列表中进行选择以返回到以前访问过的窗口。

(3) 地址栏

地址栏将用户当前的位置显示为以箭头分隔的一系列链接，不仅当前目录的位置在地址栏中给出，而且地址栏中的各项均可单击，以帮助用户直接定位到相应层次。除此之外，用户还可以在地址栏中直接输入位置路径来导航到其他位置。

(4) 搜索框

地址栏的右边是功能强大的搜索框，用户可以在这里输入任何想要查询的搜索项。如果用户不知道要查找的文件位于某个特定文件夹或库中，浏览文件可能意味着查看数百个文件和子文件夹，为了节省时间和精力，可以使用已打开窗口顶部的搜索框。

(5) 水平和垂直滚动条

当窗口显示不了全部内容时，窗口的右侧或下方会自动出现滚动条。按下鼠标左键拖动滚动条中的滑块，即可翻看窗口中的所有内容。

注意：

Windows 7 的窗口默认设置是不显示菜单栏的，如果用户想让菜单栏显示出来，打开窗口后按键盘上的 Alt 键即可。

3.3.6 桌面小工具的设置

与 Windows XP 操作系统相比，Windows 7 操作系统又新增了桌面小工具，用户只要将小工具的图标添加到桌面上，即可方便地使用。

1. 添加桌面小工具

在 Windows 7 操作系统中添加并使用小工具的操作步骤如下：

(1) 右击桌面空白处，选择"小工具"命令，弹出如图 3-22 所示的"小工具库"窗口。

(2) 用户选择小工具后，可以将其直接拖动到桌面上，也可以直接双击小工具或右击小工具，然后单击"添加"按钮，选择的小工具就会被成功地添加到桌面上。

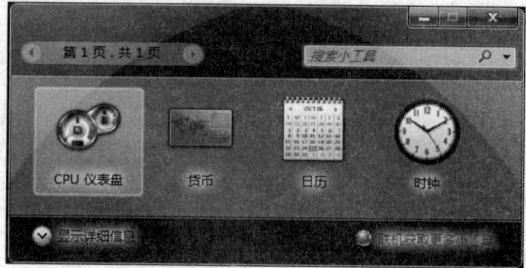

图 3-22 "小工具库"窗口

2. 删除桌面小工具

用户如果不再使用已添加的小工具，可以将小工具从桌面删除。

将鼠标指针放在小工具的右侧，单击"关闭"按钮即可从桌面上删除小工具。

用户如果想将小工具从系统中彻底删除，则需要将其卸载，操作方法如下：

(1) 右击桌面空白处，选择"小工具"命令。

(2) 在弹出的"小工具库"窗口中，右击需要卸载的小工具，选择"卸载"命令。

(3) 在弹出的"桌面小工具"对话框中单击"卸载"按钮，用户选择的小工具就会被成功卸载。

3. 设置桌面小工具

添加到桌面的小工具不仅可以直接使用，而且可以对其进行移动、设置不透明度等操作，设置小工具常用的操作方法如下：

(1) 移动小工具：拖动小工具图标。

(2) 在桌面的最前端显示小工具：右击小工具，选择"前端显示"命令。

(3) 设置小工具的不透明度：右击小工具，选择"不透明度"命令，在弹出的子菜单中选择具体的不透明度数值，即可设置小工具的不透明度。

3.4 Windows 7 的文件管理

在计算机系统中，文件是最小的数据组织单位，也是 Windows 基本的存储单位。文件一般具有以下特点：

(1) 文件中可以存放文本、声音、图像、视频和数据等信息。

(2) 文件名具有唯一性，同一个磁盘中、同一目录下不允许有重复的文件名。

(3) 文件具有可移动性。文件可以从一个磁盘移动或复制到另一个磁盘上，也可以从一台计算机上移动或复制到另一台计算机上。

(4) 文件在外存储器中有固定的位置。用户和应用程序要使用文件时，必须提供文件的路径来告诉用户和应用程序文件的位置所在。路径一般由存放文件的驱动器名、文件夹名和文件名组成。

3.4.1 文件和文件夹

1. 文件

文件是操作系统中用于组织和存储各种信息的基本单位。用户所编写的程序、撰写的文章、绘制的图画或制作的表格等，在计算机中都是以文件的形式存储的。因此，文件是一组彼此相关并按一定规律组织起来的数据的集合，这些数据以用户给定的文件名存储在外存储器中。当用户需要使用某文件时，操作系统会根据文件名及其在存储器中的路径找到该文件，然后将其调入内存储器中使用。

文件名一般包括两部分，即主文件名和文件扩展名，一般用"."分开。文件扩展名用来标识该文件的类型，最好不要更改。常见的文件类型如表 3-2 所示。

表 3-2　常见的文件类型

扩展名	文件类型	扩展名	文件类型
.avi	声音影像文件	.doc	Word 文档文件
.rar	压缩文件	.dtv	驱动程序文件
.bak	一些程序自动创建的备份文件	.exe	可执行文件
.bat	DOS 中自动执行的批处理文件	.mp3	使用 MP3 格式压缩存储的声音文件
.bmp	画图程序或其他程序创建的位图文件	.hlp	帮助文件
.com	命令文件(可执行的程序文件)	.inf	信息文件
.dat	某种形式的数据文件	.ini	系统配置文件
.dbf	数据库文件	.mid	MID(乐器数字化接口)文件
.psd	Photoshop 生成的文件	.jpg	广泛使用的压缩文件格式
.dll	动态链接库文件(程序文件)	.bmp	位图文件
.scr	屏幕文件	.txt	文本文件
.sys	DOS 系统配置文件	.xls	Excel 电子表格文件
.wma	微软公司制定的声音文件格式	.wav	波形声音文件
.ppt	PowerPoint 幻灯片文件	.zip	压缩文件

不同的文件类型，图标往往不一样，查看方式也不一样，只有安装了相应的软件，才能查看文件的内容。

每个文件都有自己唯一的名称，Windows 7 正是通过文件的名称来对文件进行管理的。在 Windows 7 操作系统中，文件的命名具有以下特征：

- 支持长文件名。文件名的长度最多可达 256 个字符，命名时不区分字母大小写。
- 文件的名称中允许有空格，但命名时不能含"？"、"＊"、"/"、"\"、"｜"、"＜"、"＞"和"："等特殊字符。
- 默认情况下系统自动按照文件类型显示和查找文件。
- 同一个文件夹中的文件名不能相同。

2. 文件夹

众多的文件在磁盘上需要分门别类地存放在不同的文件夹中，以利于对文件进行有效的管理。操作系统采用目录树或称为树型文件系统的结构形式来组织系统中的所有文件。

树型文件目录结构是一种由多层次分布的文件夹及各级文件夹中的文件组成的结构形式，从磁盘开始，越向下级分支越多，形成一棵倒长的"树"。最上层的文件夹称为根目录，每个磁盘只能有一个根目录，在根目录下可建立多层次的文件系统。在任何一个层次的文件夹中，不仅可包含下一级文件夹，还可以包含文件。文件夹名的命名规则与文件名的命名规则基本相同，但文件夹是没有扩展名的。

一个文件在磁盘上的位置是确定的。对一个文件进行访问时，必须指明该文件在磁盘上的位置，也就是指明从根目录(或当前文件夹)开始到文件所在文件夹所经历的各级文件夹名组成的序列，书写时序列中的文件夹名之间用分隔符"\"隔开。访问文件时，一般采用以下格式：

　　　　[盘符][路径]文件名[.扩展名]

其中各项的说明如下：

- []：表示其中的内容为可选项。
- 盘符：用以标识磁盘驱动器，常用一个字母后跟一个冒号表示，如 A:、C:、D: 等。
- 路径：由"\"分隔的若干个文件夹名组成。

例如：C:\windows\media\ir_begin.wav 表示存放在 C 盘 Windows 文件夹下的 media 文件夹中的 ir_begin.wav 文件。由扩展名.wav 可知，该文件是一个声音文件。

3.4.2　资源管理器

资源管理器是 Windows 7 中各种资源的管理中心，用户可通过它对计算机的相关资源进行操作。

单击"开始"按钮，选择"所有程序"→"附件"→"Windows 资源管理器"命令，就可以打开如图 3-23 所示的"资源管理器"窗口。另外，也可以右击"开始"按钮，选择"打开 Windows 资源管理器"命令，打开"资源管理器"窗口。

Windows 7 的"资源管理器"功能强大，设有菜单栏、细节窗格、预览窗格、导航窗格等。

如果用户觉得 Windows 7"资源管理器"的界面布局太复杂，也可以自己设置界面。操作时，单击窗口中"组织"按钮旁的向下箭头，在显示的目录中选择"布局"中需要的部分即可。

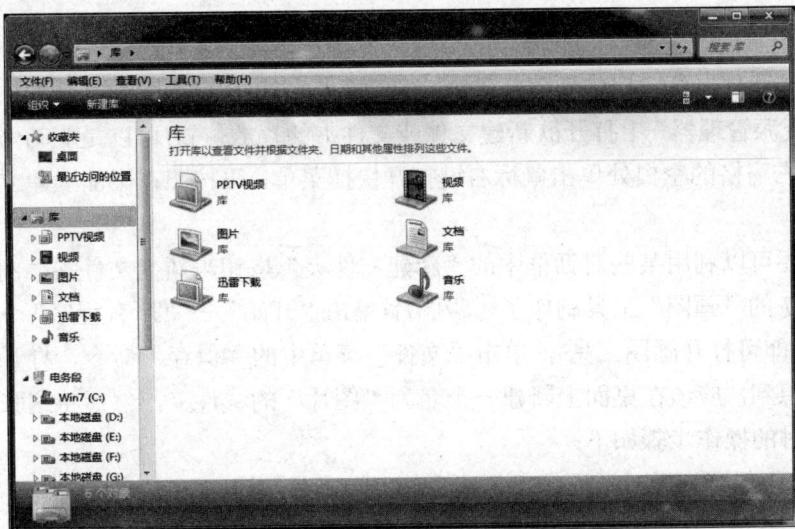

图 3-23 "资源管理器"窗口

Windows 7 资源管理器在管理方面更利于用户使用,特别是在查看和切换文件夹时。查看文件夹时,上方地址栏会根据目录级别依次显示,中间还有向右的小箭头。当用户单击其中某个小箭头时,该箭头会变为向下,显示该目录下所有文件夹名称,如图 3-24 所示。单击其中任一文件夹,即可快速切换至该文件夹的访问页面,这非常便于用户快速切换目录。

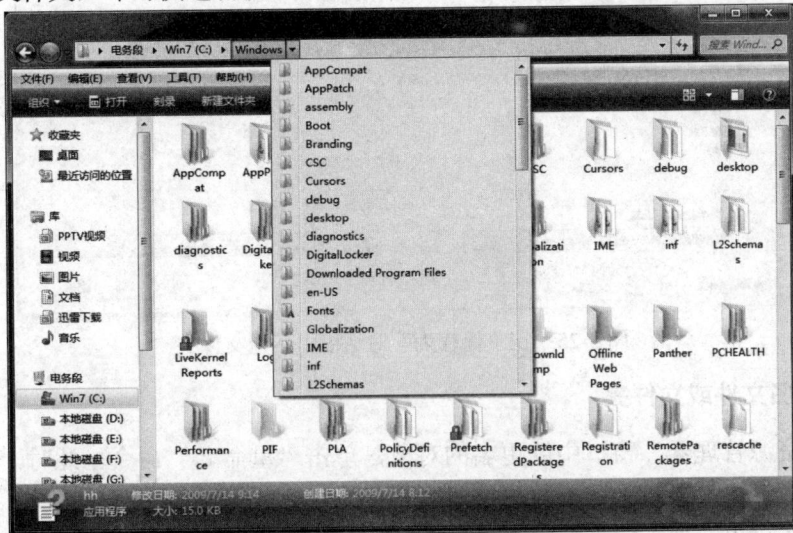

图 3-24 在"资源管理器"窗口中显示子文件夹

在 Windows 7 "资源管理器"的收藏夹栏中,增加了"最近访问的位置",可方便用户快速查看最近访问的目录。在查看最近访问位置时,可以查看访问位置的名称、修改日期、类型及大小等,一目了然。

3.4.3 文件和文件夹的操作

Windows 7 具有功能强大的文件管理系统,利用"资源管理器"窗口可方便地实现对文件和文件夹的管理。

1. 新建文件或文件夹

在"资源管理器"窗口中新建文件或文件夹的方法与在桌面上建立新图标类似，只是需要先在"资源管理器"中打开欲新建文件或文件夹的存放位置(可以是驱动器或已有文件夹)，然后在右窗格的空白处单击鼠标右键打开快捷菜单，再按照在桌面上建立新图标的方法操作即可。

此外，还可以利用某些对话框中的"新建文件夹"按钮来新建文件夹。例如，若用户用 Windows 7 的"画图"工具制作了一张图片(单击"开始"→"所有程序"→"附件"→"画图"命令即可打开画图工具)，单击"文件"菜单中的"保存"命令，打开"保存为"对话框后才想到，应该在桌面上新建一个名为"图片"的文件夹，然后将这张新图片存放在其中，这时的操作步骤如下：

(1) 单击"保存为"对话框的"新建文件夹"工具按钮。

(2) 一个名为"新建文件夹"的图标会出现，如图 3-25 所示。

输入新文件夹的名称后按回车键，就完成了新文件夹的创建。

图 3-25 在"保存为"对话框中新建文件夹

2. 重命名文件或文件夹

右击"资源管理器"窗口中欲更名的对象，单击"重命名"命令。此时，该对象名称呈反显示状态，输入新名称并按回车键即可。

另外，还可以在选中文件后按 F2 功能键进入重命名状态。

另一种简便方式是单击选中欲更改的对象名后，再单击该对象的名称，此时名称就变为反白显示的重命名状态，输入新名称并按回车键即可。

Windows 7 还提供了批量重命名的功能。在"资源管理器"中选择几个文件后，按 F2 功能键进入重命名状态，重命名这些文件中的任意一个，则所有被选择的文件都会被重命名为新的文件名，但在主文件名的末尾处会加上递增的数字。

注意：

重命名这些文件中的任意一个时，只要不修改扩展名，其他被选择的文件的扩展名都会保持不变。

3. 选择对象

在实际操作中，经常需要对多个对象进行相同的操作，如移动、复制或删除等。为了快速执行任务，用户可以一次选择多个文件或文件夹，然后执行操作。

常用的有以下几种对象选择方式：

(1) 选择单个对象。单击某个对象，该对象即被选中，被选中的对象图标呈深色显示。

(2) 选择不连续的多个对象。按住 Ctrl 键的同时逐个单击要选择的对象，即可选择不连续的多个对象。

(3) 选择连续的多个对象。先单击要选择的第一个对象，然后按住 Shift 键，移动鼠标单击要选择的最后一个对象，即可选择连续的多个对象。也可以按下鼠标左键拖出一个矩形，被矩形包围的所有对象都将被选中。

(4) 选择组内连续、组间不连续的多组对象。单击第一组的第一个对象，然后按下 Shift 键并单击该组的最后一个对象。选中一组后，按下 Ctrl 键，单击另一组的第一个对象，再同时按下 Ctrl+Shift 键并单击该组的最后一个对象。反复执行此步骤，直至选择结束。

(5) 取消对象选择。按下 Ctrl 键并单击要取消的对象即可取消单个已选定的对象。若要取消全部已选定的文件，只需要在文件列表旁的空白处单击即可。

(6) 全选。按下键盘上的 Ctrl+A 组合键，即可选择"资源管理器"右窗格中的所有对象。

4. 复制或移动对象

复制或移动对象有 3 种常用方法：利用剪贴板、左键拖动和右键拖动。

(1) 利用剪贴板复制或移动对象

剪贴板是内存中的一块区域，用于暂时存放用户剪切或复制的内容。

欲利用剪贴板实现文件或文件夹的移动操作，在"资源管理器"窗口中，右击欲移动的对象，单击"剪切"命令，该对象即被移动到剪贴板上；再右击欲移动到的目标文件夹，单击"粘贴"命令，对象即从剪贴板移动到该文件夹下。

如果用户要执行的是复制操作，只需要将上述操作步骤中的"剪切"命令改为"复制"命令即可。注意：此时对象被复制到剪贴板上，然后将该对象从剪贴板复制到目标位置，所以该对象可被粘贴多次。例如，用户可以按上述方法对 C 盘中的一个文件执行快捷菜单中的"复制"命令，然后将其分别粘贴到桌面、D 盘、E 盘和 F 盘，这样就可以得到该文件的 4 个副本。

注意：

"剪切"的快捷键为 Ctrl+X，"复制"的快捷键为 Ctrl+C，"粘贴"的快捷键为 Ctrl+V。

(2) 左键拖动复制或移动对象

打开"资源管理器"窗口，在右窗格中找到欲移动的对象，按住 Shift 键的同时将其拖动到目标文件夹上即可完成移动该对象的操作。按住 Ctrl 键的同时将其拖动到目标文件夹上会完成复制该对象的操作。注意观察，按下 Ctrl 键并拖动对象时，对象旁边有一个小"+"号标记。

(3) 右键拖动复制或移动对象

打开"资源管理器"窗口,在右窗格中找到欲移动的对象,按住鼠标右键将其拖动到目标文件夹上。松开鼠标右键后将弹出如图 3-26 所示的快捷菜单,选择并执行该菜单中的相应命令即可完成移动或复制该对象的操作。

5. 删除与恢复对象

为了避免用户误删除文件,Windows 7 提供了"回收站"工具,被用户删除的对象一般存放在"回收站"中,必要时可以从"回收站"还原。删除文件或文件夹的方法为:右击"资源管理器"中欲删除的对象,选择"删除"命令,会出现如图 3-27 所示的对话框。用户可以单击"是"按钮确认删除,或单击"否"按钮放弃删除。

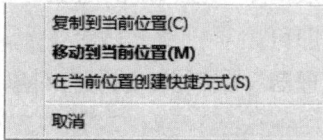

图 3-26　右键拖动快捷菜单　　　　　图 3-27　"删除文件"对话框

用"回收站"还原对象的方法为:双击桌面上的"回收站"图标,打开"回收站"窗口,在窗口中右击欲还原的对象,弹出如图 3-28 所示的快捷菜单,单击"还原"命令即可将该对象恢复到其原始位置。也可单击"回收站"窗口中的"还原此项目"按钮来实现还原功能。此外,还可以用"剪切"和"粘贴"来恢复对象。

"回收站"的容量是有限的。当"回收站"满时,再放入"回收站"的内容就会被系统彻底删除。所以用户在删除对象前,应注意删除文件的大小及"回收站"的剩余容量,必要时可清理"回收站"或调整"回收站"容量的大小,然后进行删除。

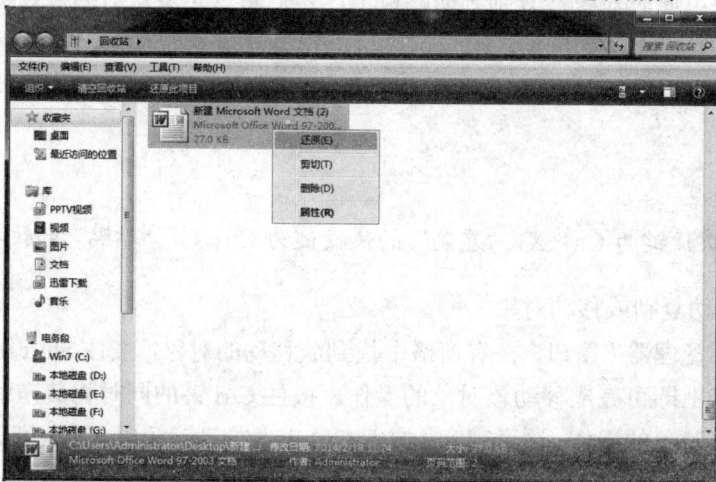

图 3-28　"回收站"窗口

清理"回收站"的方法为：在如图 3-28 所示的快捷菜单中单击"删除"命令，可将该对象永久删除；而单击"回收站"窗口中的"清空回收站"按钮，可将回收站中的所有内容永久删除。

调整"回收站"容量大小的方法为：右击桌面上的"回收站"图标，单击"属性"命令，打开如图 3-29 所示的"回收站 属性"对话框。用户可以在"最大值(MB)"右边的文本框中输入所选定磁盘的回收站大小的最大值。选中"不将文件移到回收站中。移除文件后立即将其删除"单选按钮后，删除的所有对象都不再放入"回收站"，而是直接永久删除。若取消选中"显示删除确认对话框"复选框，则此后删除对象时，不会再弹出如图 3-27 或图 3-30 所示的对话框。

如果用户希望将某对象永久删除，可先选择该对象，然后按键盘上的 Shift+Delete 组合键。当松开组合键后，将弹出如图 3-30 所示的对话框，单击"是"按钮后，该对象即被永久删除。

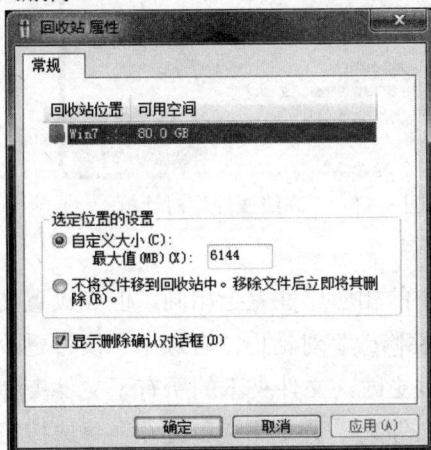

图 3-29 "回收站 属性"对话框	图 3-30 "删除文件"对话框(彻底删除)

注意：

一般来说，无论对文件的复制、移动、删除还是重命名操作，都只能在文件没有被打开使用的时候进行。例如，某个 Word 文档被打开后，就不能进行移动、删除或重命名等操作了。

6. 文件和文件夹的属性

文件和文件夹的主要属性都包括只读和隐藏。此外，文件还有一个重要属性是打开方式，文件夹的另一个重要属性则是共享。使用文件(文件夹)的属性对话框可以查看和改变文件(文件夹)的属性。右击"资源管理器"窗口中要查看属性的对象，单击"属性"命令，即可显示对象的属性对话框。

(1) 文件的属性

不同类型文件的属性对话框有所不同，下面以如图 3-31 所示的对话框为例来说明文件属性对话框的使用。在图 3-31 所示对话框的"常规"选项卡中，上部显示了文件的名称、类型、大小等信息，下部的"属性"栏用于设置文件的属性。若将文件属性设置为"只读"

那么文件只允许被读取，不允许修改。若将文件属性设置为"隐藏"并且确保选中后面图3-36 所示的"文件夹选项"对话框中的"不显示隐藏的文件、文件夹或驱动器"，则在"资源管理器"中将看不到该文件。

　　如果单击图 3-31 所示对话框中的"高级"按钮，就会打开如图 3-32 所示的"高级属性"对话框。

图 3-31　"常规"选项卡

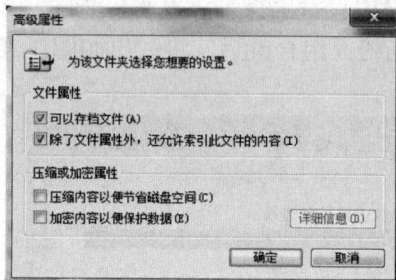

图 3-32　"高级属性"对话框

(2) 文件夹的属性

　　文件夹的"只读"和"隐藏"属性与文件属性中的相应属性完全相同，但在设置文件夹的属性时，可能会弹出如图 3-33 所示的"确认属性修改"对话框。若选中"仅将更改应用于此文件夹"单选按钮，则只有该文件夹的属性被更改，文件夹下的所有子文件夹和文件的属性依然保持不变。若选中"将更改应用于此文件夹、子文件夹和文件"单选按钮，则该文件夹、从属于它的所有子文件夹和文件的属性都会被改变。

　　利用文件夹属性对话框中的"共享"选项卡可以为文件夹设置共享属性，从而使局域网中的其他计算机可通过网络访问该文件夹。

　　设置用户自己的共享文件夹的操作步骤如下：

　　(1) 在如图 3-34 所示的"共享"选项卡中，单击"高级共享"按钮，就会弹出如图 3-35 所示的"高级共享"对话框。

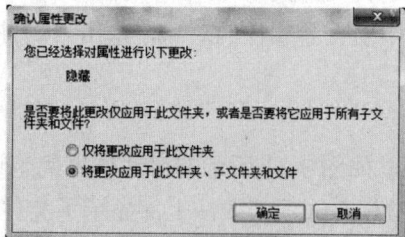

图 3-33　"确认属性更改"对话框

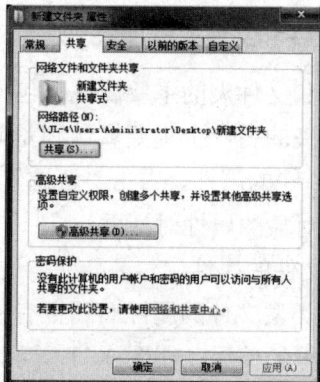

图 3-34　"共享"选项卡

(2) 如果选中该对话框中的"共享此文件夹"复选框，"共享名"文本框将变为可用状态。"共享名"是其他用户通过网络连接到此共享文件夹时看到的文件夹名称，而文件夹的实际名称并不随"共享名"文本框中内容的更改而改变。在"将同时共享的用户数量限制为"右边的微调框中，可以修改对该文件夹同时访问的最大用户数。

(3) 设置完毕后，单击"确定"按钮，再单击"关闭"按钮即可。

设置完成后，局域网中的其他用户可以通过网络来访问该文件夹中的内容。

7. 文件夹选项

在"资源管理器"窗口中，单击"组织"按钮旁的向下箭头，在显示的目录中选择"文件夹和搜索选项"命令，可打开如图 3-36 所示的"文件夹选项"对话框，在此对话框中所做的任何设置和修改，都会对以后打开的所有窗口起作用。

"文件夹选项"对话框有 3 个选项卡，其中，在"常规"选项卡中可设置文件夹的外观、浏览文件夹的方式以及打开项目的方式等；在"查看"选项卡中可设置文件夹和文件的显示方式；在"搜索"选项卡中可以设置文件的搜索内容和搜索方式。图 3-36 所示为"查看"选项卡，其中的"隐藏文件和文件夹"栏用于控制具有隐藏属性的文件和文件夹是否显示。若选中"不显示隐藏的文件、文件夹或驱动器"单选按钮，则在以后打开的窗口中将不会显示具有隐藏属性的文件和文件夹；若选中"显示隐藏的文件、文件夹和驱动器"单选按钮，则在以后打开的窗口中，无论文件和文件夹是否具有隐藏属性，都将显示出来。如果选中"查看"选项卡中的"隐藏已知文件类型的扩展名"复选框，则在以后打开的窗口中，常见类型的文件在显示时都只显示主文件名，扩展名被隐藏。

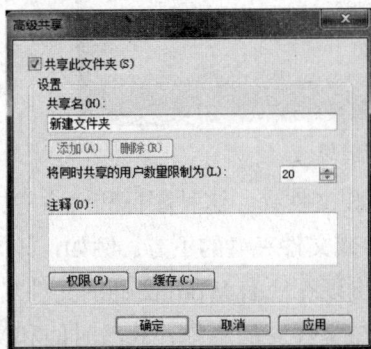

图 3-35 "高级共享"对话框　　　　　图 3-36 "文件夹选项"对话框

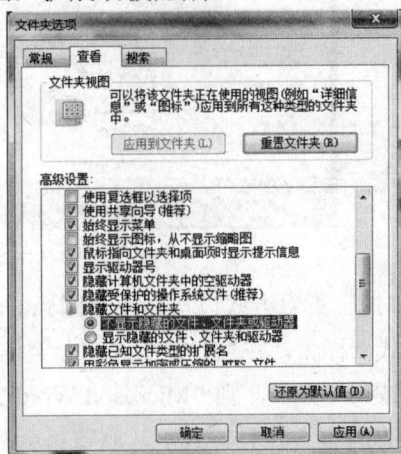

8. 设置显示方式

(1) 文件的查看方式

在"资源管理器"窗口中，单击"更改您的视图"按钮旁的下拉箭头，将显示如图 3-37 所示的目录。

"列表"查看方式以文件或文件夹名列表显示文件夹内容，内容前面为小图标。当文件夹中包含很多文件，并且想在列表中快速查找一个文件名时，这种查看方式非常有用。

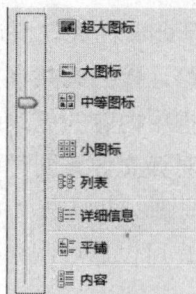

图 3-37　　文件查看方式

使用"详细信息"查看方式时，右窗格会列出各个文件与文件夹的名称、修改日期、类型、大小等详细资料，如图 3-38 所示。不仅如此，在文件列表的标题栏上右击鼠标，从弹出的快捷菜单中还可选择加载更多的信息。菜单中选项名称前已打对号的是已经加载的信息，如果用户希望显示更多的信息，可在此菜单中选择添加。单击菜单最下面的"其他"命令，还可选择加载其他更多的信息。

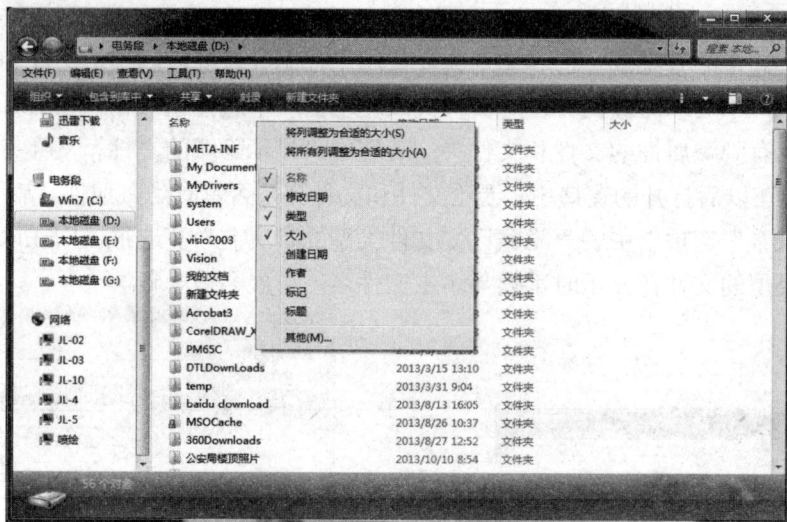

图 3-38　　可供选择查看的信息

"平铺"查看方式以按列排列图标的形式显示文件和文件夹。这种图标和"中等图标"查看方式一样大，并且会将所选的分类信息显示在文件或文件夹名的下方。例如，如果用户将文件按类型分类，则"Microsoft Word 文档"字样将出现在所有 Word 文档的文件名下方。

在"内容"查看方式下，右窗格会列出各个文件与文件夹的名称、修改时间和文件的大小。

在"详细信息"查看方式下，文件列表标题栏的文字右上方有一个小三角，这个小三角是用来标记文件排列方式的：小三角所在列的标题栏的名称代表文件是按什么属性排列的，小三角的方向代表排列顺序(升序或降序)。例如，如果小三角位于"名称"列，且方向朝下，表明右窗格中的文件是按照文件名降序排列的。

(2) 排列图标

操作方法与桌面图标的排列相同。

(3) 刷新

执行某些操作后，文件或文件夹的实际状态发生了变化，但屏幕显示还保留在原来的状态，二者出现不一致的情况，此时可使用刷新功能来解决。右击"资源管理器"右窗格的空白处，单击"刷新"命令即可执行刷新操作。

3.4.4 磁盘管理

磁盘是计算机最重要的存储设备，用户的大部分文件以及操作系统文件都存储在磁盘中。在"资源管理器"窗口中，一般可以看到 C 盘、D 盘、E 盘等磁盘标识，但实际上，计算机中通常只有一块硬盘。由于硬盘容量越来越大，为了便于管理，通常需要把硬盘划分为 C 盘、D 盘、E 盘等几个分区。用户可对每个磁盘分区进行格式化、重命名、清理、查错、备份与碎片整理等操作。

1. 磁盘格式化

磁盘格式化操作主要用于以下两种情况：

(1) 磁盘在第一次使用之前需要进行格式化操作。

(2) 欲删除某磁盘分区的所有内容时可进行格式化操作。

格式化的方法为：右击"资源管理器"窗口中待格式化的磁盘图标，选择"格式化"命令，打开如图 3-39 所示的用于格式化磁盘的对话框。

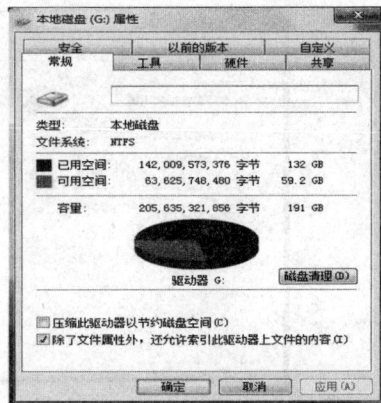

选中"快速格式化"复选框，将快速删除磁盘中的文件，但是不对磁盘的错误进行检测，在对话框中设置完毕后，单击"开始"按钮，即可开始执行格式化操作。

2. 磁盘重命名

右击"资源管理器"窗口中的磁盘图标，选择"重命名"命令，可更改磁盘的名字。

通常可给磁盘取一个反映其内容的名字，例如，若 D 盘中存放的是一些用户资料，可以给 D 盘取名为"资料"。

3. 磁盘属性设置

右击"资源管理器"窗口中的磁盘图标，选择"属性"命令，弹出如图 3-40 所示的磁盘属性对话框。用户可使用该对话框查看磁盘的软硬件信息，还可对磁盘进行查错、备份、整理及设置磁盘共享属性等操作。

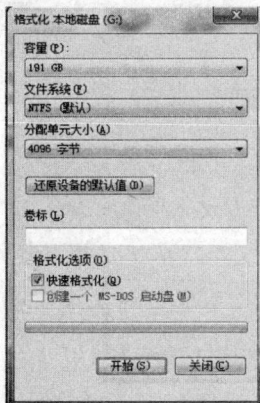

图 3-39　用于格式化磁盘的对话框　　　　　图 3-40　磁盘属性对话框

3.5 Windows 7 的控制面板

"控制面板"是用户根据个人需要对系统软硬件的参数进行设置的程序。单击"开始"
按钮，然后在所弹出的菜单中单击"控制面板"命令，即可打开如图 3-41 所示的"控制面
板"窗口。利用该窗口可以对键盘、鼠标、显示、字体、区域选项、网络、打印机、日期/
时间、声音等配置进行修改和调整。本节将介绍其中一些系统配置的基本功能，遇到具体
问题时，用户也可以借助"帮助"菜单来解决。

图 3-41 "控制面板"窗口

3.5.1 打印机和传真设置

现在的打印机型号虽然多种多样，但由于 Windows 7 支持"即插即用"功能，因此用
户在安装打印机时仍会很轻松，具体步骤如下：

(1) 在"控制面板"窗口中单击"设备和打印机"图标，打开"设备和打印机"窗口。

(2) 在打开窗口的上方单击"添加打印机"按钮，打开"添加打印机"对话框。

(3) 在打开的对话框中单击"添加本地打印机"后，进入选择打印机端口的对话框，
如图 3-42 所示。

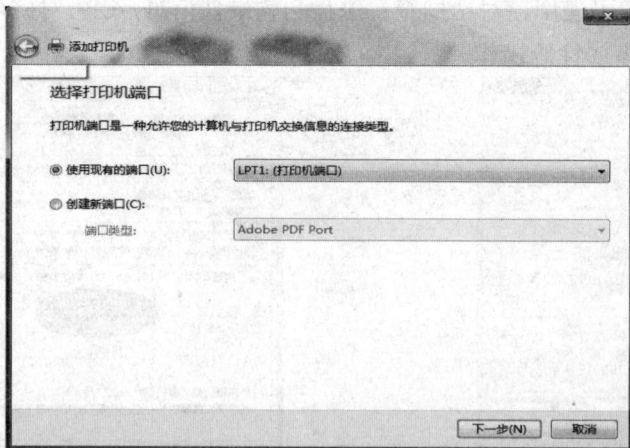

图 3-42 选择打印机端口

（4）选择使用的打印机端口后，单击"下一步"按钮，选择打印机的厂商和型号。

如果自己的打印机型号未在清单中列出，可以选择标明的兼容打印机的型号，如图 3-43 所示。

（5）如果打印机有安装磁盘，则单击"从磁盘安装"按钮，否则单击"下一步"按钮。如图 3-44 所示，在"打印机名称"文本框中输入打印机的名称，并选择是否将其设置为默认打印机。

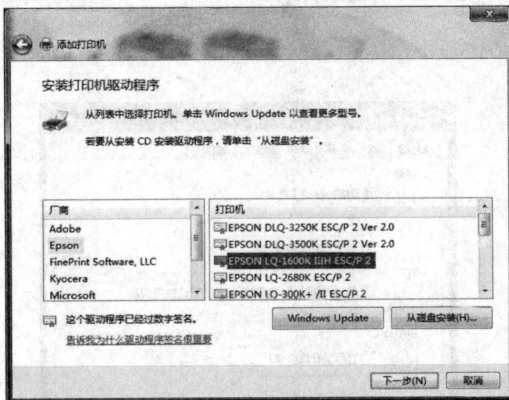

图 3-43　选择打印机型号

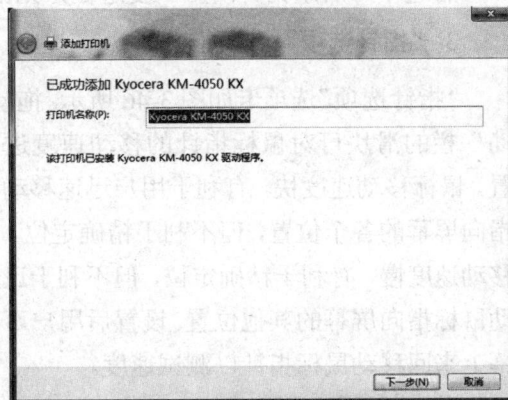

图 3-44　输入打印机名称

（6）单击"下一步"按钮，系统开始安装打印机。如果前面选择的是本地打印机，则在出现的对话框中选择是否与网络上的用户共享，然后单击"下一步"按钮。

（7）选择"打印测试页"，Windows 7 会打印一份测试页以验证安装是否正确无误。

3.5.2　鼠标设置

单击"控制面板"窗口中的"鼠标"图标，打开如图 3-45 所示的"鼠标 属性"对话框。用户可利用该对话框调整鼠标的按键方式、指针形状、双击速度以及其他属性，使操作和使用更加方便。

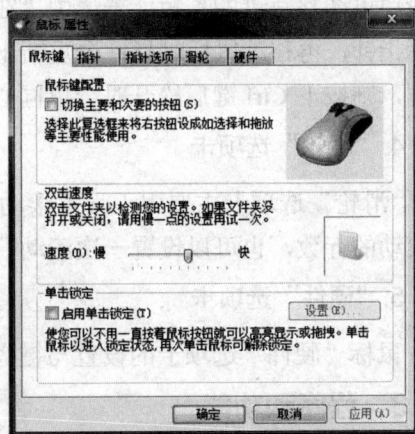

1. "鼠标键"选项卡

图 3-45 显示的是"鼠标键"选项卡。其中，"鼠标键配置"栏的默认设置是左键为主要键，若选中"切换主要和次要的按钮"复选框，则设置右键为主要键。拖动"双击速度"滑块向"慢"或"快"方向移动，可以延长或缩短双击

图 3-45　"鼠标属性"对话框

鼠标键之间的时间间隔。同时可双击右侧的文件夹图标来检验设置的速度。在"单击锁定"栏中，若选中"启用单击锁定"复选框，则移动项目时不用一直按着鼠标键即可操作。单击"设置"按钮，在弹出的"单击锁定的设置"对话框中，可调整实现单击锁定需要按鼠标键或轨迹按钮的时间。

2. "指针"选项卡

在"指针"选项卡中，用户可以更改指针的形状。如果要同时更改所有的指针，可以在"方案"下拉列表中选择一种新方案。如果仅要更改某一选项的指针形状，可以在"自定义"列表中选择该选项，然后单击"浏览"按钮，在打开的"浏览"对话框中选择要用于该选项的新指针即可。

若选中"启用指针阴影"复选框，则鼠标指针会显示阴影效果。

3. "指针选项"选项卡

"指针选项"选项卡如图 3-46 所示。拖动"移动"栏的滑块可对鼠标指针的移动速度进行设置。鼠标移动速度快，有利于用户迅速移动鼠标指向屏幕的各个位置，但不利于精确定位。鼠标移动速度慢，有利于精确定位，但不利于迅速移动鼠标指向屏幕的其他位置。设置后用户可在屏幕上来回移动鼠标指针以测试速度。

若在"对齐"栏选中"自动将指针移动到对话框中的默认按钮"复选框并应用后，则在打开对话框时，鼠标指针会自动移动到默认按钮(如"确定"或"应用"按钮)上。

图 3-46　"指针选项"选项卡

"可见性"栏的选项用于改善鼠标指针的可见性。若选中"显示指针轨迹"复选框，则在移动鼠标指针时会显示指针的移动轨迹，拖动滑块可调整轨迹的长短；若选中"在打字时隐藏指针"复选框，则在输入文字时会隐藏鼠标指针，再移动鼠标时指针会重新出现；若选中"当按 CTRL 键时显示指针的位置"复选框，则按下 Ctrl 键后松开时会以同心圆的方式显示指针的位置。

4. "滑轮"选项卡

"滑轮"选项卡主要用于设置滚动鼠标滚轮时屏幕数据滚动的行数。用户可以设置一次滚动的行数，也可以设置一次滚动一个屏幕。

5. "硬件"选项卡

鼠标"硬件"选项卡的设置与键盘"硬件"选项卡的设置相同。

3.5.3　程序和功能

1. 卸载或更改程序

计算机中安装了很多应用程序，有的应用程序本身提供了卸载功能，有的却没有。对于后者，用户可以利用"程序和功能"进行手动卸载。

注意：

简单地将应用程序所在的文件夹删除是不够的，有关该应用程序的设置还遗留在 Windows 7 的配置文件中，而利用手工方法找到并修正这些遗留问题是相当困难的。

单击"控制面板"窗口中的"程序和功能"图标，即可打开"程序和功能"窗口，窗口中将列出目前系统中所安装的程序，如图 3-47 所示。

图 3-47 "程序和功能"窗口

选择某个应用程序，如"酷我音乐盒 2011"，然后单击窗口中的"卸载/更改"按钮，会弹出"卸载"对话框，单击"卸载"按钮即可确认卸载"酷我音乐盒 2011"。

在此窗口中，还可以改变所安装应用程序的显示方式。默认的显示方式是"详细信息"，单击"更改您的视图"按钮旁的下拉箭头，可从弹出的菜单中选择其他的显示方式。

2. 查看已安装的更新

如果要查看 Windows 中已经安装的更新，可单击窗口左侧的"查看已安装的更新"文本链接，进入"已安装更新"界面。如果用户要卸载某个更新，选择该更新，然后单击"卸载"按钮即可。

3. 打开或关闭 Windows 功能

单击窗口左侧的"打开或关闭 Windows 功能"按钮，会进入如图 3-48 所示的"Windows 功能"窗口，在这里可添加或删除位于列表框中的 Windows 功能。

"功能"列表框中程序左侧的复选框中如果有"√"标记，表明系统已安装了该程序；如果复选框被填充，表明系统中只安装了该程序的部分功能。

图 3-48 "Windows 功能"窗口

3.5.4 日期和时间设置

单击"控制面板"窗口中的"日期和时间"图标，可打开如图 3-49 所示的"日期和时间"对话框。该对话框包括"日期和时间""附加时钟"和"Internet 时间"3 个选项卡，用户可以通过该对话框查看和调整系统时间、系统日期及所在地区的时区。

在"日期和时间"选项卡中，单击"更改日期和时间"按钮，用户就可以在弹出的"日期和时间设置"对话框中调整系统日期和系统时间。选项卡中的钟表指针与其右边数字所显示的时间是一致的。用户还可以单击"更改时区"按钮，在打开的"时区设置"对话框中，单击"时区"栏的下拉箭头，从下拉列表框中选择当前所在的时区。

在"附加时钟"选项卡中，用户还可以通过附加时钟显示其他时区的时间。

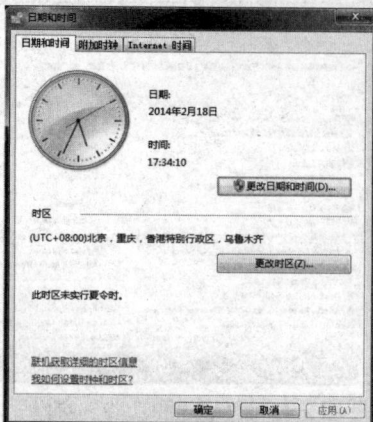

图 3-49　"日期和时间"对话框

在"Internet 时间"选项卡中，可设置使自己的计算机系统时间与 Internet 时间服务器同步。如果单击"更改设置"按钮，还可在弹出的"Internet 时间设置"对话框中选择其他的 Internet 时间服务器。

3.5.5　区域和语言

利用"控制面板"中的"区域和语言"功能，可以更改 Windows 显示日期、时间、货币、大数字和带小数点数字的格式，也可以从多种输入语言和文字服务中进行选择和设置。

在图 3-50 所示的"区域和语言"对话框的"格式"选项卡中，可更改日期设置。如果还要更改其他设置，单击"其他设置"按钮，就可打开"自定义格式"对话框，可以在其中对数字、货币、时间、日期和排序进行设置。

在"键盘和语言"选项卡中，单击"更改键盘"按钮，弹出"文本服务和输入语言"对话框，如图 3-51 所示。

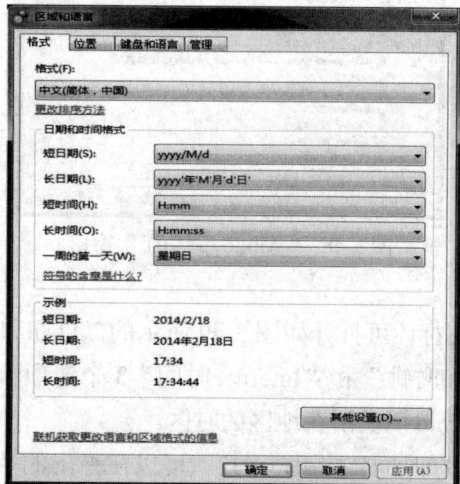

图 3-50　"区域和语言"对话框

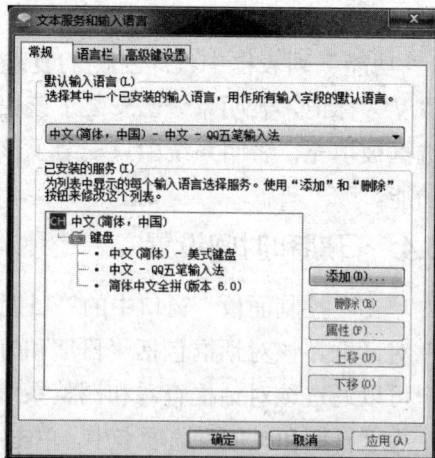

图 3-51　"文本服务和输入语言"对话框

在"默认输入语言"栏的下拉列表中，可选择设置计算机启动时的默认输入法。

每种语言都有默认的键盘布局，但许多语言还有可选的版本。在"已安装的服务"栏单击"添加"按钮，可在新弹出的"添加输入语言"对话框中选择相应服务，以添加其他键盘布局或输入法。如果要更改某种已安装的输入法的属性设置，可在"已安装的服务"栏的列表框中选择该输入法，然后单击"属性"按钮，在弹出的对话框中进行设置即可。

3.5.6 用户账户管理

只有通过用户账户和组账户，用户才可以加入到网络的域、工作组或本地计算机中，从而使用文件、文件夹及打印机等网络或本地资源。通过为用户账户和组账户提供权限，可以赋予和限制用户访问上述环境中各种资源的权限。与用户账户相对应，每位用户都可以拥有自己的工作环境，如屏幕背景、鼠标设置以及网络连接和打印机连接等，这就有效地保证了同一台计算机中各用户之间互不干扰。

组账户是为了便于管理大量的用户账户而引入的，包括所有具有同样权限和属性的用户账户。

为了便于管理，系统预置了 Administrator(管理员)账户，具有 Administrator 权限的用户可以管理所有资源的使用。

1. 创建新账户

必须在计算机上拥有计算机管理员账户才能把新账户添加到计算机中。创建新账户的具体步骤如下：

(1) 在"控制面板"中单击"用户账户"，打开"用户账户"窗口。

(2) 单击"管理其他账户"文本链接，打开"管理账户"窗口。

(3) 单击"创建一个新账户"文本链接，打开"创建新账户"窗口，如图 3-52 所示。

输入新账户的名称，并根据想要指派给新账户的账户类型，选中"标准用户"或"管理员"单选按钮，然后单击"创建账户"按钮。

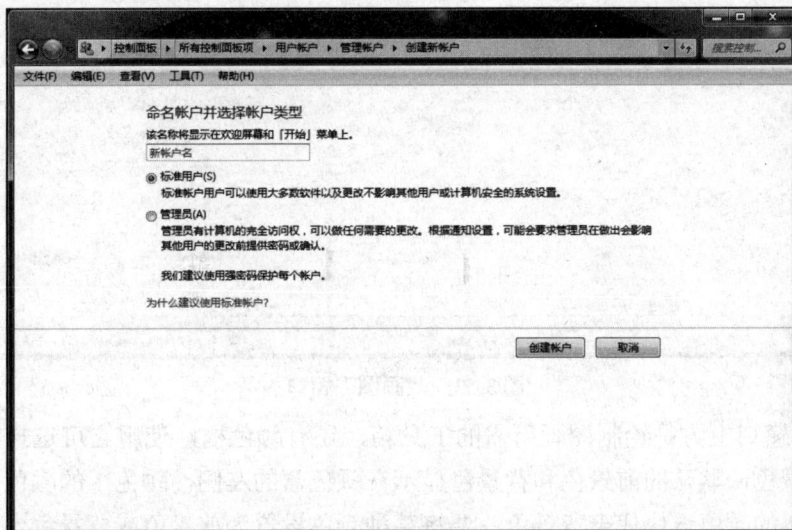

图 3-52 "创建新账户"窗口

注意：

指派给账户的名称就是将出现在"欢迎"屏幕和"开始"菜单中的用户名称。

2．切换账户

通过此功能，可以不用关闭程序就能简单地在多个用户间切换。例如，某一用户正在计算机上玩游戏，而另一用户要打印文档时，就不用关闭游戏，直接使用"切换账户"功能切换到后者的账户即可。

3.6　Windows 7 的附件

附件是 Windows 7 自带的一些小工具。

3.6.1　画图

Windows 7 的"画图"是一个位图绘制程序，如图 3-53 所示。用户可以用它创建简单的图画，然后将其作为桌面背景，或者粘贴到另一个文档中。也可以使用"画图"查看和编辑已有的图片，还可以将编辑好的图片打印出来。

图 3-53　"画图"窗口

"画图"窗口上方是绘制图画所需的工具箱，还有颜色框，使用它可选择绘画所需的前景色和背景色，默认的前景色和背景色显示在颜色盒的左侧，颜色 1 的颜色方块代表前景色，颜色 2 的颜色方块代表背景色。要将某种颜色设置为前景色或背景色，只需先单击颜色 1 或颜色 2，再单击该颜色框即可。

若要将处理好的图片设置为桌面背景，可执行以下操作：

(1) 保存图片。

(2) 打开窗口左上角的下拉列表，选择执行列表中的"设置为桌面背景"命令，并选择相应的图片位置选项即可。

3.6.2　记事本

"记事本"是一个用于编辑纯文本文件的编辑器。除了可以设置字体格式外，几乎不具备格式处理能力，但因为"记事本"运行速度快，用它编辑产生的文件占用空间小，所以在不要求文本格式的情况下，"记事本"是一个很实用的程序。

通过"附件"打开"记事本"后，系统会自动在其中打开一个名为"无标题"的文件，用户可直接在其中输入和编辑文字。编辑完成后，若要保存该文件，可单击执行"文件"菜单中的"保存"命令进行保存。

若需要在"记事本"窗口中打开一个已经存在的文件，可单击执行"文件"菜单中的"打开"命令，此时将弹出"打开"对话框。用户可在"打开"对话框中选择准备打开的文件所在的文件夹，然后选定准备打开的文件，最后单击"打开"按钮即可。

3.6.3　写字板

"写字板"是 Windows 7 附件中提供的文字处理类应用程序，在功能上较一些专业的文字处理软件来说相对简单，但比"记事本"要强大。

利用写字板可以完成大部分的文字处理工作，例如格式化文档。在"写字板"中可以设置字体、字形、大小、颜色，也可以给文字添加删除线或下画线，还可以加入项目符号、采用多种对齐方式等。写字板还能对图形进行简单的排版，并且与微软公司的其他文字处理软件兼容。总的来说，写字板是一个能够进行图文混排的文字处理程序。

在"写字板"的文档中可以嵌入其他类型的对象，如图片、Excel 工作表、PowerPoint 幻灯片等。具体方法为：单击窗口中的"插入对象"命令，打开如图 3-54 所示的"对象"对话框，然后在对话框中选择需要插入的对象类型即可。

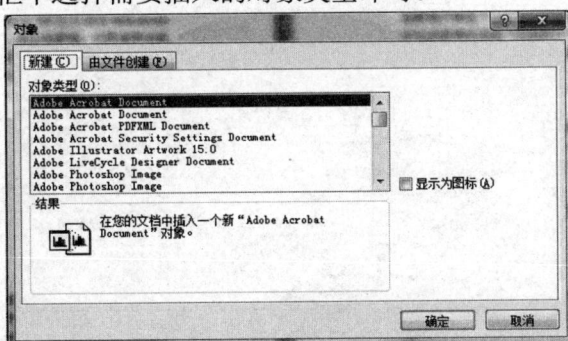

图 3-54　"对象"对话框

"写字板"的默认文件格式为 RTF(Rich Text Format)，但是它也可以读取纯文本文件(*.txt)、OpenDocument 文本(*.odt)和 Office Open XML(*.docx)文档。

其中，纯文本文件是指文档中没有使用任何格式的文件，RFT 文件则可以有不同的字体、字符格式及制表符，并可在各种不同的文字处理软件中使用。

3.6.4　计算器

Windows 7 的"计算器"可以完成所有手持计算器能完成的标准操作，如加法、减法、对数和阶乘等。

单击打开"查看"菜单，可以选择使用"标准型"、"科学型"、"程序员"或"统计信息"计算器。如图 3-55 所示的"标准型"计算器用于执行基本的运算，如加法、减法、开方等。"科学型"计算器主要用于执行一些函数操作，如求对数、正弦、余弦等。如果想要进行多种进制之间的转换操作，可以使用"程序员"计算器。例如，欲求十进制数 182 对应的二进制数，可在如图 3-56 所示的"程序员"计算器中输入"182"，然后单击选中进制栏的"二进制"单选按钮，数字框中即可显示出等值的二进制数"10110110"。

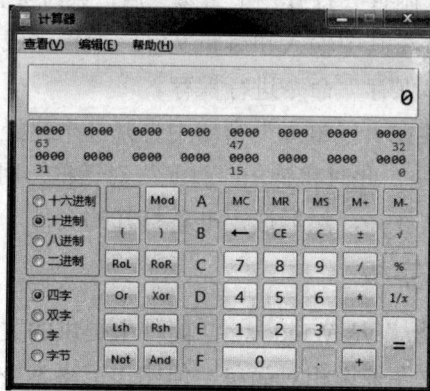

图 3-55　"标准型"计算器　　　　　图 3-56　"程序员"计算器

第 4 章　Word 2010 文字处理

4.1　Word 2010 基本知识

Microsoft Office Word 是文字处理软件。它是 Office 家族的主要程序，是目前比较流行的文字处理软件。Word 2010 在操作上大量采用了选项卡加功能区的方式，使用更加清晰、便捷。

4.1.1　Word 2010 的安装、启动和退出

1. Word 2010 的安装

将 Microsoft Office 2010 的安装光盘放入光驱，光盘将自动启动 Microsoft Office 2010 的安装程序。首先进入安装初始化界面，自动收集所需安装信息。

一般安装步骤如下：

(1) 按照提示的要求填入用户所购买软件的产品密钥，单击"下一步"按钮。

(2) 按照安装提示的要求输入用户的姓名、用户的公司名称等信息，单击"下一步"按钮。

(3) 显示最终用户许可协议，选中"我接受《许可协议》中的条款"复选框，单击"下一步"按钮，进入下一个安装界面。

(4) 用户根据需要进行选择，建议一般选中"典型安装"单选按钮，安装程序将自动配置默认的文件系统，选择并安装常用的应用程序。若选中"自定义"单选按钮，则允许用户在安装过程中自定义需要安装的应用程序，"自定义安装"界面如图 4-1 所示。选择想要安装的应用程序后，若需要选择组件，则选择"安装选项"。单击"下一步"按钮，安装程序将进入"高级自定义安装"对话框。对话框里列出了 Office 系列组件，选择需要安装的组件进行操作。

(5) 单击"下一步"按钮，显示安装的应用程序，单击"安装"按钮执行安装过程。

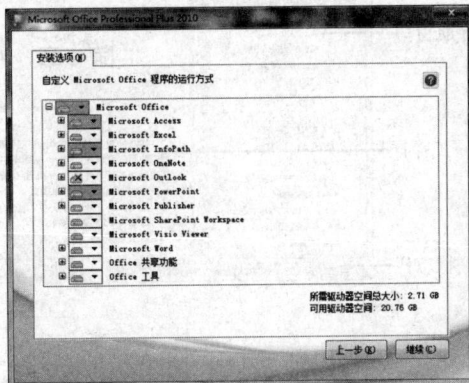

图 4-1　"自定义安装"界面

整个安装过程所需要的时间视计算机的配置而定，软件安装完毕后，会弹出一个提示框提示软件已经安装完毕。

2. Word 2010 的启动

启动 Word 2010 的常用方法如下。

(1) 从"开始"菜单启动

单击"开始"菜单,选择"所有程序"→"Microsoft Office"→"Microsoft Office Word 2010"命令。

(2) 从桌面的快捷方式启动

① 在桌面上创建 Word 2010 的快捷方式。

② 双击快捷图标。

(3) 通过文档打开

双击要打开的 Word 文档,也可以启动 Word 2010,同时打开文档。

3. Word 2010 的退出

退出 Word 2010 的常用方法如下。

(1) 单击 Word 2010 窗口标题栏右侧的"关闭"按钮。

(2) 双击 Word 2010 窗口标题栏左侧的"控制"图标。

(3) 选择"文件"菜单中的"退出"命令。

4.1.2 Word 2010 窗口的组成

Word 2010 窗口主要由标题栏、状态栏、工作区、选项卡和功能区等部分构成,如图 4-2 所示。

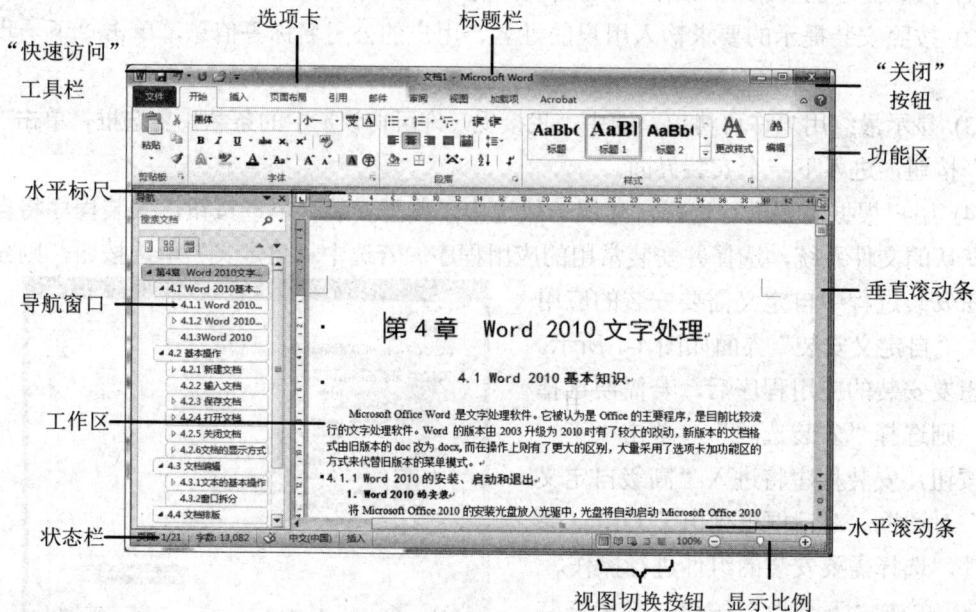

图 4-2 Word 2010 窗口

1. 标题栏

标题栏位于整个 Word 窗口的最上面,除显示正在编辑的文档的标题外,还包括控制图标及"最小化"、"最大化"/"还原"和"关闭"按钮。最左侧是应用程序窗口标识和快速访问工具栏。快速访问工具栏用来快速操作一些常用命令，默认包含"保存"、"撤销键入"和"重复键入"3 个命令，用户可以自定义快速访问工具栏，增加需要的命令或删除不需要的命令，位置可选择放在功能区之上或功能区之下。

2. 选项卡

选项卡是 Word 2010 的一个重要功能。Word 2010 的功能选项卡由"文件"选项卡、"开始"选项卡、"插入"选项卡、"页面布局"选项卡、"引用"选项卡、"审阅"选项卡、"视图"选项卡等组成。默认情况下，第一次启动 Word 2010 时打开的是"文件"选项卡。

3. 功能区

Word 中的每个选项卡都包含不同的操作命令组，称为功能区。例如，"开始"选项卡主要包括剪贴板、字体、段落和样式等功能区。有些功能区右下角带有↘标记的按钮，表示有命令设置对话框，打开对话框(即单击)可以进行相应的各项功能的设置。

4. 标尺

Word 2010 提供了水平、垂直两种标尺。用户可以利用鼠标对文档边界进行调整。打开 Word 2010 文档时，标尺可以显示也可以隐藏，可以通过单击垂直滚动条上方的"标尺"按键或者选中"视图"选项卡中"显示"功能区的"标尺"复选框来显示。

5. 工作区

也可称为文档编辑区，是输入和编辑文本的区域，鼠标指向正在编辑的文档中的这个区域时呈"I"形状，正处于编辑状态时光标为闪烁的"|"，称为插入点，表示当前输入文字出现的位置。

6. 滚动条

滚动条位于工作表右侧和下方，右侧的称为垂直滚动条，下方的称为水平滚动条。当文本的高度或宽度超过屏幕的高度或宽度时，会出现滚动条，使用垂直或水平滚动条可以显示更多的内容。

7. 状态栏

状态栏位于 Word 窗口的下方，用于显示系统当前的状态，如当前的页号、总页数和字数等相关信息。可根据用户实际需要来自定义状态栏的操作(在状态栏位置单击鼠标右键)。

8. 视图切换按钮

在状态栏的右侧有几种常用的视图的切换按钮，用于切换文档视图的显示方式，可根据用户的实际要求进行选择。

9. 显示比例

在 Word 窗口中查看文档时，可以按照某种比例来放大或缩小显示比例。在状态栏的最右侧，可更改正在编辑的文档的显示比例，用鼠标拖动滑块来选择不同的显示比例。

10. 导航窗口

用 Word 编辑文档，有时会遇到长达几十页甚至超长的文档，用关键字定位或用键盘上的翻页键查找，既不方便，也不精确，有时为了查找文档中的特定内容，会浪费很多时间。随着 Word 2010 的到来，这一切都得到了改观，Word 2010 新增的"导航窗格"会为你精确"导航"。

Word 2010 新增的文档导航功能的导航方式有 4 种：标题导航、页面导航、关键字(词)导航和特定对象导航，可以让用户轻松查找、定位到想查阅的段落或特定的对象。这大大提高了用户的工作效率。

4.1.3　Word 2010 的特点

新一代微软办公套件 Office 2010 的各大组件都有新变化，文字处理利器 Word 2010也新增了许多实用的功能，下面总结了 Word 2010 的十大优点。

1. 改进的搜索和导航体验

利用 Word 2010，可更加便捷地查找信息。现在，利用新增的改进查找体验，可以按照图形、表、脚注和注释来查找内容。改进的导航窗格为用户提供了文档的直观表示形式，这样就可以对所需内容进行快速浏览、排序和查找。

2. 与他人同步工作

Word 2010 重新定义了人们一起处理某个文档的方式。利用共同创作功能，用户可以编辑论文，同时与他人分享自己的思想观点。对于企业和组织来说，与 Office Communicator的集成，使用户能够查看与其一起编写文档的某个人是否空闲，并在不离开 Word 的情况下轻松使用会话。

3. 几乎可在任何地点访问和共享文档

联机发布文档，然后通过用户的计算机或基于 Windows Mobile 的 Smartphone 在任何地方访问、查看和编辑这些文档。通过 Word 2010，用户可以在多个地点和多种设备上获得一流的 Microsoft Word Web 应用程序所带来的文档体验。当在办公室、住址或学校之外通过 Web 浏览器编辑文档时，不会削弱用户已经习惯的高质量查看体验。

4. 向文本添加视觉效果

利用 Word 2010，用户可以向文本应用图像效果(如阴影、凹凸、发光和镜像)。也可以向文本应用格式设置，以便与用户的图像实现无缝混合。实现该操作非常快速、轻松，只需单击几次鼠标即可。

5. 将您的文本转换为引人注目的图表

利用 Word 2010 提供的更多选项，用户可将视觉效果添加到文档中。可以从新增的SmartArt 图形中选择，以在数分钟内构建令人印象深刻的图表。SmartArt 中的图形功能同样也可以将通过点句列出的文本转换为引人注目的视觉图形，以便更好地展示用户的创意。

SmartArt 图形是信息和观点的视觉表示形式。可以通过从多种不同布局中进行选择来创建 SmartArt 图形，从而快速、轻松、有效地传达信息。

6. 向文档加入视觉效果

利用 Word 2010 中新增的图片编辑工具，无须其他照片编辑软件，即可插入、裁剪和添加图片特效。也可以更改颜色饱和度、色温、亮度以及对比度，以轻松地将简单文档转换为艺术作品。

7. 恢复您认为已丢失的工作

用户可能曾经在某文档中工作一段时间后，不小心关闭了文档却没有保存，但这并没有关系。Word 2010 可以让用户像打开任何文件一样恢复最近编辑的草稿，即使没有保存该文档。

8. 跨越沟通障碍

利用 Word 2010，用户可以轻松跨不同语言沟通交流，翻译单词、词组或文档。可针对屏幕提示、帮助内容和显示内容分别进行不同的语言设置。用户甚至可以将完整的文档发送到网站进行同步翻译。

9. 将屏幕快照插入到文档中

插入屏幕快照，以便快捷捕获可视图示，并将其合并到工作中。当跨文档重用屏幕快照时，利用"粘贴预览"功能，可在放入所添加内容之前查看其外观。

10. 利用增强的用户体验完成更多工作

Word 2010 简化了使用功能的方式。新增的 Microsoft Office Backstage 视图替换了传统的"文件"菜单，只需单击几次鼠标，即可保存、共享、打印和发布文档。利用改进的功能区，可以快速访问常用的命令，并创建自定义选项卡，将体验个性化以符合自己工作风格的需要。

4.2 基 本 操 作

Word 2010 的文档基本操作一般包括：创建文档、输入文档内容、打开文档、保存文档、关闭文档和视图切换等。

4.2.1 新建文档

在进行文字处理前，首先要创建一个新的文档，然后才可以对其进行编辑、设置和打印等操作。

新建文档的常用方法如下：

1. 启动 Word 2010

在启动 Word 2010 后，系统会自动创建一个名为"文档 1"的新文档，默认扩展名为.docx。

2. 利用选项卡

操作步骤如下：

(1) 单击"文件"选项卡，选择"新建"命令，显示"新建"任务窗格。

(2) 单击任务窗格中的"空白文档"，如图 4-3 所示，就可以新建一个空文档，如图 4-4 所示。

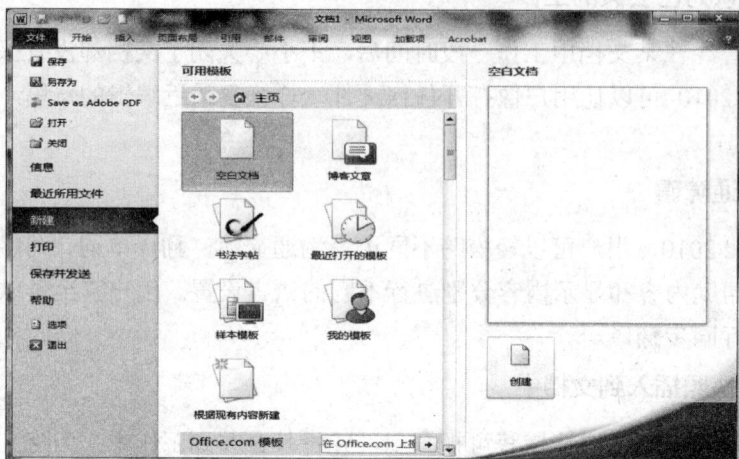

图 4-3　单击"空白文档"

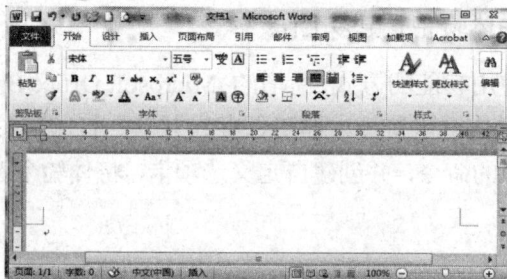

图 4-4　新建文档

3. 利用快速工具栏

单击快速访问工具栏上的"新建空白文档"图标，也可以新建一个空文档。

4. 利用模板

新建文档时可利用文档模板，快速地创建出具有固定格式的文档，如报告、备忘录和论文等，从而达到提高工作效率的目的。

(1) 单击"文件"选项卡，选择"新建"命令，显示"新建"任务窗格。

(2) 在"可用模板"区域和"Office.com 模板"区域，单击需要利用的模板，或者在"在网上搜索"文本框内输入文本，然后单击"搜索"按钮。

(3) 选择所需的模板或向导。

4.2.2　输入文档

当创建了新文档后，用户就可根据具体需要在插入点输入文档内容。可以是汉字、字母、数字、符号、表格、公式等内容。在输入文档内容时应注意以下要点：

1. 中西文输入法切换

按"Ctrl+空格"组合键或单击"输入法指示器"选择中西文输入法。

2. 中文标点符号输入

只需切换到中文输入法，直接按键盘上所需的标点符号即可。

3. 插入点重新定位

(1) 利用键盘功能区，←向左移动一个字符、→向右移动一个字符、↑向上移动一行、↓向下移动一行、PgUp(向上翻一页)、PgDn(向下翻一页)、Home 移动到当前行首、End 移动到当前行尾。

(2) 利用鼠标移动或移动滚动条，然后在要定位处单击鼠标。

(3) 利用"开始"选项卡的"定位"命令或直接在状态栏双击"页码"处，再输入所需定位的页码，然后在该页欲定位处单击鼠标。

4. 符号或特殊字符的输入

单击"插入"选项卡，选择"符号"命令，如图 4-5 所示。

如果所需的符号未能显示，在"符号"中单击"其他符号"按钮，弹出"符号"对话框，如图 4-6 所示。选择要插入的字符后，单击"插入"按钮。

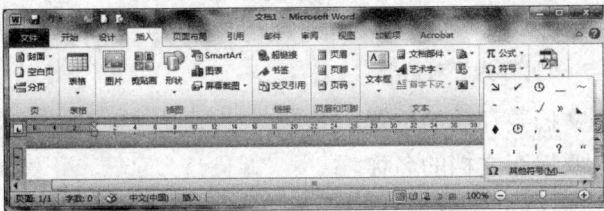

图 4-5 "符号"下拉列表

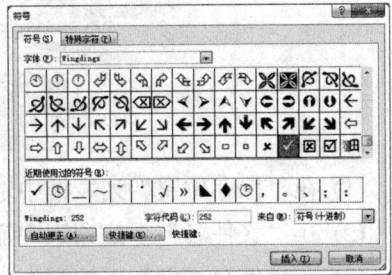

图 4-6 "符号"对话框

5. 删除文本内容

如果在工作区输入文本内容时出现了错误，可按 Backspace 键删除插入点左侧的一个字符，按 Delete 键删除插入点右侧的一个字符。

6. 插入状态和改写状态的切换

Insert 键控制插入和改写状态的切换，也可直接用鼠标在状态栏的"插入"字样上单击。在插入状态下，输入的文字会出现在插入点的位置，以后的文字会向后退；而在改写状态下，输入的文字会取代插入点后的位置，以后的文字并不向后退。若当前处于插入状态，此时状态栏显示"插入"字样；若当前处于改写状态，此时状态栏显示"改写"字样。

7. 空格与回车键的使用

空格与回车键在输入文本时不要随意使用。为了排版方便起见，各行结尾处不要按回车键，段落结束时可按此键；对齐文本时也不要用空格键，可用缩进等对齐方式。

4.2.3　保存文档

由于 Word 对打开的文档进行的各种编辑工作都是在内存中进行的，因此如果不执行存盘(外存)操作，可能由于一些意外情况而使得文档的内容得不到保存而丢失。

1. 保存新建文档

新建文档使用默认文件名"文档 1""文档 X"(数字按顺序排下去)等，如果要保存，可以选择"文件"选项卡的"保存"命令，或单击"保存"按钮，打开"另存为"对话框，如图 4-7 所示。

图 4-7　"另存为"对话框

(1) 在"保存位置"列表框中选择文档要存放的位置。

(2) 在"文件名"下拉列表中输入要保存文档的名称。

(3) 在"保存类型"下拉列表中选择文档要保存的格式，默认为 Word 文档类型，文件的扩展名为.docx。

(4) 单击"保存"按钮，保存该文档。

2. 保存已有文档

如果打开的文档已经命名，而且对该文档做了编辑修改，可以进行以下保存操作：

(1) 以原文件名保存

方法有：

① 单击"文件"选项卡，选择"保存"命令。

② 单击快速工具栏上的"保存" 🔲 按钮。

③ 按 Ctrl+S 组合键。

(2) 另存文件

单击"文件"选项卡，选择"另存为"命令或使用功能键 F12，打开"另存为"对话框，此处操作与保存新建文档的方法相同(可参考图 4-7)。

(3) 自动保存

为防止因断电、死机等意外事件丢失未保存的大量文档内容，可执行自动保存功能，指定自动保存的时间间隔，让 Word 自动保存文件。"自动保存"的操作步骤如下：

① 单击"文件"选项卡，选择"选项"命令，打开"Word 选项"对话框。

② 单击"保存"选项，选中"保存自动恢复信息时间间隔"复选框，在右侧的数值框中设置自动保存间隔的时间，如图 4-8 所示。

图 4-8　设置"保存自动恢复信息时间间隔"

③ 单击"确定"按钮，Word 将以"保存自动恢复信息时间间隔"的设置值为周期定时保存文档。

3．保护文档

如果所编辑的文档不希望其他用户查看或修改，可以设置文档的安全性。打开保护文档的下拉菜单，有"标记为最终状态""用密码进行加密""限制编辑""按人员限制权限"和"添加数字签名"5 项内容，如图 4-9 所示。前 3 个命令的功能介绍如下：

(1) "标记为最终状态"命令：将文档标记为最终状态，使得其他用户知道该文档是最终版本。设置将文档标记为只读文件，不能对此文件进行编辑操作。这是种轻度保护，因为其他用户可以删除"标记为最终状态"设置，安全级别并不高，所以应该选择更可靠的保护方式结合使用才更有意义。

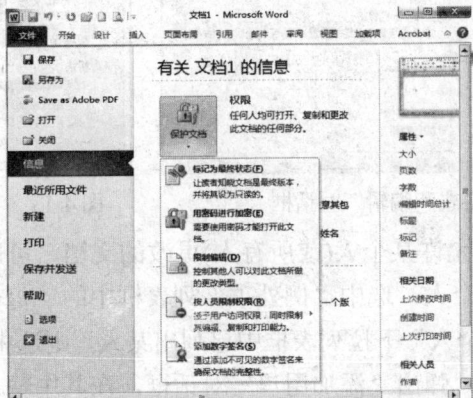

图 4-9　"保护文档"设置

(2) "用密码进行加密"命令：打开文件时必须用密码才能操作。可以给文档分别设置"打开文件时的密码"和"修改文件时的密码"，操作步骤如下：

① 在需要设置密码的文档窗口中单击"文件"选项卡，打开"信息"命令。

② 保护文档。选择"保护文档"下拉菜单，选择"用密码进行加密"命令，在弹出的对话框中设置密码，如图 4-10 所示。

③ 单击"确定"按钮，打开"确认密码"对话框。

④ 再次输入所设置的密码，如图 4-11 所示，单击"确定"按钮。

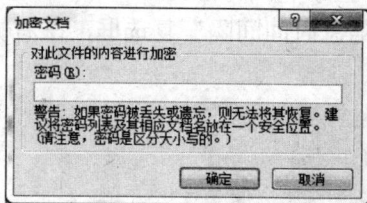

图 4-10　"加密文档"对话框　　　　　　　图 4-11　"确认密码"对话框

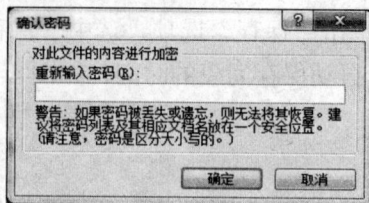

(3) "限制编辑"命令：控制其他用户可以对此文档所做的更改类型。单击该命令，弹出"限制格式和编辑"对话框，如图 4-12 所示。

① "格式设置限制"命令，要限制对选定的样式设置格式，选中"限制对选定的样式设置格式"复选框，然后单击"设置"命令，弹出"格式设置限制"对话框，如图 4-13 所示，从中进行相应设置。

② "编辑限制"命令，要对文档进行编辑限制，选中"仅允许在文档中进行此类型的编辑"复选框，如图 4-14 所示，然后打开下拉列表框，在弹出的下拉列表中选择限制选项。当在"编辑限制"栏选中"不允许任何更改(只读)"选项时，会弹出"例外项(可选)"。

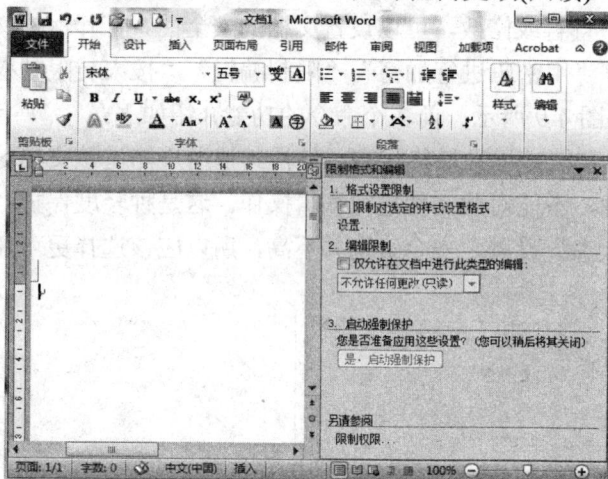

图 4-12　"限制格式和编辑"对话框　　　　　图 4-13　"格式设置限制"对话框

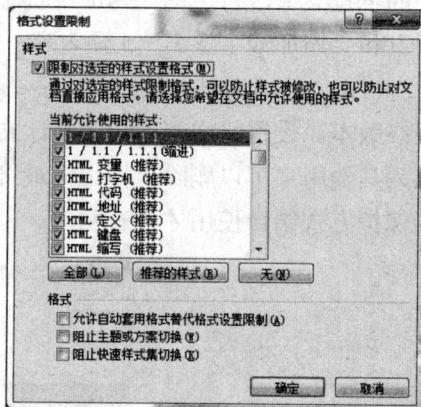

要设置例外项，选定允许某个人(或所有人)更改的文档，可以选取文档的任何部分。如果要将例外项用于每一个人，选中"例外项"列表框中的"每个人"复选框。要针对某人设置例外项，若在"每个人"下拉列表框中已列出某人，则选中该人即可；若没有列出，则单击"更多用户"选项，弹出"添加用户"对话框，在其中输入用户的 ID 或电子邮件后，单击"确定"按钮即可。

③ "启动强制保护"命令，单击"启动强制保护"下的"是，启动强制保护"按钮，如图 4-14 所示。弹出"启动强制保护"对话框，如图 4-15 所示。可以通过设置密码的方式来保护格式限制。

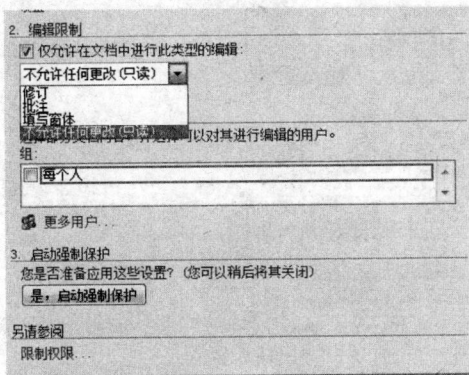

图 4-14　"仅允许在文档中进行此类型的编辑"下拉列表　　图 4-15　"启动强制保护"对话框

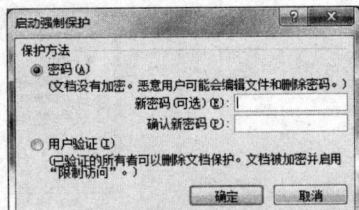

4.2.4　打开文档

1. 打开单个文档

用户可以打开以前保存的文档，单击"快速工具栏"上的"打开" 图标按钮，或选择"文件"选项卡中的"打开"命令，显示"打开"对话框，组合键为 Ctrl+O。"打开"对话框如图 4-16 所示。

图 4-16　选定一个文件时的"打开"对话框

用户可以在"查找范围"列表框中选择要打开文档的位置，然后在文件和文件夹列表中选择要打开的文件，最后单击"打开"按钮即可。也可以直接在"文件名"文本框中输入要打开的文档的正确路径和文件名，然后按下回车键或单击"打开"按钮。

2. 打开多个文档

Word 2010 可以同时打开多个文档，方法有两种：依次打开各个文档和一次同时打开多个文档。一次同时打开多个文档的步骤如下：

(1) 单击"文件"选项卡，选择"打开"命令，显示"打开"对话框。

(2) 选中需要打开的多个文档，即可同时打开多个文档，如图 4-17 所示。

(3) 单击"打开"按钮。

图 4-17　选定多个文件时的"打开"对话框

4.2.5　关闭文档

对操作完毕的文档保存后应将其关闭，常用方法如下。

1. 利用"关闭"按钮

单击标题栏上的"关闭"按钮，若打开的是单个文件，在关闭文档的同时会退出 Word 2010 应用程序。

2. 利用"文件"选项卡

单击"文件"选项卡，若选择"关闭"命令，作用就是关闭当前文档；若选择"退出"命令，就关闭所有打开的文档，并且退出 Word 2010 应用程序。

若在文档关闭时还未执行保存命令，则显示如图 4-18 所示的提示框，询问是否保存修改的结果，若单击"保存"按钮，则保存对文档的修改；若单击"不保存"按钮，则不保存；若单击"取消"按钮，则重新返回文档编辑窗口。

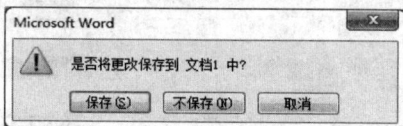

图 4-18　关闭未保存文件时的提示框

4.2.6　文档的视图方式

为方便对文档的编辑，Word 提供了多种显示文档的方式，主要包括页面视图、阅读版式视图、Web 版式视图、大纲视图和草稿视图，如图 4-19 所示。

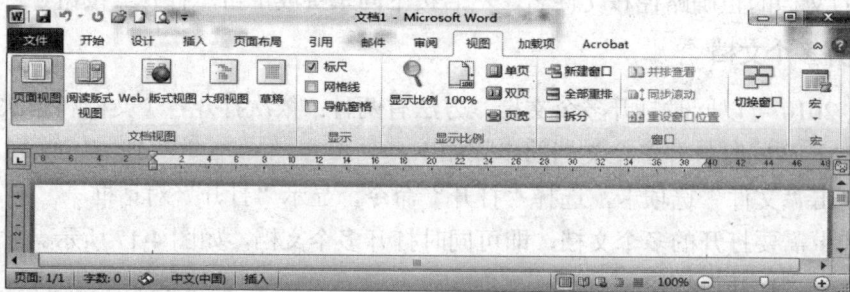

图 4-19　"文档视图"组

用户可以根据不同需要选择适合自己的视图方式来显示和编辑文档。比如，可以使用"页面视图"来输入、编辑和排版文本，观看与打印效果相同的页，"阅读版式视图"将优化阅读方式，使用"大纲视图"让查看长篇文档结构变得很容易，可以折叠文档只查看主标题等。

1．文档视图

(1) 页面视图

页面视图是首次启动 Word 后默认的视图方式，是"所见即所得"的视图模式。在这种视图模式下，Word 将显示文档编排的各种效果，包括显示页眉和页脚、分栏等，该视图中显示的效果和打印的效果完全一致。

在页面视图中，不再以虚线表示分页，而是直接显示页边框。只有页面视图能拥有两种标尺。

(2) 阅读版式视图

阅读版式视图是 Word 2010 新增加的视图方式，可以使用该视图对文档进行阅读。该视图把整篇文档分屏显示，在该视图中没有页的概念，不会显示页眉和页脚，隐藏所有选项卡。该视图模式比较适用于阅读比较长的文档，如果文字较多，它会自动分成多屏以方便用户阅读。

对于阅读版式视图下的操作，可以在"阅读版式视图"状态下，在标题栏右侧的"视图选项"命令按钮 视图选项 中进行设置。单击"视图选项"下拉列表框中的"增大字体"按钮可以增大阅读版式的字号；单击"缩小字体"按钮可以减小阅读版式的字号；单击"显示一页"或"显示两页"来显示阅读页数，这两种页数显示方式都很适合阅读。在该状态下还可以控制是否"显示批注和更改"和"显示原始/最终文档"这两种具体内容，如图 4-20 所示。

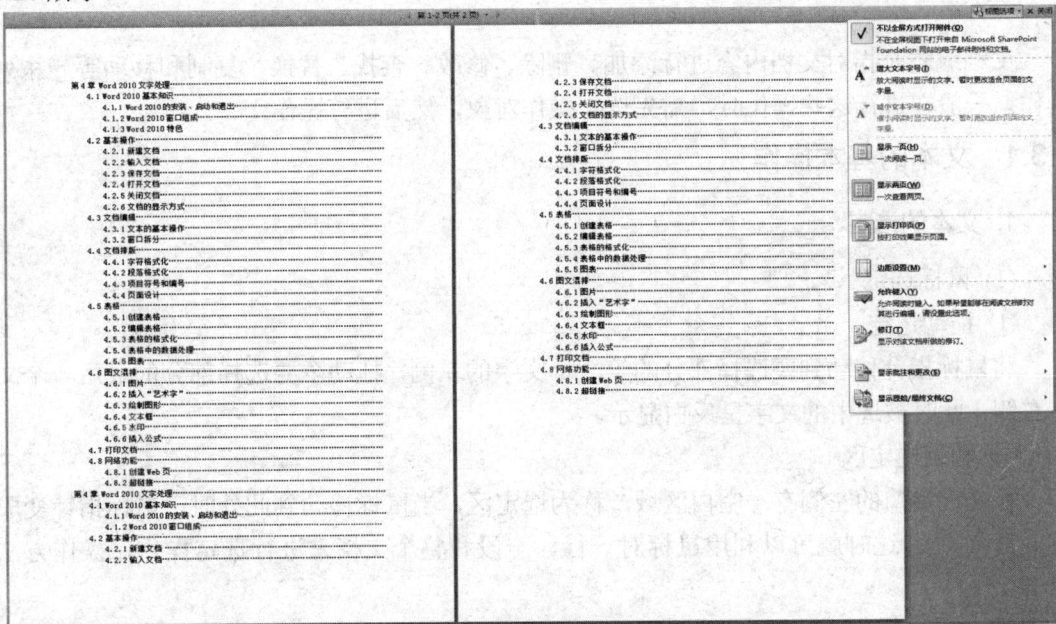

图 4-20　阅读版式视图

(3) Web 版式视图

Web 版式视图是几种视图中唯一按窗口的实际大小来显示文本的视图，也是专为浏览、编辑 Web 网页而设计的，它能够以 Web 浏览器方式显示文档。在 Web 版式视图下，可以看到背景和文本，且图形位置和在 Web 浏览器中的位置一致。

(4) 大纲视图

大纲视图主要用于显示文档的结构。在这种视图模式下，可以看到文档标题的层次关系。对于一个具有多重标题的文档来说，用户可以使用大纲视图来查看该文档。

在大纲视图中可以折叠文档、查看标题或者展开文档，这样可以更好地查看整个文档的结构和内容，移动、复制文字和重组文档都比较方便。

(5) 草稿视图

草稿视图是 Word 中最简化的视图模式，它取消了页边距、分栏、页眉和页脚、背景图形等元素，仅显示标题和正文。因此草稿视图模式仅用于编辑内容和格式都比较简单的文档。

2. 视图切换

视图切换的常用方法如下。

(1) 利用"视图"选项卡

选择"视图"选项卡，然后选择相应文档的视图模式。

(2) 利用快捷按钮

单击状态栏右侧相应视图的切换按键，即可完成视图切换。

4.3　文　档　编　辑

文档编辑是指对文档内容进行添加、删除、修改、查找、替换、复制和移动等一系列操作。一般在进行这些操作时，需先选定操作对象，然后进行操作。

4.3.1　文本的基本操作

1. 文本的选定

(1) 鼠标选定

① 拖动选定

将鼠标指针移动到要选择部分的第一个文字的左侧，拖动至要选择部分的最后一个文字右侧，此时被选中的文字呈反白显示。

② 利用选定区

在文档窗口的左侧有一空白区域，称为选定区，当鼠标移动到此处时，鼠标指针变成右上箭头 ⤢。这时就可以利用鼠标对一行、一段和整个文档来进行选定操作，操作方法如下。

单击鼠标左键：选中箭头所指向的一行。

双击鼠标左键：选中箭头所指向的一段。

三击鼠标左键：可选定整个文档。

(2) 键盘选定

将插入点定位到要选定的文本起始位置，按住 Shift 键的同时，再按相应的光标移动键，和 Shift 与 Ctrl 配合便可将选定的范围扩展到相应的位置。

① Shift+↑：选定上一行。

② Shift+↓：选定下一行。

③ Shift+PgUp：选定上一屏。

④ Shift+PgDn：选定下一屏。

⑤ Shift+Ctrl+→：右选取一个字或单词。

⑥ Shift+Ctrl+←：左选取一个字或单词。

⑦ Shift+Ctrl+Home：选取到文档开头。

⑧ Shift+Ctrl+End：选取到文档结尾。

⑨ Ctrl+A：选定整个文档。

(3) 组合选定

① 选定一句：将鼠标指针移动到指向该句的任何位置，按住 Ctrl 键单击。

② 选定连续区域：将插入点定位到要选定的文本起始位置，按住 Shift 键的同时，用鼠标单击结束位置，可选定连续区域。

③ 选定矩形区域：按住 Alt 键，利用鼠标拖动出欲选择的矩形区域。

④ 选定不连续区域：按住 Ctrl 键，再选择不同的区域。

⑤ 选定整个文档：将鼠标指针移到文本选定区，按住 Ctrl 键单击。

2. 文本的编辑

(1) 移动文本

移动文本是指将选择的文本从当前位置移动到文档的其他位置。在输入文字时，如果需要修改某部分内容的先后次序，可以通过移动操作进行相应的调整，有两种基本操作，方法如下：

① 使用剪贴板：先选中要移动的文本，单击“开始”选项卡中功能区的“剪贴板”组，单击“剪贴板”组中的“剪切”命令，定位插入点到目标位置，再单击“剪贴板”组中的“粘贴”命令。

② 使用鼠标：先选中要移动的文本，将选中的文本拖动到插入点位置。

(2) 复制文本

当需要输入相同的文本时，可通过复制操作快速完成。复制与移动两种操作的区别在于：移动文本后原位置的文本消失，复制文本后原位置的文本仍然存在。有两种基本操作，方法如下：

① 使用剪贴板：先选中要复制的文本，单击“开始”选项卡中功能区的“剪贴板”组，单击“剪贴板”组中的“复制”命令，定位插入点到目标位置，再单击“剪贴板”组中的“粘贴”命令。只要不修改剪贴板的内容，连续执行“粘贴”操作就可以实现一段文

本的多处复制。

② 使用鼠标：先选中要复制的文本，按住 Ctrl 键的同时拖动鼠标到插入点位置，释放鼠标左键和 Ctrl 键。

(3) 删除文本

删除是将文本从文档中去掉，选中要操作的文本，然后按下 Delete 键或 Backspace 键都可以完成删除操作。

3. 查找与替换

在编辑文本时，经常需要对文本进行查找和替换操作，Word 2010 提供了功能强大的查找和替换功能，新增加了导航功能。

(1) 查找

查找的操作步骤如下：

① 单击"视图"选项卡中功能区的"显示"组，选中"导航窗格"复选框，弹出"导航"对话框，如图 4-21 所示。

② 单击"查找"选项卡，在"查找内容"下拉列表框中输入要查找的内容。

③ 单击"查找下一处"按钮，开始查找文本。

如果找到要查找的文本，Word 将找到的文本反相显示，若再单击"查找下一处"按钮，将继续往下查找。完成整个文档的查找后，Word 将提示用户完成查找。

若需要更详细地设置查找匹配条件，可以在"查找和替换"对话框中单击"更多"按钮，此时的对话框如图 4-22 所示。单击"更多"按钮后会出现新的搜索选项，可继续操作，此时按钮文本变成"更少"。

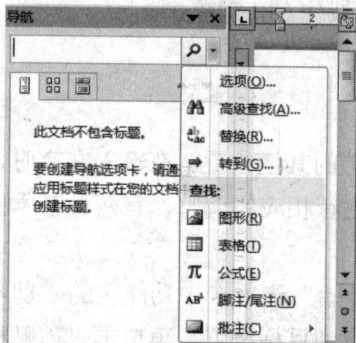

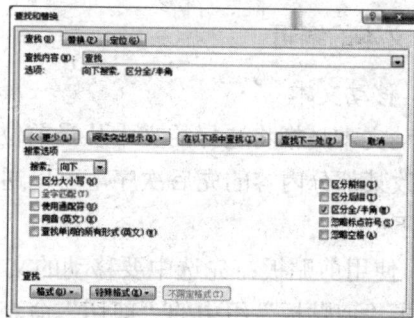

图 4-21　"导航"对话框　　　　　　　图 4-22　"查找和替换"对话框

"搜索选项"选项组：

- "搜索"下拉列表框：可以选择搜索的方向，即从当前插入点向上或向下查找。
- "区分大小写"复选框：查找大小写完全匹配的文本。
- "全字匹配"复选框：仅查找一个单词，而不是单词的一部分。
- "使用通配符"复选框：在查找内容中使用通配符。
- "同音(英文)"复选框：查找与目标内容发音相同的单词。
- "区分全/半角"复选框：查找全角、半角完全匹配的字符。
- "区分前缀"复选框：查找与目标内容开头字符相同的单词。
- "区分后缀"复选框：查找与目标内容结尾字符相同的单词。

- "忽略标点符号"复选框：在查找目标内容时忽略标点符号。
- "忽略空格"复选框：在查找目标内容时忽略空格。
- "查找单词的所有形式(英文)"复选框：查找与目标内容属于相同形式的单词，最典型的就是 is 的所有变化形式(如 Are、Were、Was、Am、Be)。

"查找"选项组：

- "格式"按钮：可以打开一个菜单，选择其中的命令可以设置查找对象的排版格式，如字体、段落、制表位、语言、图文框、样式和突出显示等操作。单击其中每一项内容，多数都可以弹出一个对话框，以进行高级操作。
- "特殊字符"按钮：可以打开一个菜单，选择其中的命令可以设置查找一些特殊符号，如分栏符、分页符等近 30 种内容。
- "不限定格式"按钮：取消"查找内容"框下指定的所有格式。

(2) 替换

Word 的替换功能不仅可以将整个文档中查找到的整个文本替换掉，而且还可以有选择性地替换。操作步骤如下：

① 单击"视图"选项卡中功能区的"显示"组，选中"导航窗格"复选框，弹出"导航功能"对话框，如图 4-21 所示。

② 单击"替换"选项卡，在"查找内容"下拉列表框中输入要查找的内容，在"替换为"下拉列表框中输入要替换的内容。

③ 若单击"替换"按钮，只替换当前一个，继续向下替换可再单击此按钮；若单击"查找下一处"按钮，Word 将不替换当前找到的内容，而是继续查找下一处要查找的内容，查找到是否替换，由用户决定。如果想提高工作效率，单击"全部替换"按钮，Word 会将满足条件的内容全部替换。

同样，替换功能除了能用于一般文本外，也能查找并替换带有格式的文本和一些特殊的符号等，在"查找和替换"对话框中，单击"更多"按钮，可进行相应的设置，相关内容可参考"查找"操作。

若进行"查找"和"替换"操作时不能确定具体内容，可使用通配符操作，表 4-1 所示为常用的通配符的含义和应用实例。

表 4-1　查找和替换中最常用的通配符

通配符	含　义	应用实例
?	代表任意单个字符	"基？"可查找到"基本"、"基础"等
*	代表任意多个字符	"基*"可查找到"基本"、"基本功"、"基本内容"等

4. 撤销与恢复操作

当进行文档编辑时，难免会出现输入错误，常常会对文档的某一部分内容不太满意，或在排版过程中出现误操作，在这些情况下，撤销和恢复以前的操作就显得很重要。Word 提供了撤销和恢复操作来修改这些错误和误操作。

(1) 撤销

当用户在编辑文本时，如果对以前所做的操作不满意，要恢复到操作前的状态，可单击快速访问工具栏上的"撤销"按钮 ↻ ▾ 右侧的下拉按钮，因为里面保存了可以撤销的操作。无论单击列表中的哪一项，该项操作及其以前的所有操作都将被撤销。

(2) 恢复

在经过撤销操作后，"撤销"按钮右侧的"恢复"按钮图标 ↻ 会变成图标 ↪，表明已经进行过撤销操作，如果用户想要恢复被撤销的操作，只需要单击快速访问工具栏上的"恢复"按钮。

文本编辑中最常用且最简捷的操作是使用快捷键，如表 4-2 所示。

表 4-2　常用的文本编辑快捷键

文本的编辑	组合键
复制	Ctrl+C
粘贴	Ctrl+V
剪切	Ctrl+X
查找	Ctrl+F
撤销	Ctrl+Z
恢复	Ctrl+Y
保存	Ctrl+S

4.3.2　窗口拆分

当文档比较长时，处理起来很不方便，这时可以将文档的不同部分同时显示，实现方式有两种。

(1) 新建窗口

① 打开需要显示的文档。

② 单击"视图"选项卡，单击功能区的"窗口"组，选择"新建窗口"命令。

③ 屏幕上产生一个新的 Word 应用程序窗口，显示的是同一个文档，可以通过窗口的切换和滚动，使不同的窗口显示同一文档的不同部分。

(2) 拆分窗口

拆分窗口的操作步骤如下：

① 打开需要显示的文档。

② 单击"视图"选项卡，单击功能区中的"窗口"组，选择"拆分"命令。

③ 选择要拆分的位置，单击鼠标，就可以将当前窗口分割为两个子窗口，如图 4-23 所示。

拆分后，任何一个子窗口都可以独立地工作，而且由于它们都是同一窗口的子窗口，因此当前都是活动的，可以迅速地在文档的不同部分传递信息。

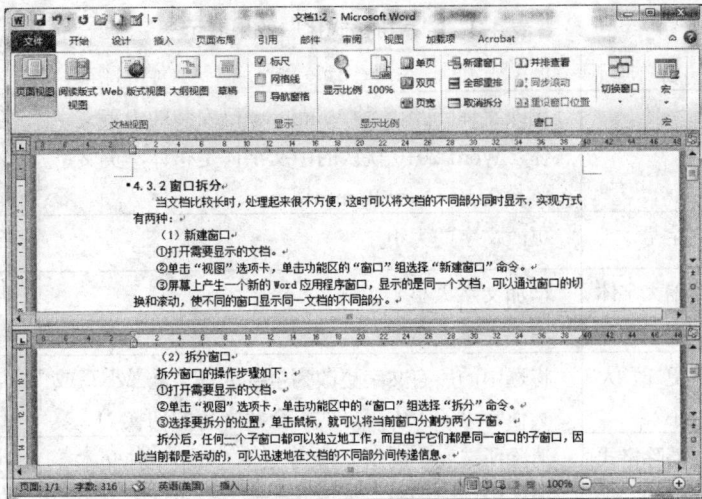

图 4-23　拆分窗口

4.4　文　档　排　版

文档排版是指对文档外观的一种美化。用户可以对文档格式进行反复修改，直到对整个文档的外观满意和符合用户阅读要求为止。文档排版包括字符格式化、段落格式化和页面设置等。

4.4.1　字符格式化

字符格式化是指对字符的字体、字号、字形、颜色、字间距、文字效果等进行设置。设置字符格式可以在字符输入前或输入后进行，输入前可以通过选择新的格式，设置将要输入的格式；对已输入的字符格式进行修改，只需选定需要进行格式设置的字符，然后对选定的字符进行格式设置即可。字符格式的设置是用"开始"选项卡功能区中的"字体"组和"字体"对话框等方式实现的。

1. "开始"选项卡中的"字体"组

"字体"组如图 4-24 所示。

为了能更好地了解"字体"组，表 4-3 中给出了各命令的简单功能介绍和效果演示。

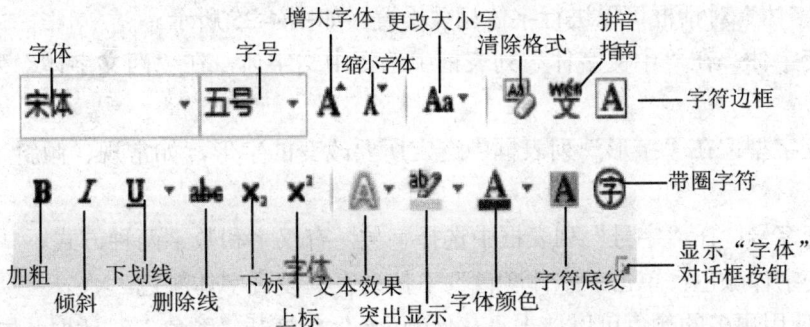

图 4-24　"字体"组

表 4-3　"字符格式化"效果展示

按　键	名　称	功　能	效　果
华文琥珀　▼	字体	更改字体(包含各种 Windows 已安装的中英文字体，Word 2010 默认的中文字体是宋体，英文字体是 Times New Roman)	**字体**
三号　▼	字号	更改文字的大小	字号
A˄	增大字体	增加文字大小	增大字体
A˅	缩小字体	缩小文字大小	缩小字体
Aa ▼	更改大小写	将选中的所有文字更改为全部大写，全部小写或其他常见的大小写形式，全角半角的切换	选全大写 AA 选全小写 aa
[A]	清除格式	清除所选文字的所有格式设置，只留下纯文本	清除格式
B	加粗	使选定文字加粗	**加粗**
I	倾斜	使选定文字倾斜	*倾斜*
U ▼	下划线	在选定文字的下方绘制一条线，单击下三角按钮可选择下划线的类型	下划线
abc	删除线	绘制一条穿过选定文字中间的线	删除线
X₂	下标	设置下标字符	下标
X²	上标	设置上标字符	上标
⊕字	带圈字符	所选的字符添加圈号，可选缩小文字和增大圈号，也可以选不同形状的圈	带⊕◇符
A	字符底纹	所选的字符加上底纹，底纹内容丰富	字符底纹
wén文	拼音指南	可以在中文字符上添加拼音	pīn yīn zhǐ nán 拼音指南
ab ▼	突出显示	给选定的文字添加背景色	效果很多，可在实际操作中体验
A ▼	文字效果	文档中选择要添加效果的文字，可以将鼠标指向"边框"、"阴影"、"映像"或"发光"等效果，然后单击要添加的相应着色和效果到文字上	

2. 字体对话框

单击"开始"选项卡功能区中"字体"组的右下角带有↘标记的按钮，表示有命令设置对话框，打开对话框(即单击)可以进行相应的各项功能的设置，显示"字体"对话框。

(1) "字体"对话框

利用"字体"对话框可以进行字体相关设置，如图 4-25 所示。

① 改变字体：在"中文字体"列表框中选择中文字体，在"西文字体"列表框中选择英文字体。

② 改变字型：在"字形"列表框中选定所要改变的字形，如常规、倾斜、加粗、倾斜加粗。

③ 改变字号：在"字号"列表框中选择字号，有汉字和数字两种方式。

④ 改变字体颜色：单击"字体颜色"下拉列表框设置字体颜色。

如果想使用更多的颜色可以单击"其他颜色..."，打开"颜色"对话框，如图 4-26 所示。单击"标准"选项卡可以选择标准颜色，在"自定义"选项卡中可以自定义颜色来设置具体颜色。

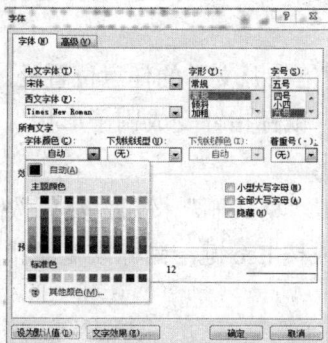

图 4-25　"字体"对话框

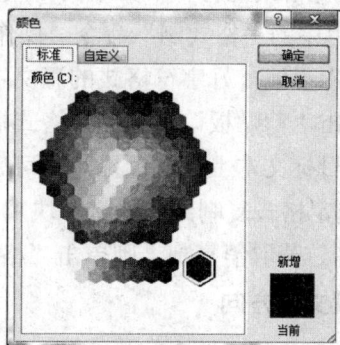

图 4-26　"颜色"选项卡

⑤ 设置下划线：可配合使用"下划线线型"和"下划线颜色"下拉列表框来设置下划线。

⑥ 设置着重号：在"着重号"下拉列表框中选定着重号标记。

⑦ 设置其他效果：在"效果"选项区域中，可以设置删除线、双删除线、上标、下标、小型大写字母等字符效果。

(2)　"高级"选项卡

利用"高级"选项卡可以进行字符间距设置。"高级"选项卡如图 4-27 所示。

① 字符间距：在"间距"下拉列表框中可以选择"标准""加宽"和"紧缩"3 个选项。选择"加宽"或"紧缩"时，可以在右侧的"磅值"数值框中输入所要"加宽"或"紧缩"的磅值。

② 位置：在"位置"下拉列表框中可以选择"标准""提升"和"降低"3 个选项。选择"提升"或"降低"时，可以在右侧的"磅值"数值框中输入所要"提升"或"降低"的磅值。

③ 为字体调整字间距：选中"为字体调整字间距"复选框后，从"磅或更大"数值框中选择字体大小，Word 会自动设置选定字体的字符间距。

(3)　"文字效果"按钮

利用"文字效果"按钮可以进行字符的特殊效果设置。单击"文字效果"按钮，弹出"设置文本效果格式"对话框，如图 4-28 所示，在该对话框中可以进行各种文本效果设置。

图 4-27　"高级"选项卡

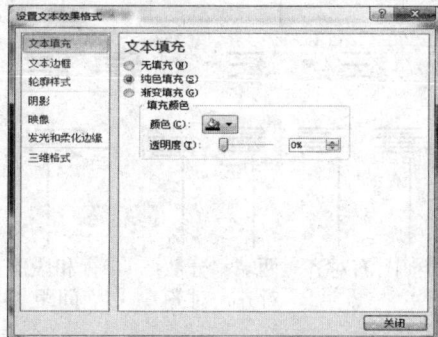

图 4-28　"设置文本效果格式"对话框

4. 复制字符格式

复制字符格式是将一个文本的格式复制到其他文本中，使用"开始"选项卡功能区中"剪贴板"组中的"格式刷"命令。操作步骤如下：

(1) 选中已编排好字符格式的源文本或将光标定位在源文本的任意位置处。

(2) 单击"剪贴板"组中的"格式刷"按钮 ，鼠标指针变成刷子形状。

(3) 在目标文本上拖动鼠标，即可完成格式复制。

若将选定格式复制到多处文本块上，则需要双击"格式刷"按钮，然后按照上述步骤(3)完成复制。若取消复制，则单击"格式刷"按钮或按 Esc 键，鼠标恢复原状。

5. 设置文字方向

设置文字方向的步骤如下：

(1) 选定要设置文字方向的文本。

(2) 单击"页面布局"选项卡功能区中"页面设置"组中的"文字方向"命令，在"文字方向"命令中选择"文字方向选项"命令，打开"文字方向"对话框，如图 4-29 所示。

(3) 选择"方向"区域中相应文字方向的图框，单击"确定"按钮。

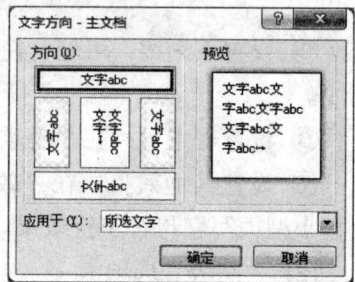

图 4-29　"文字方向"对话框

4.4.2　段落格式化

段落格式化指对整个段落的外观处理。段落可以由文字、图形和其他对象所构成，段落以 Enter 键作为结束标识符。有时也会遇到这种情况，即录入没有到达文档的右侧界就需要另起一行，而又不想开始一个新的段落，此时可按 Shift+Enter 键，产生一个手动换行符(软回车)，可实现既不产生一个新的段落又可换行的操作。

如果需要对一个段落进行设置，只需将光标定位于段落中即可，如果要对多个段落进行设置，首先要选中这几个段落。单击"开始"选项卡功能区中"段落"组中的按钮来进行相应设置，如图 4-30 所示。

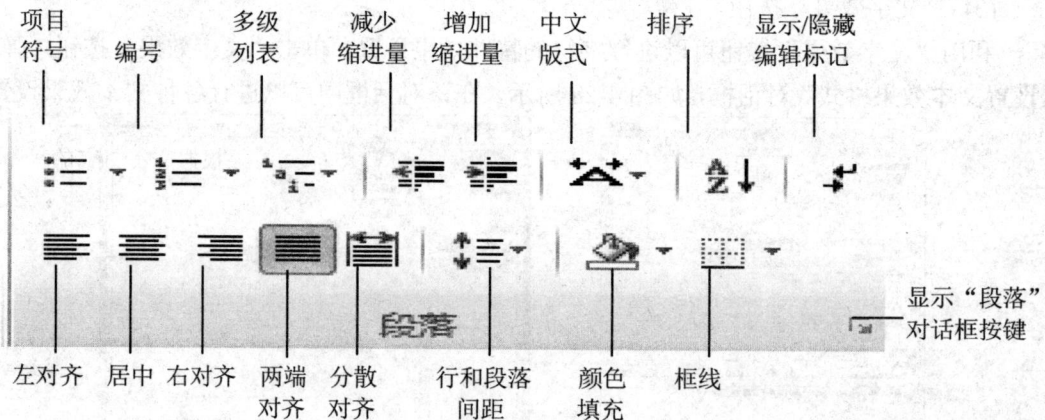

图 4-30　"段落"组

1. 设置段落间距、行间距

段落间距是指两个段落之间的距离，行间距是指段落中行与行之间的距离，Word 默认的行间距是单倍行距。

(1) 利用"开始"选项卡功能区

在"段落"组中设置段落间距、行间距的步骤如下：

① 选定要改变间距的文档内容。

② 单击"开始"选项卡中功能区 "段落"组中的"行和段落间距"按钮；或单击"开始"选项卡功能区中"段落"组右下角带有↘标记的按钮，表示有命令设置对话框，打开对话框(即单击)可以进行相应的各项功能设置，显示"段落"对话框，如图 4-31 所示。

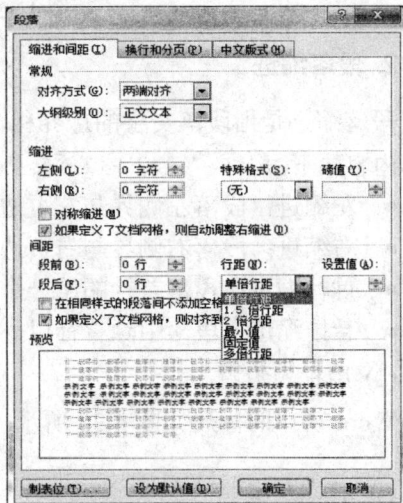

③ 单击"缩进和间距"选项卡，在"间距"选项中的"段前"和"段后"数值框中输入间距值，可调节段前和段后的间距。

图 4-31　"段落"对话框

④ 在"行距"下拉列表框中选择行间距，若选择了"固定值"或"最小值"选项，需要在"设置值"数值框中输入所需的数值；若选择"多倍行距"选项，需要在"设置值"数值框中输入所需行数。表 4-4 是对行距的操作效果的一个简单展示。

表 4-4　行距效果展示

行　距	操作方式	效　果
单倍行距	选单倍行距	行距设置的不同 单倍行距
1.5 倍行距	选 1.5 倍行距	行距设置的不同 1.5 倍行距
2 倍行距	选 2 倍行距	行距设置的不同 2 倍行距
最小值	行距(N)： 设置值(A)： 最小值 12 磅	具体效果根据实际数字的变化而变化
固定值	行距(N)： 设置值(A)： 固定值 12 磅	
多倍行距	行距(N)： 设置值(A)： 多倍行距 3	

⑤ 设置完成后，单击"确定"按钮。

(2) 利用"页面布局"选项卡

在"段落"组中设置段落间距、行间距，与利用"开始"选项卡功能区的"段落"组操作基本相同，但这个"段落"组中有直接可调节段前和段后距离的设置，如图 4-32 所示。

图 4-32　"页面布局"选项卡

2. 段落缩进

段落缩进是指段落文字的边界相对于左、右页边距的距离。段落缩进有以下 4 种格式，具体内容如下。

- 左缩进：段落左侧界与左页边距保持的距离。
- 右缩进：段落右侧界与右页边距保持的距离。
- 首行缩进：段落首行的第一个字符与左侧界的距离。
- 悬挂缩进：段落中除首行以外的其他各行与左侧界的距离。

(1) 用标尺设置

Word 窗口的标尺如图 4-33 所示，使用标尺设置段落缩进的操作如下：

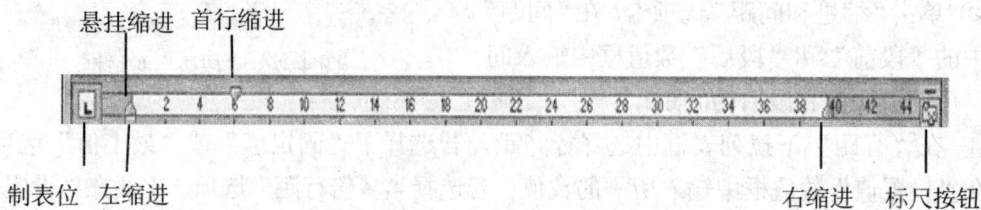

图 4-33　标尺

① 选定要进行缩进的段落或将光标定位在该段落上。

② 拖动相应的缩进标记，向左或向右移动到合适位置。

(2) 利用制表符设置

Word 窗口中的制表符如图 4-34 所示，利用制表符设置段落缩进的操作步骤如下：

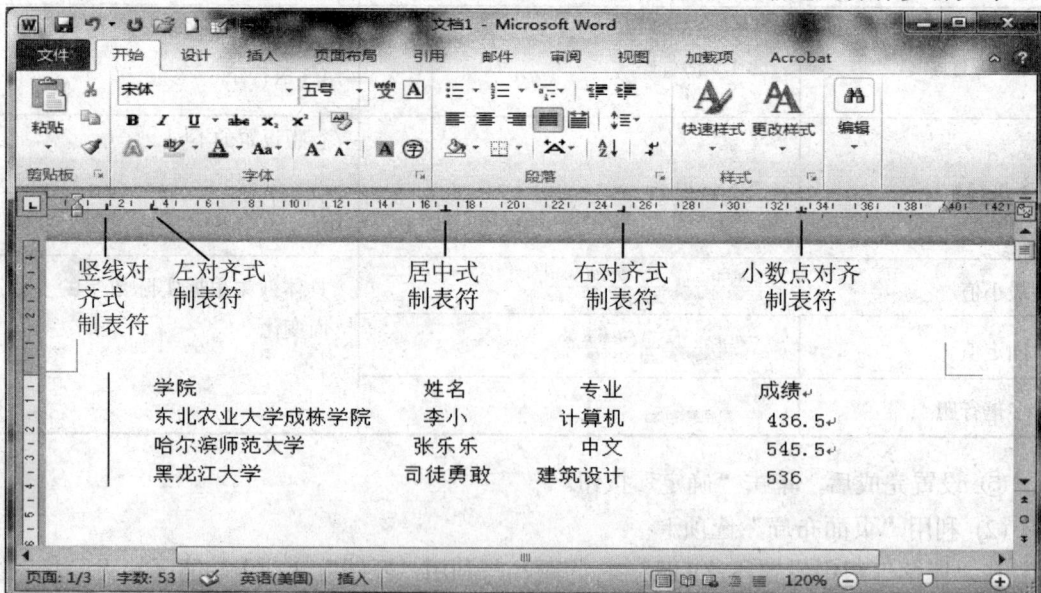

图 4-34　制表符设置

① 选择制表符的类型，可单击标尺左侧的"制表符类型"按钮，直到出现用户所需要的对齐方式图标为止。

② 在标尺上适当的位置单击标尺下沿即可。

设置好制表符后，用户就可以用制表符输入文本。按 Tab 键使插入点到达所需的位置，然后输入文本内容，每行结束时按 Enter 键。

(3) 利用"开始"选项卡

操作步骤如下：

① 单击"开始"选项卡功能区中的"段落"组右下角带有↘标记的按钮，打开"段落"对话框进行相应的各项功能的设置。

② 在"缩进和间距"选项卡中的"特殊格式"下拉列表框中选择"悬挂缩进"或"首行缩进"，在"缩进"区域设置左、右缩进。

③ 单击"确定"按钮。

(4) 利用"段落"组

单击"段落"组中的"减少缩进量"按钮 或"增加缩进量"按钮 ，可以完成所选段落左移或右移一个汉字位置。

(5) 利用"页面布局"选项卡

使用"段落"组中的"缩进"命令，也可以完成所选段落左移或右移一个汉字位置。

3. 段落的对齐方式

段落对齐方式包括左对齐、居中对齐、右对齐、两端对齐和分散对齐，Word 默认的对齐格式是两端对齐。

如果要设置段落的对齐方式，则应先选中相应的段落，再单击"段落"组中相应的对齐方式按钮；或利用"段落"组中"段落"选项卡的对齐方式也可完成。操作步骤如下：

(1) 单击"段落"组，显示"段落"对话框，打开"缩进和间距"选项卡。

(2) 在"对齐方式"下拉列表框中选择相应的对齐方式。

(3) 单击"确定"按钮。

段落的对齐效果如图 4-35 所示。

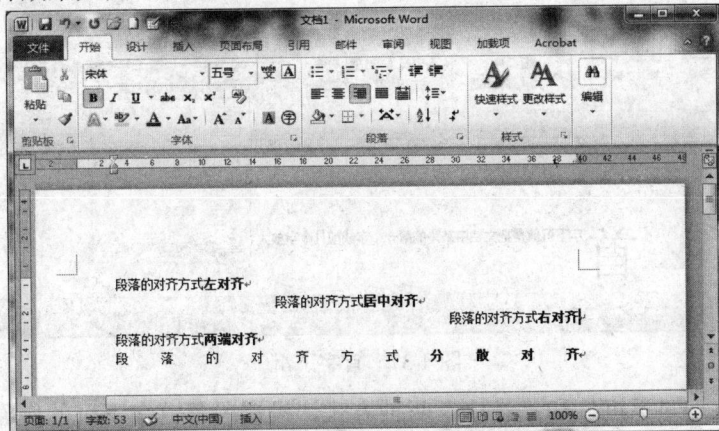

图 4-35　段落的对齐效果

4. 边框和底纹

为起到强调作用或美化文档的作用，可以为指定的段落、图形或表格等添加边框和底纹。添加边框和底纹的操作步骤如下：

(1) 先选定要添加边框和底纹的文档内容。

(2) 单击"开始"选项卡功能区中的"段落"组，选择"边框和底纹"命令，弹出"边框和底纹"对话框，如图 4-36 所示。

(3) 可以进行如下设置。

① 加边框：可以对编辑对象边框的形式、线形、颜色、宽度等外观效果进行设置。

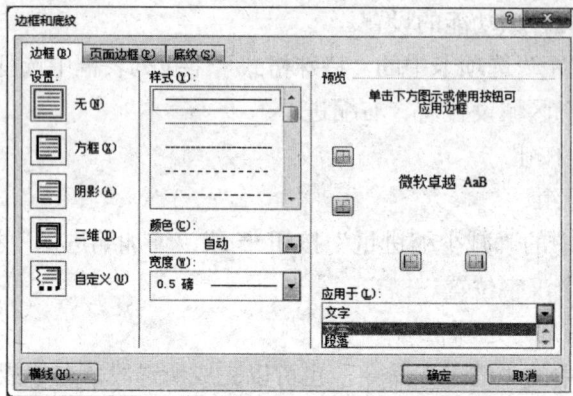

图 4-36 "边框和底纹"对话框

② 加页面边框：可以为页面加边框，设置"页面边框"选项卡与设置"边框"选项卡操作相似。

③ 加底纹：在"填充"区域选择底纹的颜色(背景色)，在"格式"列表框中设置底纹的样式，在"颜色"列表框中选择底纹内填充的颜色(前景色)。

④ 设置完毕后，单击"确定"按钮。

5. 首字下沉

首字下沉就是把文档中某段的第一个字或前几个字放大，以引起注意，如图 4-37 所示。

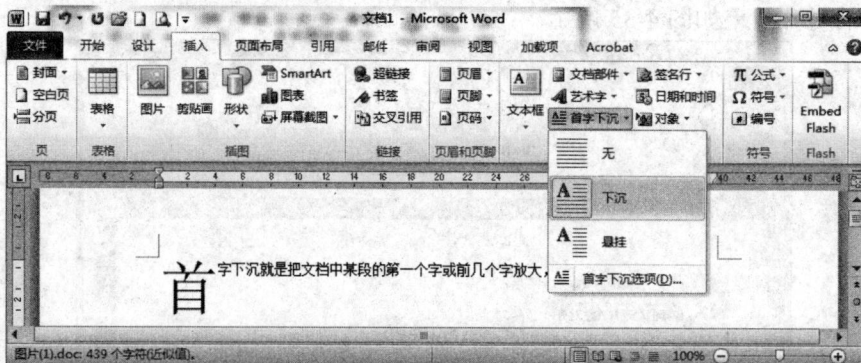

图 4-37 首字下沉

首字下沉分为"下沉"和"悬挂"两种方式，设置段落首字下沉的操作步骤如下：

（1）先将插入点定位在要设置"首字下沉"的
段落中。

（2）选择"插入"选项卡功能区，单击"文本"
组中的"首字下沉"命令，显示"首字下沉"对话
框，如图 4-38 所示。在位置区域中选择需要下沉
的方式，还可以为首字设置字体、下沉的行数以及
与正文的距离。

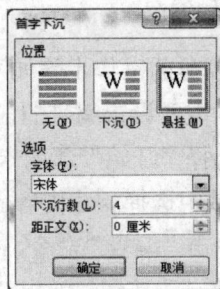

（3）单击"确定"按钮。

图 4-38　"首字下沉"对话框

4.4.3　项目符号和编号

对一些需要分类阐述的条目，可以添加项目符号和编号，起到强调的作用，也可以起
到美化文档的作用。

1. 添加项目符号

设置项目符号的步骤如下：

（1）在打开的文档中选定文本内容。

（2）选择"开始"选项卡功能区，单击"段落"组中的"项目符号"下拉三角按钮，
如图 4-39 所示。

图 4-39　"项目符号"下拉列表

（3）选择所需要的项目符号，若对提供的符号不满意，可以单击"定义新项目符号"
按钮，弹出"定义新项目符号"对话框，如图 4-40 所示。单击"符号"按钮，弹出"符号"
对话框，如图 4-41 所示。

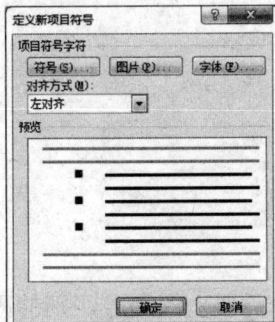

图 4-40　"定义新项目符号"对话框　　　　　图 4-41　"符号"对话框

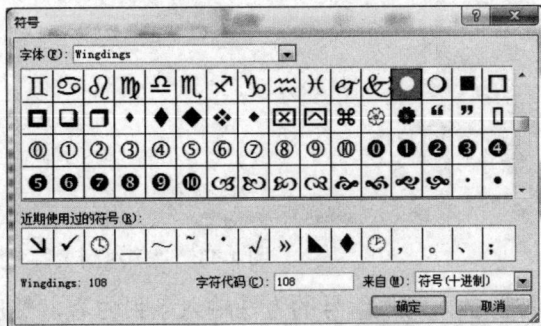

（4）单击"确定"按钮。

2. 添加编号

设置编号的操作步骤如下：

(1) 选定要设置编号的段落。

(2) 选择"开始"选项卡功能区，单击"段落"组中的"编号"下拉三角按钮。在"编号库"区域中选择相应内容。

(3) 单击"编号"命令，选择所需要的编号，若对提供的编号不满意，也可以单击"定义新编号格式"按钮，弹出"定义新编号格式"对话框。在"定义新编号格式"对话框中对"编号样式"和"字体"等相应内容进行设置，如图 4-42 所示。

(4) 单击"确定"按钮。

若对已设置好编号的列表进行插入或删除列表项操作，Word 将自动调整编号，不必人工干预，编号可自动产生。

3. 使用多级编号

在文档中，用户可以通过更改编号列表级别来创建多级编号列表，使编号列表的逻辑关系更加清晰，以实现层次效果。具体操作如下：

图 4-42　"定义新编号格式"对话框

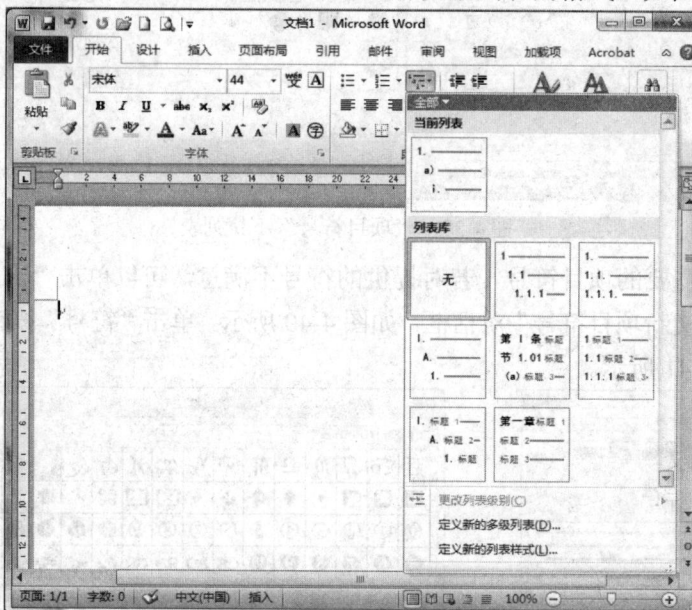

(1) 选择段落标题文本。在"开始"选项卡功能区单击"段落"组中"多级列表"按钮右侧的下拉三角按钮，在打开的多级列表中选择多级列表的格式，如图 4-43 所示。

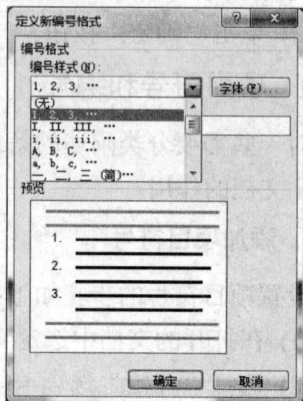

图 4-43　"多级列表"下拉列表

(2) 按照插入常规编号的方法输入条目内容，然后选中需要更改编号级别的段落。单击"多级列表"按钮，在打开的面板中选择"更改列表"选项，并在打开的下一级菜单中选择编号列表的级别。

（3）如有更多要求的设置，可选择"定义新多级列表"和"定义新列表样式"进行设置，如图 4-44 所示。

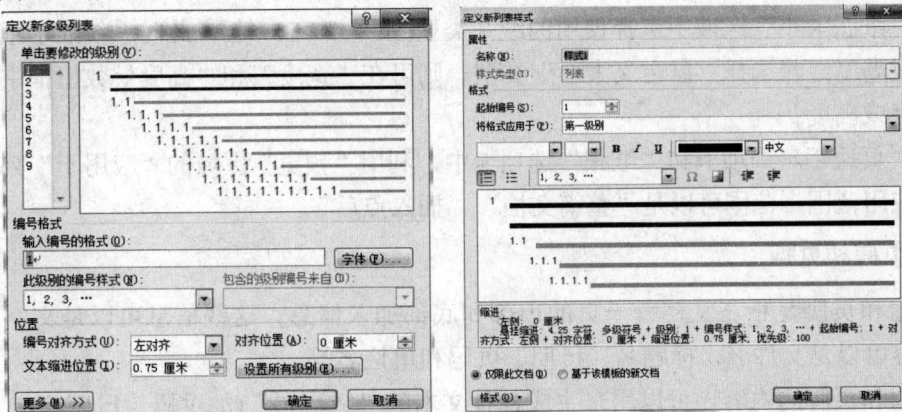

图 4-44　"定义新多级列表"和"定义新列表样式"对话框

4.4.4　页面设计

1. 页面设置

页面设置是指设置文档的总体版面布局以及选择纸张大小、上下左右边距、页眉页脚与边界的距离等内容。可以利用"页面布局"选项卡功能区中的"页面设置"组命令来完成。如有其他特殊要求，如添加"页面边框""水印"和"页面颜色"等，可以通过"页面背景"组来完成，如图 4-45 所示。

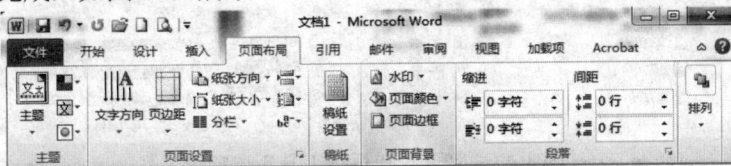

图 4-45　"页面布局"功能区

选择"页面布局"选项卡功能区中的"页面设置"组，单击"页面设置"的右下角带有 ↘ 标记的按钮，弹出"页面设置"对话框，可根据其中不同的选项卡来进行各项功能的设置，如图 4-46所示。

（1）"页边距"选项卡

页边距是正文与页面边缘的距离，在"页边距"选项卡中主要进行以下设置：

在"页边距"区域的"上""下""左""右"数值框中设置正文与纸张顶部、底部、左侧和右侧预留的宽度；在"装订线位置"列表框中选择装订位置，有"左"和"上"两个位置，在"装订线"数值框中设置装订线与纸张边缘的间距；在"纸张方向"区域设置纸张是"横向"还是"纵向"。

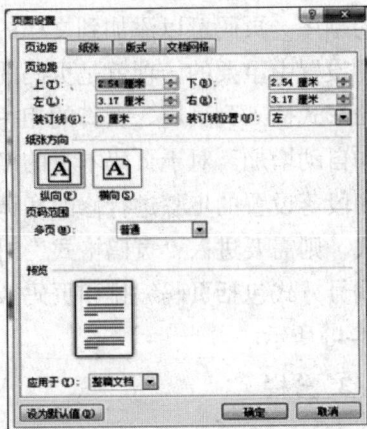

图 4-46　"页面设置"对话框

(2) "纸张"选项卡

在"纸张"选项卡中主要进行以下设置：

在"纸张大小"区域中选择使用的纸张类型(如 A4、B5 等)，此时系统显示纸张的默认宽度或高度；若选择"自定义大小"类型，则可在"宽度"和"高度"数值框中设置纸张的宽度或高度。

在"页边距"选项卡和"纸张"选项卡中，利用"预览"区域的"应用于"列表框可以选择应用范围。范围可以是"整篇文档""插入点后"。

2. 页眉和页脚

页眉和页脚是指在文档每一页的顶部和底部加入信息。这些信息可以是文字和图形等。内容可以是文件名、标题名、日期、页码和单位名等。

页眉和页脚的内容还可以用来生成各种文本的"域代码"(如页码、日期等)。域代码与普通文本的区别是，它随时可以被当前的最新内容所代替。例如，生成日期的域代码根据打印时的系统时钟生成当前的日期。

(1) 创建页眉和页脚

要创建页眉和页脚，选择"插入"选项卡功能区，单击"页眉和页脚"组，在打开"页眉""页脚"和"页码"的下拉列表中选择用户所需要的具体样式，进行操作时选项卡中会出现"页眉和页脚工具"设计选项卡，如图 4-47 所示。其中功能区由"页眉和页脚"组、"插入"组、"导航"组、"选项"组、"位置"组和"关闭"组几部分组成。

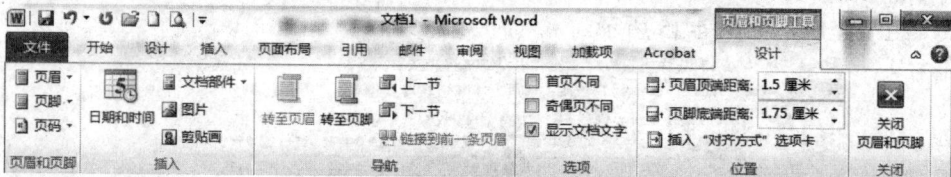

图 4-47　"页眉和页脚工具"选项卡

(2) 插入页码

为便于查找，常常在一篇文档中添加页码来编辑文档的顺序。页码可以添加到文档的顶部和底部。页眉、页脚设置中重要的一项就是页码的设置。页码可以按照域的形式插入到页眉、页脚的相关位置上，并随着页的增加自动增加。对于页码本身的格式，可以按照字体设置和段落设置的步骤进行修改和调整。而对页码的编号方式，则需要进入"页码格式"对话框进行设置。页码的编号方式包括页码编排和页码数字格式两个方面，如图 4-48 所示。

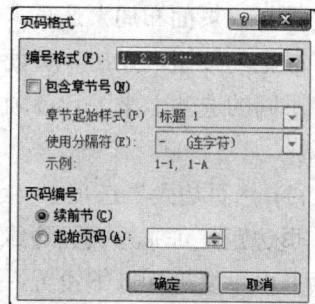

图 4-48　"页码格式"对话框

3. 分栏

"分栏"可以编排出类似于报纸的多栏版式效果。它可以对整篇文档或部分文档分栏。选择"页面布局"选项卡功能区，单击"页面设置"组中的"分栏"下拉按钮，选择"更多分栏"命令，弹出"分栏"对话框，如图 4-49 所示。
在"栏数"数值框中可以指定分栏数；若要求各栏宽相等，
可在"宽度和间距"区域中设置栏的宽度和间距，若要求
栏宽不相等，可以取消对"栏宽相等"复选框的选择，在
"宽度和间距"区域中设置每栏的宽度和间距；若选中"分
隔线"复选框，则可在各栏之间加入分隔线。

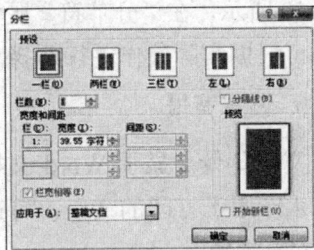

图 4-49　"分栏"对话框

4．分页符和分节符

（1）分页

Word 自动在当前页已满时插入分页符，开始新的一页。这些分页符被称为"自动分
页符"或"软分页符"。但有时也需要强制分页，这时可以人工输入分页符，这种分页符
称为"硬分页符"。

插入分页符的操作步骤如下：

① 将插入点定位到欲强制分页的位置。

② 单击"页面布局"选项卡的功能区，选择"分页符"命令，打开"分页符"下拉
列表，如图 4-50 所示。

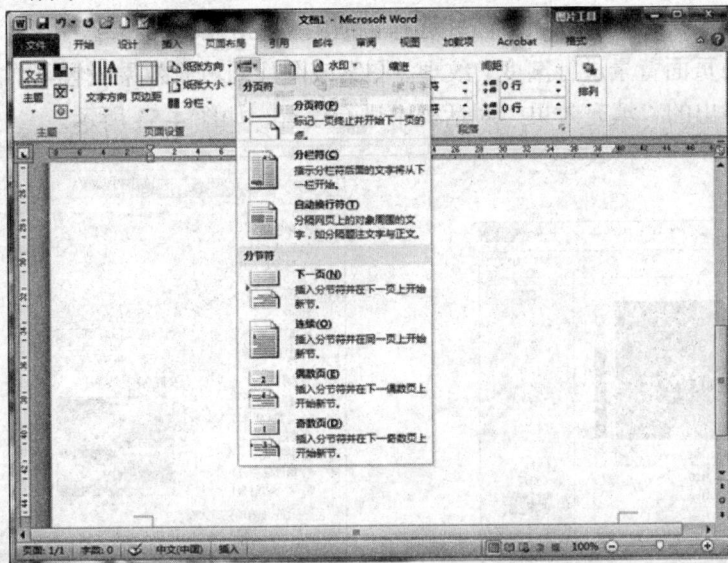

图 4-50　"分页符和分隔符"下拉列表

③ 在下拉列表中选择"分页符"组下的"分页符"。

④ 单击"确定"按钮。

上述操作也可在定位插入点后，使用 Ctrl+Enter 快捷键插入分页符。

（2）分节

在页面设置和排版中，可以将文档分成任意几节，并且分别格式化每一节。节可以是
整个文档，也可以是文档的一部分，如一段或一页。

在建立文档时，系统默认整个文档就是一节，如果要在文档中建立节，就需插入分节
符。所在节的格式，如"页边距""页码"和"页眉和页脚"等，都存储在分节符中。如

图 4-50 所示,在"分节符"区域中有"下一页""连续""奇数页""偶数页"4 个选项,用户可根据实际操作进行选择。

5. 设置背景

文档背景是显示 Word 文档最底层的颜色或图案,用于丰富 Word 文档的页面显示效果。水印用于打印的文档,可在正文文字的下面添加文字或图形。

(1) 背景

可以将过渡色、图案、图片、纯色或纹理作为背景,背景的形式多种多样,既可以是内容丰富的徽标,也可以是装饰性的纯色。在文档中设置页面的步骤如下:

① 打开要操作的文档,选择"页面布局"选项卡。

② 在"页面背景"组中单击"页面颜色"按钮,并在打开的页面颜色面板中选择"主题颜色"或"标准色"中的特定颜色,如图 4-51 所示。

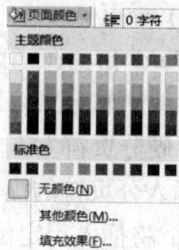

图 4-51 "页面颜色"面板

如果"主题颜色"和"标准色"中显示的颜色依然无法满足用户的需要,可以单击"其他颜色"命令,在打开的"颜色"对话框中切换到"自定义"选项卡,并选择合适的颜色,如图 4-52 所示。

如果希望对页面背景进行渐变、纹理、图案或图片的填充效果设置,单击"填充效果"命令,然后在弹出的"填充效果"对话框中进行设置,如图 4-53 所示。

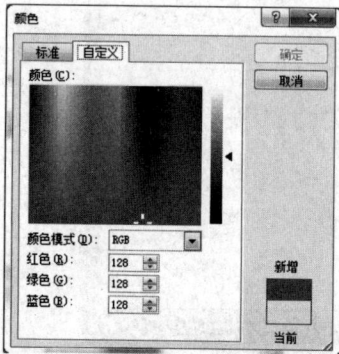

图 4-52 "自定义"颜色选项卡   图 4-53 "填充效果"对话框

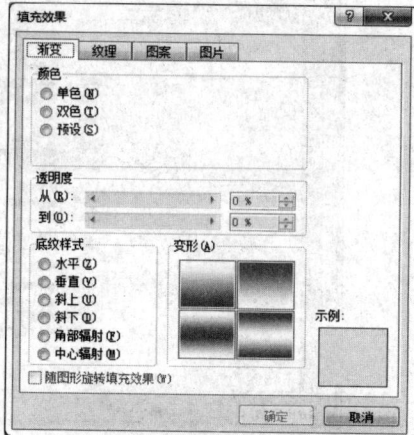

(2) 水印

在许多实际操作中 Word 文件常常需要为页面添加水印,例如,在公司文件和学习资料中添加水印。添加文字水印效果的步骤如下:

① 打开要操作的文档,选择"页面布局"选项卡。

② 在"页面背景"组中单击"水印"按钮,在"水印"下拉列表中选择合适的水印,如图 4-54 所示。选择需要的"水印"效果。

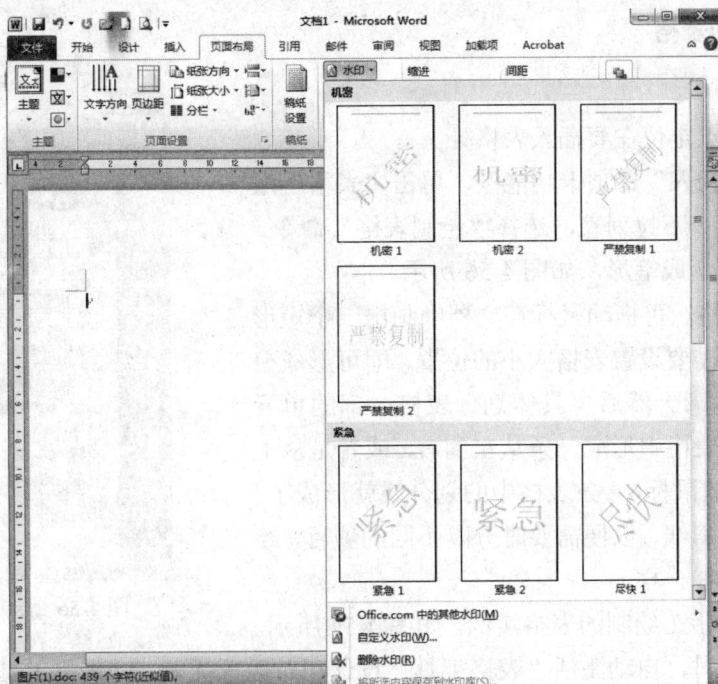

图 4-54　　"水印"下拉列表

③ 在"水印"下拉列表中选择"自定义水印"命令，在弹出的"水印"对话框中选中"文字水印"单选按钮。在"文字"编辑框中改变水印文字为用户所需要的内容，并根据需要设置字体、字号和颜色，选中"半透明"复选框，设置水印版式为"斜式"或"水平"，如图 4-55 所示。

④ 单击"确定"按钮，水印效果设置结束。

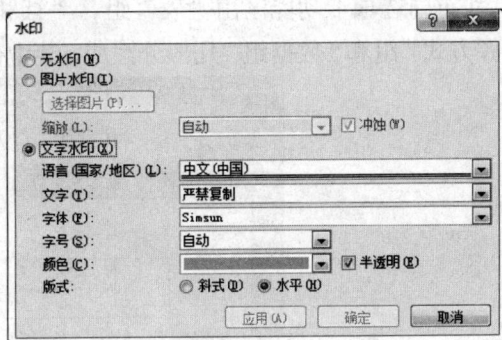

图 4-55　　"水印"下拉列表

4.5　表　　格

表格以行和列的形式组织信息，其结构严谨，效果直观，而且信息量较大。Word 提供了表格功能，可以方便地创建和使用表格。

4.5.1　创建表格

表格由若干行和列组成，行列的交叉区域称为"单元格"。在单元格中可以填写数值、文字和插入图片等。

在 Word 中，可以手工绘制表格，也可以自动插入表格。

1. 手工绘制表格

操作步骤如下：

(1) 将插入点定位在要插入表格处。

(2) 选择"插入"选项卡功能区，单击"表格"组中的"表格"命令下拉列表，选择"绘制表格"命令，此时，鼠标指针变成笔形，如图 4-56 所示。

(3) 绘制表格。可拖动鼠标在文档中画出一个矩形的区域，到达所需要设置表格大小的位置，即可形成整个表格的外部轮廓。然后再具体划分表格内部的单元格。拖动鼠标在表格中形成一条从左到右，或者是从上到下的虚线，释放鼠标，一条表格中的划分线就形成了。在单元格内绘制斜线，以便需要时分隔不同的项目，绘制方法与绘制直线一样。

图 4-56　绘制表格

下面为一个手工绘制的表格实例，如图 4-57 所示。

当开始绘制表格时，自动激活"表格工具"设计和布局选项卡。"表格工具"设计选项卡功能区由"表格样式选项"组、"表格样式"组和"绘图边框"组三大部分组成；"表格工具"布局选项卡功能区由"表"组、"行和列"组、"合并"组、"单元格大小"组、"对齐方式"组和"数据组"几部分组成。其中部分组还可以弹出对话框以进行更多的设置。

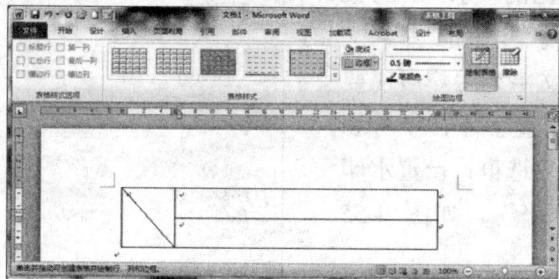

图 4-57　手工绘制表格实例

2. 利用"插入"选项卡

选择"插入"选项卡功能区，单击"表格"组中的"表格"命令下拉列表，显示相应的网格框，在网格框中向右下拖动直到所需的行、列数为止，即可在插入点处建立一个空表，如图 4-58 所示。

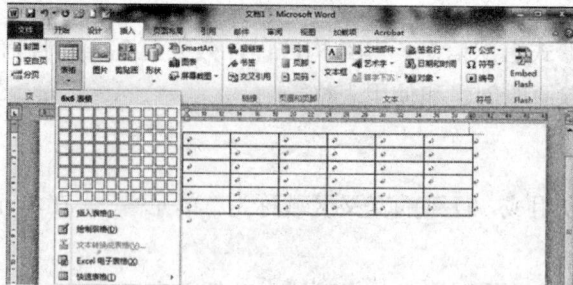

图 4-58　拖动直到所需的行、列数后的表格

3. 利用"插入表格"对话框

操作步骤如下：

(1) 单击"表格"命令，打开"插入表格"对话框，如图 4-59 所示。

(2) 在"表格尺寸"区域设置行数和列数。

若想使用 Word 提供的根据格式设置创建新样式，需要单击"设计"选项卡的"表格样式"组，选择"创建新样式"项，弹出"根据格式设置创建新样式"对话框，如图 4-60 所示，选择所需的表格样式。

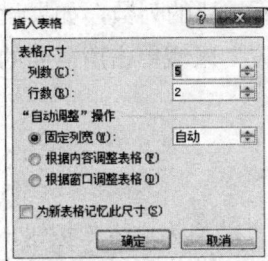

图 4-59　"插入表格"对话框

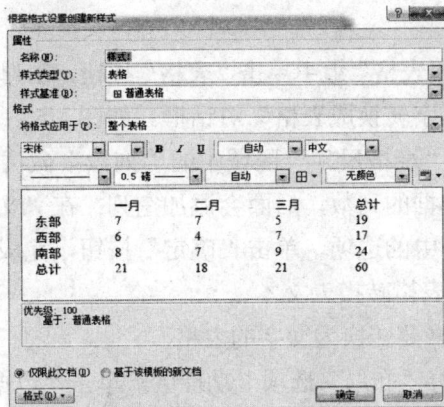

图 4-60　"根据格式设置创建新样式"对话框

(3) 单击"确定"按钮。

4. 快速插入表格

为了快速制作出美观的表格，Word 2010 提供了许多内置表格，可以快速地插入内置表格并输入数据。

打开"插入"选项卡功能区，在"表格"组中单击"表格"按钮，在弹出的下拉列表中选择"快速表格"命令，插入内置表格，如图 4-61 所示。

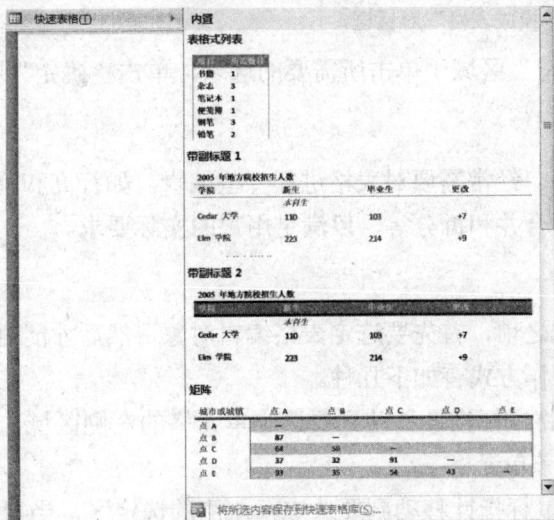

图 4-61　快速插入内置表格

5. 文本与表格的相互转换

Word 中允许在文本和表格之间进行相互转换。

(1) 将文本转换成表格

将文本转换为表格时，使用逗号、制表符或其他分隔符标记新的列开始的位置。具体操作步骤如下：

① 选择要转换为表格的文本。

② 在准备转换成表格的文本中，用逗号、制表符或其他分隔符标记新的列开始的位置。

③ 在"表格"组中单击"表格"按钮，在弹出的下拉列表中选择"文本转换成表格"，弹出"将文字转换成表格"对话框。如图 4-62 所示。

④ 在"表格尺寸"区域中的"列数"微调框中输入所需要的列数，如果设置的列数大于原始数据的列数，后面会添加空列；在"文字分隔位置"区域单击所需要的分隔符选项，选择其中的选项，单击"确定"按钮，完成操作。

(2) 将表格转换为文本

① 选择要转换为文字的表格。

② 选择"布局"选项卡功能区，单击"数据"组中的"转换为文本"按钮，打开"表格转换成文本"对话框，如图 4-63 所示。

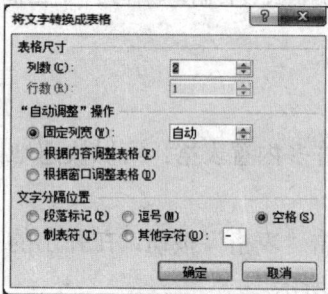

图 4-62 "将文字转换成表格"对话框　　　　图 4-63 "表格转换成文本"对话框

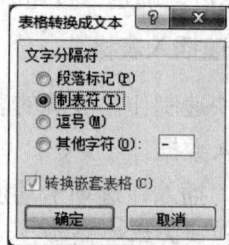

③ 在"文字分隔符"区域中单击所需要的选项，单击"确定"按钮。

4.5.2 编辑表格

创建好一个表格后，经常需要对表格进行一些编辑，如行高和列宽的调整、行或列的插入和删除、单元格的合并和拆分等，以满足用户的实际要求。

1. 选定表格

对表格进行格式化之前，首先要选定表格编辑对象，然后才能对表格进行操作。选定表格编辑对象的鼠标操作方式有如下几种。

① 选定单元格：将鼠标指针移动到要选定单元格的左侧区域，鼠标指针变成右上的箭头，单击即可选定该单元格。

② 选定一行：将鼠标指针移动到要选定行左侧的选定区，当鼠标指针变成，单击即可选定该行。

③ 选定一列：将鼠标指针移动到该列顶部的选定区，当鼠标指针变成 ↓，单击即可选定该列。

④ 选定连续单元格区域：拖动鼠标选定连续单元格区域即可。这种方法也可以用于选定单个、一行或一列单元格。

⑤ 选定整个表格：将鼠标指针指向表格左上角，单击出现的"表格的移动控制点"图标 ⊞，即可选定整个表格。

2. 调整行高和列宽

创建表格时，表格的行高和列宽都是默认值，而在实际操作中常常要调整表格的行高或列宽。方法如下。

(1) 使用鼠标

① 用鼠标指针直接拖动边框，则边框左右两列的宽度会发生变化，但整个表格的总体宽度不变。

② 将鼠标指针指向要改变行高(列宽)的垂直(水平)标尺处的行列标志上，此时，鼠标指针变为一个垂直(水平)的双向箭头，拖动垂直(水平)行列标志到所需要的行高和列宽即可。

(2) 使用"布局"选项卡的"表"组

操作步骤如下：

① 选定表格中要改变列宽(行高)的列(行)。

② 选择"布局"选项卡功能区中"表"组中的"属性"命令，弹出"表格属性"对话框，如图 4-64 所示。

③ 单击"列"(行)选项卡，在"指定宽度"(指定高度)数值框中输入数值。

④单击"确定"按钮。

(3) 使用"单元格大小"组

直接在"单元格大小"组中"列"(行)数值框中输入数值即可，如图 4-65 所示。

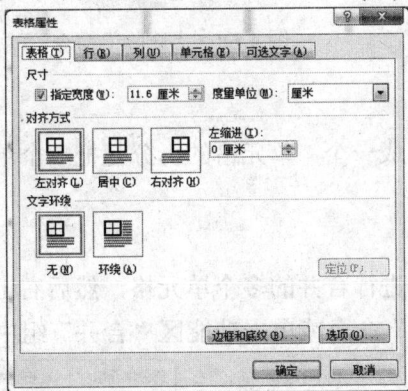

图 4-64　"表格属性"对话框

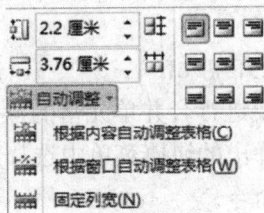

图 4-65　"单元格大小"组

(4) 使用"自动调整"命令

可以直接选择"自动调整"命令下拉列表框，有 3 种自动调整方式：根据内容自动调整表格、根据窗口自动调整表格和固定列宽，如图 4-65 所示。

操作步骤如下：

① 把光标定位在表格的任意单元格。

② 单击"布局"选项卡功能区"单元格大小"组，选择"自动调整"命令；或在表格的任意位置右击，在弹出的快捷菜单中选择"自动调整"级联菜单中的相应命令。根据设置系统可自动进行调整。

3. 行、列的插入和删除

(1) 插入行和列

① 先在表格中选定某行(或列)，要增加几行(或列)就选定几行(或列)，在"布局"选项卡功能区的"行和列"组选择要增加行(或列)的位置，直接执行操作，如图 4-66 所示。

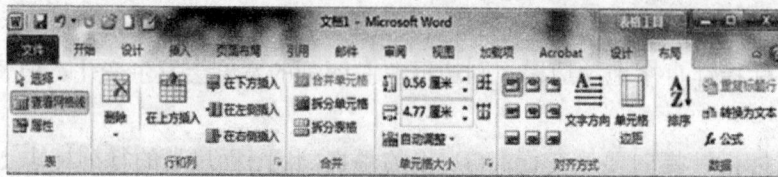

图 4-66 "布局"选项卡功能区

② 单击"行和列"组右下角带有↘标记的按钮，表示有命令设置对话框，打开"插入单元格"对话框，可以进行相应的各项功能的设置，如图 4-67 所示。

(2) 删除行或列

先在表格中选定要删除的行或列，单击"布局"选项卡功能区的"行和列"组。再选择"删除"命令，显示出下拉列表，如图 4-68 所示，选择"删除行"或"删除列"命令，即可完成相应操作。

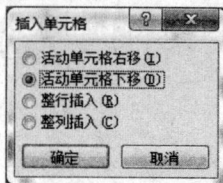

图 4-67 "插入单元格"对话框

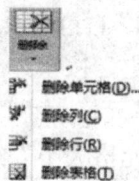

图 4-68 "删除"命令

4. 单元格的合并和拆分

单元格的合并是把相邻的多个单元格合并成一个，单元格的拆分是把一个单元格拆分为多个单元格。

(1) 合并单元格

如果要进行合并单元格的操作，先选定要进行合并的多个单元格，然后右击选择的单元格，在弹出的快捷菜单中选择"合并单元格"命令或单击功能区"合并"组中的"合并单元格"命令。

(2) 拆分单元格

如果要进行拆分单元格的操作，先选定要进行拆分的单元格，然后右击选择的单元格，在弹出的快捷菜单中选择"拆分单元格"命令或单击功能区"合并"组中的"拆

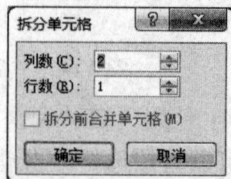

图 4-69 "拆分单元格"对话框

分单元格"命令，弹出"拆分单元格"对话框，如图 4-69 所示。在"列数"框中填入要拆分成的列数；在"行数"框中填入要拆分成的行数，再单击"确定"按钮即可。

4.5.3　表格的格式化

创建好一个表格之后，可以对表格的外观进行美化，以达到理想的效果。

1. 单元格对齐方式

一般在某个表格的单元格中进行文本输入时，该文本都将按照一定的方式，显示在表格的单元格中。Word 提供了 9 种单元格中文本的对齐方式：靠上左对齐、靠上居中、靠上右对齐；中部左对齐、中部居中、中部右对齐；靠下左对齐、靠下居中、靠下右对齐。

进行单元格对齐方式设置的具体操作步骤如下：

(1) 快捷菜单操作

① 选定单元格。

② 右击选定的单元格，选择"单元格对齐方式"级联菜单下的相应对齐方式。

(2) "对齐方式"组

① 选定单元格。

② 直接选择"对齐方式"组，单击"单元格对齐方式"菜单中需要的对齐方式。

2. 设置文字方向

表格中文本的格式化与文档中文本的相同，同时也可以设置文字的方向。设置表格文字方向的步骤如下：

(1) 选定要设置文字方向的单元格。

(2) 单击"对齐方式"组中的"文字方向"命令；或右击表格，在弹出的快捷菜单中选择"文字方向"命令，显示"文字方向-表格单元格"对话框。

(3) 在"方向"区域中选择所需要的文字方向。

(4) 单击"确定"按钮。

3. 表格边框和底纹

设置表格边框和底纹的步骤如下：

(1) 选定表格。

(2) 选择"设计"选项卡功能区，单击"边框"和"底纹"命令；或右击表格，选择快捷菜单中的"边框和底纹"命令，打开"边框和底纹"对话框。

(3) 在该表格的"底纹""边框"和"页面边框"选项卡中进行相应的设置。

(4) 设置完毕，单击"确定"按钮。

4.5.4　表格中的数据处理

Word 提供了在表格中对数据进行计算和排序的功能。

表格中的单元格列号依次用 A、B、C、D、E 等字母表示，行号依次用 1、2、3、4 等数字表示，用列、行坐标表示单元格，如 A1、B2 等。

1．表格中的数据计算

表格中数据计算的操作步骤如下：

(1) 定位要放置计算结果的单元格。

(2) 选择"表格工具布局"选项卡功能区的"数据"组，单击"公式"命令，弹出"公式"对话框，如图 4-70 所示。

(3) 用户可以在"粘贴函数"下拉列表框中选择所需的函数或在"公式"文本框中直接输入公式。

(4) 单击"确定"按钮。

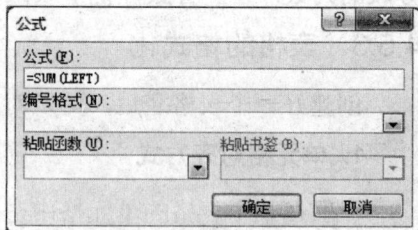

图 4-70　"公式"对话框

2．表格中的数据排序

可根据某几列内容对表格中的数据进行升序和降序排列。操作步骤如下：

(1) 选择需要排序的列或单元格。

(2) 选择"表格工具布局"选项卡功能区的"数据"组，单击"排序"命令，打开"排序"对话框，如图 4-71 所示。

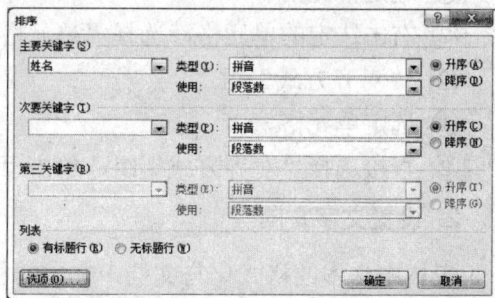

(3) 设置排序的关键字的优先次序、类型、排序方式等。

(4) 单击"确定"按钮。

图 4-71　"排序"对话框

4.5.5　图表

Word 可以将表格中的部分或全部数据生成各种统计图，如柱形图、折线图、饼图等，默认生成的是柱形图，操作步骤如下：

(1) 单击"插入"选项卡功能区"插图"组中的"图表"命令。

(2) 打开"插入图表"对话框，单击左侧图表类型，选择所需要图表的类型具体项，然后单击"确定"按钮，如图 4-72 所示。

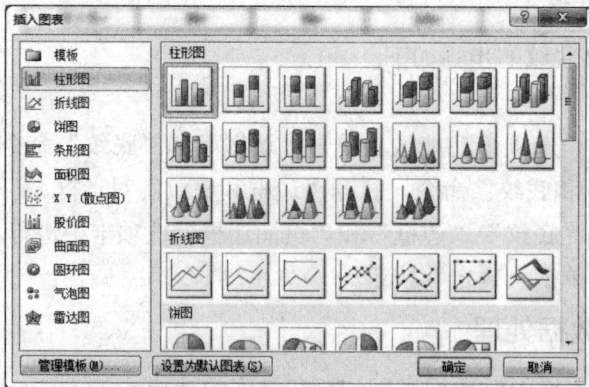

图 4-72　"插入图表"对话框

(3) 所选择的图表会插入到插入点位置，同时弹出 Excel 表格，在其中可以编辑数据，如图 4-73 所示。数据编辑完毕，可以关闭 Excel 表格，操作完成后的结果如图 4-74 所示。

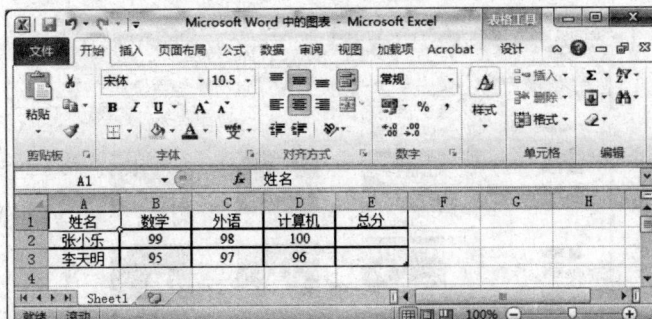

图 4-73　Excel 2010 数据编辑

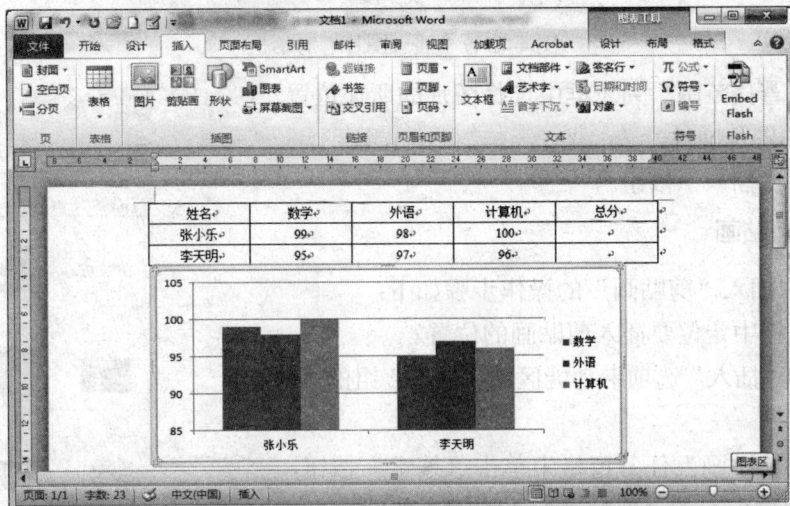

图 4-74　插入的柱形图

4.6　图 文 混 排

在 Word 中，除了可以编辑文本外，还可以向文档中插入图片，并将其以用户需要的形式与文本编排在一起进行图文混排。

Word 中可使用的图片有自选图形、图片文件、剪贴画、艺术字和公式等内容。

4.6.1　图片

1. 插入图片文件

在 Word 文档中插入图片文件的操作步骤如下：

(1) 将插入点定位在要插入图片的位置。

(2) 单击"插入"选项卡功能区中"插入"组的"图片"命令，弹出"插入图片"对话框，如图 4-75 所示。

图 4-75　"插入图片"对话框

(3) 在"查找范围"列表框中选择图片的所在位置，选择要插入的图片文件。

(4) 单击"插入"按钮。

2. 插入剪贴画

在文档中插入"剪贴画"的操作步骤如下：

(1) 在文档中定位要插入剪贴画的位置。

(2) 单击"插入"选项卡功能区中"插图"组的"剪贴画"命令。

(3) 在"剪贴画"任务窗格中单击"搜索"按钮，会显示计算机中保存的"剪贴画"，如图 4-76 所示。

(4) 单击要插入的剪贴画，完成插入操作。

插入剪贴画后，若不关闭任务窗格，可以继续插入

图 4-76　"剪贴画"任务窗格

其他剪贴画。完成插入后，单击任务窗格右上角的"关闭"按钮即可关闭任务窗格。

3. 编辑图片

插入图片后，还可以对图片进行编辑，如图片的移动、复制和删除，尺寸、位置的调整，缩放和裁剪等。

1) 图片的移动、复制和删除

移动图片，只需将鼠标定位在该图片上拖动即可，而图片的复制和删除操作与文本的复制和删除操作相同。

2) 图片的缩放和裁剪

(1) 缩放图片

① 手动操作

选中图片后，"图片工具"选项卡会被激活，图片缩放的操作步骤如下：

选定要缩放的图片，此时图片四周显示 8 个句柄。

将鼠标指针指向某个句柄时，鼠标指针变成双向箭头，可根据需要进行拖动。

② 利用"图片工具"功能区

若要精确地缩放图形，可以直接选定要操作的图片，直接利用"大小组"中"数字高度"和"数字宽度"微调框直接输入数字完成操作，如图 4-77 所示。

图 4-77　"图片工具"功能区

③ 利用"布局"对话框

若要精确地缩放图形，也可以利用对话框进行相应的操作。操作步骤如下：

a. 选定要缩放的图形。

b. 单击"大小"组右下角带有↘标记的按钮，打开"布局"对话框，在"大小"选项卡中"高度"和"宽度"的位置输入数字即可。

(2) 设置图片的环绕方式

可以对图片周围的环绕文字进行设置，操作方法如下：

● 利用"图片工具格式"功能区

① 选定图片。

② 单击"排列"组中的"位置"下拉框，选择需要的"文字环绕"方式，如图 4-78 所示。

● 利用对话框

① 单击"大小"组右下角带有↘标记的按钮，弹出"布局"对话框，选择"文字环绕"选项卡，如图 4-79 所示。

图 4-78　"文字环绕"下拉菜单

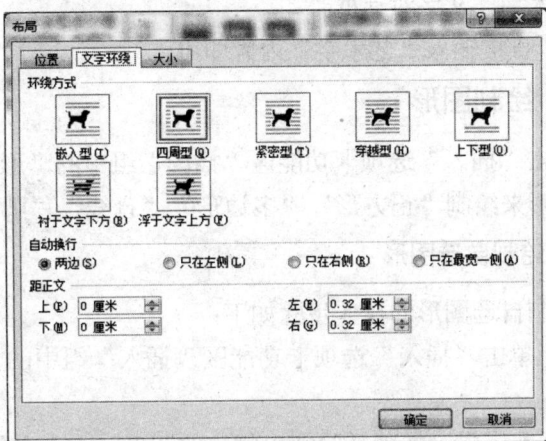

图 4-79　"文字环绕"选项卡

② 选择所需要的环绕方式。

③ 单击"确定"按钮。

(3) 裁剪图片

① 利用"图片工具格式"功能区

裁剪图片的操作步骤如下：

a. 单击"大小组"中的"裁剪"命令，将鼠标指针指向某句柄，变成裁剪形状。

b. 向图片内部拖动鼠标即可裁剪掉相应部分。

② 利用"设置图片格式"对话框

若要精确地裁剪图形，可以利用"设置图片格式"对话框进行相应的操作。操作步骤如下：

a. 选定要缩放的图形。

b. 单击"图片样式"组右下角带有↘标记的按钮，弹出"设置图片格式"对话框，选择"裁剪"选项卡，如图 4-80 所示。

c. 在"图片位置"的"宽度""高度"等位置输入数字，单击"关闭"按钮。

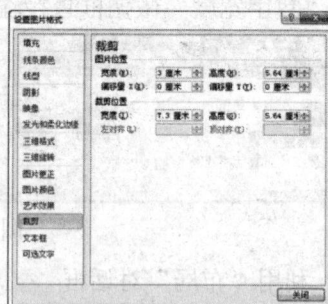

图 4-80　"设置图片格式"对话框

(4) 改变图片的颜色、亮度、对比度和背景

可直接用"调整"组中的命令按钮或图 4-80 所示的"设置图片格式"对话框中的相关选项卡来进行设置。

4.6.2　插入艺术字

艺术字是可添加到文档的装饰性文本。艺术字也是一种图形。在文档中插入艺术字的操作步骤如下：

(1) 打开需要插入艺术字的文档，选定插入点的位置。

(2) 单击"插入"选项卡功能区中"文本"组中的"艺术字"命令。

(3) 在"艺术字库"中选择所需的"艺术字"样式，然后单击"确定"按钮，显示编辑"艺术字"文字对话框。

(4) 直接输入"艺术字"内容即可。

4.6.3　绘制图形

单击"插入"选项卡功能区"插图"组中的"形状"命令，可以在下拉列表中选择合适的图形来绘制"正方形""多边形""直线""圆形"和"箭头"等各种图形。

1. 绘制自选图形

绘制自选图形的操作步骤如下：

(1) 单击"插入"选项卡功能区"插入"组中的"形状"下拉列表，从其中样式中选择图形。

(2) 在工作区拖动，绘制出相应的图形，大小自行调整。

对绘制的自选图形也可以进行格式设置和编辑等操作，如通过"绘图工具格式"选项卡功能区对图形进行填充、添加阴影等操作，如图 4-81 所示。

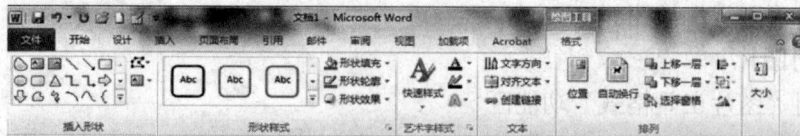

图 4-81　"绘图工具格式"功能区

2. 在自选图形中添加文字

操作步骤如下：

(1) 右击要添加文字的图形，从快捷菜单中选择"添加文字"命令，此时在图形对象上会显示文本框。

(2) 在文本框中输入文字。

也可以对图形添加的文字进行格式设置，绘制自选图形并添加文字的实例如图 4-82 所示。

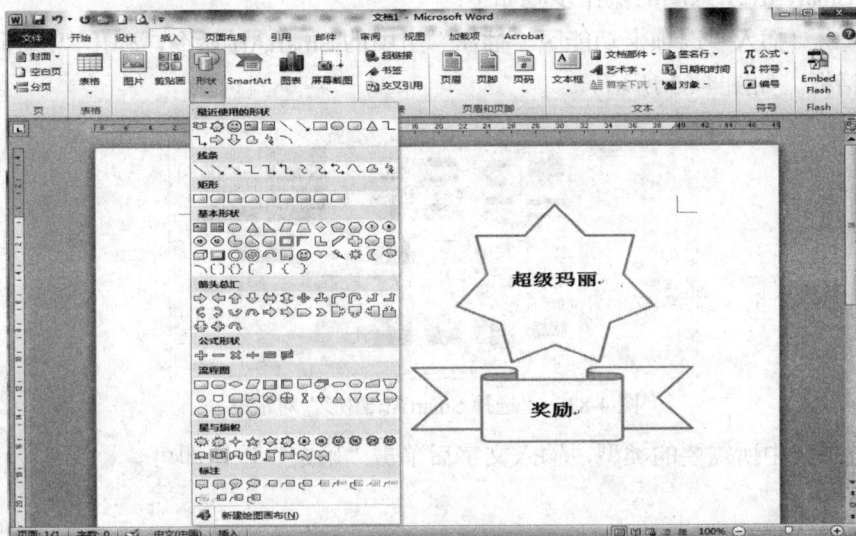

图 4-82　绘制自选图形实例

3. 图形的组合

在文档中，绘制的图形可以根据需要进行组合，以防止它们之间的相对位置发生改变，操作步骤如下：

(1) 按住 Shift(或 Ctrl)键的同时选定要组合的图形。

(2) 将鼠标移动到要组合的某一个图形处。

(3) 右击，选择"组合"级联菜单中的"组合"命令。

4. 图形的叠放次序

在文档中，有时需要绘制多个重叠的图形。设置图形叠放次序的操作步骤如下：

(1) 选定要设置叠放次序的图形。

(2) 右击，选择"置于顶层"或"置于底层"级联菜单中的相应命令即可。

5. 图形的旋转

在文档中，可以对绘制的图形进行任意角度的旋转，操作方法如下。

(1) 手动旋转

① 选定要旋转的图形。

② 用图片上的旋转手柄来旋转图片，角度可自行调整。

(2) "绘图工具格式"功能区

选择"排列"组中的"旋转"命令，其中包括"向右旋转""向左旋转""垂直翻转""水平翻转"和"其他旋转选项"。

6. SmartArt 图形

SmartArt 图形是信息和观点的视觉表示形式。可以通过从多种不同的布局中进行选择来创建 SmartArt 图形，从而快速、轻松、有效地传达信息。

插入 SmartArt 示意图的操作步骤如下：

(1) 单击"插入"选项卡功能区"插图"组中的 SmartArt 命令，弹出"选择 SmartArt 图形"对话框，如图 4-83 所示。

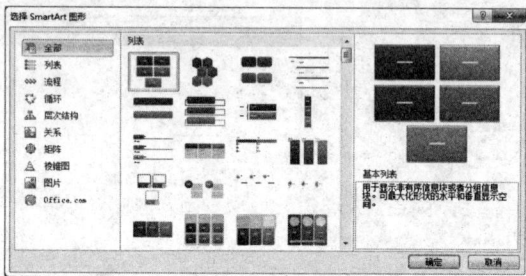

图 4-83　　"选择 SmartArt 图形"对话框

(2) 选择其中所需要的类型，输入文字后单击"确定"按钮即可。

4.6.4　文本框

文本框是将文字和图片精确定位的有效工具。文档中的任何内容放入文本框后，就可以随时被拖动到文档的任意位置，还可以根据需要进行缩放。

1. 插入文本框

文本框的插入方法有两种：可以先插入空文本框，确定好大小、位置后，再输入文本内容；也可以先选择文本内容，再插入文本框。

插入文本框的操作步骤如下：

(1) 单击"插入"选项卡功能区"文本"组的"文本框"下拉列表，在弹出的列表框中可以选择内置文本框的样式，也可以选择下面的"绘制文本框"和"绘制竖排文本框"。

(2) 在文档中的合适位置拖动即可画出所需的文本框，如图 4-84 所示。

插入文本框后的插入点在文本框中，根据需要，可以在文本框中插入适当的图片或添加文本。

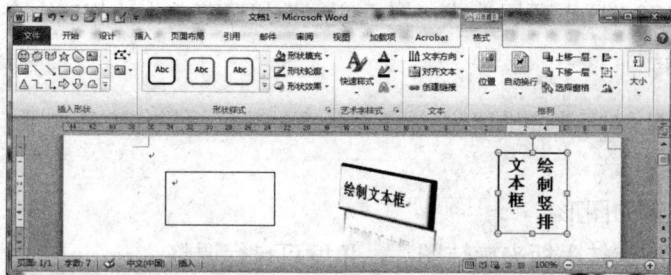

图 4-84　　"文本框"效果

2. 编辑文本框

利用鼠标可以进行文本框的大小、位置等调整，也可以利用快捷菜单的"设置文本框格式"命令，进行颜色和线条、大小、环绕等设置。还可以利用"图片"工具栏设置填充色、三维效果等。

3. 创建文本框链接

在 Word 文档中，可以创建多个文本框，并且可以将它们链接起来，前一个文本框中容纳不下的内容可以显示在下一个文本框中，同样，当删除前一个文本框时，下一个文本框的内容会上移。创建超链接文本框的操作步骤如下：

(1) 在文档中创建多个空文本框。

(2) 右击任意文本框，单击"绘图工具格式"选项卡功能区"文本"组中的"创建文本链接"按钮，鼠标变成直立的杯状🥤。

(3) 将鼠标指针移到要链接的文本框中单击即可。

当用户按照上述步骤链接了多个文本框后，就可以输入文本框的内容。当输入内容在前一个文本框中排列不下时，Word 就会自动切换到下一个文本框中排列。

若要断开两个文本框间的链接，操作步骤如下：

(1) 将鼠标移到要断开链接的文本框的边框线上。

(2) 右击，在显示的快捷菜单中选择"断开向前链接"命令。

当用户选择"断开向前链接"命令后，则该文本框所链接的文本框的内容就会返回到该文本框中。

4.6.5　插入公式

Word 2010 提供了编写和编辑公式的内置支持，可以方便地创建和编辑各种复杂的数学公式。插入公式的操作步骤如下。

(1) 插入常用的公式

在"插入"选项卡功能区中，选择"公式"命令下拉列表，从中选择相应的公式。

(2) 插入新公式

如果系统自带的公式不能满足用户的需要，可以在"公式"命令下拉列表中单击"插入新公式"命令，在光标处插入一个空白公式框，输入用户需要的公式，"公式工具设计"功能区如图 4-85 所示。

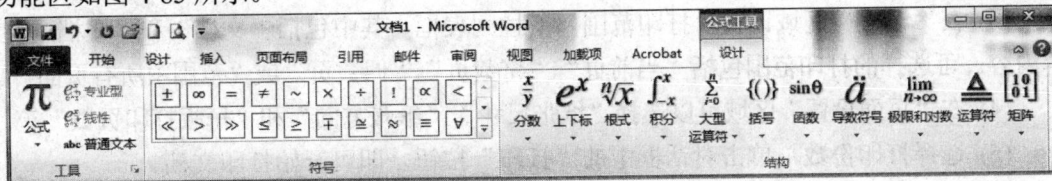

图 4-85　"公式工具设计"功能区

当选中空白公式框时，会自动激活"公式工具设计"功能区，可在公式框中手动输入适当的内容。

4.7 打印文档

Word 2010 提供了打印预览和打印功能。

1. 打印预览

在打印文档之前，可以先预览一下，打印预览有所见即所得的功能，通过打印预览，可以浏览打印的效果，以便将文档调整成最佳效果，再打印输出。

操作步骤如下：

单击"文件"选项卡，选择"打印"命令，屏幕右侧就是"打印预览"的效果，如图4-86 所示。用户可以调整显示比例和显示的当前页面。

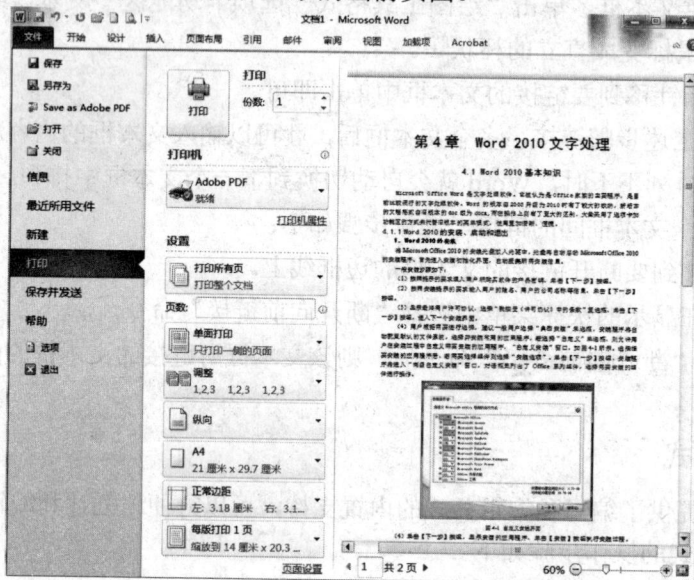

图 4-86　　"打印"对话框

2. 打印文档

打印文档的操作步骤如下：

(1) 单击"文件"选项卡，选择"打印"命令，显示"打印"对话框，如图 4-86 所示。

(2) 在"打印机"区域下拉列表框中选择要使用的打印机。

(3) 在"设置"区域设置"打印范围"下拉列表框，其中包括"文档"和"文档属性"等内容。可选择的打印范围包括"当前页""奇数页""偶数页"或"范围中所有页面"。

(4) 在"页面设置"区域可以选择"纸张尺寸""纸张方向"和"每版打印页数"等。

(5) 选择打印份数，单击对话框中的"打印"按钮，即可开始打印文档。

第5章 Excel 2010 电子表格

Excel 2010 是数据处理软件，它在 Office 办公软件中的功能是实现数据信息的统计和分析。它是一个二维电子表格软件，能以快捷的方式建立报表、图表和数据库。利用 Excel 2010 提供的丰富功能对电子表格中的数据进行统计和分析，为用户在日常办公中从事一般的数据统计和分析提供了一个简易且快速的平台。因此，在本章的学习中，我们必须掌握如何快速建立表格，运用函数和功能区进行数据的统计和分析，掌握建立图表的功能以形象地说明数据趋势。

5.1 Excel 2010 的基本知识

5.1.1 启动与退出

(1) Excel 2010 的启动

启动 Excel 的方法有很多，我们通常使用以下三种方法。

方法一：双击 Excel 快捷图标。如果 Windows 桌面上有 Microsoft Excel 2010 的快捷方式，双击该图标即可启动，如图 5-1 所示。

方法二：选择"开始"→"程序"→Microsoft Office→Microsoft Excel 2010 命令，如图 5-2 所示。

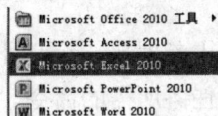

图 5-1 Excel 2010 快捷图标

图 5-2 从"开始"菜单启动 Excel

方法三：双击已创建的 Excel 文件，双击该图标即可启动 Excel 2010。

(2) Excel 2010 的退出

方法一：单击 Excel 2010 窗口图标栏右上角的"关闭"按钮。

方法二：单击"文件"菜单下的"退出"命令。

方法三：按 Alt+F4 组合键。

5.1.2 基本概念

1. Excel 2010 的用户界面

启动 Excel 后，其操作界面如图 5-3 所示。Excel 的窗口主要包括快速访问工具栏、标题、窗口控制按钮、选项卡、功能区、名称框、编辑栏、工作区、行列、状态栏和滚动条等。

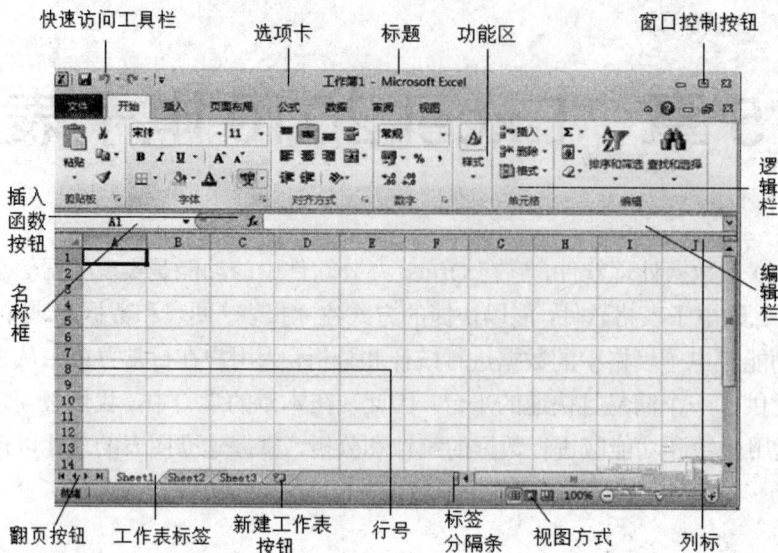

图 5-3 Excel 2010 的工作界面

(1) 标题

标题用于标识当前窗口程序或文档窗口所属程序或文档的名称，如"工作簿 1-Microsoft Excel"。此处"工作簿 1"是当前工作簿的名称，"Microsoft Excel"是应用程序的名称。如果同时又建立了另一个新的工作簿，Excel 会自动将其命名为"工作簿 2"，以此类推。在其中输入信息后，需要保存工作簿时，用户可以另取一个与表格内容相关的更直观的名称。

(2) 选项卡

选项卡包括"文件""开始""插入""页面布局""公式""数据""审阅"和"视图"等。用户可以根据需要单击选项卡进行切换，不同的选项卡对应不同的功能区。

(3) 功能区

每一个选项卡都对应一个功能区，功能区命令按逻辑组的形式组织，旨在帮助用户快速找到完成某一任务所需的命令。为了使屏幕更为整洁，可以使用控制工具栏下的▲按钮打开/关闭功能区。

(4) 快速访问工具栏

快速访问工具栏图 🖫 ♻ - (ⁿ - | ▽位于窗口的左上角(用户也可以将其放在功能区的下方)，通常放置一些最常用的命令按钮，用户可单击快速访问工具栏右边的▽按钮，根据需要删除或添加常用命令按钮。

(5) 名称框

名称框用于显示(或定义)活动单元格或区域的地址(或名称)。单击名称框旁边的下拉按钮可弹出一个下拉列表框，其中列出了所有已自定义的名称。

(6) 编辑栏

编辑栏用于显示当前活动单元格中的数据或公式。可在编辑栏中输入、删除或修改单元格的内容。编辑栏中显示的内容与当前活动单元格的内容相同。

(7) 工作区

在编辑栏下面是 Excel 的工作区，在工作区窗口中，列号和行号分别标在窗口的上方和左边。列号用英语字母 A~Z、AA~AZ、BA~BZ、……、XFD 命名，共 16 384 列；行号用数字 1~1 048 576 标识，共 1 048 576 行。行号与列号的交叉处就是一个表格单元(简称单元格)。整个工作表包括 16 348*1 048 576 个单元格。

(8) 工作表标签

工作表的名称(或标题)出现在屏幕底部的工作表标签上。默认情况下，名称是"工作簿 1"，但是用户可以为任何工作表指定一个更恰当的名称。

2. 专业术语

(1) 工作簿

工作簿是一个 Excel 文件(其扩展名为.xlsx)，其中可以含有一个或多个表格(称为工作表)。它像一个文件夹，把相关的表格或图表存放在一起，便于处理。例如，某单位的每个月份的工资表可以存放在一个工作簿中。一个新工作簿默认有 3 个工作表，分别命名为Sheet1、Sheet2、Sheet3。工作表的名称可以修改，工作表的个数也可以增减。

(2) 工作表

工作表是一个表格，由含有数据的行和列组成。在工作簿窗口中单击某个工作表标签，则该工作表就会成为当前工作表，可以对它进行编辑。有时在同一个工作簿中建立了多个工作表，工作表标签已经显示不下，在工作表标签左侧有 4 个按钮：其中单击 ◀◀ 按钮，可以显示第一个工作表；单击 ◀ 按钮，可以显示前一个工作表；单击 ▶ 按钮，可以显示后一个工作表；单击 ▶▶ 按钮，可以显示最后一个工作表。

(3) 单元格

单元格是组成工作表的最小单位。工作表左侧数字(1，2，……，1048576)表示行号，工作表上方字母(A，B，……，XFD)表示列标，行列交叉处即为一个单元格，单元格的名称由列标和行号构成。例如，C5 表示 5 行 C 列处的单元格。

(4) 活动单元格

活动单元格就是指正在使用的单元格，在其外有一个黑色的方框。如果选中的为一个区域，反选颜色的单元格(A2)即为活动单元格，如图 5-4 所示。

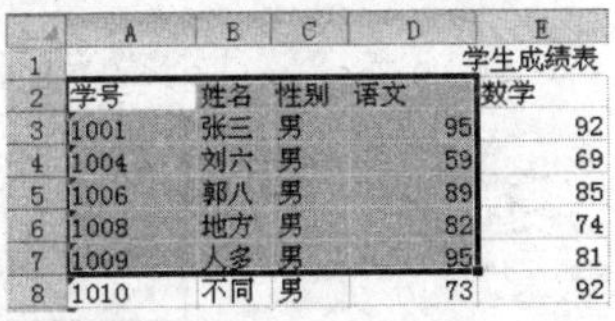

图 5-4　活动单元格

5.2　Excel 2010 的基本操作

5.2.1　工作簿的新建、保存和打开

1. 工作簿的新建

Excel 2010 默认状态下有 3 个工作表，工作表最多可以有 255 个。

(1) 空白工作簿的建立

每次打开 Excel 2010 时，系统都会自动创建一个名为"工作簿 1.xlsx"的工作簿。这个工作簿即为空白工作簿，是以工作簿的默认模板创建的。

创建空白工作簿有以下两种方法。

方法一：单击"文件"选项卡下的"新建"命令。在"可用模板"中单击"空白工作簿"按钮，然后单击"创建"按钮，如图 5-5 所示。

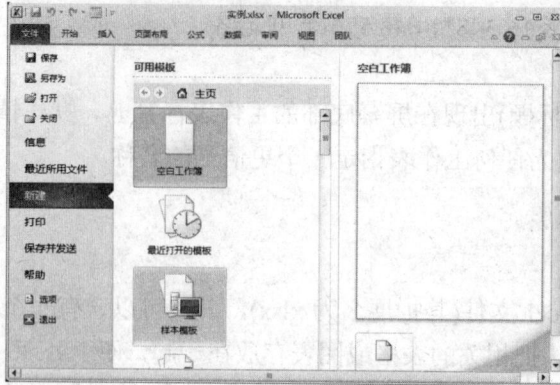

图 5-5 新建空白工作簿

方法二：按 Ctrl+N 快捷键。

(2) 用模板创建工作簿

在图 5-5 所示的"可用模板"下，单击"样本模板"按钮，会弹出"模板"页面，如图 5-6 所示。选择所需要的模板，系统会在右侧显示所选模板的预览效果，单击"创建"按钮完成创建。

对于自己经常使用的工作簿，可以将其做成模板，以后要创建类似的工作簿就可以用模板来创建，而不用每次都重复相同的工作。

模板创建的方法与工作簿创建的方法类似，唯一不同的是，它们的保存方法不同。将一个工作簿保存为模板的步骤如下：

① 单击"文件"选项卡下的"另存为"命令，弹出"另存为"对话框。

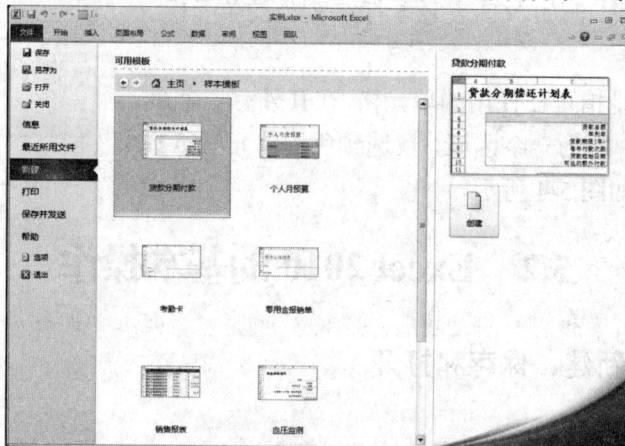

图 5-6 用模板创建工作簿

② 在"保存类型"下拉菜单中选择"Excel 模板(*.xltx)"。在保存位置下拉列表中选择 Templates 文件夹。

③ 单击"保存"按钮，原工作簿文件将按照模板的格式保存。文件扩展名为.xltx，如图 5-7 所示。

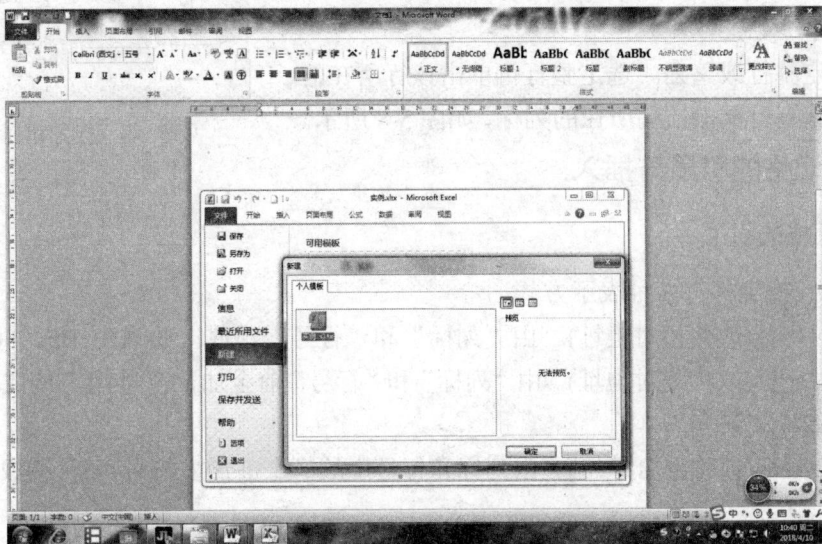

图 5-7　自定义模板

2. 工作簿的打开

打开工作簿的方法与打开 Word 文档相似，选择"文件"→"打开"命令，弹出对话框。单击"查找方位"右侧的下拉列表选择文件位置，选择需要打开的工作簿文件名，单击"打开"按钮。

用户也可以单击"打开"按钮旁边的下拉按钮，在弹出的下拉菜单中选择一种打开方式，打开工作簿。

3. 工作簿的保存

在使用 Excel 2010 电子表格时，随时保存是非常重要的，保存工作簿的方法如下：

(1) 单击"文件"选项卡中的"保存"命令。

(2) 单击标题栏左侧"快捷访问"工具栏中的"保存"按钮。

(3) 按 Ctrl+S 快捷键。

(4) 如果需要改变文件的存储位置，可以单击"文件"选项卡中的"另存为"命令，并选择保存位置。

5.2.2　单元格的定位

在工作表录入数据或者对数据进行编辑前，要对单元格或数据进行选定。

(1) 选定单个单元格。单击相应的单元格，录入数据时，如果是对数据进行添加或修改，可以双击相应的单元格，此时处于数据编辑状态，可对其中的内容进行修改。

(2) 选定连续的单元格区域。先单击区域的第一个单元格，再拖动鼠标到最后一个单元格。如果要选定的区域比较大，单击区域中的第一个单元格，再按住 Shift 键单击区域中的最后一个单元格。

(3) 选定不连续的单元格或单元格区域。先选中第一个单元格或单元格区域，再按住 Ctrl 键选中其他的单元格或单元格区域。

(4) 选定整行或整列。选定整行可单击该行所在的行号；选定整列可单击该列所在的列标，如图 5-8 所示。

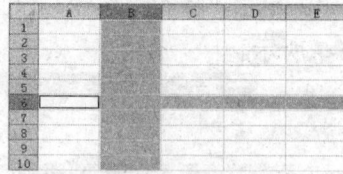

图 5-8　行号和列标

5.2.3　单元格的引用与插入

1. 单元格的引用

通常单元格坐标有 3 种表示方式：

- 相对坐标(或称相对地址)。由"列标"和"行号"组成，如 A1、B5、F6 等。
- 绝对坐标(或称绝对地址)。由"列标"和"行号"前全加上符号"$"构成，如$A$1、$B$5、$F$6 等。
- 混合坐标(或称混合地址)。由列标和行号中的一个前加上符号"$"构成，如 A$1、$B5。

不同工作表间单元格的引用：在工作表名后加上叹号再加上单元格名称就可以引用不同工作表的单元格，如 Sheet2!A1。

2. 单元格的插入

在需要插入单元格处选中相应的单元格区域。注意，选中的单元格数量应与待插入单元格的数量相同。选择"插入"下拉列表中的"插入单元格"命令，弹出"插入"对话框。在该对话框中选择相应项，单击"确定"按钮即可。

5.2.4　数据的输入

1. Excel 中的数据类型和数据输入

输入数据的基本方法很简单。首先选中我们要输入数据的单元格，双击该单元格后，进入编辑状态，然后输入指定内容按 Enter 键或单击编辑栏前面的✓按钮即可。或者当选中指定单元格后，在"编辑栏"中进行输入，然后按 Enter 键或单击编辑栏前面的✓按钮即可。下面分别介绍常用的几种数据类型在输入时需要注意的事项。

(1) 文本型数据的输入

Excel 文本包括汉字、英文字符、数字、空格和符号，输入的文本默认对齐方式为"左对齐"。Excel 规定一个单元格最多可以输入 32000 个字符，如果这个单元格不够宽，多出来的内容会自动扩展到其右边相邻的单元格上，若该单元格也有内容，超出部分不会扩展，但编辑框中会有完整的显示。

在实际工作中，我们经常会遇到把数字当作文本输入的情况，例如身份证号、电话号码、学号等。如果要输入的字符全部由数字组成，为了避免 Excel 把这组文本当作数字进行处理，如科学记数法等，在输入时可以加入一个英文的单引号"'"，在单引号之后继续输入数字，这组数字就不会被当成数值处理。如在单元格中输入学号"2013011010"，可以先输入一个"'"号，然后继续输入"2013011010"。

(2) 数值型数据的输入

在 Excel 中，数值型数据包括 0~9 中的数字以及包含有正号、负号、货币符号、百分号等任何一种符号的数据。数值型数据默认情况下为"右对齐"。在输入过程中有以下 3 种情况需要特殊处理。

- 负数：负数的表示形式有两种，第一种为我们常用的负号"-"，另外一种就是用一对小括号将数据括起来表示负数，如(123)等同于-123。
- 分数：在 Excel 中分数的表现形式与我们常用的方式略有不同，在我们输入"1/2"时，出现的并不是我们希望得到的数据，而是"1 月 2 日"，如果我们希望得到分数需要先输入"0"加上空格然后输入数据，如"0 1/2"。
- 货币：这种数据在财务专业统计时，其中有一半包含千分位符"，"(逗号)与货币符号(￥表示人民币符号、$表示美元符号)。如$10,000.00、￥100,000.00。

(3) 日期型数据和时间型数据

在工作中经常用到日期和时间型数据。Excel 中内置了很多日期和时间型数据的格式，当我们输入数据的格式与这些内置的格式匹配时，Excel 会自动识别并按相对应的类型处理它们。

日期型数据的输入格式有以下几种：年、月、日之间分别用"-"、"/"隔开，年可以是四位或两位，月、日可以是一位或两位，如"2014-1-18""2014/01/18"。

对于时间型数据的输入，时、分、秒之间用冒号(:)隔开，如"14:25:32"。如果需要按 12 小时记录时间，则需要输入上午(AM)和下午(PM)，如"10:20:55 AM/PM"。

如果要在单元格中输入日期和时间数据，需要用空格将其分开，如"2014/01/18 14:25:32"

如果要输入当天的日期，可以用 Ctrl+；快捷键。如果要输入时间可以直接用 Ctrl+Shift+；快捷键。

(4) 逻辑型数据

逻辑型数据只有两个值，分别用两个特定的标识符 TRUE(真)和 FALSE(假)来表示，它们不区分大小写。当我们向一个单元格输入一个逻辑数据时，按大写字母方式居中对齐显示。如果要将 TRUE(真)和 FALSE(假)当作文本输入时，需要在其前面加上英文的单引号"'"。

(5) 错误值

错误值数据是在输入或者编辑数据时造成的，系统会自动检测到错误，提示用户修改。若出现"#DIV /0！"这种错误值情况时，则表示出现了除数为 0 的情况；当错误值显示为"#VALUE!"时，则表示此单元格输入公式中存在着数据类型错误；当出现"###"的情况时，则表示单元格宽度不够，不足以显示出单元格中完整的数据。

2. 数据填充

数据填充是将一些有规律的数据或公式方便快捷地填充到指定的单元格，从而减少重复的操作，提高工作效率。首先我们来认识一下填充数据的工具"填充柄"。

当我们选中一个单元格后在该单元格右下角处有一个黑色的小方块，这就是填充柄，如图 5-9 所示。

(1) 自动填充

方法一：在单元格中输入数据后，如果想将这些数据重复地填充到该行或该列中，只需要将鼠标指针悬停到拖动填充柄上，当指针变为黑色十字时，按住鼠标左键，将其拖动到指定位置即可，如图 5-10 所示。

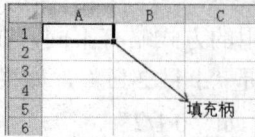

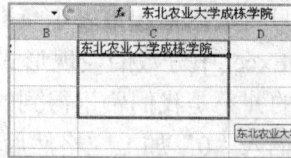

图 5-9　填充柄　　　　　　　　　　　图 5-10　自动填充

方法二：选中原始数据单元格和要填充数据的单元格，然后单击"开始"选项卡中快捷工具栏中的"填充"按钮，选择填充方向(如图 5-11 所示)，即可实现自动填充。

(2) 序列数据填充

① 选中原始数据单元格，然后单击"开始"选项卡中快捷工具栏中的"填充"按钮。

② 单击"系列"按钮，如图 5-12 所示，弹出"序列"对话框，如图 5-13 所示。

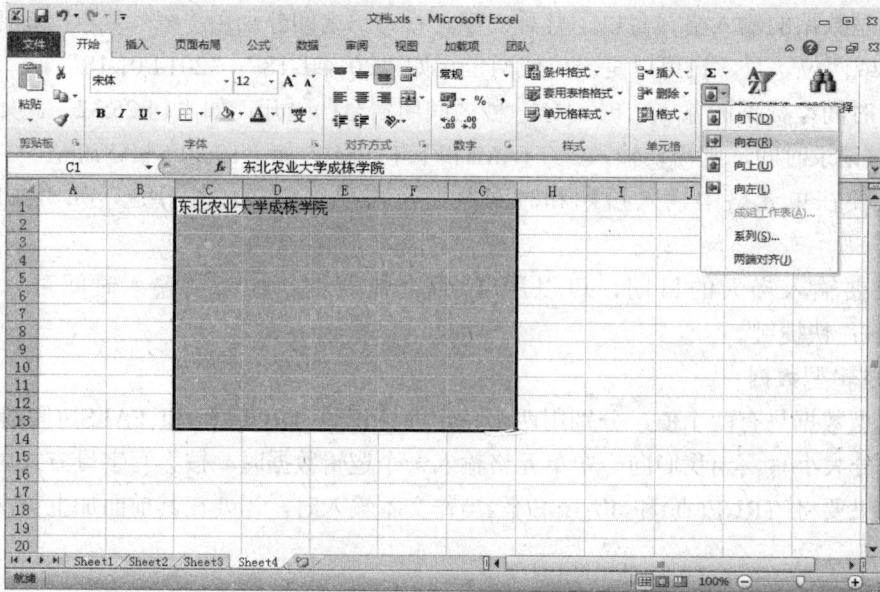

图 5-11　自动填充

③ 在"序列"对话框中首先要选择"序列产生在"区域的行或列，即是在当前行还是当前列中填充数据。

④ 选择填充"类型"。

● 等差序列是按照"步长"填充，即每次填充加上步长值。

● 等比序列是每次填充将上一个单元格的值乘以步长值。日期要选择填充单位(日、工作日、年、月)，然后每次填充在指定的日期单位位置加上步长值。

● 自动填充比较特殊，首先在选择原始数据单元格时选择一个要填充的区域，Excel 会根据这个区域中单元格的值的关系进行填充。一般在选择的区域中前两个单元格会有值。如果只有一个单元格有值，其功能就相当于填充柄。

⑤ 选择步长值和终止值。

图 5-12 系列

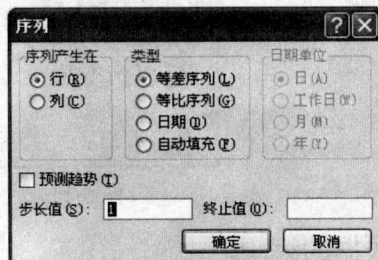

图 5-13 "序列"对话框

(3) 自定义系列

当在某一单元格内输入"星期一"，然后使用"填充柄"进行填充时，填充的结果并不是多个星期一，而是星期一到星期日循环填充，这就是自定义序列。Excel 预先定义了一部分序列，例如星期、月份、季度等。用户也可以自定义经常使用的序列，例如班级的名称、单位的部门等。具体步骤如下：

① 选择"文件"选项卡，单击"选项"按钮，弹出"Excel 选项"对话框。

② 在窗口左侧选择"高级"选项，如图 5-14 所示。

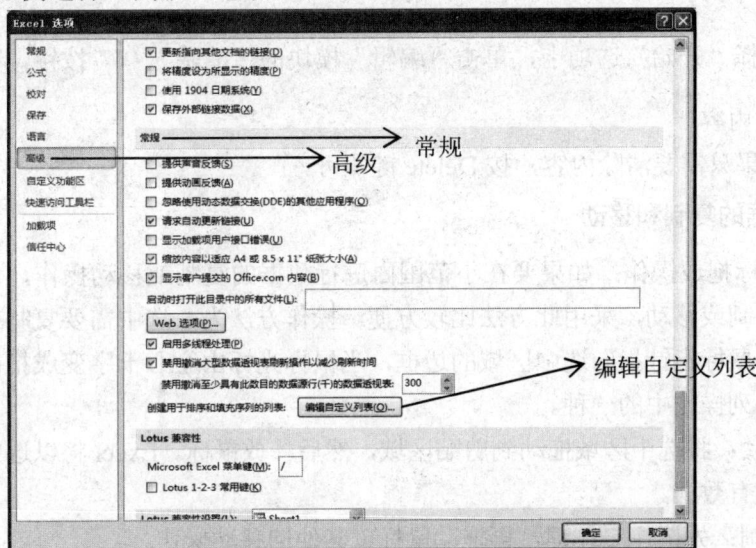

图 5-14 "Excel 选项"对话框

③ 在"高级"选项的"常规"模块中单击"编辑自定义列表"按钮，弹出"自定义序列"对话框。

④ 在对话框左侧的"自定义序列"中可以看到系统预先定义好的序列，如果想要添加自定义序列，选择"新序列"，然后在"输入序列"中添加自己想要输入的序列。注意，在输入序列项时用 Enter 键分隔。最后单击右侧的"添加"按钮。"自定义序列"对话框

如图 5-15 所示。

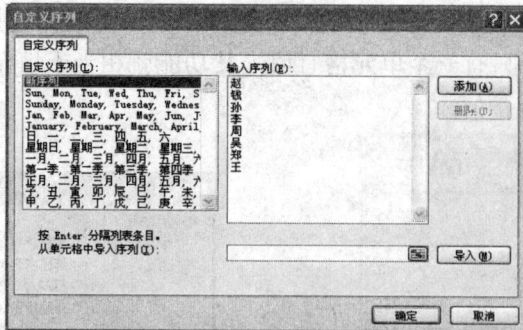

图 5-15 "自定义序列"对话框

5.2.5 数据的编辑

1. 数据的修改

部分修改单元格的内容：双击待修改的单元格，直接对其内容作修改，或者在编辑栏处修改，按 Enter 键确定修改，按 Esc 键取消修改。

完全修改单元格的内容：与输入内容的方法相同。

2. 数据的清除

清除不但可以清除内容，还可以清除格式、批注等，因此要根据实际情况进行操作。具体步骤如下：

(1) 选择"开始"选项卡，单击"编辑"模块的"清除" 按钮，在下拉列表中选择要清除的内容。

(2) 如果只需要清除内容，按 Delete 键即可。

3. 数据的复制和移动

(1) 鼠标拖放操作：如果要在小范围内进行数据的复制或移动操作，例如在同一工作表内进行复制或移动，采用此方法比较方便。操作方法为：选中需要复制或移动的单元格或区域，将鼠标指针指向选中区域的边框，当鼠标光标由空心十字变成指向左上角的箭头时，执行下列操作中的一种。

① 移动：将选中区域拖动到剪贴区域，然后释放鼠标。Excel 将以选中区域替换粘贴区域中的现有数据。

② 复制：先按住 Ctrl 键，再拖动鼠标，其他同移动操作。

(2) 利用剪贴板：如果要在工作表或工作簿之间进行复制或移动，利用剪贴板进行操作很方便。操作方法为：选中要复制或移动的单元格或区域，在"开始"选项卡上的"剪贴板"区域中单击"复制"按钮或"剪切"按钮。执行后，选中区域的周围将出现闪烁的虚线，切换到其他工作表或工作簿，选中粘贴区域，或选中粘贴区域左上角的单元格。在"开始"选项卡"剪贴板"区域中单击"粘贴"按钮。执行后，选中区域的数据将替换成剪贴区域中的数据。

操作后，只要闪烁的虚线不消失，粘贴操作就可以重复进行；如果闪烁的虚线消失，粘贴就无法进行了。

(3) 选择性粘贴。

一个单元格含有多种特性，如内容、格式和批注等。另外，它还可能是一个公式，含有有效性规则等，数据复制时往往只需复制它的部分特性，为此 Excel 提供了一个选择性粘贴功能，可以有选择地复制单元格中的数据，同时还可以进行算术运算和行列转换等。

选中需要复制的单元格或区域，在"开始"选项卡的"剪贴板"区中单击"复制"按钮，将选中的数据复制到剪贴板。

选中粘贴区域的左上角，在"开始"选项卡的"剪贴板"区域中，单击"粘贴"命令，弹出"选择性粘贴"对话框。在该对话框中选择相应选项，单击"确定"按钮即可。

5.3　工作表的操作

5.3.1　工作表的选定

当用户打开工作簿后，Excel 默认有 3 个工作表，默认名称分别为 Sheet1、Sheet2 和 Sheet3。

当前工作表为 Sheet1，如果用户要选择其他的工作表进行操作，可在屏幕左下角的工作表标签上进行选择，如图 5-16 所示。

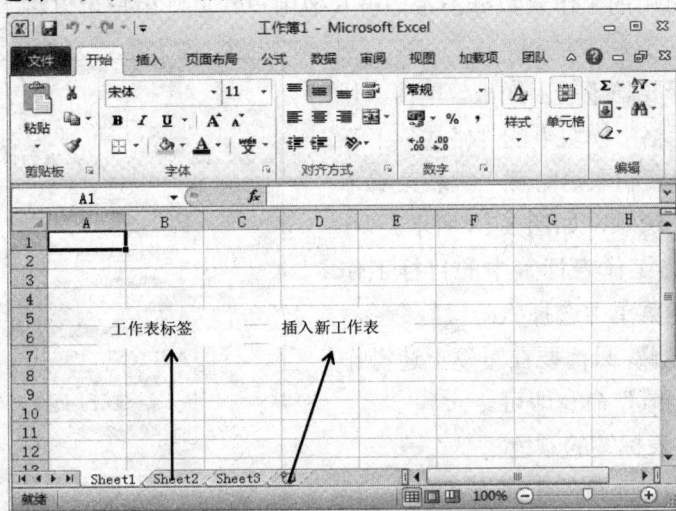

图 5-16　工作表选择标签

5.3.2　工作表的基本操作

(1) 插入新工作表。

插入新工作表最快捷的方法是在现有工作表的末尾单击屏幕左下角的"新建工作表"按钮。

(2) 移动或复制工作表。

移动工作表最快捷的方式是选中要移动的工作表，然后将其拖动到想要的位置。

要复制工作表，则选中需要复制的一个或多个工作表并右击，在弹出的快捷菜单中选择"移动或复制工作表"命令，弹出如图 5-17 所示的对话框，之后按图示操作即可。

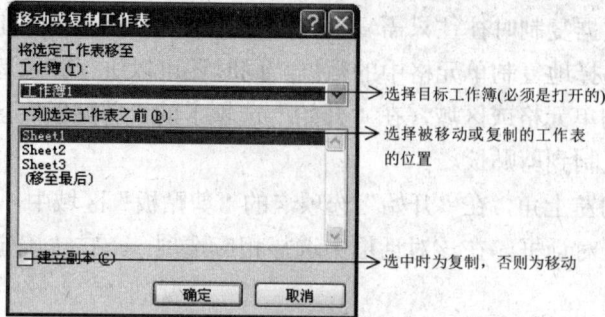

图 5-17　"移动或复制工作表"对话框

(3) 删除工作表。

选中要删除的一个或多个工作表并右击，在弹出的快捷菜单中选择"删除"命令。

(4) 重命名工作表。

选中要重命名的工作表并右击，在弹出的快捷菜单中选择"重命名"命令，或者双击工作表标签，均可对工作表标签进行重命名。

(5) 隐藏工作表。

如果有一些引用的工作表数据不希望被其他用户看见，用户可以将工作表进行隐藏，具体方法如下。

方法一：选择要隐藏的工作表，单击"开始"选项卡"单元格"模块下的"格式"下三角按钮，选择"隐藏和取消隐藏"级联菜单下的"隐藏工作表"选项，如图 5-18 所示。

方法二：右击工作表标签中的目标工作表，在弹出的快捷菜单中选择"隐藏"命令。

如果要取消隐藏，只需要在重复上述操作时，选择"取消隐藏"命令即可。

(6) 改变工作表标签的颜色

选中要改变标签颜色的工作表并右击，在弹出的快捷菜单中选择"工作表标签颜色"命令。

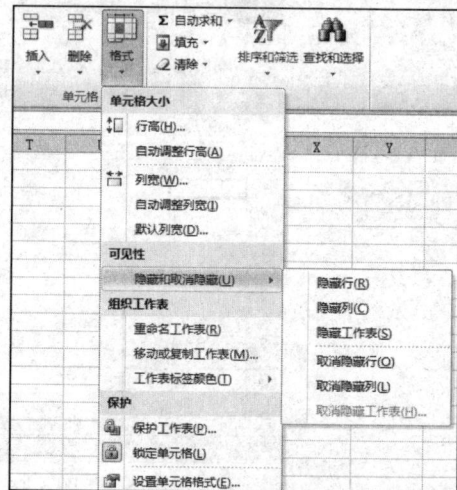

图 5-18　隐藏工作表

(7) 更改新工作簿中的默认工作表数

单击"文件"选项卡中的"选项"选项，弹出"Excel 选项"对话框，在"常规"选项卡的"新建工作簿时"选项区域中的"包含的工作表数"数值框中输入新建工作簿时默认情况下包含的工作表数。默认新建工作表的数量最少为 1，最多为 255。

5.3.3　拆分和冻结窗口

1. 拆分窗口

工作表的拆分就是相当于把当前界面拆分成 4 个窗格，每个窗格包含水平和垂直滚动条，这样用户可以在不同的窗格中浏览同一个工作表的不同区域。尤其对于庞大的工作表，用户在对比数据时可以提高工作效率。具体方法如下：

(1) 选择欲拆分的工作表，选择要进行窗口拆分的单元格，即分割线右侧下方的第一个单元格，如图 5-19 所示。单击"视图"选项卡下的"拆分"命令，原窗口从选定的单元格处将窗口分成 4 个窗格。

如果仅在水平或垂直方向上拆分窗口，则可以将选定目标由单元格改为行或列。水平拆分选定行，垂直拆分选定列。如果要恢复窗口拆分，可以选择"视图"选项卡下的"取消拆分"命令。

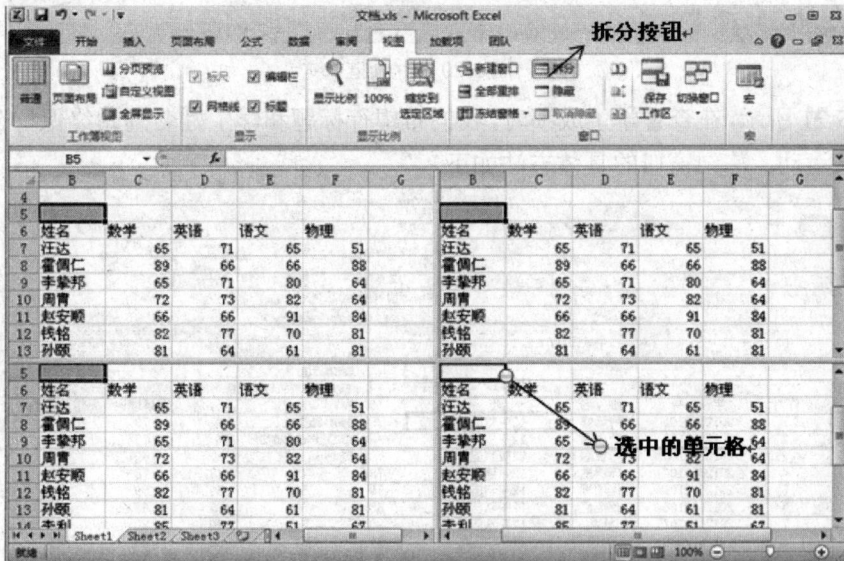

图 5-19　拆分窗口

(2) 使用窗口中垂直滚动条顶端或水平滚动条右侧的拆分框可以直接对窗口进行拆分。将鼠标放到拆分框上，当光标变成上下箭头时，按住鼠标左键向屏幕中间拖动，如图 5-20 所示。

要取消分割线，用鼠标双击分割线即可。如果要同时取消水平和垂直分割线，双击水平和垂直分割线交点即可。

2. 冻结窗口

当用户打开一个数据较多的工作表时，常常希望将工作表的表头(标题)保持在屏幕中，只有表中的数据随滚动条滚动。这样用户就可以随时把数据和标题对应，方便查看。此时就需要冻结窗口。可以对窗口中的首行、首列或者所选中单元格上方区域、左侧区域进行冻结。

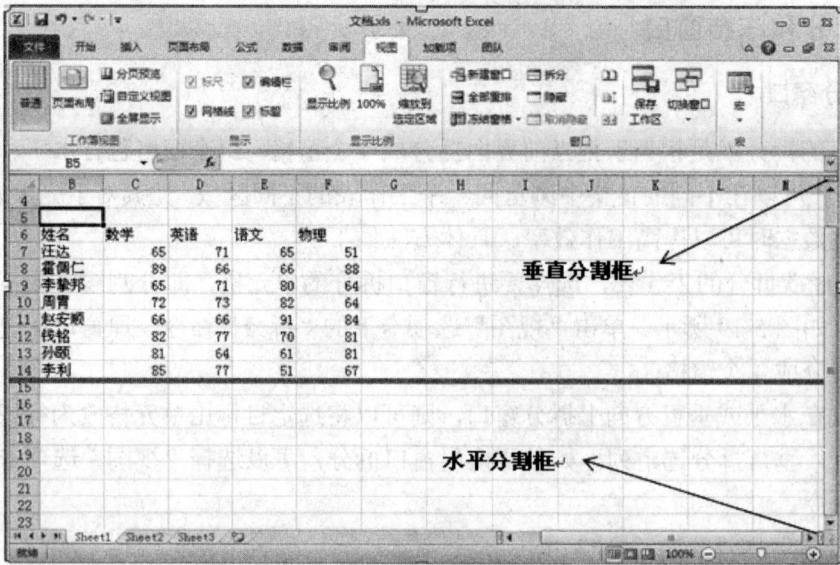

图 5-20　拆分框

如图 5-21 所示,在查看学生成绩时,我们希望行标题和学生姓名列始终保持在窗口中,不随滚动条滚动。冻结窗口的具体方法如下。

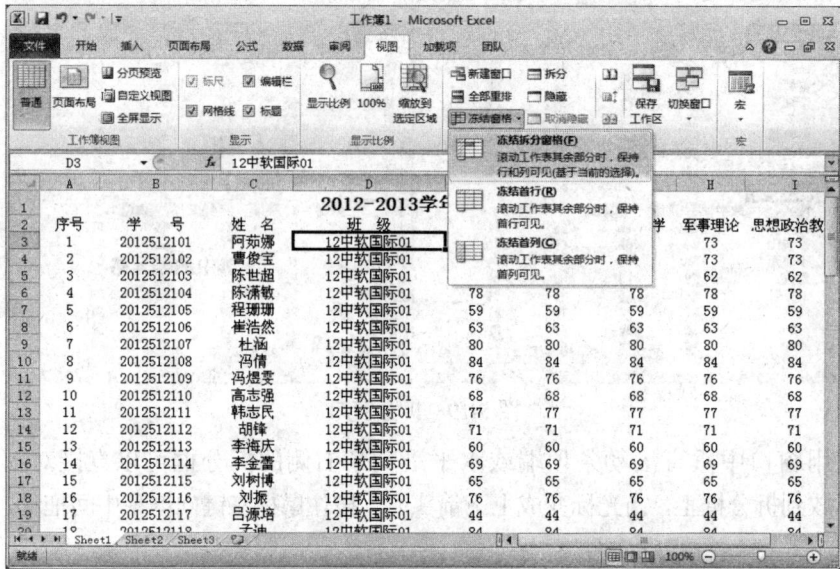

图 5-21　冻结窗口

(1) 打开要冻结的工作表,选择要冻结的单元格,在这里应选择 D3 单元格。

(2) 单击"视图"选项卡下的"冻结窗格"按钮,会出现级联菜单。在该菜单中选择"冻结窗格",就可以将工作表冻结。如果需要首行或者首列数据不随滚动条滚动,可以选择"视图"选项卡下的"冻结窗格"级联菜单下的"冻结首行"或"冻结首列"命令。

要取消冻结,单击"视图"选项卡下的"冻结窗格"按钮,在级联菜单中选择"取消冻结窗格"即可。

5.3.4　格式化工作表

工作表在建立和编辑后，可根据具体情况对工作表进行格式化，使工作表的外观更加漂亮，排列更加整齐，重点更加突出。下面引入了一个已经录入数据的工作表，其中的具体示例通过该工作表来完成，如图 5-22 所示。

	A	B	C	D	E	F	G
1							
2		姓名	高等数学	大学英语	军事理论	思想政治教育	
3		汪达	65	71	65	51	
4		霍倜仁	89	66	66	88	
5		李挚邦	65	71	80	64	
6		周胄	72	73	82	64	
7		赵安顺	66	66	91	84	
8		钱铭	82	77	70	81	
9		孙颐	81	64	61	81	
10		李利	85	77	51	67	
11							

图 5-22　学生成绩表

1. 自定义格式

自定义格式包含 6 个方面的内容：数字格式、对齐格式、字体、边框、填充和保护。具体实现方法有以下两种。

方法一：单击"开始"选项卡"单元格"模块的"格式"菜单，选择其中的"设置单元格格式"命令，通过弹出的对话框进行设置。

方法二：选中要格式化的区域，右击，在弹出的快捷菜单中选择"设置单元格格式"命令，通过弹出的对话框进行设置。

(1) 数字

数字格式是对工作表中数学符号的表示形式进行格式化。Excel 内置了 11 种数字格式，分别是常规、数值、货币、会计专用、日期、时间、百分比、分数、科学记数、文本和特殊。用户还可以根据自己的需求自定义数字格式。在"格式对话框"中默认的第 1 个选项卡就是"数字"选项卡，我们可以在其中看到上述的 11 种数字格式，如图 5-23 所示。

使用"数字"选项卡设置格式时，对话框左侧显示的是 11 种数字格式，右侧显示的是当前所选择的分类中可用的各种显示格式以及示例。用户可以直观地选择具体的显示格式，最后单击"确定"按钮。

例如，在图 5-22 中，要将表格中的所有数字都保留一位小数，操作方法是选中 C3：F10 区域并右击，在快捷菜单中选择"设置单元格格式"命令，在弹出的对话框中选择"数字"选项卡，在该选项卡中选择"数值"分类，然后将"小数位数"微调框的值修改为 1。因为成绩不可能出现负数，所以不需要设置负数样式，单击"确定"按钮完成。

(2) 对齐

Excel 将输入的文本左对齐，数字右对齐。但是有时为了满足一些表格的需求或整个版面的布局美观，需要修改默认对齐方式，这时可以通过图 5-24 所示的"对齐"选项卡来进行设置。

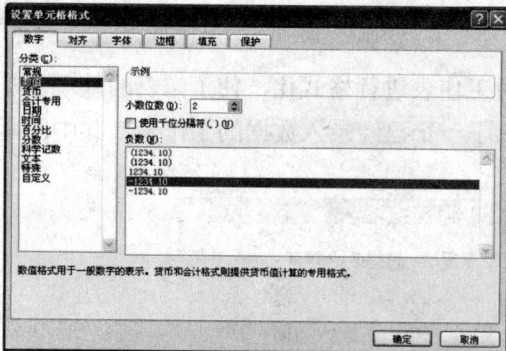

图 5-23　设置单元格格式——数字

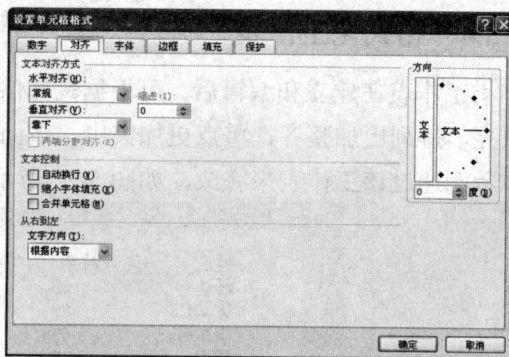

图 5-24　设置单元格格式——对齐

文本的对齐方式分为两种，一种为水平对齐，包含常规、靠左(缩进)、居中、靠右(缩进)、填充、两端对齐、跨列居中、分散对齐(缩进)。另一种为垂直对齐方式，包含靠上、居中、靠下、两端对齐、分散对齐。

文本控制：用来解决单元格中文字过长，不能完全显示的情况。

- 自动换行：对输入的文本根据单元格的列宽自动换行，行数的多少决定于文本的多少和列宽。
- 缩小字体填充：当文本的长度超过单元格宽度时，通过调整字体大小来使得数据完全显示。
- 合并单元格：将多个相邻的单元格合并成一个单元格。

文字方向：指定阅读的顺序。

方向：指定文本在单元格内倾斜的角度。默认为 0 度，表示水平。

用户还可以通过"开始"选项卡的对齐方式模块进行设置，用户只需要将鼠标悬停在按钮上方，就可以通过弹出的标签来了解按钮的具体作用，这里就不赘述了。

(3) 字体

"字体"选项卡用来设置单元格中数据的字体、字形、字号、颜色和效果。也可以在"开始"选项卡上的字体模块中进行设置，由于字体设置与 Word 中的字体设置相似，因此在此就不再详细介绍了。

(4) 边框

Excel 编辑区中灰色的网格线在打印时是不显示的，用户在工作时如果需要打印网格线，可以利用"边框"选项卡进行设置(如图 5-25 所示)。在该选项卡中最左侧是线条的设置，可以设置线条的样式、粗细和颜色。右上方是"预置"区域，可以选择无框、外边框和内部。在右下方可以选择表格中具体的每一条边框线。在这里要注意操作的顺序(线型-颜色-边框)例如，我们将图 5-22 上下边框设置为双实线、黑色，内部设置为单实线、蓝色，具体操作办法如下：

在线条位置选中双实线，颜色选为黑色，然后选择"边框"中的"上边框"和"下边框"按钮。

再回到线条选择上，选择单实线，颜色选为蓝色，在"预置"区域中选择"内部"。单击"确定"按钮完成设置。

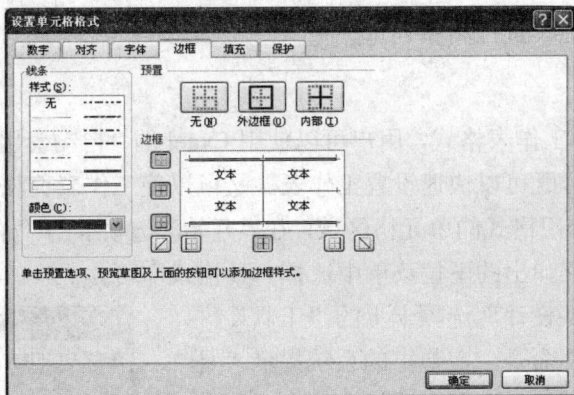

图 5-25　"边框"选项卡

(5) 填充

"填充"选项卡可以设置表格的背景颜色、填充效果图案。单击"填充效果"按钮可以选择背景颜色的效果。可以设置特殊效果，也可以直接添加背景颜色。在图案颜色下拉列表中用户可以选择图案的全色，然后选择具体的图案样式，如灰-12.5%等。

(6) 保护

在"保护"选项卡中可以选择锁定和隐藏，有关工作表的保护，具体操作方法在 5.7 节详细讲述。

2. 格式的复制和删除

(1) 复制格式

对于格式相同的不同区域进行设置，用户可以不必重复设置格式，可以使用工具栏的格式刷或快捷菜单命令进行格式化设置。

格式刷：使用"开始"选项卡"剪贴板"区域中的"格式刷"按钮快速复制格式，首先选中含有要复制格式的单元格或区域，然后单击"格式刷"按钮，最后选中目标区域即可。

快捷菜单：首先选中含有要复制格式的单元格或区域并右击，在弹出的快捷菜单中选择"复制"命令，然后选择目标单元格或区域并右击，在弹出的快捷菜单中选择"选择性粘贴"命令，在弹出的下级菜单中的其他粘贴选项中选择"格式"按钮。

(2) 删除格式

如果要删除单元格或区域的格式，可利用"清除"命令。操作方法为：选中单元格或区域，在"开始"选项卡的"编辑"模块中选择"清除"选项下级菜单中的"清除格式"命令。

3. 设置行高和列宽

在前面我们提到过，如果单元格的宽度不够会出现错误提示(###)。这时就需要我们对行高和列宽进行设置。具体方法如下。

方法一：选中要调整的行或列并右击，在弹出的快捷菜单中选择"行高"或"列宽"命令，然后输入正确的值，单击"确定"按钮即可。

方法二：用户也可以通过鼠标拖动进行设置，首先选中要调整的行的行号下方虚线，向上或向下拖动来实现，列宽的设置方法是选中要调整的列的列名右侧虚线进行拖动。这种调整方法不能精确地设置行高和列宽。

4. 自动格式化

Excel 提供了多种工作表格式，用户可以使用 Excel 的"自动套用格式"功能为工作表套用已有的格式，这样既可以快速设置工作表，又可以使工作表美观大方。

(1) 选择要自动套用格式的单元格区域，在"开始"选项卡的"样式"区域中单击"套用表格格式"按钮，在弹出的下拉菜单中选择一种格式即可。

(2) 在"表格工具/设计"选项卡上的"工具"区域单击"转换为区域"命令，在弹出的系统提示"是否将表转换为普通区域"对话框中选择"是"，即可完成操作。

如果想套用格式中的部分内容，可单击"开始"选项卡的"样式"模块下的"单元格样式"下拉按钮，然后选择"新建单元格样式"，则弹出如图 5-26 所示的"样式"对话框，根据具体需要进行选择后单击"确定"按钮即可。

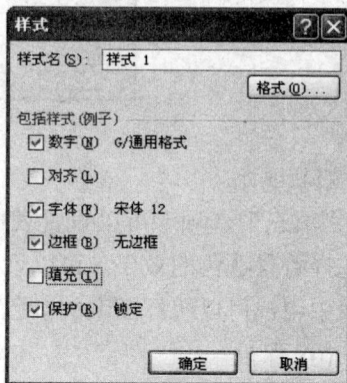

图 5-26　"样式"对话框

5. 条件格式

条件格式功能可以根据单元格的值的范围来确定当前单元格的格式，例如，在图 5-22 学生成绩表中我们希望不及格(成绩<60)的成绩所在单元格背景为红色，优秀(成绩>90)同学的成绩的字体颜色为蓝色，就可以用条件格式完成。具体操作步骤如下：

(1) 选中 C3:F10 单元格区域，在"开始"选项卡的模块下选择"条件格式"命令。

(2) 在弹出的下拉菜单中选择"突出显示单元格规则"，在弹出的下级菜单中选择"大于"选项。

(3) 在弹出的"大于"对话框中输入 90，"设置为"选择"黄填充色深黄色文本"。单击"确定"按钮完成操作。

(4) 重复上述操作，选择"小于"命令，在弹出的"小于"对话框中输入 60，"设置为"选择"浅红填充色深红色文本"，单击"确定"按钮完成操作，效果如图 5-27 所示。

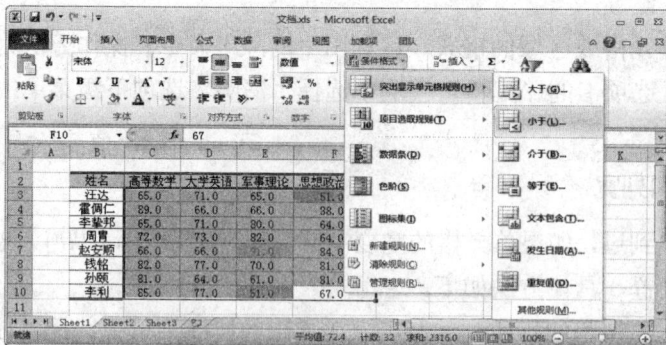

图 5-27　使用条件格式

5.4　公式和函数

5.4.1　公式

公式的输入是 Excel 为完成表格中相关数据的运算而在某个单元格中按运算要求写出的数学表达式。

输入的公式类似于数学中的数学表达式，它表示本单元格的这个数学表达式(公式)运行的结果存放于这个单元格中。也就是说，"公式"只在编辑时出现在编辑栏中，这个单元格只显示这个公式编辑后运行的结果。不同之处在于，在 Excel 工作表的单元格输入公式时，必须以一个等号(=)作为开头，等号(=)后面的"公式"中可以包含各种运算符号、常量、变量、函数以及单元格引用等，如在学生成绩表中个人总成绩的计算公式为"=C3+D3+E3+F3"。公式可以引用同一工作表的单元格，或同一工作簿不同工作表中的单元格，或者其他工作簿的工作表的单元格。

1. 公式运算符

运算符用于对公式中的元素进行特定类型的运算。在 Excel 中有 4 类运算符：算术运算符、文本运算符、比较运算符和引用运算符。

运算符运算的优先级别与数学运算符运算的优先级别相同。

(1) 算术运算符。算术运算符可以完成基本的数学运算。如加、减、乘、除等，还可以连接数字并产生数字结果。算术运算符包括加(+)、减(-)、乘(*)、除(/)、百分号(%)以及乘幂(^)。

(2) 文本运算符。在 Excel 公式输入中不仅可以进行数学运算，还提供了文本操作的运算。利用文本运算符(&)可以将文本连接起来。在公式中使用文本运算符时，以等号开头输入文本的第一段(文本或单元格引用)，加入文本运算符(&)，再输入下一段(文本或单元格引用)。如在学生成绩表中 A1 单元格显示某一学生的姓名课程名成绩时可以输入 B3&C2&"高数"&C3。

如果要在公式中直接使用文本，需用英文引号将文本括起来，这样就可以在公式中加上必要的空格或标点符号等。

另外，文本运算符也可以连接数字，例如，输入公式"=12&34"，其结果为"1234"。用文本运算符来连接数字时，数字两边的引号可以省略。

(3) 比较运算符。比较运算符可以比较两个数值并产生逻辑值 TRUE 或 FALSE。比较运算符包括=(等于)、<(小于)、>(大于)、<>(不等于)、<=(小于等于)和>=(大于等于)。

例如，用户在单元格 A1 中输入数字"5"，在 A2 中输入"=A1<= 0"，由于单元格 A1 中的数值 5>0，因此为假，在单元格 A2 中显示 FALSE。如果此时单元格 A1 的值为-5，则将显示 TRUE。

(4) 引用运算符。一个引用位置代表工作表上的一个或者一组单元格，引用位置告诉 Excel 在哪些单元格中查找公式中要用的数据，也可以在几个公式中使用一个单元格中的数据。

在引用单元格位置时，有 3 个引用运算符：冒号、逗号以及空格。引用运算符如表 5-1 所示。

表 5-1　引用运算符

引用运算符	含　义	示　例
：(冒号)	区域运算符，产生对包括在两个引用之间的所有单元格的引用	C3：C10
，(逗号)	联合运算符，将多个引用合并为一个引用	C3：C10，D3：D10
(空格)	交叉运算符产生对两个引用区域共有的单元格的引用	C3：C10　C5:D10 (这两个单元格区域引用的公有单元格为 C5:C10)

2. 公式的修改和编辑

在 Excel 2010 中编辑公式时，被该公式所引用的所有单元格及单元格区域的引用都将以彩色显示在公式单元格中，并在相应单元格及单元格区域的周围显示具有相同颜色的边框。当用户发现某个公式中含有错误时，可以单击选中要修改公式的单元格，按 F2 键使单元格进入编辑状态，或直接在编辑栏中对公式进行修改。此时，被公式所引用的所有单元格都以对应的彩色显示在公式单元格中，使用户很容易发现哪个单元格引用错了。编辑完毕后，按 Enter 键确定或单击编辑栏中的☑按钮确定。如果要取消编辑，按 Esc 键或单击编辑栏中的✖按钮退出编辑状态。

5.4.2　函数

函数是 Excel 2010 内部预先定义的特殊公式，它可以对一个或多个数据进行操作，并返回一个或多个数据。函数的作用是简化公式操作，把固定用途的公式表达式用"函数"的格式固定下来，实现方便的调用。

函数由函数名、参数和括号三部分组成，参数可以为空。在工作表中利用函数进行运算，可以提高数据输入和运算的速度，还可以实现判断功能。所以要进行复杂的统计或运算时，应尽量使用 Excel 2010 提供的 12 类共 400 多个函数。学习本章课程后，应熟练掌握表 5-2 中的 14 个函数，并以此融会贯通。

Excel 中提供了 13 类函数，其中包括数学与三角函数、统计函数、数据库函数、财务函数、日期与时间函数、逻辑函数、文本函数、信息函数、工程函数、查找与引用函数、多维数据集函数、兼容性函数以及经常使用的"常用"函数。

表 5-2　简单函数功能表

函　数　名　称	函　数　功　能
SUM(number1,number2,…)	计算参数中数值的和
AVERAGE(number1,number2,…)	计算参数中数值的平均值
MAX(number1,number2,…)	求参数中最大值
MIN(number1,number2,…)	求参数中最小值

(续表)

函 数 名 称	函 数 功 能
COUNT(value1, value2,…)	统计指定区域中数值数据的单元格个数
COUNTA(value1, value2,…)	统计区域中非空单元格的数目
COUNTIF(value1, value2,…)	计算指定区域内满足条件的单元格数目
RANK(range，criteria)	求一个数值在一组值中的位置
YEAR(number，ref，order)	取日期的年
TODAY()	获得当前系统日期
IF(logical_test，value_if_true，value_if_false)	按逻辑表达式的值进行测试，如果逻辑表达式值为真，则取 value_if_true 的值；如果逻辑表达式值为假，则取 value_if_false 的值
VLOOP(lookup_value,table_array, col_index_num,range_lookup)	搜索表区域首列满足条件的元素，确定待检索单元格在区域中的行序号，再进一步返回选定单元格的值
FV(rate,nper,pmt,pv,type)	基于固定利率和等额分期付款方式，返回某项投资的未来值
PMT(rate,nper,pv,type)	固定利率下贷款等额的分期偿还额

1. 常用函数举例

(1) SUM 函数的使用

要求使用 SUM()函数，求出图 5-22 所示学生成绩表中每个同学的总成绩。

使用函数的操作如下：

① 在单元格 G2 中输入"总成绩"，在 G3 中单击编辑栏的"插入函数"按钮 f_x。

② 在"插入函数"对话框的"或选择类别"下拉列表中选择"数学与三角函数"，在"选择函数"中选择 SUM 函数，单击"确定"按钮，如图 5-28 所示。

③ 在弹出的"函数参数"对话框中 Number1 文本框中填入参数，本例要求计算学生的总成绩即各项成绩之和，因此用户可以在 Number1 文本框中直接输入单元格名，如 C3：F3 或者单击文本框后的单元格选择按钮 ，然后使用鼠标选择 C3：F3 区域，单击"确定"按钮，如图 5-29 所示。

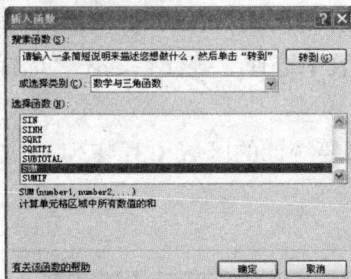

图 5-28　"插入函数"对话框　　　　　　　图 5-29　"函数参数"对话框

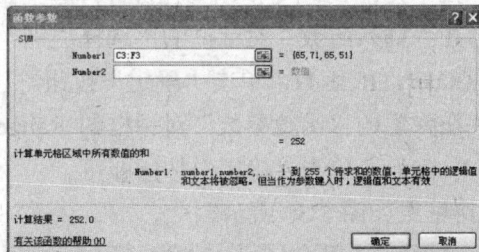

注意：

函数的参数有以下几种情况。

● 直接填写数值(数字)，如 SUM(3000，3300)。

● 填写一个单元格区域。需要运算的数值以单元格区域表示出来，如本例的总成绩，所求的区域就是 SUM(C3：F3)。

- 有些特殊的函数可以不带参数，即不用直接写参数，其实是用了函数默认的参数做参数，如 TODAY()、PI()、RAND()等。

一定要学会使用"函数参数"对话框填入参数。从图 5-29 所示的对话框中可以看到，函数括号内有几个参数，对话框里就会有对应数量的输入框。如本例的 SUM()函数，它是求一个或多个数值的和，所以会有一或多个输入框。再如 IF()函数，括号内有 3 个参数，对话框中就只有 3 个参数需要填写。有些函数没有参数，如当前日期函数 TODAY()、当前日期与时间函数 NOW()、圆周率函数 PI()、随机函数 RAND()等，括号内不要求写参数。

对话框中输入框右边的文字就是要求在输入框内输入参数的类型，如 SUM()函数的输入框中写的是"数值"，我们就要在输入框内写入数值或数值所在的区域。如果输入正确，这个数值也将出现在输入框的右边。

(2) AVERAGE 函数

① 在单元格 H2 中输入"平均成绩"，在 H3 中单击编辑栏的"插入函数"按钮 ∫。

② 在"插入函数"对话框"选择类别"下拉列表中选择"常用函数"，在"选择函数"中选择 AVERAGE 函数，单击"确定"按钮。

③ 在弹出的"函数参数"对话框中的 Number1 文本框中填入参数，本例要求填入各项成绩所在的单元格区域，用户可以在 Number1 文本框中直接输入单元格所在区域，如 C3：F3 或者单击文本框后的单元格选择按钮 ，然后使用鼠标选择 C3：F3 区域，单击"确定"按钮。

(3) IF 函数

在单元格 I2 中输入平均成绩等级，在 I3 中输入"=IF(H3>=90,"优秀",IF(H3>=80,"良好",IF(H3>=60,"及格","不及格")))"。

(4) COUNT 函数

在单元格 J2 中输入考试科目，在 J3 中输入"=COUNT(C3:F3)"。

(5) COUNTIF 函数

① 在单元格 K2 中输入不及格科目，选中 K3 单元格，单击编辑栏的"插入函数"按钮 ∫。

② 在"插入函数"对话框的"选择类别"下拉列表中选择"统计"，在"选择函数"中选择 COUNTIF 函数，单击"确定"按钮。

③ 在弹出的"函数参数"对话框的 Range 中输入要统计的区域 C3：F3，在 Criteria 中输入"<60"，单击"确定"按钮即可。

最终结果如图 5-30 所示。

姓名	高等数学	大学英语	军事理论	思想政治教育	总成绩	平均成绩	平均成绩等级	考试科目	不及格科目
汪达	65.0	71.0	65.0	51.0	252.0	63.0	及格	4	1
霍倜仁	89.0	66.0	66.0	88.0					
李挚邦	65.0	71.0	80.0	64.0					
周胃	72.0	73.0	82.0	64.0					
赵安顺	66.0	66.0	91.0	84.0					
钱铭	82.0	77.0	70.0	81.0					
孙颐	81.0	64.0	61.0	81.0					
李利	85.0	77.0	51.0	67.0					

图 5-30　学生成绩表

2. 公式和函数的复制——单元格公式引用

在 Excel 工作表中单元格的引用实际是将单元格中定义好的公式或函数复制到其他单元格，以实现在其他行、列或区域的单元格也使用这个公式或函数进行运算，并将结果存放于这个单元格中的操作。单元格公式引用省去了输入或运算操作。

Excel 允许在公式或函数中引用工作表中的单元格地址，即用单元格地址或区域引用代替单元格中的数据。这样不仅可以简化繁琐的数据输入，还可以标识工作表上的单元格或单元格区域，即指明公式所使用的数据的位置。"引用"的目的是将在一个单元格完成的公式或函数操作，"复制"到同样要完成同类操作的行或列。更重要的是，引用单元格数据之后，当初始单元格数据发生修改变化时，只需改动起始单元格的公式或数据，其他经引用的单元格的数据亦随之变化，不用逐个修改。

引用分为相对引用、绝对引用和混合引用。

(1) 相对地址引用

在输入公式的过程中，除非用户特别指明，Excel 一般是使用相对地址来引用单元格的位置。所谓相对地址是指如果将含有单元地址的公式复制到另一个单元格时，这个公式中的各个单元格地址将会根据公式移动到的单元格所发生的行、列的相差值，也同样做有这个相差值的改变，以保证这个公式对表格其他元素的运算正确。

例如，将如图 5-31 所示的 G3 单元格复制到 G4：G10，把光标移至 G3 单元格，向下拖动填充柄。我们会发现公式已经变为 "=SUM(C4:F4)"，因为从 G3 到 G4，列的偏移量没有变，而行做了一行的偏移，所以公式中涉及列的数值不变，而行的数值自动加 1。其他各个单元格也做出了改变，如图 5-31 所示。

姓名	高等数学	大学英语	军事理论	思想政治教育	总成绩	平均成绩
汪达	65.0	71.0	65.0		=SUM(C3:F3)	=SUM(C3:F3)
霍個仁	89.0	66.0	66.0	88.0	SUM(**number1**, [number2], ...)	=SUM(C4:F4)
李挚邦	65.0	71.0	80.0	64.0	280.0	70.0	=SUM(C5:F5)
周胄	72.0	73.0	82.0	64.0	291.0	72.8	=SUM(C6:F6)
赵安顺	66.0	66.0	91.0	84.0	307.0	76.8	=SUM(C7:F7)
钱铭	82.0	77.0	70.0	81.0	310.0	77.5	=SUM(C8:F8)
孙颐	81.0	64.0	61.0	81.0	287.0	71.8	=SUM(C9:F9)
李利	85.0	77.0	51.0	67.0	280.0	70.0	=SUM(C10:F10

图 5-31　相对引用

(2) 绝对地址引用

如果公式运算中，需要某个指定单元格的数值是固定的数值，在这种情况下，就必须使用绝对地址引用。所谓绝对地址引用，是指对于已定义为绝对引用的公式，无论把公式复制到什么位置，总是引用起始单元格内的"固定"地址。

在 Excel 中，通过在起始单元格地址的列号和行号前添加美元符号"$"，如$A$1 来表示绝对引用。

例如，在如图 5-31 所示的例子中，如果将 H3 中输入的相对地址改为绝对地址，当将 H3 复制到 H4:H10 时，会出现如图 5-32 所示的结果，所有学生的平均成绩都是"汪达"的平均成绩了。

姓名	高等数学	大学英语	军事理论	思想政治教育	总成绩	平均成绩
汪达	65.0	71.0	65.0	51.0	=AVERAGE($C$3:$F$3)	$C$3:$F$3)
霍佩仁	89.0	66.0	66.0	88.0	309. AVERAGE(**number1**, [number2], ...)	$F$3)
李挚邦	65.0	71.0	80.0	64.0	280.0	63.0	=AVERAGE($C$3:$F$3)
周青	72.0	73.0	82.0	64.0	291.0	63.0	=AVERAGE($C$3:$F$3)
赵安顺	66.0	66.0	91.0	84.0	307.0	63.0	=AVERAGE($C$3:$F$3)
钱铭	82.0	77.0	70.0	81.0	310.0	63.0	=AVERAGE($C$3:$F$3)
孙颐	81.0	64.0	61.0	81.0	287.0	63.0	=AVERAGE($C$3:$F$3)
李利	85.0	77.0	51.0	67.0	280.0	63.0	=AVERAGE($C$3:$F$3)

图 5-32 绝对引用

(3) 混合地址引用

单元格的混合引用是指公式中参数的行采用相对引用、列采用绝对引用；或列采用绝对引用、行采用相对引用，如$A1、A$1。当含有公式的单元格因插入、复制等原因引起行、列引用的变化时，公式中相对引用部分随公式位置的变化而变化，绝对引用部分不随公式位置的变化而变化。例如，制作九九乘法表，步骤如下：

① 在 B2 单元格中输入 "=B$1&"*"&$A2&"="&$B$1*$A2"。

② 将 B2 复制到 B3:B10。

③ 将 B3 复制到 C3，再将 C3 复制到 C4:C10。

④ 将 C4 复制到 D5，再将 D5 复制到 D6:D10。

⑤ 以此类推，可完成九九乘法表的制作，如图 5-33 所示。

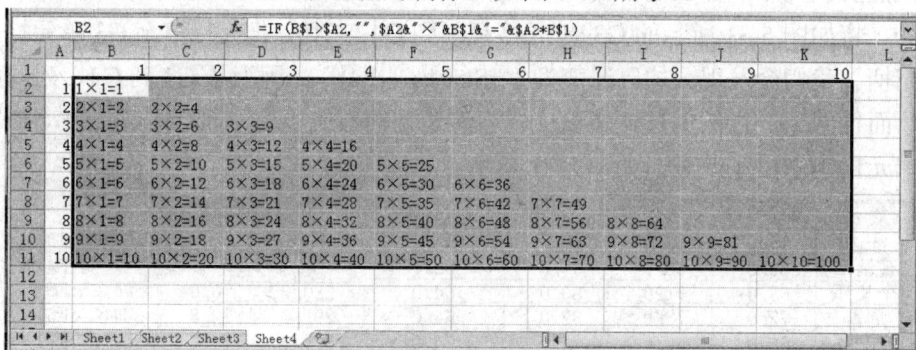

图 5-33 混合引用

表 5-3 给出了有关 A1 引用样式的说明。

表 5-3 A1 引用样式的说明

引　用	区　分	描　述
A1	相对引用	A 列及 1 行均为相对位置
$A$1	绝对引用	A1 单元格，行列均为绝对引用
$A1	混合引用	A 列为绝对位置，1 行为相对位置
A$1	混合引用	A 列为相对位置，1 行为绝对位置

5.5 数据管理

Excel 不仅提供了强大的计算功能，还提供了强大的数据管理和分析功能。使用 Excel 的排序、筛选、分类汇总和数据透视表功能，可以很方便地管理和分析数据。在 Excel 中建立的数据库称为数据清单，可以通过创建一个数据清单来管理数据。

5.5.1　数据清单

数据清单是指工作表中包含相关数据的一系列数据行，可以理解成工作表中的一个二维表格。

在执行数据操作，如排序、筛选或分类汇总等时，Excel 会自动将数据清单视为数据库，并使用下列数据清单元素来组织数据：

(1) 数据清单中的列是数据库中的字段。

(2) 数据清单中的列标题是数据库中的字段名称。

(3) 数据清单中的每一行对应数据库中的一条记录。

数据清单应该尽量满足下列条件：

(1) 每一列必须要有列名，而且每一列中的数据必须是相同类型的。

(2) 避免在一个工作表中有多个数据清单。

(3) 数据清单与其他数据之间至少留出一个空白列和一个空白行。

数据清单的建立和编辑与一般的工作表的建立和编辑方法类似。此外，为了方便编辑数据清单中的数据，Excel 还提供了数据记录单功能。用户创建数据库后，系统自动生成记录单，可以利用记录单来管理数据。

Excel 2010 的记录单并未显示在可见功能区内。若要显示，可以单击"文件"选项卡中的"选项"命令，弹出"Excel 选项"对话框，如图 5-34 所示。单击左侧的"快速访问工具栏"，在右侧的"从下列位置选择命令"下拉列表中选择"不在功能区中的命令"，在下面的列表中找到"记录单"功能，单击"添加"按钮，将记录单添加到右侧的快速访问工具栏，则在 Excel 标题栏左侧的快速访问工具栏中就会出现"记录单"按钮。

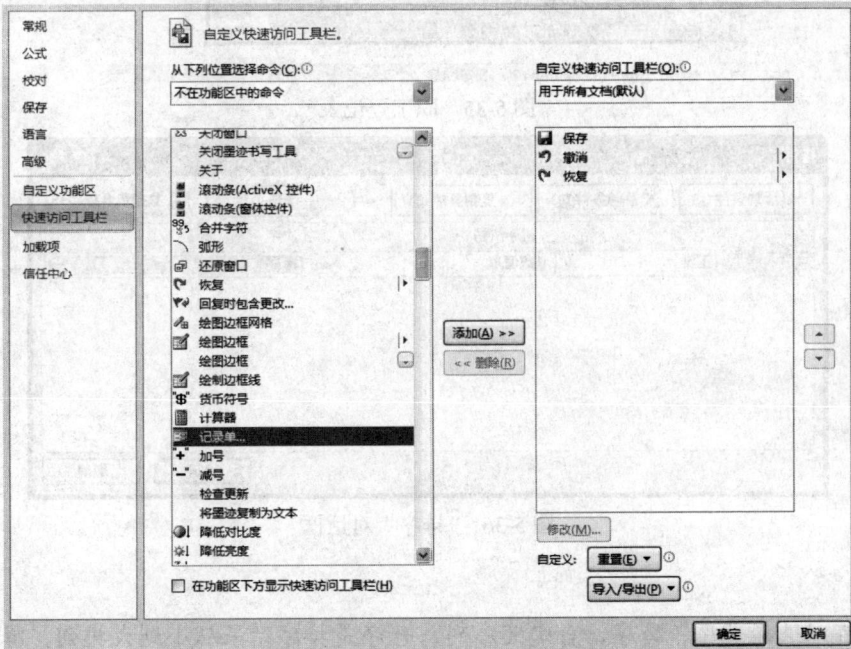

图 5-34　添加数据记录单

5.5.2 数据排序

建立数据清单时，各记录按照输入的先后次序排列。但是，当直接从数据清单中查找需要的信息时就很不方便。为了提高查找效率需要重新整理数据，其中最有效的方法就是对数据进行排序。

(1) 排序原则

为了保证排序正常进行，需要注意排序关键字的设定和排序方式的选择。排序关键字是指排序所依照的数据列名称，由此作为排序的依据。Excel 2010 提供了多个排序关键字，即主关键字一个，次要关键字多个。在进行多重排序时，只有主关键字相同的情况，才按照次要关键字进行，否则次要关键字不发挥作用，其他关键字以此类推。

(2) 按单关键字排序

如果只需根据一列中的数据值对数据清单进行排序，则只需要选中该列中任意一个单元格，然后单击"常规"工具栏中的"升序"按钮或"降序"按钮完成排列。如图 5-35 所示的职工登记表，要对职工的工资由低到高排序。首先要选中区域 A2：G10，然后单击"数据"选项卡，选择"排序"按钮，在弹出的"排序"对话框中选择"主要关键字"为"工资"，"排序依据"为"数值"，"次序"为"降序"，选中该对话框右上角的"数据包含标题"复选框，如图 5-36 所示，最后单击"确定"按钮即可。

	A	B	C	D	E	F	G	H
1			职员登记表					
2	员工编号	部门	姓名	性别	年龄	工龄	工资	
3	K12	开发部	沈一丹	男	36	5	5500	
4	C24	测试部	刘力国	男	33	4	4500	
5	W24	文档部	王红梅	女	26	2	2500	
6	S21	市场部	张开芳	男	29	4	3000	
7	S20	市场部	杨帆	女	25	2	2500	
8	K01	开发部	高浩飞	女	26	2	3000	
9	W08	文档部	贾铭	男	25	1	2500	
10	C04	测试部	吴溯源	男	30	5	3500	
11								

图 5-35　职工登记表

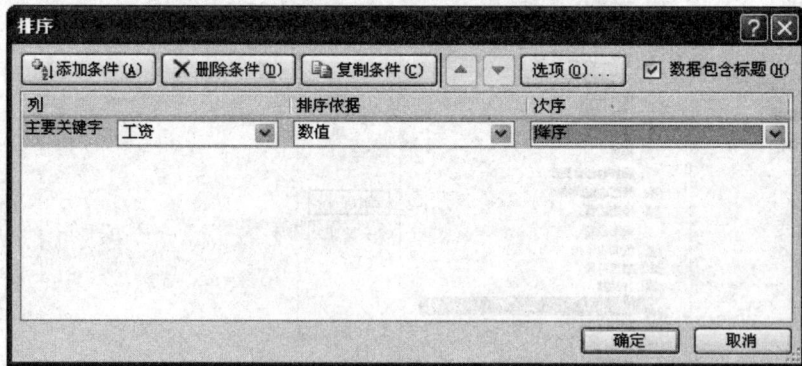

图 5-36　"排序"对话框

注意：

次序可以选择升序、降序、自定义序列。升序是排序结果从小到大排列，降序反之。自定义序列是指用户可以使用前面讲过的"自定义序列"为排序依据。

(3) 按多关键字排序

在图 5-35 中可以发现很多工资一样的记录，如果相同的记录较多就不能实现对数据进行排序的目的。这时用户需要再寻找一个排序依据，在上例中我们对工资进行排序，会发现有工资相同的员工，所以我们选择次要关键字为工龄降序，第三关键字为部门升序，具体操作方法如下：

首先要选中区域 A2：G10，然后单击"数据"选项卡，选择"排序"按钮，在弹出的"排序"对话框中选择"主要关键字"为"工资"，选中对话框右上角的"数据包含标题"复选框，"排序依据"为"数值"，"次序"为"降序"。

然后单击对话框左上角的"添加条件"按钮，"次要关键字"选择"工龄"，"排序依据"选择"数值"，"次序"选择"降序"。之后添加第三关键字，单击对话框左上角的"添加条件"按钮，"次要关键字"选择"部门"，"排序依据"选择"数值"，"次序"选择"升序"。操作结果如图 5-37 所示。

	A	B	C	D	E	F	G	H
1			职员登记表					
2	员工编号	部门	姓名	性别	年龄	工龄	工资	
3	K12	开发部	沈一丹	男	36	5	5500	
4	C24	测试部	刘力国	男	33	4	4500	
5	C04	测试部	吴溯源	男	30	5	3500	
6	S21	市场部	张开芳	男	29	4	3000	
7	K01	开发部	高浩飞	女	26	2	3000	
8	S20	市场部	杨帆	女	25	2	2500	
9	W24	文档部	王红梅	女	26	2	2500	
10	W08	文档部	贾铭	男	25	1	2500	
11								

Sheet1　Sheet2　Sheet3

图 5-37　排序后的员工登记表

5.5.3　数据筛选

数据筛选是使数据清单中显示指定条件的数据记录，而将不满足条件的数据记录在视图中隐藏起来。Excel 同时提供了"自动筛选"和"高级筛选"两种方法来筛选数据，前者适用于简单条件，后者适用于复杂条件。

1. 自动筛选

自动筛选是进行简单条件的筛选，对于如图 5-35 所示的职员登记表，若要筛选出年龄大于 30 岁的开发部的员工信息，具体操作如下：

选择数据区域 A2：G10，选择"数据"选项卡，单击"筛选"按钮。在数据清单每列标题的右侧会出现下拉箭头。

选中筛选条件所在的列，单击下拉箭头会弹出相应的菜单。本例要求年龄大于 30 岁、部门为开发部的人员，首先我们选择"部门"列的下拉箭头，然后在弹出的菜单中将"全选"的复选框设置为未选中状态，再将"开发部"复选框选中，单击"确定"按钮。然后单击"年龄"下拉箭头，在弹出的菜单中选择"数字筛选"，在弹出的下一级菜单中选择"大于"选项，弹出"自定义自动筛选方式"对话框，在"年龄"列后添加 30，单击"确定"按钮即可。结果如图 5-38 所示。

H12	▼	fx					
	A	B	C	D	E	F	G	H
1			职员登记表					
2	员工编号	部门	姓名	性别	年龄	工龄	工资	
3	K12	开发部	沈一丹	男	36	5	5500	
11								

图 5-38　自动筛选结果

注意:

"自定义自动筛选方式"对话框内填写 "?" 则表示代替任意一个字符; 填写 "*" 则表示代替任意多个字符。

2. 高级筛选

如果涉及多个条件的筛选,我们要重复对多列进行自动筛选,操作就相对比较复杂,在这种情况下就需要使用高级筛选来完成。高级筛选相对于自动筛选多了一个条件区域,即在工作表某一空白区域内开辟的一个写条件的矩形区域。条件区域的编辑方式为,一个条件占一列,列名都写在同一行上,条件如果为 "与" 关系,则条件在同一行上,如果为 "或" 关系则写在不同行上。上例中要求年龄大于 30 岁、部门为开发部的人员。可以在 I2 单元格中添加列名 "部门",在 J2 单元格中添加列名 "年龄",因为要求是并列关系所以条件写在同一行上,I3 单元格中添加 "开发部",J3 单元格中添加 ">30",条件区域如图 5-39 所示。如果为或关系,列名不变,在 I3 单元格中添加 "开发部",J4 单元格中添加 ">30",条件区域如图 5-40 所示。

H	I	J	K
	部门	年龄	
	开发部	>30	

图 5-39　与关系条件区域

H	I	J	K
	部门	年龄	
	开发部		
		>30	

图 5-40　或关系条件区域

在设计完条件区域后,选择数据选项卡中筛选和排序模块下的 "高级" 按钮,弹出 "高级筛选" 对话框,如图 5-41 所示。单击 "列表区域" 后面文本框右侧的区域选择按钮,进入 "高级筛选-列表区域" 对话框,选择列表区域 A2:G10。单击 "条件区域" 后面文本框右侧的区域选择按钮,进入 "高级筛选-条件区域" 对话框,选择条件区域 I2:J3。单击 "确定" 按钮,即可完成高级筛选,结果如图 5-42 所示。

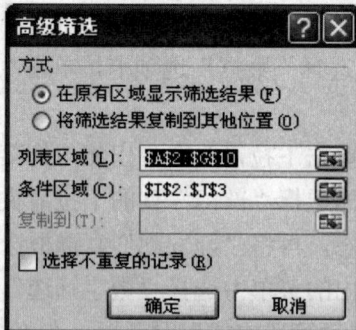

高级筛选

方式
- ⊙ 在原有区域显示筛选结果 (F)
- ○ 将筛选结果复制到其他位置 (O)

列表区域 (L):　$A$2:$G$10

条件区域 (C):　$I$2:$J$3

复制到 (T):

☐ 选择不重复的记录 (R)

确定　　取消

图 5-41　"高级筛选" 对话框

图 5-42　高级筛选结果

5.5.4　分类汇总

分类汇总是指对工作表中的某一分类的数据项进行汇总计算。所谓的分类就是将数据进行排序，将分类项相同的数据项都排列在一起，然后再进行汇总。如图 5-35 职工登记表中，要按部门为分类项，对每一部门的平均工资进行汇总，具体操作步骤如下：

(1) 首先对分类项数据进行排序。

(2) 在 "数据" 选项卡 "分级显示" 模块中选择 "分类汇总" 选项。弹出 "分类汇总" 对话框，如图 5-43 所示。

(3) 在 "分类汇总" 对话框中选择 "分类字段" 为 "部门"。

(4) 分类 "汇总方式" 设置为 "平均值"。

(5) "选定汇总项" 设置为 "工资"。

(6) 如果要替换任何现存的分类汇总，则选中 "替换当前分类汇总" 复选框。如果需要在每组分类

图 5-43　"分类汇总" 对话框

之前插入分页，则选中 "每组数据分页" 复选框。如果要设置汇总结果的位置可以选中 "汇总结果显示在数据下方" 复选框。

(7) 单击 "确定" 按钮，即可完成分类汇总。分类汇总结果如图 5-44 所示。

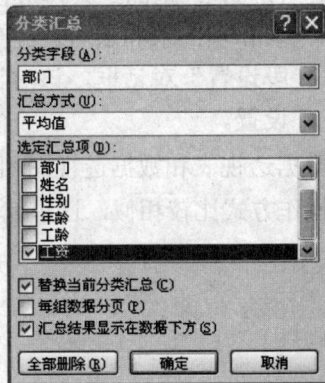

图 5-44　分类汇总结果

5.5.5　数据透视表

数据透视表是一种交互式工作表，用于对现有工作表进行汇总和分析。创建数据透视表后，可以按不同的需要，以不同的关系来提取和组织数据。Excel 2010 的数据透视表综合了排序、筛选、分类汇总等功能。通过数据透视表，用户可以从不同的角度对原始数据或单元格数据区域进行数据处理。一般情况下，数据清单中的字段可以分为两类，一类是数据字段，另一类是分类字段。数据透视表中可以包括多个数据字段和分类字段。创建数据透视表的目的是为了查看一个或多个数据字段的汇总结果。创建数据透视表的具体操作步骤如下。

单击"插入"选项卡中"表格"模块下的"数据透视表"按钮。在弹出的"创建数据透视表"对话框中选择数据区域和数据透视表位置，然后单击"确定"按钮。

然后在新的工作表中对数据透视表进行配置，在窗口右侧的"数据透视表字段列表"中选择要添加到报表中的数据。然后在窗口左侧对系统默认的数据透视表进行配置。

- 行标签：指的是具体进行汇总的项，即相当于分类汇总中的分类项。
- 求和项：求和项对已经分类的数据进行处理，双击求和项单元格可以弹出"值字段设置"对话框，该对话框有两个选项卡，分别对汇总方式和值的显示方式进行设置。

数据透视表和数据透视图相对来说是本章中比较难的内容，而数据透视图与数据透视表的操作方式比较相似，这里就不再赘述了。

5.6　图　　表

图表是将数据清单中的数据图形化，更形象地体现出数据之间的关系和变化趋势。

Excel 2010 提供了 11 种标准的图表类型(柱形图、条形图、折线图、饼图、XY(散点图)、面积图、圆环图、雷达图、曲面图、气泡图、股价图)，每一种图表各有子类，如图 5-45 所示。其中比较常用的为柱形图、折线图和饼图。

5.6.1　图表的创建

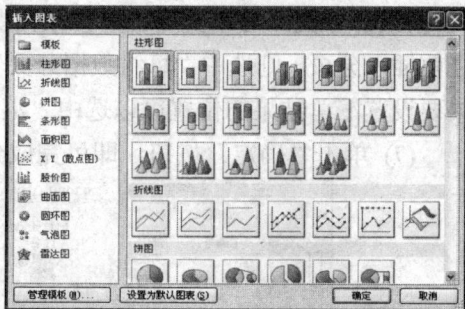

图 5-45　"插入图表"对话框

1. 选择数据区域

首先要选定产生图表的数据区域。在整个工作表中，并不是所有的数据都要在图表中显示出来，用户可以根据需要选择相关的数据区域来产生图表。

2. 选择图表类型

选定数据区域以后，单击"插入"选项卡中的图表模块，这时会弹出"图表"功能区，如图 5-46 所示。如果在"图表"功能区中没有找到需要的类型，那么可以单击"创建图表"

按钮，就可以弹出如图 5-45 所示的"插入图表"对话框。在该对话框内选择需要的图表，单击"确定"按钮即可。

"创建图表"按钮

图 5-46　图表功能区

5.6.2　图表的编辑

在选择图表类型后可以配置图表的其他属性，让图表更容易供其他用户使用。单击新创建的图表的任何位置，在菜单栏上会出现"图表工具"选项卡。该选项卡包含 3 个子选项卡，分别为"设计""布局"和"格式"，如图 5-47 所示。在"图表工具"选项卡中可以完成图表的全部操作。

图 5-47　"图表工具"选项卡

1. 布局和样式

"图表工具"选项卡的"设计"子选项卡包含图表布局模块、图表样式模块，用户可以选择合适的布局和样式来美化图表。"设计"子选项卡如图 5-48 所示。

图 5-48　"设计"子选项卡

2. 标题

添加图表标题的方法如下：在"图表工具"选项卡下的"布局"子选项卡的标签模块中，单击"图表标题"按钮。单击该按钮后，选择"居中覆盖标题"或"图表上方"选项即可完成操作。"布局"子选项卡如图 5-49 所示。

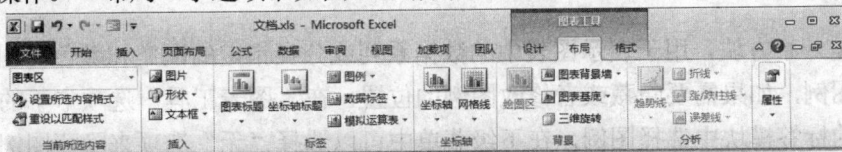

图 5-49　"布局"子选项卡

3. 数据标签

首先选中要添加数据标签的系列，当第一次单击某一系列时默认选择全部系列，如果要选择部分系列，则需要再次选择需要的系列。然后在"图表工具"选项卡下的"布局"子选项卡的标签模块中，选择数据标签按钮下的显示选项。"布局"子选项卡如图 5-50 所示。

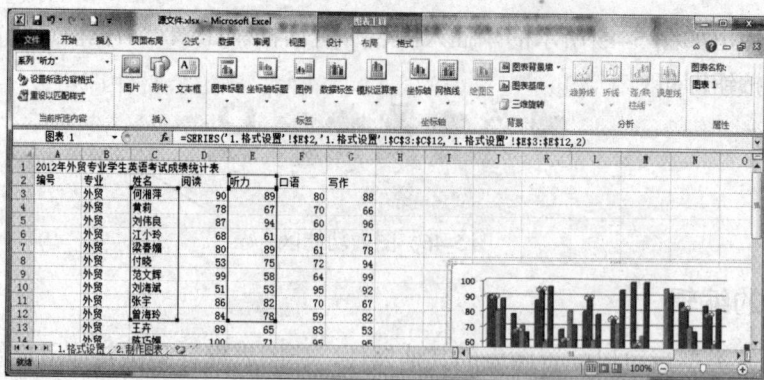

图 5-50　"布局"子选项卡

4. 坐标轴和网格线

(1) 坐标轴

添加坐标轴标题，首先要在"图表工具"选项卡下的"布局"子选项卡的标签模块中，选择"坐标轴标题"按钮，之后选择"主要横坐标轴标题"或"主要纵坐标轴标题"选项。

如果要添加主要横坐标轴标题，在"主要横坐标轴标题"选项的下级菜单中选择"坐标轴下方标题"，在图表区域的下方会出现坐标轴标题文本框，添加用户需要的文字完成操作，用户还可以使用鼠标拖动的办法来改变其位置。如果有其他主要横坐标轴标题需要添加，则重复上述操作。

如果需要添加主要纵坐标轴标题，其操作同主要横坐标轴标题一样，但主要纵坐标轴标题可以选择文本框的方向是垂直还是水平。

如果需要显示坐标轴，在"图表工具"选项卡下的"布局"子选项卡的坐标轴模块中选择"坐标轴"选项。在下级菜单中选择具体的坐标轴样式，即可完成操作。

如需隐藏坐标轴，只需要在相应的坐标轴(横、纵)下选择"无"选项即可。

(2) 网格线

如需设置网格线，"在图表工具"选项卡下的"布局"子选项卡的坐标轴模块中选择"网格线"选项，然后在下级菜单中选择需要的设置即可。

5. 图例

图例是一个方块，用于表示图表中的数据系列或分类指定的图案和颜色。创建图表是默认显示图例，如果需要隐藏或者修改图例的位置，在"图表工具"选项卡下的"布局"子选项卡的标签模块中选择图例，在下级菜单中可以选择"无"选项来隐藏图例，也可以选择其他选项来改变图例的位置或显示被隐藏的图例。

6. 移动图表

用户可以使用鼠标拖动图表，将图表放置到工作表的任意位置。如果需要将图表移动到其他的工作表，在"图表工具"选项卡下的"设计"子选项卡的位置模块中选择"移动图表"按钮。

只需要选中图 5-48 中的"移动图表"按钮，在弹出的对话框中选中"对象位于"单选按钮，并在其右侧的下拉列表中选中相应的工作表，单击"确定"按钮即可。

也可以让系统创建一个新的工作表来存放图表，只需要选中"新工作表"单选按钮，然后在其右侧的文本框中编辑新工作表的名称，单击"确定"按钮即可。

7. 图表大小

如果要修改图表的大小，只需在"图表工具"选项卡下的"格式"子选项卡中的大小模块内设置图表的高度和宽度即可。如果不需要设置固定的值，可以将鼠标移动到图表的4 个角中的任意一个，当鼠标变成双向箭头时按住鼠标左键拖动即可完成。

8. 修改图表类型

对于已经创建好的图表，如果用户需要修改图表的类型，只需要在"图表工具"选项卡下的"设计"子选项卡下的类型模块中，选择"更改图表"类型按钮，在弹出的"图表类型"对话框中进行选择即可。

9. 编辑数据区域

如果要修改产生图表的数据区域，只需要在"图表工具"选项卡下的"设计"子选项卡下的数据模块中选择"选择数据"按钮，在弹出的"选择数据源"对话框中，可以通过对"图表数据区域"选项右侧的文本框进行编辑，或者单击该文本框左侧的按钮，通过可视化界面来选择新的数据区域。可以通过"切换行/列"按钮来切换图表的行或者列，并且可以通过"图例项(系列)"来修改图表的系列。"选择数据源"对话框如图 5-51 所示。

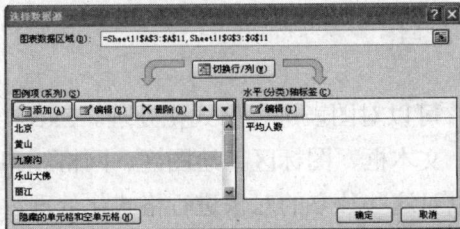

图 5-51　"选择数据源"对话框

10. 修改图表中的文字

图表中的文字主要用于说明图表，使图表更清晰明了。用户如果需要修改图表中某些文字的内容，有两种情况，第一种是来源于数据表的文字，这些文字只能通过修改数据表来完成。但是可以改变其字体、字形、字号、颜色等。这一类文字主要是图例、刻度轴、数据标签等。第二种文字是在创建图表后添加的数据，这类文字不但可以改变其字体、字形、字号、颜色，还可以直接改变其内容。选中相应的对象后，使用鼠标左键单击选中具体文字进行修改即可。

11. 修改图表名称

修改图表的名称并不是修改图表的标题。用户创建图表后系统会默认分配给图表一个名称(图表 1)，如果需要修改图表的名称，只需要在"图表工具"选项卡下的"布局"子选项卡中选择"属性"按钮进行修改即可。

12. 趋势线

趋势线应用于预测分析，也称回归分析。利用回归分析，可以在图表中添加趋势线，根据实际数据向前或向后模拟数据的走势，还可以生成平均值，消除数据的波动等。只能为二维图表建立趋势线，建立趋势线的具体方法如下：

单击选中要添加趋势线或移动平均值的数据系列，在"图表工具"选项卡的"布局"子选项卡上的"分析"模块中，单击"趋势线"下拉按钮，在列表中选择一种趋势线即可。

双击生成的趋势线，可以弹出"设置趋势线格式"对话框，对趋势线进行设置。

13. 数据表

数据表是在图表中添加的表格，其中包含了用于创建图表所需的数据。表格的每一行都代表一个数据系列。数据表和图表同时显示可以让用户同时看到所需要的数据和数据的变化趋势。

单击选中需要添加数据表格的图表，在"图表工具"选项卡的"布局"子选项卡上的"标签"模块中，单击"模拟运算表"下拉按钮，在列表中选择"显示模拟运算表和图例项"命令。

14. 组合图表

在实际应用中，如果图表中有两组数据值相差很大，则数值较小的数据在图表中就显示不明显，甚至显示不出来。在这种情况下，可以在一个图表中使用两个坐标，并使用两种图表类型，使图表中数值相差很大的两组数据都能清楚地显示出来，并能加以区别。这种图表称为组合图表。

5.6.3　图表的格式化

建立和编辑图表以后，可以对图表进行格式化处理。Excel 的图表是由数据标签、数据系列、图例、图表标题、文本框、图标区、绘图区、网格线和坐标轴等对象组成的，它们均为独立对象，用户可以对这些独立的对象进行格式化处理，具体方法如下：

(1) 在图表中直接双击要进行编辑的对象，打开相应的对话框进行设置。

(2) 选中对象后，使用"图表工具"选项卡的功能进行格式化处理。

(3) 用鼠标右击需要编辑的对象，在弹出的快捷菜单中进行操作。

1. 字体修饰

如果希望改变整个图表区域内的文字外观，只需要在图表区域的空白处右击鼠标，在弹出的快捷菜单中选择"字体"命令，在"字体"对话框中重新定义整个图标区域的字体、字号、颜色等。

要修改单一对象的字体，只需选中对象后右击鼠标，在弹出的快捷菜单中选择"字体"命令，在"字体"对话框中重新定义字体、字号、颜色等。

2. 填充与图案

如果要为某区域加边框，或者改变该区域的填充颜色，只要选中该区域，然后利用"图表工具"的"格式"选项卡上的"形状样式"功能区操作命令组进行设置。单击功能区操作命令组右下角的箭头图标，可以打开相应的格式设置对话框，在其中利用"边框样式"、"边框颜色"和"阴影"等标签完成设置。

3. 对齐方式

对于包含文字内容的对象，其格式对话框中一般会包括"对齐方式"设置。选择"对齐方式"标签，在其中进行设置，可以控制文字的对齐方式，其操作类似于 Excel 其他对象的对齐方式设置。

4. 数字格式

用户可以对图表中的数字进行格式化，选中相应的对象并右击，在弹出的快捷菜单中即可找到相应的处理方式。例如，要修改 Y 轴数字的格式，首先选中 Y 轴上的数字，然后右击，在弹出的快捷菜单中选择"设置坐标轴格式"命令，然后在弹出的"设置坐标轴格式"对话框中进行相应设置即可。

5. 图案

Excel 环境中生成的图表，其中的数据对比都以不同的颜色加以区分，但是要将图表打印输出，如果用户使用的是彩色打印机，就可以在纸面上得到和计算机显示结果相近的图表。如果是黑白打印机，那么在打印时会按照颜色的灰白度来进行打印，使得颜色区分不清晰。解决这一问题的方法是为各个数据序列重新设定颜色和填充图案。用鼠标双击某一序列，在弹出的"设置数据系列格式"对话框中，选择"填充"标签，在其中设置填充颜色和图案。

5.7　保护工作簿数据

Excel 提供了对数据进行保护的功能，以防工作表中的数据被非授权存取和破坏。

5.7.1　保护工作簿和工作表

1. 保护工作表

保护工作表是为了防止对工作表中的数据进行修改。具体操作方法如下：

在"审阅"选项卡的"更改"模块下，单击"保护工作表"命令，打开如图 5-52 所示的"保护工作表"对话框。在"允许此工作表的所有用户进行"列表框中进行设置，使得某些功能仍然可用，在"取消工作表保护时使用的密码"文本框中输入密码。然后单击"确定"按钮。如果用户想要执行允许范围之外的操作，Excel就会拒绝操作，弹出提示对话框。

若要取消工作表的保护状态，只要在"审阅"选项卡上的"更改"区域中选择"撤销工作表保护"命令即可。如果设置过密码，那么在取消保护工作时需要输入正确的密码才能生效。

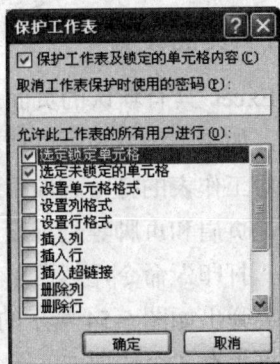

图 5-52　"保护工作表"对话框

2. 保护工作簿

保护工作簿是为了防止对工作簿的结构进行修改。具体操作方法如下：

在"审阅"选项卡的"更改"模块下，单击"保护工作簿"命令，将弹出"保护工作簿"对话框。在此对话框中，选中"结构"复选框，可以防止对工作簿结构进行修改，其中的工作表就不能被删除、移动、隐藏，也不能够插入新的工作表。若选中"窗口"复选框，则工作簿的窗口不能被移动、缩放、隐藏、取消和关闭。在"密码"文本框中可以输入密码。如果要取消保护，其操作方法类似于工作表保护的取消，这里不再赘述。

5.7.2　隐藏工作簿和工作表

在日常工作中工作表上有一些数据是不希望别人看到的，Excel 2010 提供了数据的隐藏功能。在前面我们已介绍了单元格、行、列的隐藏，这里就不再介绍了。

1. 隐藏工作表

选中要隐藏的工作表，在"开始"选项卡的"单元格"模块下选择"格式"按钮，在弹出的下拉菜单中选择"隐藏和取消隐藏"→"隐藏工作表"命令，如图 5-53 所示。

2. 隐藏工作簿

图 5-53　隐藏工作表

如果要把整个工作簿隐藏起来，可以在"视图"选项卡的"窗口"模块中选择"隐藏"命令。如果要取消隐藏工作簿，则可以在"视图"选项卡的"窗口"模块中选择"取消隐藏"命令。

5.8　打　印　操　作

5.8.1　页面设置

Excel 具有默认的页面设置，用户可直接打印工作表，如果不满意，可以使用 Excel 提供的页面设置功能对工作表的打印方向、缩放比例、纸张大小、页边距、页眉和页脚等进行设置。在"文件"选项卡上单击"打印"命令，然后单击"页面设置"超链接，系统会弹出如图 5-54 所示的"页面设置"对话框。该对话框上有 4 个选项卡，分别为"页面"、"页边距"、"页眉/页脚"和"工作表"。

(1) 页面

"方向"和"纸张大小"的设置与 Word 相同。

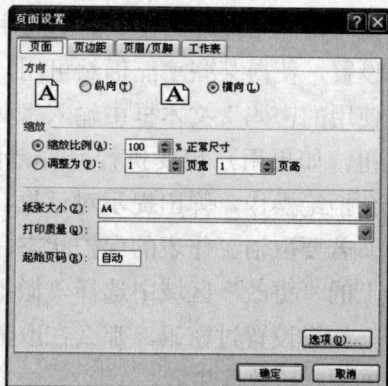

图 5-54　"页面设置"对话框

"缩放"用于放大或者缩小打印工作表,"缩放比例"允许在 10~400 之间。100 为正常大小。"调整为"表示把工作表分为几部分打印,如果调整为 4 页宽、3 页高,表示打印时 Excel 自动调整缩放比例,将水平方向分成 4 页,垂直方向分成 3 页。

"打印质量"下拉列表框用于设置打印的质量,质量高低是由打印页上每英寸的点数(分辨率)来衡量的。分辨率越高,打印质量越高,反之则越低。

"起始页码"框用于确定打印时的首页码,以后的页码可以开始计数,"自动"表示 Excel 根据实际情况确定页码。

(2) 页边距

在"页面设置"对话框中,单击"页边距"选项卡,进入页边距设置对话框。其中"上""下""左""右""页眉""页脚"的使用方法与 Word 相同。在居中方式中,"水平"和"垂直"复选框表示表格在纸张中水平和垂直的位置。如果都选中表示表格在纸张的中央位置。

(3) 页眉/页脚

进入页眉/页脚设置对话框后单击"页眉"或"页脚"下拉框就可以在其中选择一种页眉或页脚的格式。下面的"奇偶不同页""首页不同"等选项的使用方法与 Word 相同。

(4) 工作表

- 打印区域:用于选择要打印的工作表区域,可在该文本框中直接输入工作表区域,或使用对话框折叠按钮,直接用鼠标拖动来选择工作表区域,如果该区域空白,表示将打印工作表中所有含数据的单元格。
- 打印标题:如果工作表中数据较多,打印时会分成几页,除第一页外,其他页没有标题,只有数据。如果希望将特定的一行作为标题,并出现在每一页上,可以使用对话框折叠按钮进行区域选择。
- 打印:用于设置打印选项。"网格线"复选框决定是否打印水平和垂直的单元格线。"单色打印"复选框决定是采用黑白打印还是彩色打印;"草稿品质"复选框可加速打印,但会降低打印质量;"行号和列标"复选框决定是否打印行号和列标。
- 打印顺序:多页打印时,决定打印次序是先列后行还是先行后列。

5.8.2 打印预览及打印

完成页面设置和打印机设置后,首先要确定打印区域,然后使用打印预览来查看文件的打印效果是否与预期相同。如果打印预览的效果正确,即可开始打印。

1. 选择打印区域

默认状态下,对于打印区域,Excel 会自动选择有数据区域的最大行或列。但如果想打印其中的一部分数据,可以将这部分数据设置成打印区域,然后再进行打印。

设置打印区域的方法为:选中要设为打印区域的单元格区域,然后在"页面布局"选项卡的"页面设置"区域中,单击"打印区域"→"设置打印区域"命令。选中边框区域的虚线表示此区域为打印区域。打印区域设置好以后,打印时只有被选中区域中的数据被打印出来。而且工作表被保存后,将来在打印时,设置的打印区域仍然有效。如果要删除打印区域，可以在"页面布局"选项卡的"页面设置"区域中，单击"打印区域"→"取消打印区域"命令。

2. 打印预览

使用打印预览的具体方法如下：在"文件"选项卡上单击"打印"命令，则在屏幕右窗格中就可看到打印预览的效果，或者在"开始"选项卡的快捷工具栏中单击"打印预览和打印"按钮。

在"打印预览"窗口中，任务栏上会显示当前页码和总页数，左侧窗口有一些选项用于查看打印效果。

(1) "打印"按钮和"份数"文本框：单击"打印"按钮，系统会按照"份数"文本框中的数值进行打印。

(2) "打印机"：单击下拉列表框，可以选择打印机。

(3) "设置"：单击下拉列表框，可以设置打印的范围，是仅打印选定区域，还是打印活动工作表或打印全部工作簿。

(4) 页数：可以选择要打印的页数，自第几页到第几页。

3. 打印

对打印预览的效果满意后，就可以打印工作表，在"文件"选项卡选择"打印"命令，然后单击"打印"按钮；或者单击快速访问工具栏中的"打印和打印预览"按钮。

第 6 章　PowerPoint 2010 演示文稿

6.1　演示文稿的基本操作

PowerPoint 2010(以下简称 PowerPoint)是美国微软公司开发的办公自动化软件 Office 2010 的组件之一。PowerPoint 是一种功能强大的演示文稿制作软件。通过 PowerPoint 2010，可以使用文本、图形、照片、视频、动画和更多手段来设计具有视觉震撼力的演示文稿。与以前版本相比，此版本新增的视频和图片编辑功能以及增强功能都是 PowerPoint 2010 的新亮点。此外，动画和切换效果运行起来更为平滑。PowerPoint 2010 功能丰富，广泛应用于教师授课、会议报告、产品演示、学术交流和广告宣传等方面。

6.1.1　PowerPoint 2010 的启动与退出

1. PowerPoint 的启动

启动 PowerPoint 常用的方法有以下几种。
- 选择"开始"→"所有程序"→Microsoft Office →Microsoft PowerPoint 2010 命令。
- 双击桌面上已有的 Microsoft PowerPoint 2010 的快捷方式。
- 双击已有的 PowerPoint 演示文稿(扩展名为.pptx)。

启动 PowerPoint 后，打开 PowerPoint 工作界面，如图 6-1 所示。

2. PowerPoint 的退出

- 单击 PowerPoint 窗口标题栏右端的"关闭"按钮。
- 选择 PowerPoint 窗口"文件"选项卡，单击"退出"按钮。
- 双击 PowerPoint 窗口标题栏的"控制"按钮。
- 单击 PowerPoint 窗口标题栏的"控制"按钮，单击"关闭"按钮或者按快捷键 Alt+F4。

6.1.2　PowerPoint 2010 的工作界面

启动 PowerPoint 2010 后，即可打开 PowerPoint 的窗口，该窗口由标题栏、快速访问工具栏、功能区、文档窗口和状态栏等组成，如图 6-1 所示。

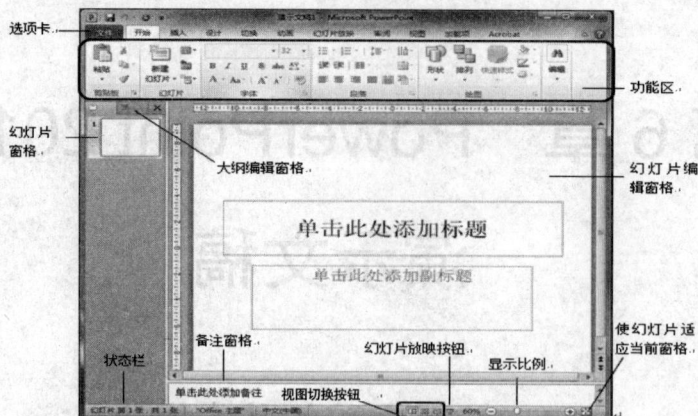

图 6-1　PowerPoint 2010 工作界面

1. 各功能区及其功能

(1) "文件"功能区

单击"文件"功能区，界面如图 6-2 所示。

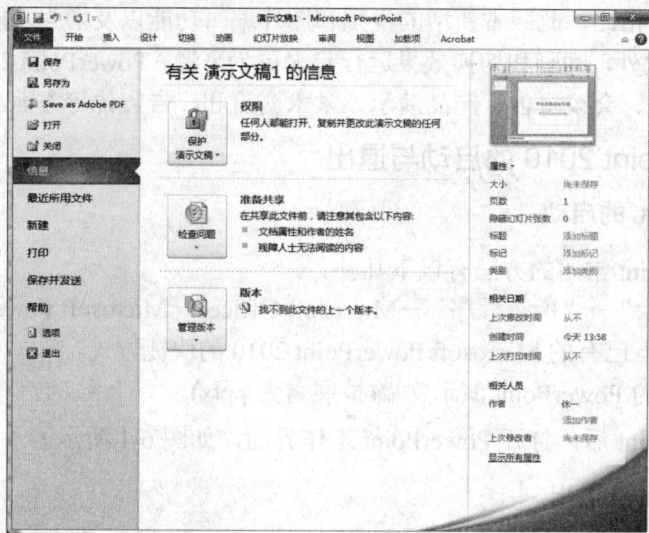

图 6-2　"文件"功能区

在"文件"功能区中可以进行新建、保存、打开、关闭、打印、退出演示文稿等操作，并且可以查看当前演示文稿的基本信息和查看最近使用的所有文件。

在 PowerPoint 2010 中，除"文件"功能区以外，其他功能区统称为功能区，它取代了 PowerPoint 2003 及更早版本中的菜单栏，操作更加直观、便捷。

(2) "开始"功能区

"开始"功能区主要由"剪贴板""幻灯片""字体""段落""绘图"和"编辑"6个组组成，如图 6-3 所示。

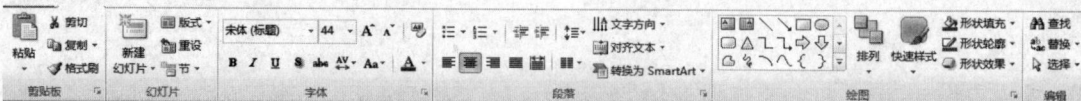

图 6-3　"开始"功能区

使用"开始"功能区可以进行插入新幻灯片、基本图形以及设置幻灯片上文本的字体格式和段落格式等操作。

(3)"插入"功能区

"插入"功能区主要由"表格""图像""插图""链接""文本""符号"和"媒体"7 个组组成，如图 6-4 所示。

图 6-4　"插入"功能区

通过"插入"功能区可以实现将图表、图像、页眉、页脚或艺术字等对象插入到演示文稿中的操作。

(4)"设计"功能区

"设计"功能区主要由"页面设置""主题"和"背景"3 个组组成，如图 6-5 所示。

图 6-5　"设计"功能区

通过"设计"功能区可以对演示文稿的页面、颜色进行设置以及自定义演示文稿的背景和主题。

(5)"切换"功能区

"切换"功能区主要由"预览""切换到此幻灯片"和"计时"3 个组组成，如图 6-6 所示。

图 6-6　"切换"功能区

(6)"动画"功能区

"动画"功能区主要由"预览""动画""高级动画"和"计时"4 个组组成。如图 6-7 所示。

图 6-7　"动画"功能区

通过使用"动画"功能区可以对幻灯片上的对象进行动画设置的相关操作。

(7)"幻灯片放映"功能区

"幻灯片放映"功能区主要由"开始放映幻灯片""设置"和"监视器"3 个组组成，如图 6-8 所示。

图 6-8　"幻灯片放映"功能区

(8) "审阅"功能区

"审阅"功能区主要由"校对""语言""中文简繁转换""批注"和"比较"5 个组组成，如图 6-9 所示。

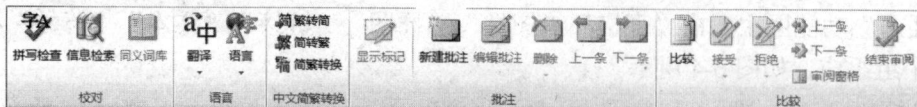

图 6-9　"审阅"功能区

(9) "视图"功能区

"视图"功能区主要由"演示文稿视图""母版视图""显示""显示比例""颜色/灰度""窗口"和"宏"7 个组组成，如图 6-10 所示。

图 6-10　"视图"功能区

通过"视图"功能区可以查看幻灯片视图和母版，浏览幻灯片，打开或关闭标尺、网格线和参考线，可以对显示比例、颜色/灰度等进行设置。

2."幻灯片/大纲"编辑窗口

"幻灯片/大纲"编辑窗口位于工作区的左侧，包括"幻灯片"和"大纲"两个功能区，主要用于编辑演示文稿的大纲以及显示当前演示文稿的幻灯片数量和位置。

3."幻灯片"编辑窗口

"幻灯片"编辑窗口位于 PowerPoint 2010 工作区的中间，用以完成幻灯片的编辑工作，修改幻灯片的外观，添加图形、照片和声音，创建超链接或者添加动画等。

4."备注"窗口

"备注"窗口位于"幻灯片"窗口的下方，是在普通视图中显示的用于输入关于当前幻灯片的备注，可以将这些备注打印为备注页或在将演示文稿保存为网页时显示它们。

6.1.3　创建、保存和打开演示文稿

在 PowerPoint 中，最基本的工作单元是幻灯片。一个 PowerPoint 演示文稿由一张或多张幻灯片组成，每张幻灯片中既可以包含常用的文字和图表，又可以包含声音、图像和视频等。

1. 演示文稿的创建

启动 PowerPoint 2010 后，创建新演示文稿的方法如下。

● 利用"空白演示文稿"创建演示文稿。通过该方法创建的演示文稿可以不受模板风格的限制，具有更多的灵活性。通过该方法可以创建出具有自己风格的演示文稿。在 PowerPoint 中，选择"文件"→"新建"选项，打开"新建"选项卡。在"可用的模板和主题"上单击"空白演示文稿"图标，如图 6-11 所示。然后单击"创建"图标，打开新建的第一张幻灯片，如图 6-12 所示，这时文档的默认名称为"演示文稿 1"、"演示文稿 2"、……。

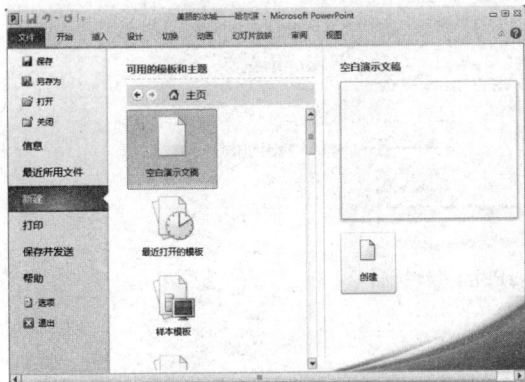

图 6-11　"新建"选项卡

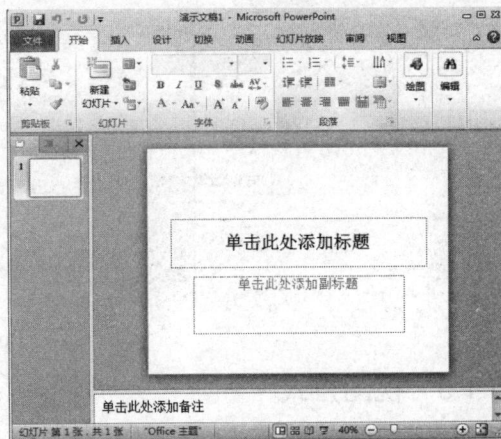

图 6-12　新建空白演示文稿 1

● 利用"模板"创建演示文稿。模板提供了预定的颜色搭配、背景图案、文本格式等
幻灯片显示方式，但不包含演示文稿的设计内容。在"新建"选项卡(见图 6-11)
中选择"样本模板"选项，打开"样本模板"库，再选择需要的模板(如 PowerPoint
2010 简介)，然后单击"创建"图标，新建第一张幻灯片，如图 6-13 所示。

图 6-13　新建模板演示文稿 2

● 利用"根据现有内容新建"创建演示文稿。在"新建"选项卡(见图 6-11)中选择"根
据现有内容新建"选项，弹出"根据现有演示文稿新建"对话框。选择或输入演示文
稿名，单击"新建"图标，创建与所选择的演示文稿内容相同的新的演示文稿。

2. 演示文稿的保存和打开

保存和打开演示文稿的方法与 Word 中类似。

6.1.4　PowerPoint 编辑窗口

在幻灯片编辑窗口中，显示了当前要编辑的幻灯片，对于"空白演示文稿"，幻灯片
是空白的，并以虚线框表示出各预留区区域(预留区又称为"占位符"，预留区内有文本提
示信息，文本提示告诉用户如何利用该预留区)，如图 6-14 所示。可以在一张指定的幻灯
片上进行录入文本、改变布局、插入对象、创建超链接等操作。

图 6-14　PowerPoint 编辑窗口

6.1.5　视图方式

PowerPoint 提供了 4 种视图方式，即普通视图、幻灯片浏览视图、备注页视图和阅读视图。

(1) 普通视图

普通视图是主要的编辑视图，可用于编辑或设计演示文稿，如图 6-15 所示[1]。

图 6-15　普通视图

在这种视图方式下，有 4 个工作区，即"幻灯片"选项卡、"大纲"选项卡、"幻灯片"窗格和"备注"窗格。

● "幻灯片"选项卡：在左侧工作区显示幻灯片的缩略图，这样能方便地编辑演示文稿，并观看任何设计更改的效果，便于进行幻灯片的定位、复制、移动、删除等操作。

● "大纲"选项卡：在左侧工作区显示幻灯片的文本大纲，方便组织和开发演示文稿中的内容，如输入演示文稿中的所有文本，然后重新排列项目符号、段落和幻灯片。若要打印演示文稿大纲的书面副本，并使其只包含文本而没有图形或动画，

---

[1]图片源自 @bearsun momo&momei.

则先选择"文件"→"打印"选项，之后选择"设置"选项区域的"整页幻灯片"
→"大纲"选项，再单击顶部的"打印"按钮。

● "幻灯片"窗格：在 PowerPoint 窗口的右方，"幻灯片"窗格显示当前幻灯片的
大纲视图，在此视图中显示当前幻灯片时，可以添加文本、插入图片、表格、SmartArt
图形、图表、图形对象、文本框、电影、声音、超链接和动画。

● "备注"窗格：可添加与每个幻灯片的内容相关的备注。这些备注可以打印出来，
在放映演示文稿时作为参考资料，或者还可以将打印好的备注分发给观众，或者
发布到网页上。

(2) 幻灯片浏览视图

在幻灯片浏览视图中，可同时看到演示文稿中的所有幻灯片，这些幻灯片以缩略图的
方式显示，如图 6-16 所示。

图 6-16　幻灯片浏览视图

通过幻灯片浏览视图可以轻松地对所有幻灯片的顺序进行排列和组织，还可以很方便
地在幻灯片之间添加、删除和移动幻灯片以及选择切换动画，但不能对幻灯片的内容进行
修改。如果要对某张幻灯片的内容进行修改，可以双击该幻灯片切换到普通视图，再进行
修改。另外，还可以在幻灯片浏览视图中添加节，并按不同的类别或节对幻灯片进行排序。

(3) 备注页视图

在备注页视图下可以在页面下方对页面上方的幻灯片添加备注，如图 6-17 所示。

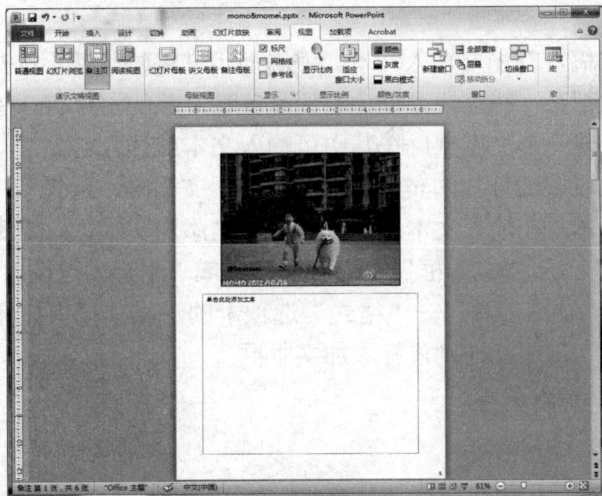

图 6-17　备注页视图

(4) 阅读视图

阅读视图用于查看演示文稿(如通过大屏幕)、放映演示文稿。如果希望在一个设有简单控件以方便审阅的窗口中查看演示文稿，而不想使用全屏的幻灯片放映视图，则也可以在自己的计算机上使用阅读视图。如果要更改演示文稿，可随时从阅读视图切换至某个其他视图，如图 6-18 所示。

图 6-18　阅读视图

6.2　演示文稿的编辑

在演示文稿的制作过程中，要进行文本的输入、格式化等修改和编辑工作，所以我们要灵活地运用格式化编辑功能，进行演示文稿的编辑工作。

6.2.1　幻灯片文本的输入、编辑及格式化

在 PowerPoint 中，编辑幻灯片内容要在普通视图方式下进行。

1. 输入文本

创建一个演示文稿，首先要输入文本。编辑演示文稿时，若不选择"空白"版式，一般在每一张幻灯片上都有一些虚线方框。它们是各种对象的占位符。单击相应的提示处，在工作窗口中就会出现一个文本框，在其中可输入文本或插入对象。

若用户希望自己设置幻灯片的布局，在创建演示文稿时，选择了"空白"版式，或需在占位符之外添加文本，在输入文本之前，则必须先添加文本框。操作步骤如下：

① 选择"插入" → "文本框" → "横排"或"垂直"选项。

② 可直接单击"绘图工具"→"格式"选项卡的"文本框"按钮，选择"横排文本框"或"垂直文本框"选项，拖动鼠标添加文本框。

③ 单击文本框，输入文本。

2. 编辑文本

在 PowerPoint 中对文本进行删除、插入、复制、移动等操作的方法与 Word 中的操作方法类似。

3. 文本格式化

文本格式化包括字体、字号、样式、颜色及效果(效果包括下画线，上/下标、删除线等)。

选择要设置的文本，然后选择"开始"→"字体"选项，或单击"功能区"上的相关按钮，操作方法与 Word 中相同。

选择"开始"→"段落"选项，可设置对齐方式、行距、段前和段后间距。

4. 项目符号和编号

默认情况下，在幻灯片上各层次小标题的开头位置上会显示项目符号(如"·")，以突出小标题层次。

可以选择"开始"→"项目符号"和"编号"选项进行设置(如是否使用项目符号和编号，采用什么符号或编号、颜色、大小等)。操作方法与 Word 中相同。

6.2.2　图片、图形、艺术字的插入与编辑

1. 插入与编辑图片

在 PowerPoint 2010 中插入图片的方法如下。

(1) 插入图片

在内容占位符上单击"插入图片"图标，或在"插入"选项卡中单击"图片"按钮，弹出"插入图片"对话框，选择相应文件夹，选中其中的某一张或多张图片，单击"插入"按钮，即可将图片插入到幻灯片中，如图 6-19 所示[2]。

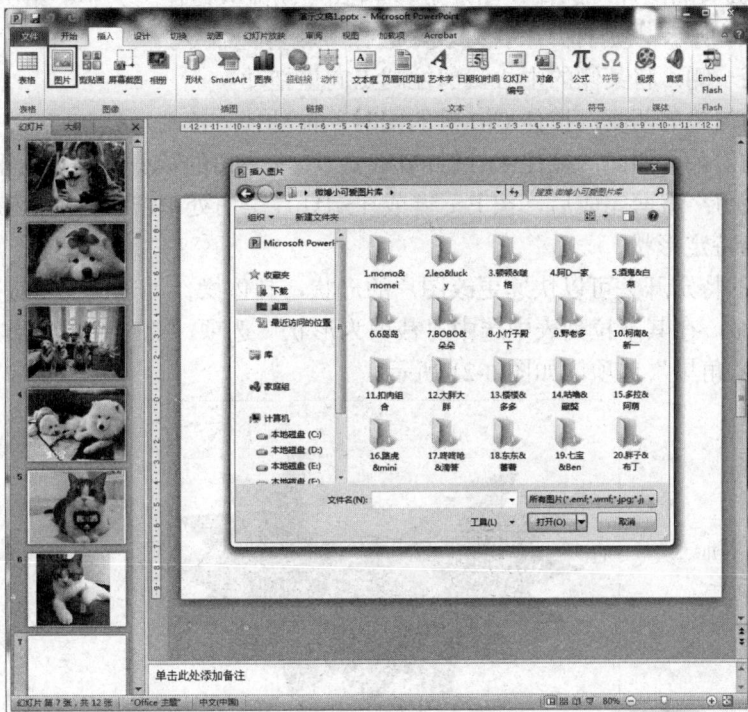

图 6-19　插入图片

---

[2]　图片源自@bearsun，@大叔汪只是个球，@金毛豌豆 TanG，@叶子朵朵 2222，@十四阙，@6 岛岛。

(2) 调整图片的大小

调整图片大小的操作方法如下。

① 选中需要调整大小的图片,将鼠标放置在图片四周的尺寸控制点上,拖动鼠标即可调整图片大小。

② 选中需要调整大小的图片,选择"图片工具/格式"功能区,在"大小"组中设置图片的"高度"和"宽度"即可调整图片大小,如图 6-20 所示。

图 6-20　调整图片大小的两种方法

(3) 裁剪图片

① 直接进行裁剪

选中需要裁剪的图片,选择"图片工具/格式"功能区,在"大小"组中单击"裁剪"按钮,如图 6-20 所示[3],则打开下拉列表,选择"裁剪"命令。

- 裁剪某一侧:将某侧的中心裁剪控制点向里拖动。
- 同时均匀裁剪两侧:按住 Ctrl 键的同时,拖动任一侧裁剪控制点。
- 同时均匀裁剪四面:按住 Ctrl 键的同时,将一个角的裁剪控制点向里拖动。
- 退出裁剪:裁剪完成后,按 Esc 键或在幻灯片空白处单击即可退出裁剪操作。

② 裁剪为特定形状

通过裁剪的特定开关可以快速更改图片的形状,具体操作为选中需要裁剪的图片,单击"裁剪"按钮,在其下拉列表中选中"裁剪为形状"选项,此时弹出"形状"列表,在其中选择"十六角星"选项,如图 6-21 所示。

图 6-21　裁剪图片形状为十六角星

---

[3]图片源自 @金毛豌豆 TanG 顿顿&啵格。

(4) 旋转图片

旋转图片的操作为选择需要旋转的图片，选择"图片工具/格式"功能区，在"排列"组中单击"旋转"按钮，打开"旋转"下拉列表，在其中设置旋转图片的角度，单击"其他旋转选项"按钮，打开"设置图片格式"对话框。如图 6-22 所示。第 6 张幻灯片旋转22°后，图片的效果如图 6-23 所示[4]。

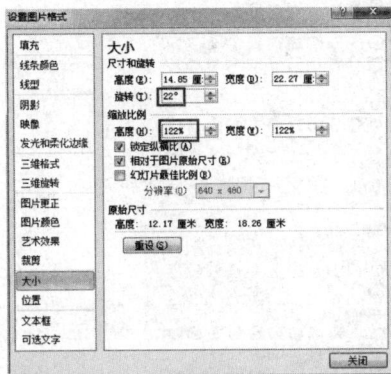

图 6-22　"设置图片格式"对话框　　　　　图 6-23　旋转角度后的效果图

另外，PowerPoint 2010 提供了制作电子相册的功能，单击"图像"组中的"相册"按钮，可以将来自文件的一组图片制作成多种幻灯片的相册，如图 6-24 所示。

图 6-24　电子相册[5]

---

[4] 图片源自 @bearsun momo&momei.

[5] 图片源自 @LEO 它爹，@国民老岳父公，@罗恩兔子，@回忆专用小马甲，@基扣肉组合，@小竹子殿下，@大锅只是喝醉，@王白菜。

2. 插入图形

在普通视图的"幻灯片"窗格中可以绘制图形，其方法与 Word 中的操作方法相同。选择"插入"→"形状"选项，展开"形状"下拉列表，如图 6-25 所示。在其中选择某种形状样式后单击，此时鼠标变成十字星形状，拖动鼠标即可确定形状的大小。

3. 插入 SmartArt 图形

SmartArt 图形是信息和观点的视觉表示形式。可以从多种不同布局中进行选择来创建 SmartArt 图形。在幻灯片中加入 SmartArt 图形(包括以前版本的组织结构图)，可使版面整洁，便于表现系统的组织结构形式。

选择"插入"功能区，单击"插入"组中的"SmartArt"按钮，则打开"选择 SmartArt 图形"对话框，如图 6-26 所示。在"选择 SmartArt 图形"对话框中单击"层次结构"中的"组织结构图"，再单击"确定"按钮即可创建组织结构图，之后可以直接单击幻灯片组织结构图中的"文本"来输入文字内容，也可以单击"文本"窗格中的"文本"来添加文字内容。

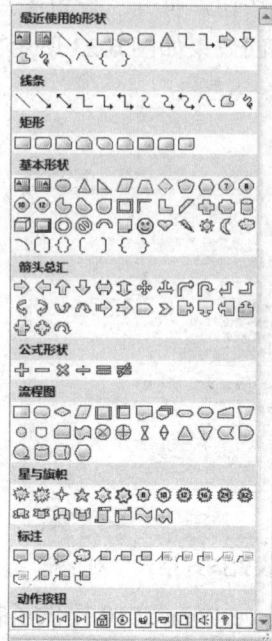

图 6-25 "形状"下拉列表

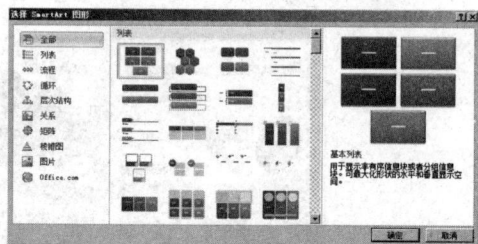

图 6-26 SmartArt 图形选项

4. 插入艺术字

在"插入"选项卡中单击"艺术字"按钮，展开"艺术字"下拉列表，在其中选择某种样式后单击，此时，在幻灯片编辑区中会出现"请在此放置您的文字"艺术字编辑框，如图 6-27 所示，效果如图 6-28 所示。输入要编辑的艺术字文本内容后，可以在幻灯片上看到文本的艺术效果。选中艺术字后，选择"绘图工具"→"格式"选项后可以进一步编辑艺术字。右击艺术字，可以选择命令在弹出的对话框中设置艺术字的形状格式，如图 6-29 所示。

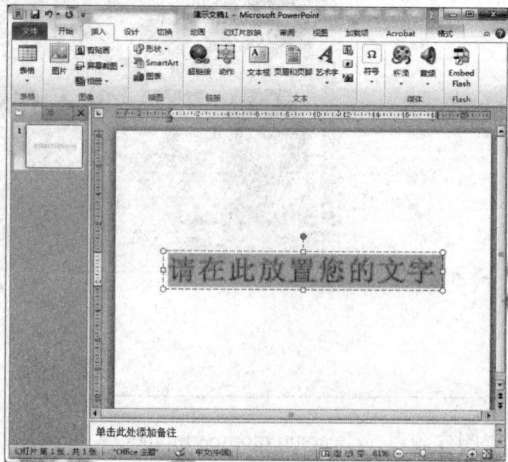

图 6-27 艺术字编辑框

图 6-28　艺术字编辑效果图

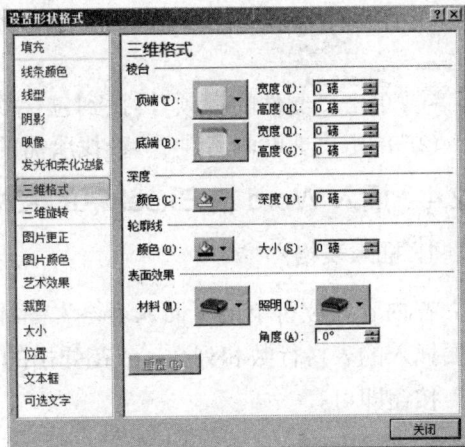

图 6-29　艺术字形状格式设置

6.2.3　视频和音频

1. 插入与编辑视频

(1) 插入视频

在"插入"功能区单击"媒体"组中的"视频"按钮，则弹出"插入视频"下拉列表，如图 6-30 所示。再选择"文件中的视频"或"剪贴画视频"命令等，选择要插入的视频，即可进一步对视频进行编辑。

(2) 设置插入选项

用户可以对插入的视频文件进行设置，选中幻灯片中已插入的视频文件图标，再选择"视频选项"组，如图 6-31 所示。

图 6-30　"插入视频"下拉列表

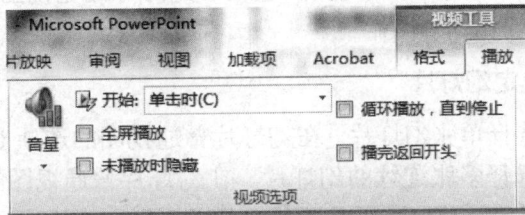

图 6-31　"视频选项"组

- "音量"按钮：用来设置视频的音量。
- "全屏播放"复选框：用来设置视频文件全屏播放。
- "未播放时隐藏"复选框：表示未播放视频文件时隐藏视频图标。
- "循环播放，直到停止"复选框：表示循环播放视频，直到视频播放结束。
- "播完返回开头"复选框：表示播放结束返回到开头。

2. 插入音频

在幻灯片上插入音频剪辑时，将显示一个表示音频文件的图标 。在进行播放时，可以将音频剪辑设置为在显示幻灯片时自动开始播放、在单击鼠标时开始播放或播放演示文稿中的所有幻灯片，甚至可以循环连续播放媒体直至停止播放。

可以通过计算机上的文件、网络或"剪贴画"任务窗格添加音频剪辑，也可以自己录制音频，将其添加到演示文稿，或者使用 CD 中的音乐。

在"插入"选项卡中单击"音频"按钮，弹出"插入音频"任务窗格，执行以下任一操作：

① 单击"文件的音频"，找到包含该音频的文件夹，然后双击要添加的文件。

② 单击"剪贴画音频"，查找所需的音频剪辑。

6.2.4 插入 Word 或 Excel 中的表格、图表

1. 插入表格

在内容占位符单击"插入表格"图标，或在"插入"选项卡中单击"表格"按钮，选择要插入的表格行数和列数，或在弹出的"插入表格"对话框中输入行数和列数，单击"确定"按钮即可。

2. 插入图表

PowerPoint 可直接利用"图表生成器"提供的各种图表类型和图表向导，创建具有复杂功能和丰富界面的各种图表，以增强演示文稿的演示效果。

有图表占位符的双击图表占位符，或在"插入"选项卡中单击"图表"按钮，均可启动 Microsoft Graph 应用程序插入图表对象，如图 6-32 所示。

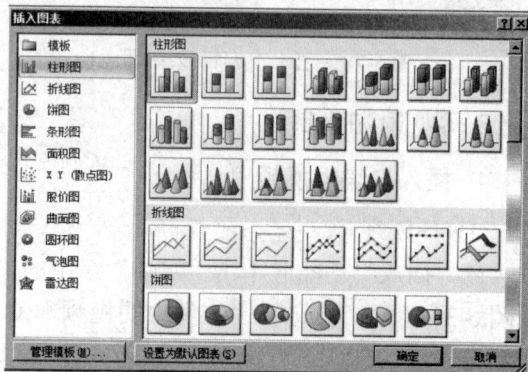

图 6-32　"插入图表"对话框

6.2.5 幻灯片的基本操作

在普通视图的"幻灯片"窗格和幻灯片浏览视图中可以进行幻灯片的选定、添加、删除、复制和移动等操作。

1. 选定幻灯片

① 选择单张幻灯片。在幻灯片普通视图的选项卡区域或浏览视图单击相应的幻灯片。

② 选择多张连续的幻灯片。在幻灯片普通视图的选项卡区域或浏览视图单击所需的第一张幻灯片，按住 Shift 键单击最后一张幻灯片。

③ 选择多张不连续的幻灯片。在幻灯片普通视图的选项卡区域或浏览视图单击所需的第一张幻灯片，按住 Ctrl 键单击所需的其他幻灯片，直至所有幻灯片全部选定。

2. 添加新幻灯片

打开一个演示文稿后，用户可以根据自己的需要添加新幻灯片。具体的操作步骤如下：

① 定位插入点。

② 在"开始"选项卡中单击"新建幻灯片"按钮，选择"Office 主题"或者"复制所选幻灯片"命令。

③ 输入幻灯片内容。

3. 删除幻灯片

在幻灯片普通视图的选项卡区域或浏览视图选择某一张或多张幻灯片，按 Delete 键即可。

4. 复制和移动幻灯片

使用复制、剪切和粘贴功能，可以对幻灯片进行复制和移动，具体的操作步骤如下：

① 选择要复制或移动的幻灯片。

② 在"开始"选项卡中单击"复制"或"剪切"按钮。

③ 定位插入点。

④ 在"开始"选项卡中单击"粘贴"按钮。

6.2.6　幻灯片版式的更改

1. 修改幻灯片主题样式

在"设计"选项卡中单击"主题"按钮，选择相应的内置主题。如果对内置主题的样式不满意，可以通过主题右侧的"颜色""字体"和"效果"按钮进行重新调整，也可以在"新建主题颜色"对话框中进行调整，如图 6-33 所示。

2. 使用幻灯片母版

母版分为幻灯片母版、讲义母版和备注母版，其中幻灯片母版较为常用。幻灯片母版是指具有特殊用途的幻灯片，用来设定演示文稿中所有幻灯片的文本格式，如字体、字形或背景对象等。通过修改幻灯片母版，可以统一改变演示文稿中所有幻灯片的文本外观，若要统一修改多张幻灯片的外观，只需在幻灯片母版上修改一次即可。

具体的操作步骤如下：

① 在"视图"选项卡中单击"幻灯片母版"按钮，屏幕将显示出当前演示文稿的幻灯片母版。

② 对幻灯片母版进行编辑。幻灯片母版类似于其他一般幻灯片，用户可以在其上添加文本、图形、边框等对象，也可以设置背景对象。常用的编辑方法如下：

● 改变母版的背景样式。

● 选择"背景样式"中的"设置背景格式"命令，在弹出的"设置背景格式"对话框中可通过选择"纯色填充""渐变填充""图片或纹理填充"或"图案填充"分别进行设置。

在幻灯片母版中添加对象后，该对象将出现在演示文稿的每一张幻灯片中，如图 6-34 所示。

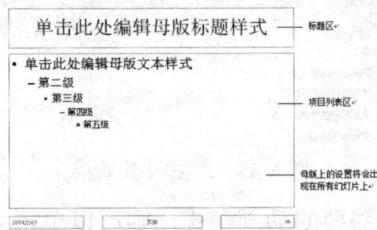

图 6-33　"新建主题颜色"对话框

图 6-34　幻灯片母版

6.3　设置演示文稿的放映效果

演示文稿的放映是指连续播放多张幻灯片的过程，播放时按照预先设计好的顺序对每一张幻灯片进行播放演示。为了突出重点，在放映幻灯片时，通常可以在幻灯片中使用动画效果和切换效果，使放映过程更加形象生动，实现动态演示效果。

6.3.1　设置动画效果

利用 PowerPoint 提供的动画功能，可以为幻灯片上的每个对象(如层次小标题、文本框、图片、艺术字等)设置出现的顺序、方式等，从而突出重点，更加生动、鲜活地提升演示文稿的视觉效果。

1. 添加动画效果

(1) 选择需要添加动画的对象，如图片、文本框等。

(2) 选择"动画"功能区，单击"动画"组中的其他选项按钮⚡，则弹出动画样式列表，如图 6-35 所示。

PowerPoint 中有 4 种不同类型的动画效果。

● 进入效果：这些效果使对象进入幻灯片具有一定的动画效果。

● 退出效果：这些效果包括使对象飞出幻灯片、从视觉中消失或者从幻灯片中旋出。

● 强调效果：这些效果包括使对象放大或缩小，更改颜色等效果。

● 动作路径：这些效果包括使对象移动或沿着基本图形、直线或曲线等移动。

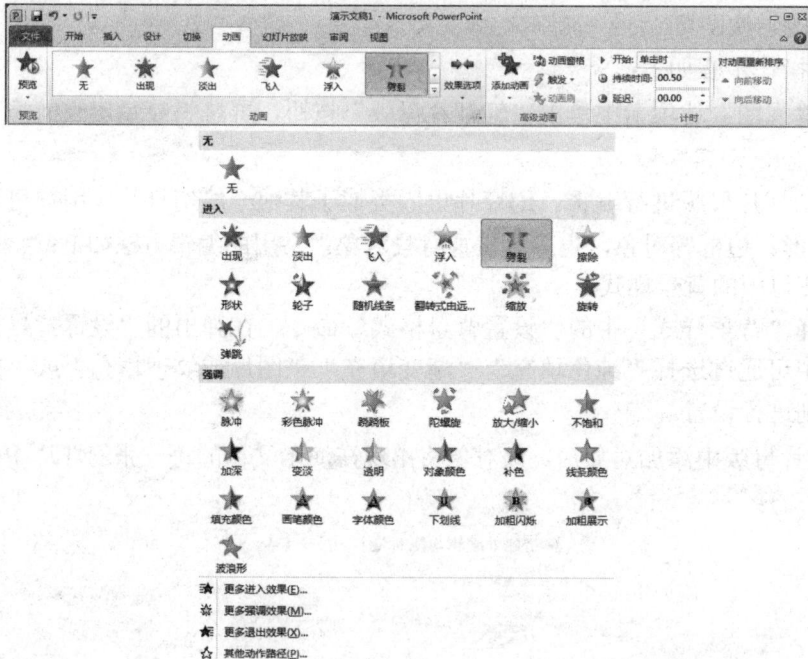

图 6-35　动画及其效果

(3) 若列表中没有用户所需要的动画样式，则可以单击列表下方的选项，打开所对应的对话框进行设置，如图 6-36 所示。

图 6-36　更改效果对话框

2. 设置动画效果

(1) 设置效果选项

首先选择已添加的动画效果，然后单击"动画"功能区"高级动画"组中的"效果选项"按钮，则弹出效果选项下拉列表，在该列表中可以选择动画运动的方向和运动对象的序列，如图 6-37 所示。

(2) 调整动画排序

调整动画顺序的方法有以下两种。

- 单击"动画"功能区"高级动画"组中的"动画窗格"按钮，打开动画窗格，在动画窗格中通过单击向上按钮和向下按钮调整动画的播放顺序。
- 单击"动画"功能区"计时"组中"动画重新排序"区域的"向前移动"或"向后移动"按钮。

(3) 设置动画时间

- 添加动画后，用户可以在"动画"功能区中为动画效果指定开始时间、持续时间和延迟时间，具体操作可以在"动画"功能区的"计时"组中完成，如图 6-38 所示。
- "开始"：用来设置动画效果何时开始运行。单击该选项，则弹出下拉列表。
- "持续时间"：用来设置动画效果持续的时间。
- "延迟"：用来设置动画效果延迟的时间。

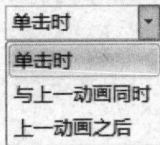

图 6-37　"开始"下拉列表

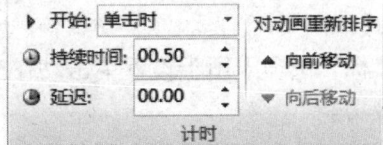

图 6-38　"计时"组

6.3.2　切换效果

幻灯片的切换效果是在演示期间从一张幻灯片移动到下一张幻灯片时在进入或退出屏幕时的特殊视觉效果，可以控制切换效果的速度，也可以对切换效果的属性进行自定义。既可以为选定的某一张幻灯片设置切换方式，也可以为多张幻灯片设置相同的切换方式。

在"切换"选项卡中即可设置幻灯片的切换方式，如图 6-39 所示。

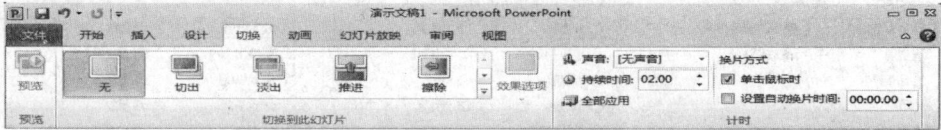

图 6-39　"切换"选项卡

6.3.3　超链接

使用超链接功能不仅可以在不同的幻灯片之间自由切换，还可以在幻灯片与其他 Office 文档或 HTML 文档之间切换。

1. 插入超链接

具体的操作步骤如下。

① 选定要设置超链接的对象。

② 选择"插入"选项卡，单击"超链接"按钮，弹出"插入超链接"对话框，如图 6-40 所示，在其中选择要链接的文档、Web 页或电子邮件地址，单击"确定"按钮即可。幻灯片放映时单击该文字或对象才可启动超链接。

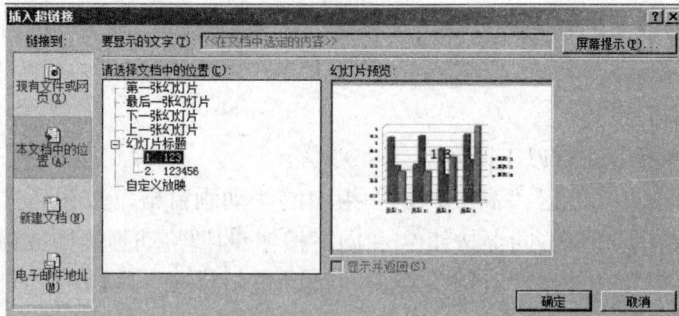

图 6-40　"插入超链接"对话框

2. 利用动作设置超链接

具体的操作步骤如下。

① 选定要设置超链接功能的对象。

② 选择"插入"选项卡，单击"动作"按钮，弹出"动作设置"对话框，如图 6-41 所示。在此对话框中有两个选项卡。

● "单击鼠标"选项卡用于设置单击动作交互的超链接功能。

"超链接到"选项：打开下拉列表框并选择跳转的目的地。

"运行程序"选项：可以创建和计算机中其他程序相关的链接。

"播放声音"选项：可实现单击某个对象时发出某种声音的功能。

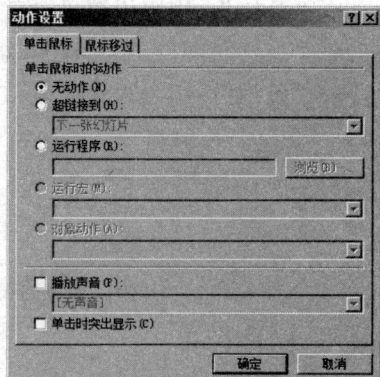

图 6-41　"动作设置"对话框

- "鼠标移过"选项卡适用于提示、播放声音或影片。采用鼠标移动的方式，可能会出现意外的跳转。建议采用单击的方式。

③ 单击"确定"按钮。

3. 超链接的删除

- 选择"插入"选项卡，单击"超链接"按钮，在弹出的"编辑超链接"对话框中单击"删除链接"按钮。
- 选择超链接的对象，在"动作设置"对话框中选中"无动作"选项。

6.3.4　动作按钮

动作按钮是指可以添加到演示文稿中的内置按钮形状(位于形状库中，如图 6-42 所示)，用户可以分配单击鼠标或鼠标移过时动作按钮将执行的动作。还可以为剪贴画、图片或 SmartArt 图形中的文本分配动作。提供动作按钮是为了在演示演示文稿时，可以通过单击鼠标或鼠标移过动作按钮来执行以下操作：

图 6-42　内置动作按钮

转到下一张幻灯片、上一张幻灯片、第一张幻灯片、最后一张幻灯片、最近观看的幻灯片、特定幻灯片编号、其他 Microsoft Office PowerPoint 演示文稿或网页。

下面举例说明动作按钮的制作过程：

选择第 1 张幻灯片，单击"插入"→"形状"命令，选择"动作按钮"组的第一个按钮("后退或前一项"按钮)，在幻灯片的左下部拖放出该按钮，并在"动作设置"对话框中将鼠标动作设为"超链接到下一张幻灯片"，如图 6-43 所示。同理，对第 3、6、7 张幻灯片添加"转到上一幻灯片""第一张幻灯片""最后一张幻灯片"3 个动作按钮。

选择第 3 张幻灯片，在其右下部添加"动作按钮"组最右侧的"空白"按钮，将鼠标动作设为"超链接到幻灯片"，在弹出的对话框中按标题内容选择幻灯片，如图 6-44 所示，单击"确定"按钮。右击该空白按钮，选择"编辑文件"命令，输入"返回目录页"，作为按钮上的显示文字。

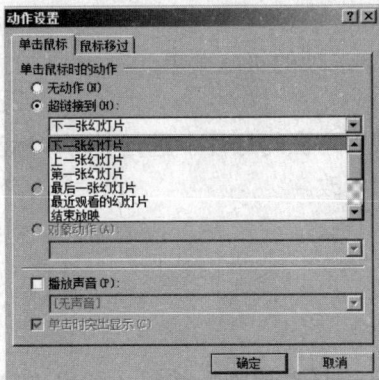

图 6-43　"动作设置"对话框

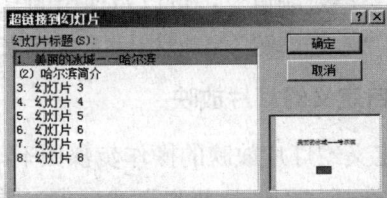

图 6-44　"超链接到幻灯片"对话框

6.3.5　演示文稿的放映

根据用户的需求，可以对演示文稿采用不同的放映方式进行放映。

1. 简单放映

放映幻灯片时，选择"幻灯片放映"选项卡，单击"从头开始"按钮，或单击"幻灯片放映视图"按钮即可。若想终止放映，可右击，在弹出的快捷菜单中选择"结束放映"命令或按 Esc 键。

2. 设置放映方式

在"幻灯片放映"选项卡上单击"设置幻灯片放映"按钮，弹出"设置放映方式"对话框，如图 6-45 所示。根据需要可以设置"演讲者放映(全屏幕)""观众自行浏览(窗口)"和"在展台浏览(全屏幕)"3 种放映类型，也可以设置从第几张幻灯片开始放映，直至第几张幻灯片结束。还可以进行"放映选项""换片方式"等相应设置。最后，单击"确定"按钮即可。

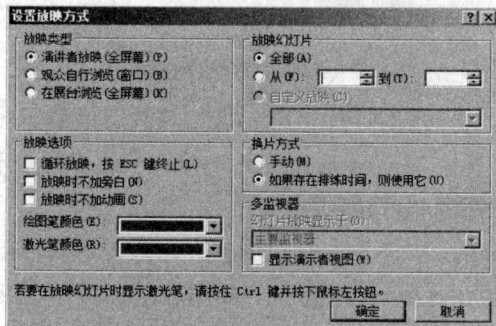

图 6-45　"设置放映方式"对话框

3. 用鼠标控制幻灯片放映

在幻灯片放映过程中，右击幻灯片，将弹出快捷菜单，该菜单中常用选项的功能如下。

① "下一张"和"上一张"：分别移到下一张或上一张幻灯片。

② "定位至幻灯片"：以级联菜单方式显示出当前演示文稿的幻灯片清单，供用户查阅或选定当前要放映的幻灯片。

③ "指针选项"：选择该选后，将显示包括以下选项的级联菜单。

● "箭头"：将指针形状恢复为箭头状。

● "笔"或"荧光笔"：使指针变成笔形，供用户在幻灯片上进行书写、标注。

● "墨迹颜色"：可以对使用的笔的颜色进行更改。

● "永远隐藏"：把指针隐藏起来。

4. 自定义幻灯片放映

自定义幻灯片放映的操作步骤如下。

① 选择"幻灯片放映"选项卡，单击"自定义幻灯片放映"按钮，弹出"自定义放映"对话框。

② 单击"新建"按钮。弹出"定义自定义放映"对话框，如图 6-46 所示。

③ 在"幻灯片放映名称"文本框中，输入自定义幻灯片放映的名称，在"在演示文稿中的幻灯片"列表框中选择要放映的幻灯片，单击"添加"按钮，将其添加到"在自定义放映中的幻灯片"列表框中，可以单击"删除"按钮，删除一个已在列表框中的幻灯片。单击"上移"按钮或"下移"按钮可改变列表框中幻灯片的播放顺序。

④ 单击"确定"按钮。

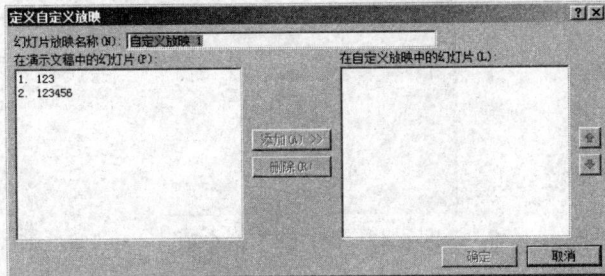

图 6-46　"定义自定义放映"对话框

6.3.6　隐藏幻灯片和取消隐藏

1. 隐藏幻灯片

在 PowerPoint 中，允许将暂时不用的幻灯片隐藏起来，从而在幻灯片放映时不放映这些幻灯片。具体的操作步骤如下。

① 选择要隐藏的幻灯片。

② 选择"幻灯片放映"选项卡，单击"隐藏幻灯片"按钮。此时，被隐藏的幻灯片编号上将出现图标，表示该幻灯片被隐藏。

2. 取消隐藏

若需要重新放映已经隐藏的幻灯片，首先单击需要恢复的幻灯片，然后在"幻灯片放映"选项卡上单击"隐藏幻灯片"按钮。此时幻灯片编号上的图标消失，表示该幻灯片可以放映。

6.4　演示文稿的打印与发布

6.4.1　打印

演示文稿不仅可以放映，还可以打印成讲义。打印之前，应设计好要打印文稿的大小和打印方向，以取得良好的打印效果。

选择"文件"→"打印"命令，在"打印"选项中可以根据需要进行设置。PowerPoint 2010 的打印设置与 Word 中的类似，如图 6-47 所示，其中，可以设置打印整页幻灯片、备注页或大纲幻灯片等；可设置以颜色、灰度或纯黑白方式打印幻灯片；如果在演示文稿中设置了"自定义放映"方式，则可以单独打印自定义的幻灯片。

图 6-47　　"打印"命令项

6.4.2　演示文稿的打包

PowerPoint 提供了一个"打包"工具，它将播放器(系统默认为 pptview.exe)和演示文稿压缩后存放在同一盘内，然后在演示的计算机上再将播放器和演示文稿一起解压缩，从而实现演示文稿在异地的计算机(不需安装 PowerPoint 软件)上播放。

1. 打包演示文稿

演示文稿"打包"工具是一个很有效的工具，它不仅使用方便，而且也极为可靠。如果将播放器和演示文稿一起打包，那么，可在没有安装 PowerPoint 的计算机上播放此演示文稿。

打包演示文稿的步骤如下：

① 打开要打包的演示文稿。

② 选择"文件"选项卡中的"保存并发送"命令，单击"将演示文稿打包成 CD"按钮。

③ 出现如图 6-48 所示的"打包成 CD"对话框。

④ 若单击"添加"按钮，则打开"添加文件"对话框，添加所需的文件；若单击"选项"按钮，则打开"选项"对话框，如图 6-49 所示。可在其中更改设置，还可设置密码保护，单击"确定"按钮，返回到"打包成 CD"对话框。

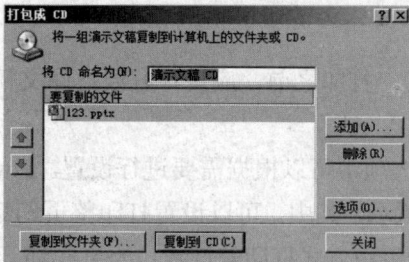

图 6-48　"打包成 CD"对话框

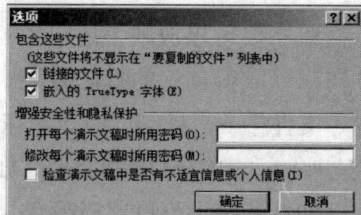

图 6-49　"选项"对话框

若单击"复制到文件夹"按钮，则打开"复制到文件夹"对话框，如图 6-50 所示，可在其中设置文件夹名及存放位置。

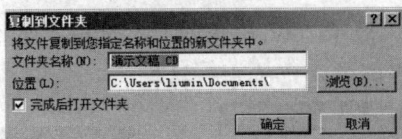

图 6-50　"复制到文件夹"对话框

⑤ 单击"确定"按钮。

2. 解包演示文稿

已打包的演示文稿在异地计算机必须解压缩(解包)后才能进行放映。其操作步骤如下：

① 插入装有已打包的演示文稿的存储介质(如光盘、U 盘等)。

② 使用"Windows 资源管理器"定位在已打包的演示文稿所在的驱动器，然后双击其中的 pptview.exe 文件。

③ 在打开的对话框中选择所需演示的打包文稿。

保存在计算机中已展开的演示文稿，这样随时都可使用 PowerPoint 播放器播放。

6.4.3　发布网页

PowerPoint 可以将演示文稿或 HTML 文件发布到 WWW 网站上，操作步骤如下：

① 打开或创建要发表到 Web 上的演示文稿或 Web 页。

② 选择"文件"选项卡中的"保存并发送"命令，单击"保存到 Web"按钮，打开"另存为"对话框，如图 6-51 所示。

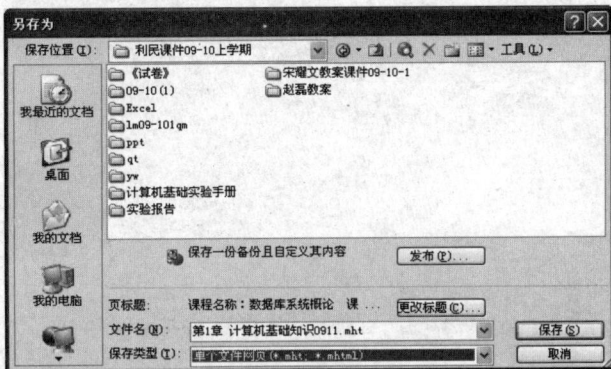

图 6-51　"另存为"对话框

③ 在"文件名"文本框中输入网页的文件名，在文件夹列表中选择 Web 页所在的位置。

若要更改网页标题，则单击"更改标题"按钮，打开"设置页标题"对话框，如图 6-52 所示。在"页标题"文本框中输入新标题，之后单击"确定"按钮。

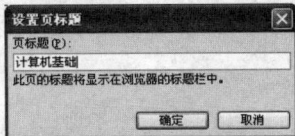

图 6-52　"设置页标题"对话框

若单击"发布"按钮，则打开"发布为网页"对话框，如图 6-53 所示。在该对话框中设置所需选项。

单击"Web 选项"按钮，显示"Web 选项"对话框，如图 6-54 所示。可选择其他网页格式和显示选项，设置完毕后单击"确定"按钮。

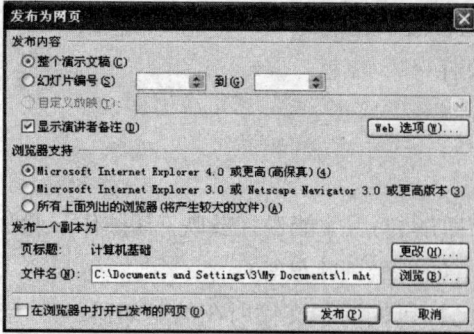

图 6-53　"发布为网页"对话框　　　　　　图 6-54　"Web 选项"对话框

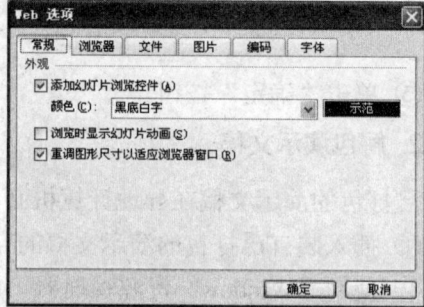

④ 为确保演示文稿在 Web 浏览器中的显示情况符合要求，一般在发布之前以 Web 页方式进行预览，为此选中"在浏览器中打开已发布的网页"复选框查看预览情况。

⑤ 单击"发布"按钮即可。

第 7 章   数据库管理系统
Access 2010

引言

在当今不断信息化、互联网化的社会中，数据库的应用无所不在。例如：银行的业务系统、车站及航空公司的售票系统、图书馆的图书借阅系统、学校的档案管理系统和成绩管理系统等。数据库与人们的生活已密不可分，每一个人的生活几乎都离不开数据库。因此掌握数据库的基本知识及使用方法，不仅是计算机科学与技术专业、信息管理专业学生的基本技能，也逐渐成为非计算机专业学生必备的技能之一。掌握数据库技术是适应信息化时代的重要基础。

Microsoft Access 2010 是一个数据库应用程序设计和部署工具，可用它来跟踪重要信息。它是 Office 2010 软件包中的一款数据库管理系统应用软件，可以将数据存储在 Access 2010 数据库中，也可以将其发布到网站上，以便其他用户通过 Web 浏览器来使用数据库。

内容结构图

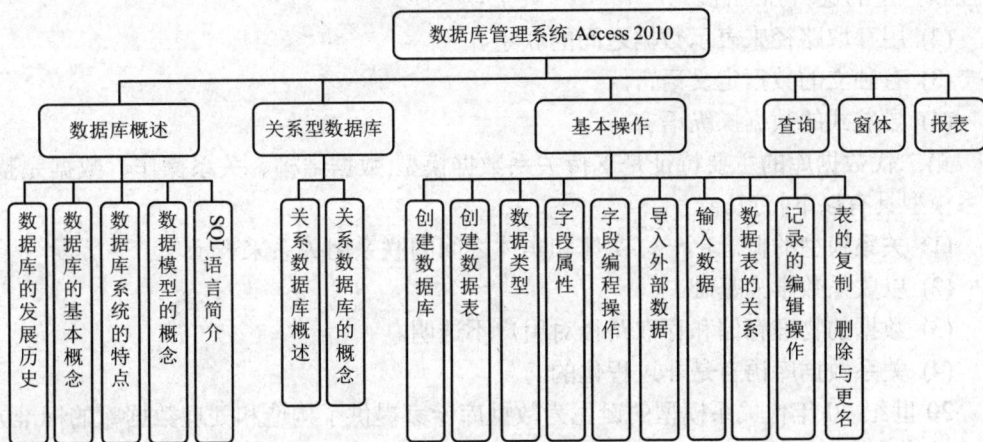

学习目标

通过对本章的学习，我们能够做到：

- 了解：关系型数据库中的相关知识。
- 理解：数据库中的有关概念。
- 应用：在 Access 2010 中创建数据库和数据表的方法，查询、窗体、报表的创建方法。

7.1　数据库概述

7.1.1　数据库的发展历史

数据库技术产生于 20 世纪 60 年代末 70 年代初，其主要目的是有效地管理和存取大量的数据资源。数据库技术主要研究如何存储、使用和管理数据，是信息系统的一项核心技术。该技术通过研究数据库的结构、存储、设计、管理以及应用的基本理论和实现方法，并利用这些理论来处理数据库中的数据。

近年来，数据库技术和计算机网络技术的发展相互渗透，相互促进，已成为当今计算机领域发展迅速，应用广泛的两大领域。数据库技术不仅应用于事务处理，并且进一步应用到情报检索、人工智能、专家系统、计算机辅助设计等领域。

按照数据模型来划分，数据库系统的发展可以划分为三个阶段：第一代的网状、层次数据库系统，第二代的关系数据库系统，第三代的以面向对象模型为主要特征的数据库系统。

第一代数据库的代表是 1969 年 IBM 公司研制的层次模型的数据库管理系统 IMS 和 20 世纪 70 年代美国数据库系统语言研究会 CODASYL 下属数据库任务组 DBTG 提议的网状模型。层次数据库的数据模型是有根的定向有序树，网状模型对应的是有向图。这两种数据库奠定了现代数据库发展的基础。它们具有如下共同点。

(1) 支持三级模式(外模式、模式、内模式)。保证数据库系统具有数据与程序的物理独立性和一定的逻辑独立性。

(2) 用存取路径来表示数据之间的联系。

(3) 有独立的数据定义语言。

(4) 导航式的数据操纵语言。

第二代数据库的主要特征是支持关系数据模型(数据结构、关系操作、数据完整性)。关系模型具有以下特点。

(1) 关系模型的概念单一，实体和实体之间的联系用关系来表示。

(2) 以关系数学为基础。

(3) 数据的物理存储和存取路径对用户不透明。

(4) 关系数据库语言是非过程化的。

20 世纪 70 年代关系模型的诞生为数据库专家提供了构造和处理数据库的标准方法，推动了关系数据库的发展和应用。其中涌现出了许多关系数据库管理系统，如 DB2、Ingres、Oracle、Informix、Sybase 等。这些商用数据库系统的应用使数据库技术日益广泛地应用到企业管理、情报检索、辅助决策等方面，成为实现和优化信息系统的基本技术。

第三代数据库产生于 20 世纪 80 年代，随着科学技术的不断进步，各个行业领域对数据库技术提出了更多的需求，关系型数据库已经不能完全满足需求，于是产生了第三代数据库，主要有以下特征。

(1) 支持数据管理、对象管理和知识管理。

(2) 保持和继承了第二代数据库系统的技术。

(3) 对其他系统开放，支持数据库语言标准，支持标准网络协议，有良好的可移植性、可连接性、可扩展性和互操作性等。

第三代数据库支持多种数据模型，并和诸多新技术相结合，广泛应用于多个领域，由此也衍生出多种新的数据库技术。

分布式数据库允许用户开发的应用程序把多个物理分开的、通过网络互联的数据库当作一个完整的数据库看待。并行数据库通过 cluster 技术把一个大的事务分散到 cluster 中的多个结点去执行，提高了数据库的吞吐和容错性。多媒体数据库提供了一系列用来存储图像、音频和视频等的数据类型，这样可以更好地对多媒体数据进行存储、管理和查询。模糊数据库是存储、组织、管理和操纵模糊数据库的数据库，可以用于模糊知识处理。

7.1.2　数据库的基本概念

1. 数据的概念

数据(Data)是信息的载体，是描述客观事物的数字、字符，以及所有能输入到计算机中，被计算机程序识别和处理的符号的集合，一般可分为数值性数据和非数值性数据两大类，如数字、文本、声音、图形、图像和语言等。

2. 数据库的概念

数据库(DB)是依照某种数据模型组织起来并存放在二级存储器中的数据集合。这种数据集合具有如下特点：尽可能不重复，以最优方式为某个特定组织的多种应用服务，其数据结构独立于使用它的应用程序，对数据的增、删、改和检索由统一软件进行管理和控制。从发展的历史看，数据库是数据管理的高级阶段，它是由文件管理系统发展起来的。

3. 数据库管理系统的概念

数据库管理系统(DBMS)是一种针对对象数据库，为管理数据库而设计的大型电脑软件管理系统，是一种操纵和管理数据库的大型软件，用于建立、使用和维护数据库。用户通过 DBMS 访问数据库中的数据，数据库管理员也通过 DBMS 进行数据库的维护工作。它可使多个应用程序和用户用不同的方法在同时刻或不同时刻去建立、修改和询问数据库。具有代表性的数据库管理系统有 Oracle、Microsoft SQL Server、Access、MySQL 等。

4. 数据库系统的概念

数据库系统(DBS)通常由软件、数据库和数据管理员组成。其软件主要包括操作系统、各种宿主语言、实用程序以及数据库管理系统。数据库由数据库管理系统统一管理，数据的插入、修改和检索均要通过数据库管理系统进行。数据管理员负责创建、监控和维护整个数据库，使数据能被任何有权使用的人有效使用。

5. 数据库应用系统的概念

数据库应用系统(DBAS)是指系统开发人员利用数据库系统资源开发出来的，面向某一类实际应用的软件系统。例如，以数据库为基础的教务管理系统、员工管理系统、图书管理系统等。无论是面向内部业务和管理的管理信息系统，还是面向外部，提供信息服务的开放式信息系统，从实现技术角度而言，都是以数据库为基础和核心的计算机应用系统。

7.1.3　数据库系统的特点

1. 数据结构化

数据之间具有联系，面向整个系统。

2. 数据的共享性高，冗余度低，易扩充

数据可以被多个用户、多个应用程序共享使用，可以大大减少数据冗余，节约存储空间，避免数据之间的不相容性与不一致性。

3. 数据独立性高

数据独立性包括数据的物理独立性和逻辑独立性。

物理独立性是指数据在磁盘上的数据库中如何存储是由 DBMS 管理的，用户的应用程序不需要了解，用户的应用程序要处理的只是数据的逻辑结构。这样，当数据的物理存储结构改变时，用户的应用程序不用改变。

逻辑独立性是指用户的应用程序与数据库的逻辑结构是相互独立的，也就是说，数据的逻辑结构改变了，用户的应用程序也可以不改变。

4. 数据由 DBMS 统一管理和控制

数据库的共享是并发的共享，即多个用户可以同时存取数据库中的数据，甚至可以同时存取数据库中的同一个数据。

DBMS 必须提供以下几方面的数据控制功能。

- 数据的安全性保护。
- 数据的完整性检查。
- 数据库的并发访问控制。
- 数据库的故障恢复。

7.1.4　数据模型的概念

在数据库技术中，表示实体类型及实体类型间联系的模型称为数据模型。

1. 数据模型的分类

数据模型按不同的应用层次分为三种类型：分别是概念数据模型、逻辑数据模型和物理数据模型。

(1) 概念数据模型：简称概念模型，是面向数据库用户的现实世界的模型，主要用来描述世界的概念化结构，它使数据库的设计人员在设计的初始阶段，摆脱计算机系统及 DBMS 的具体技术问题，集中精力分析数据以及数据之间的联系等，与具体的数据管理系统无关。概念数据模型必须转换成逻辑数据模型，才能在 DBMS 中实现。

(2) 逻辑数据模型：简称数据模型，这是用户从数据库所看到的模型，是具体的 DBMS 所支持的数据模型，如网状数据模型、层次数据模型等。此模型既要面向用户，又要面向系统，主要用于数据库管理系统(DBMS)的实现。

(3) 物理数据模型：简称物理模型，是面向计算机物理表示的模型，描述了数据在存储介质上的组织结构，它不但与具体的 DBMS 有关，而且还与操作系统和硬件有关。每一种逻辑数据模型在实现时都有对应的物理数据模型。为了保证其独立性与可移植性，大部

分物理数据模型的实现工作由系统自动完成,而设计者只设计索引、聚集等特殊结构。

逻辑数据模型是业务抽象到 DBMS 中,物理数据模型是逻辑数据模型的具体实现。

2. 数据模型的三要素

一般而言,数据模型是严格定义的一组概念的集合,这些概念精确地描述了系统的静态特征(数据结构)、动态特征(数据操作)和完整性约束条件,这就是数据模型的三要素。

(1) 数据结构

数据结构是所研究的对象类型的集合。这些对象是数据库的组成成分,数据结构指对象和对象间联系的表达和实现,是对系统静态特征的描述,包括以下两个方面。

- 数据本身:类型、内容、性质。例如关系模型中的域、属性、关系等。
- 数据之间的联系:数据之间是如何相互关联的,例如关系模型中的主码、外码联系等。

(2) 数据操作

对数据库中对象的实例允许执行的操作集合,主要指检索和更新(插入、删除、修改)两类操作。数据模型必须定义这些操作的确切含义、操作符号、操作规则(如优先级)以及实现操作的语言。数据操作是对系统动态特征的描述。

(3) 数据完整性约束

数据完整性约束是一组完整性规则的集合,规定数据库状态及状态变化所应满足的条件,以保证数据的正确性、有效性和相容性。

7.1.5　SQL 语言简介

SQL 是一种结构化的查询语言,它是实现与关系数据库通信的标准语言。SQL 标准是由 ISO(国际标准化组织)和 ANSI(美国国家标准化组织)共同制定的,从 1983 年开始到目前经历的标准主要有 SQL86、SQL89、SQL92、SQL99、SQL2003。

1. SQL 简介

SQL 作为关系数据库中操作的标准语言,集数据定义语言(简称 DDL)、数据查询语言(简称 DQL)、数据操作语言(简称 DML)、数据控制语言(简称 DCL)和事务控制语言的功能于一体。SQL 语言主要用于完成对数据库的操作,例如查询数据、添加数据、修改数据、删除数据、创建和删除数据库对象、修改表结构等。

2. SQL 语言的分类

SQL 语句主要包括数据定义语言、数据查询语言、数据操作语言、数据控制语言和事务控制语言等。

(1) 数据查询语言:主要用于查询数据库中的数据。其主要语句为 SELECT 语句。SELECT 语句是 SQL 语言中最重要的部分。SELECT 语句中主要包括 5 个子句,分别是FROM 子句、WHERE 子句、GROUP BY 子句、HAVING 子句和 WITH 子句。

(2) 数据定义语言:主要用于创建、修改和删除数据库对象(数据表、视图、索引等),包括 CREATE、ALTER 和 DROP 这 3 条语句。

(3) 数据控制语言:主要用于授予和回收访问数据库的某种权限。包括 GRANT、REVOKE等语句。其中,GRANT 语句用于向用户授予权限,REVOKE 语句用于向用户收回权限。

(4) 事务控制语言：主要用于数据库对事务的控制，保证数据库中数据的一致性，包括 COMMIT、ROLLBACK 等语句。其中，COMMIT 用于事务的提交，ROLLBACK 用于事务的回滚。

3. SQL 语言的特点

(1) 非过程化语言，即用户只需关心要做什么就可以了。

(2) 语言结构简便，容易上手。

(3) 采用集合操作方式。

(4) 可以嵌入到一些高级语言中使用。

7.2　常用的数据库管理系统介绍

常用的数据库管理系统有：Sybase 系列、Oracle、DB2、SQL Server、Visual FoxPro 和 Access 等，下面分别进行简单的介绍。

1. Sybase 系列

Sybase 公司成立于 1984 年 11 月，产品研究和开发包括企业级数据库、数据复制和数据访问。主要产品有：Sybase 的旗舰数据库产品 Adaptive Server Enterprise、Adaptive Server Replication、Adaptive Server Connect 及异构数据库互连选件。Sybase ASE 是其主要的数据库产品，可以运行在 UNIX 和 Windows 平台。Sybase Warehouse Studio 在客户分析、市场划分和财务规划方面提供了专门的分析解决方案。Warehouse Studio 的核心产品有 Adaptive Server IQ，其专利化的从底层设计的数据存储技术能快速查询大量数据。围绕 Adaptive Server IQ 有一套完整的工具集，包括数据仓库或数据集市的设计，各种数据源的集成转换，信息的可视化分析，以及关键客户数据(元数据)的管理。Internet 应用方面的产品有中间层应用服务器以及强大的 RAD 开发工具 PowerBuilder 和业界领先的 4GL 工具。

2. Oracle

Oracle 公司是全球最大的信息管理软件及服务供应商，成立于 1977 年，总部位于美国加州 Redwood Shores。Oracle 提供的完整的电子商务产品和服务包括：用于建立和交付基于 Web 的 Internet 平台；综合、全面的具有 Internet 能力的商业应用；强大的专业服务，帮助用户实施电子商务战略，以及设计、定制和实施各种电子商务解决方案。

Oracle 的功能比较强大，一般用于超大型管理系统软件的建立，现在的应用范围已经比较广泛。

3. DB2

DB2 是 IBM 公司的产品，是一个多媒体、Web 关系型数据库管理系统，其功能足以满足大中型公司的需要，并可灵活地服务于中小型电子商务解决方案。DB2 系统在企业级的应用中十分广泛，目前全球 DB2 系统用户超过 6000 万，分布于约 40 万家公司。1968 年 IBM 公司推出的 IMS(Information Management System)是层次数据库系统的典型代表，是第一个大型的商用数据库管理系统。1970 年，IBM 公司的研究员首次提出了数据库系统的关系模型，开创了数据库关系方法和关系数据理论的研究，为数据库技术奠定了基础。

DB2 的另一个非常重要的优势在于基于 DB2 的成熟应用非常丰富，有众多的应用软件开发商围绕在 IBM 的周围。

4. SQL Server

SQL Server 是微软公司开发的大型关系型数据库系统。SQL Server 的功能比较全面，效率高，可以作为大中型企业或单位的数据库平台。SQL Server 在可伸缩性与可靠性方面做了许多工作，近年来在许多企业的高端服务器上得到了广泛的应用。同时，该产品继承了微软产品界面友好、易学易用的特点，与其他大型数据库产品相比，在操作性和交互性方面独树一帜。SQL Server 可以与 Windows 操作系统紧密集成，这种安排使 SQL Server 能充分利用操作系统所提供的特性，不论是应用程序开发速度还是系统事务处理运行速度都能兼而有之。SQL Server 是目前应用比较广泛和普遍的一款数据库，是数据库发展的一个里程碑。

5. Visual FoxPro

Visual FoxPro 是微软公司开发的一个微机平台关系型数据库系统，支持网络功能，适合作为客户机/服务器和 Internet 环境下管理信息系统的开发工具。Visual FoxPro 的设计工具、面向对象的以数据为中心的语言机制、快速数据引擎、创建组件的功能使它成为一种功能较为强大的开发工具，开发人员可以使用它开发基于 Windows 的分布式内部网应用程序。Visual FoxPro 是在 dBASE 和 FoxBase 系统的基础上发展而成的。

6. Access

Access 是微软 Office 办公套件中一个重要成员。主要用于开发单机版软件，现在它已经成为世界上最流行的桌面数据库管理系统。和 Visual FoxPro 相比，Access 更加简单易学，一个普通的计算机用户即可掌握并使用它。同时，Access 的功能也足以应付一般的小型数据管理及处理的需要。无论用户是要创建一个个人使用的独立的桌面数据库，还是部门或中小公司使用的数据库，在需要管理和共享数据时，都可以使用 Access 作为数据库平台，这提高了个人的工作效率。

7.3　关系型数据库的基本介绍

关系型数据库，是建立在关系模型基础上的数据库，借助于集合代数等数学概念和方法来处理数据库中的数据。现实世界中的各种实体以及实体之间的各种联系均用关系模型来表示。标准数据查询语言 SQL 就是一种基于关系型数据库的语言，这种语言执行对关系型数据库中数据的检索和操作。关系模型由关系数据结构、关系操作集合、关系完整性约束三部分组成。简单说，关系型数据库是由多张能互相连接的二维行列表格组成的数据库。

7.3.1　关系型数据库概述

1. 关系型数据库的概念

所谓关系型数据库，是指采用了关系模型来组织数据的数据库。关系模型是在 1970 年由 IBM 的研究员 E.F.Codd 博士首先提出的，在之后的几十年中，关系模型的概念得到了充分的发展并逐渐成为数据库架构的主流模型。简单来说，关系模型指的就是二维表格模型，而一个关系型数据库就是由二维表及其之间的联系组成的一个数据组织。下面列出了关系模型中的常用概念。

- 关系：可以理解为一个二维表，每个关系都具有一个关系名，就是通常说的表名。
- 元组：可以理解为二维表中的一行，在数据库中经常被称为记录。
- 属性：可以理解为二维表中的一列，在数据库中经常被称为字段。
- 域：属性的取值范围，也就是数据库中某一列的取值限制。
- 关键字：一组可以唯一标识元组的属性。数据库中常称为主键，由一个或多个列组成。
- 关系模式：指对关系的描述，其格式为：关系名(属性 1,属性 2,…,属性 N)。在数据库中通常称为表结构。

2. 关系型数据库的优点

关系型数据库相比其他模型的数据库而言，存在以下优点。

(1) 容易理解：二维表结构是非常贴近逻辑世界的一个概念，关系模型相对网状、层次等其他模型来说更容易理解。

(2) 使用方便：通用的 SQL 语言使得操作关系型数据库非常方便，程序员甚至于数据管理员可以方便地在逻辑层面操作数据库，而完全不必理解其底层实现。

(3) 易于维护：丰富的完整性(实体完整性、参照完整性和用户定义的完整性)大大降低了数据冗余和数据不一致的概率。

近几年来，非关系型数据库在理论上得到了飞快的发展，例如：网状模型、对象模型、半结构化模型等。网状模型拥有性能较高的优点，通常应用在对性能要求较高的系统中。对象模型符合面向对象应用程序的思想，可以完美地和程序衔接，而不需要另外的中间转换组件。半结构化模型随着 XML 的发展而得到发展，现在已经有了很多半结构化的数据库模型。但是，凭借其理论的成熟、使用的便捷以及现有应用的广泛，关系型数据库仍然是系统应用中的主流方案。

关系型数据库是指采用了关系模型的数据库，简单来说，关系模型就是指二维表模型。相对于其他模型来说，关系型数据库具有理解更容易、使用更方便、维护更简单等优点。

7.3.2　关系型数据库的基本概念

关系型数据库是建立在关系模型基础上的数据库，借助于集合代数等数学概念和方法来处理数据库中的数据。现实世界中的各种实体以及实体之间的各种联系均用关系模型来表示。

1. 基本概念

- 关系：一个关系通常是指一张表。
- 元组：表中的一行即为一个元组。
- 属性：表中的一列即为一个属性，给每一个属性起一个名称即属性名。
- 候选码：若关系中的某一属性组的值能唯一地标识一个元组，则称该属性组为候选码。
- 全码：最极端的情况下关系模式的所有属性组是这个关系模式的候选码，称为全码。

- 主码：表中的某个属性组，它可以唯一确定一个元组。若一个关系有多个候选码，则选定其中一个为主码。
- 外码：相对主码而言的，用于建立两个表数据之间链接的一列或多列。
- 主属性：候选码的诸属性称为主属性。
- 非主属性：不包含在任何候选码中的属性称为非主属性或非码属性。
- 域：属性的取值范围。
- 分量：元组中的一个属性值。
- 关系模式：对关系的描述，形式化的表示为：关系名(属性 1,属性 2,…,属性 n)。例如，学生(学号,姓名,年龄,性别,系,年级)。

2. 关系模型的三类完整性

关系数据模型由关系数据结构、关系操作、关系中的完整性约束规则三个基本部分组成。下面重点介绍三类完整性约束规则和关系上的操作。

关系模型中有三类完整性约束：实体完整性、参照完整性和用户定义的完整性。

(1) 实体完整性

实体完整性规则：若属性 A 是关系 R 的主属性，则 A 不能取空值。

实体完整性规则规定，关系的主码中的属性不能取空值。空值(NULL)不是 0，也不是空字符串，而是没有值。换言之，所谓空值就是"不知道"或"无意义"的值。由于主码是实体的唯一标识，因此如果主属性取空值，关系中就会存在某个不可标识的实体，即存在不可区分的实体，这与实体的定义相矛盾，因此，这个规则称为实体完整性规则。

例如：选课(学号，课程号，成绩)关系中，属性组"学号"和"课程号"为主键，同时也是主属性，则这两个属性均不能取空值。

(2) 参照完整性

① 外码和参照关系

例如，有教师授课关系模型如下：

课程(课号，课名，学分)

教师(工号，姓名，职称，课号)

参考书(书号，书名，课号)

其中，关系教师中的属性"课号"不是主码，该属性与关系课程中的主码"课号"相对应。

因此，"课号"是关系教师的外码。关系教师是参照关系，关系课程是被参照关系。

② 参照完整性规则

例如，在上述教师授课关系模型中，关系教师中的外码"课号"只能是下面两类值。

- 空值。表示还未给该教师安排课。
- 非空值，但此值必须为被参照关系课程中某一门课程的"课号"。

在关系数据库中，表与表之间的联系是通过公共属性实现的。这个公共属性往往是一个表的主码，同时是另一个表的外码。

(3) 用户定义的完整性

任何关系数据库系统都应该支持实体完整性和参照完整性。除此之外，关系数据库系统根据现实世界中应用环境的不同，往往还需要另外的约束条件。用户定义的完整性就是针对某一具体要求来定义的约束条件，它反映某一具体应用所涉及的数据必须满足的语义要求。

例如，某个属性必须取唯一值，某些属性之间应满足一定的函数关系，某个属性的取值范围在 0~600 之间等。关系模型应提供定义和检验这类完整性的机制，以便系统用统一的方法处理它们，而不需要由应用程序来承担这一功能。

(4) 完整性约束规则的检查

为了维护数据库中数据的完整性，在对关系数据库执行插入、删除和修改操作时，就要检查是否满足以上三类完整性规则。

- 当执行插入操作时，首先检查实体完整性规则，插入行的主码属性上的值是否已经存在。若不存在，可以执行插入操作；否则不可以执行插入操作。再检查参照完整性规则，如果是向被参照关系插入，则不需要考虑参照完整性规则；如果是向参照关系插入，则要考虑插入行在外码属性上的值是否已经在相应被参照关系的主码属性值中存在，若存在，可以执行插入操作，否则不可以执行插入操作，或将插入行在外码属性上的值改为空值后再执行插入操作。最后检查用户定义的完整性规则，检查被插入的关系中是否定义了用户定义的完整性规则，如果定义了，则检查插入行在相应属性上的值是否符合用户定义的完整性规则。若符合，可以执行插入操作，否则不可以执行插入操作。

- 当执行删除操作时，一般只需要检查参照完整性规则。如果是删除被参照关系中的行，则应检查被删除行在主码属性上的值是否正在被相应的参照关系的外码引用，若没被引用，可以执行删除操作，若正在被引用，则有三种可能的做法：不可以执行删除操作，或将参照关系中相应行在外码属性上的值改为空值后再执行删除操作，或将参照关系中的相应行一起删除。

- 当执行修改操作时，因为修改操作可看成先执行删除操作，再执行插入操作，因此是上述两种情况的综合。

3. 关系模型上的操作

关系型数据库所使用的操作可以由抽象的关系代数和关系演算来表达，这部分内容涉及集合操作等简单数学问题，主要使用抽象符号来表示，能够脱离具体语言来表达查询、更新和控制等操作，这对于理解数据库操作十分有用。

7.4 Access 2010 基础

Microsoft Access 2010 是一个数据库应用程序设计和部署工具，可用它来跟踪重要信息。用户可以将数据保留在计算机上，也可以将其发布到网站上，以便其他用户可以通过 Web 浏览器来使用数据库。

Access 2010 工具可用于快速、方便地开发有助于用户管理信息的关系数据库应用程序。可用于创建一个数据库来帮助跟踪任何类型的信息，例如，清单、专业联系人或业务流程。实际上，Access 2010 提供了多个可直接用于跟踪各种信息的模板，因此，即便是初学者也很容易上手。

1. Access 2010 的组成对象

Access 2010 数据库由 7 种对象组成，它们是表、查询、窗体、报表、宏、页和模块。

- 表：是数据库的基本对象，是创建其他 6 种对象的基础。表由记录组成，记录由字段组成，表用来存储数据库的数据，故又称数据表。
- 查询：可以按索引快速查找到需要的记录，按要求筛选记录并能连接若干个表的字段组成新表。
- 窗体：提供了一种方便地浏览、输入及更改数据的窗口。还可以创建子窗体显示相关联的表的内容。
- 报表：将数据库中的数据分类汇总，然后打印出来，以便分析。
- 宏：相当于 DOS 中的批处理，用来自动执行一系列操作。Access 2010 列出了一些常用的操作供用户选择，使用起来十分方便。
- 页：是一种特殊的直接连接到数据库中数据的 Web 页。通过数据访问页将数据发布到 Internet 或 Intranet 上，并可以使用浏览器进行数据的维护和操作。
- 模块：功能与宏类似，但它定义的操作比宏更精细和复杂，用户可以根据自己的需要编写程序。模块使用 Visual Basic 编程。

2. Access 2010 的界面

与以前的版本相比，尤其是与 Access 2007 之前的版本相比，Access 2010 的用户界面发生了重大变化。Access 2007 中引入了两个主要的用户界面组件：功能区和导航窗格。而在 Access 2010 中，不仅对功能区进行了多处更改，而且还新引入了第三个用户界面组件，即 Microsoft Office Backstage 视图。如图 7-1 所示为 Access 2010 的主操作界面。

Access 2010 用户界面的三个主要组件如下。

功能区是一个包含多组命令且横跨程序窗口顶部的带状选项卡区域。

Backstage 视图是功能区的"文件"功能区上显示的命令集合。

图 7-1　Access 2010 的主操作界面

导航窗格是 Access 2010 程序窗口左侧的窗格，可以在其中使用数据库对象。导航窗格取代了 Access 2007 中的数据库窗口。这三个元素提供了供用户创建和使用数据库的环境。如图 7-2 所示为 Access 2010 建立数据库的操作界面。

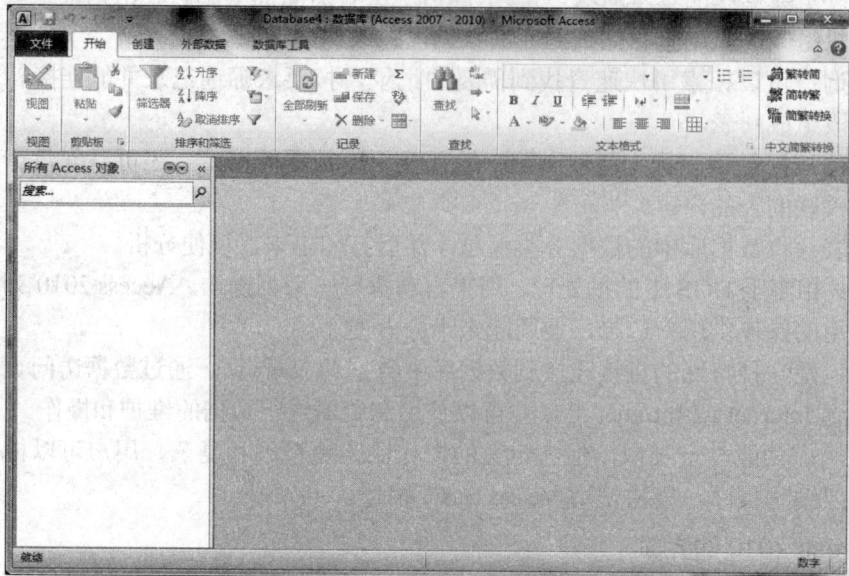

图 7-2　Access 2010 建立数据库的操作界面

(1) 功能区

功能区替代 Access 2007 之前的版本中存在的菜单和工具栏的主要功能。它主要由多个选项卡组成，这些选项卡上有多个按钮组。

功能区含有将相关常用命令分组在一起的主选项卡、只在使用时才出现的上下文选项卡，以及快速访问工具栏。

(2) 导航窗格

导航窗格可帮助用户组织归类数据库对象，并且是打开或更改数据库对象设计的主要方式。导航窗格取代了 Access 2007 之前的 Access 版本中的数据库窗口。

导航窗格按类别和组进行组织。可以从多种组织选项中进行选择，还可以在导航窗格中创建自己的自定义组织方案。默认情况下，新数据库使用"对象类型"类别，该类别包含对应于各种数据库对象的组。"对象类型"类别组织数据库对象的方式，与早期版本中的默认"数据库窗口"显示屏相似。

(3) Backstage 视图

Backstage 视图占据功能区上的"文件"选项卡，并包含很多以前出现在 Access 早期版本的"文件"菜单中的命令。Backstage 视图还包含适用于整个数据库文件的其他命令。在打开 Access 但未打开数据库时，可以看到 Backstage 视图。

7.5　Access 2010 数据库的操作

7.5.1　创建空白数据库

先建立一个空白数据库，然后就能够根据需要向空白数据库中添加表、查询、窗体、宏等对象，这样能够灵活地创建更加符合实际需要的数据库系统。要在 Access 2010 中建立一个空白数据库要经过以下几步。

(1) 启动 Access 2010 程序，进入 Backstage 视图后，单击左侧导航窗格中的"新建"命令，接着在中间窗格中单击"空数据库"选项。

(2) 根据自己的需要在右侧窗格中的"文件名"文本框中输入文件的名称。再次单击"创建"图标按钮，这时一个空白数据库就建成了，并且还会自动创建一个数据表。

(3) 如果要改变新建数据库文件的位置，可以在第一步后，单击"文件名"文本框右侧的文件夹图标，在弹出的"文件新建数据库"对话框中选择文件的存放位置，接着在"文件名"文本框中输入文件名称，再单击"确定"按钮即可。

7.5.2　创建数据表

在 Access 2010 中创建数据表的方法如下。

方法一：同在 Excel 2010 中一样，直接在数据表中输入数据。Access 2010 会自动识别存储在该数据表中的数据类型，并据此设置表的字段属性。

方法二：通过"表"模板，运用 Access 2010 内置的表模板来创建新的数据表。

方法三：通过"SharePoint 列表"，在 SharePoint 网站创建一个列表，再在本地创建一个新表，然后将其连接到 SharePoint 列表中。

方法四：通过"表格工具设计"创建，在表的"设计"视图中创建数据表，需要设置每个字段的各种属性。

方法五：通过"字段"模板创建数据表。

方法六：通过从外部导入数据创建数据表。

例如，可通过"表格工具设计"创建一个数据表，如图 7-3 所示。

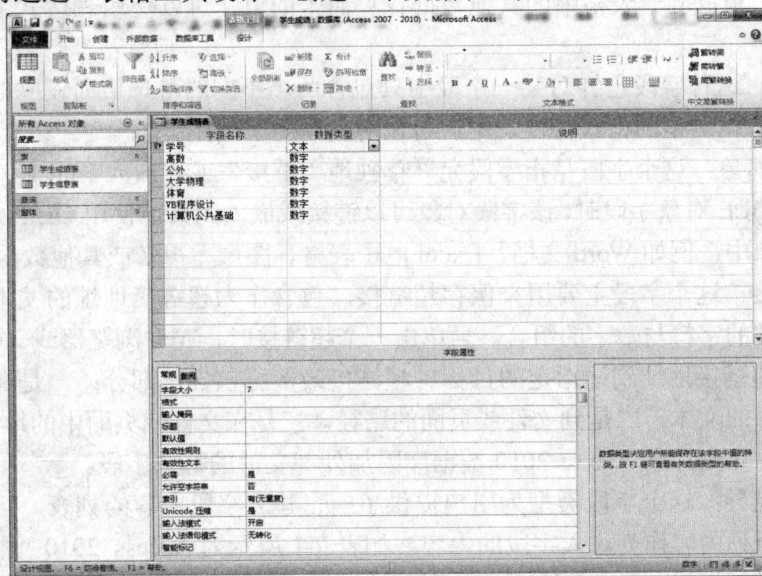

图 7-3　通过"表设计"创建数据表

7.5.3　数据类型

Access 2010 允许 12 种数据类型：文本、备注、数字、日期/时间、货币、自动编号、计算、是/否、OLE 对象、超链接、附件、查询向导。

- 文本：这种类型允许最大 255 个字符或数字，Access 2010 默认的大小是 50 个字符，而且系统只保存输入到字段中的字符，而不保存文本字段中未用位置上的空字符。可以设置"字段大小"属性控制可输入的最大字符长度。

- 备注：这种类型用来保存长度较长的文本及数字，它允许字段能够存储长达 64 000 个字符的内容。但 Access 2010 不能对备注字段进行排序或索引，却可以对文本字段进行排序和索引。

- 数字：这种字段类型可以用来存储进行算术运算的数字数据，用户还可以设置"字段大小"属性，定义一个特定的数字类型，任何指定为数字数据类型的数字内容都可以设置成"字节""整型""长整型""单精度型""双精度型""同步复制 ID"和"小数"。

- 日期/时间：这种类型用来存储日期、时间或日期和时间在一起，每个日期/时间字段需要 8 个字节的存储空间。

- 货币：这种类型是数字数据类型的特殊类型，等价于具有双精度属性的数字字段类型。向货币字段输入数据时，不必输入人民币符号和千位处的逗号，Access 2010 会自动显示人民币符号和逗号，并添加两位小数到货币字段。当小数部分多于两位时，Access 2010 会对数据进行四舍五入。

- 自动编号：这种类型较为特殊，每次向表格添加新记录时，Access 2010 会自动插入唯一顺序或者随机编号，即在自动编号字段中指定某一数值。自动编号一旦被指定，就会永久地与记录连接。如果删除了表格中含有自动编号字段的一个记录后，Access 2010 并不会为表格自动编号字段重新编号。当添加某一记录时，Access 2010 不再使用已被删除的自动编号字段的数值，而是重新按递增的规律重新赋值。

- 计算：根据同一表格中的其他数据计算而来的值，可以使用表达式生成器来创建计算。

- 是/否：这种字段是针对某一字段中只包含两个不同的可选值而设立的字段，通过是/否数据类型的格式特性，用户可以对是/否字段进行选择。

- OLE 对象：这个字段是指字段允许单独地"链接"或"嵌入"OLE 对象。添加数据到 OLE 对象字段时，该字段对象可以链接或嵌入到其他使用 OLE 协议程序创建的对象中，例如 Word 文档、Excel 电子表格、图像、声音或其他数据对象。

- 超链接：这个字段主要用来保存超链接，包含作为超链接地址的文本或以文本形式存储的字符与数字的组合。当单击一个超链接时，Web 浏览器或 Access 2010 将根据超链接地址到达指定的目标。超链接最多可包含三部分：一是在字段或控件中显示的文本，二是到文件或页面的路径，三是在文件或页面中的地址。

- 附件：可允许向 Access 2010 数据库附加外部文件的特殊字段。

- 查询向导：这个字段类型为用户提供了一个建立字段内容的列表，可以在列表中选择所列内容作为添入字段的内容。如表 7-1 所示为 Access 2010 "数字"类型数据的详细指标，表 7-2 所示为"日期/时间"类型数据的格式。表 7-3 所示为"数字/货币"类型数据的格式。表 7-4 所示为"文本/备注"类型数据的格式。

表 7-1　"数字"类型数据的详细指标

设　置	说　明	小数位数	存储量大小
字节	保存 0～225 的数字	无	1 个字节
整型	保存-32,768～32,767 的数字	无	2 个字节
长整型	(默认值)保存-2,147,483,648～2,147,483,647 的数字	无	4 个字节
单精度型	保存-3.402823E38～-1.401298E-45 的负值，1.401298E-45～3.402823E38 的正值	7	4 个字节
双精度型	保存-1.79769313486231E308～-4.94065645841247E-324 的负值，1.79769313486231E308～4.94065645841247E-324 的正值	15	8 个字节
同步复制 ID	全球唯一标识符	N/A	16 个字节

表 7-2　"日期/时间"类型数据的格式

设　置	说　明
常规日期	(默认值)如果数值只是一个日期，则不显示时间；如果数值只是一个时间，则不显示日期。该设置是"短日期"与"长日期"设置的组合
长日期	与 Windows"控制面板"中"区域设置属性"对话框中的"长日期"设置相同
长时间	与 Windows"控制面板"中"区域设置属性"对话框中的"时间"选项卡的设置相同

表 7-3　"数字/货币"类型数据的格式

设　置	说　明
常规数字	(默认值)以输入的方式显示数字
货币	使用千位分隔符；对于负数、小数以及货币符号，小数点位置按照 Windows"控制面板"中的设置
固定	至少显示一位数字，对于负数、小数以及货币符号，小数点位置按照 Windows"控制面板"中的设置
标准	使用千位分隔符；对于负数、小数以及货币符号、小数点位置按照 Windows"控制面板"中的设置
百分比	乘以 100 再加上百分号(%)；对于负数、小数以及货币符号，小数点位置按照 Windows"控制面板"中的设置
科学记数法	使用标准的科学记数法

表 7-4　"文本/备注"类型数据的格式

符　号	说　明
@	要求文本字符(字符或空格)
&	不要求文本字符
<	使所有字符变为小写
>	使所有字符变为大写

7.5.4 字段属性

在定义字段的过程中，除了定义字段名称及字段的类型外，还需要对每一个字段进行属性说明。

1. 字段大小

在表设计视图中，设定一个字段数据类型时，可在如图 7-4 所示的"数据类型"下拉列表框中选择所需要的类型，此时窗口下方的"常规"选项卡如图 7-5 所示，在该选项卡中可对字段属性进行设置，如选择"字段大小"属性框可对字段大小进行设置。

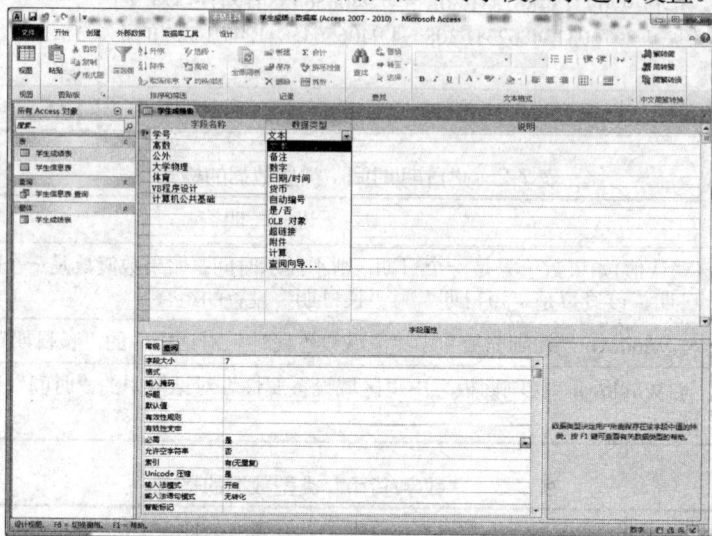

图 7-4　字段的"数据类型"下拉列表

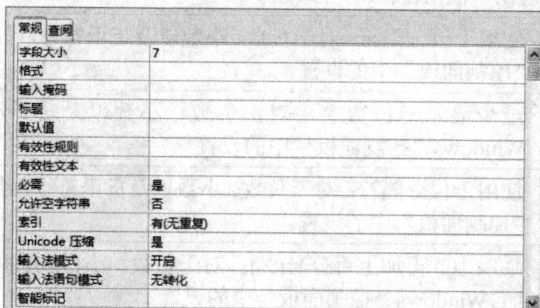

图 7-5　字段属性的"常规"选项卡中的字段大小属性

2. 格式

可以统一输出数据的样式，如果在输入数据时没有按规定的样式输入，在保存时系统会自动按要求转换。格式设置对输入数据本身没有影响，只是会改变数据输出的样式。若要让数据按输入时的格式显示，则不要设置"格式"属性。

预定义格式可用于设置自动编号、数字、货币、日期/时间和是/否等字段，而对于文本、备注、超链接等字段则没有预定义格式，但可以自定义格式。

"是/否"类型提供了 Yes/No、True/False 以及 On/Off 定义格式。Yes、True 以及 On 是等效的，No、False 以及 Off 也是等效的。如果指定了某个预定义的格式并输入了一个等效值，则将显示等效值的预定义格式。例如，如果在一个是/否属性被设置为 Yes/No 的文本框控件中输入了 True 或 On，数值将自动转换为 Yes。

　　具体操作方法是：在"常规"选项卡中单击"格式"框空白处，在下拉列表中选择预定义格式，例如"日期/时间"类型，选择后的结果如图 7-6 所示。

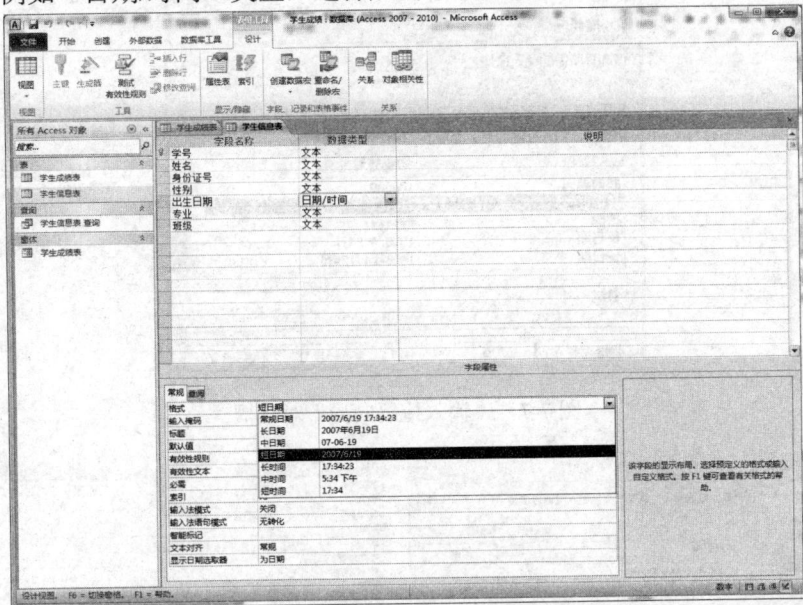

图 7-6　设置预定义格式

　　除了以上的预定义格式外，用户也可以在格式属性框中输入自定义格式符来定义数据的输入形式，例如，将"出生日期"的格式属性定义为"mm\月 dd\日 yyyy"，则数据表视图中显示输出的形式将会是"6 月 19 日 2007"。其中 mm 表示两位月份，dd 表示两位日期，yyyy 表示四位年份。

3. 输入法模式

　　输入法模式用来设置在数据表视图中为字段输入数据时，中文输入法是否处于开启状态。它的基本选项有"开启""关闭"和"随意"三种，"开启"表示在输入数据时，中文输入法处于开启状态；"关闭"表示在输入数据时，中文输入法处于关闭状态，也就是说输入法状态是英文；"随意"表示在输入该字段数据时，输入法状态保持在原有状态，也就是说与上一字段的输入法状态一致。用户可以根据表中字段的数据类型和字段内容的具体情况来设置该属性，从而减少输入数据过程中因切换输入法造成的时间浪费。

4. 输入掩码

　　输入法模式用来设置字段中的数据输入格式，可以控制用户按指定格式在文本框中输入数据，输入掩码主要用于文本型和时间/日期型字段，也可以用于数字型和货币型字段。

　　前面讲过"格式"的定义，"格式"用来限制数据输出的样式，如果同时定义了字段的显示格式和输入掩码，则在添加或编辑数据时，Microsoft Access 2010 将使用输入掩码，而"格式"设置则在保存记录时决定数据如何显示。同时使用"格式"和"输入掩码"属性时，要注意它们的结果不能互相冲突。

　　操作方法：首先选择需要设置的字段类型，然后在"常规"选项卡下部单击"输入掩码"属性框右侧的"掩码格式"按钮，即可弹出"输入掩码向导"对话框，如图 7-7 所示。

表 7-5 为输入掩码字符表，选中学生信息表中的身份证号字段，单击"下一步"按钮，在弹出的如图 7-8 所示的对话框中将输入掩码设置为"00000000000000000A"，然后单击"下一步"按钮，再单击"完成"按钮，返回设计视图后的效果如图 7-9 所示。

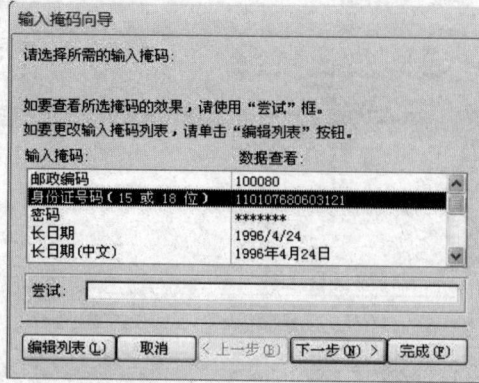

图 7-7 "输入掩码向导"对话框

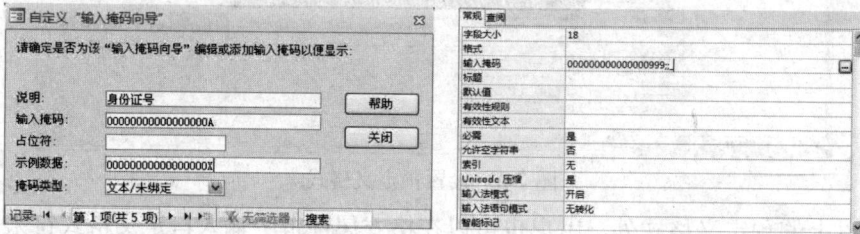

图 7-8 为身份证号字段设置的输入掩码   图 7-9 返回设计视图后的效果

表 7-5 输入掩码字符表

字 符	说 明
0	数字
9	数字或空格
#	数字或空格
L	字母(A~Z，必选项)
?	字母(A~Z，可选项)
A	字母或数字(必选项)
A	字母或数字(可选项)
&	任一字符或空格(必选项)
C	任一字符或空格(可选项)
<	使其后所有的字符转换为小写
>	使其后所有的字符转换为大写
!	输入掩码从右到左显示，输入掩码的字符一般都是从左向右的。可以在输入掩码的任意位置包含叹号
\	使其后的字符显示为原义字符。可用于将该表中的任何字符显示为原义字符
密码	将"输入掩码"属性设置为"密码"，可以创建密码输入项文本框。文本框中输入的任何字符都按原字符保存，但显示为星号(*)

5. 标题

在"常规"选项卡下的"标题"属性框中输入文本，将取代原来字段名称在数据表视图中的显示。例如，将"班级"字段的"标题"属性设置为"所在班级"。

6. 默认值

添加新记录时的自动输入值，通常在某字段数据内容相同或含有相同部分时使用，目的在于简化输入。

7. 有效性规则

限定了字段输入数据的范围，若违反"有效性规则"，将会显示"有效性文本"设置的提示信息，直到满足要求为止，设置该属性可以防止非法数据的输入。例如，若将"出生日期"字段的"有效性规则"属性设置为">=#2000-1-1#"，如图 7-10 所示，则在输入数据的过程中"出生日期"字段内只能输入 2000 年以后并包含 2000 年的日期。

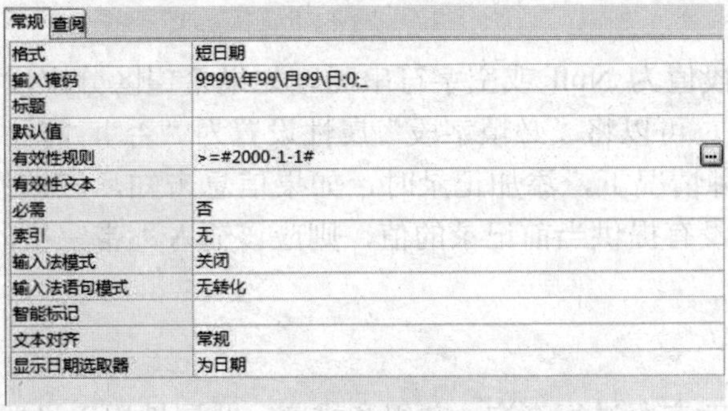

常规 查阅	
格式	短日期
输入掩码	9999\年99\月99\日;0;_
标题	
默认值	
有效性规则	>=#2000-1-1#
有效性文本	
必需	否
索引	无
输入法模式	关闭
输入法语句模式	无转化
智能标记	
文本对齐	常规
显示日期选取器	为日期

图 7-10　出生日期的有效性规则的设定

8. 有效性文本

有效性文本指当用户的输入违反"有效性规则"时所显示的提示信息。例如，若将"出生日期"字段的"有效性文本"属性设置为"请输入 2000-1-1 以后出生的日期"，如图 7-11 所示，则在输入数据的过程中如果输入了有效范围以外的数据会显示出含有提示信息的消息框。

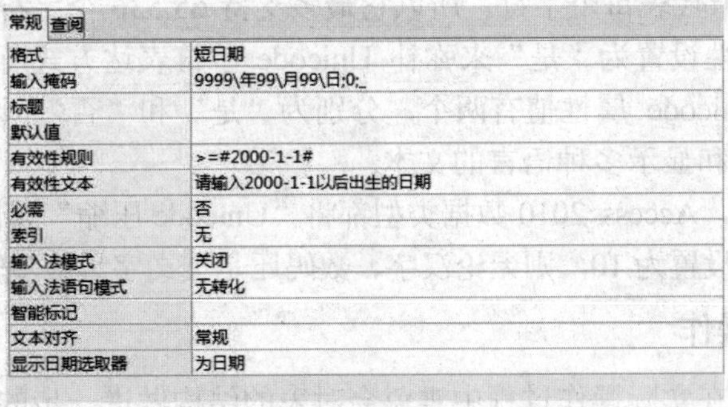

常规 查阅	
格式	短日期
输入掩码	9999\年99\月99\日;0;_
标题	
默认值	
有效性规则	>=#2000-1-1#
有效性文本	请输入2000-1-1以后出生的日期
必需	否
索引	无
输入法模式	关闭
输入法语句模式	无转化
智能标记	
文本对齐	常规
显示日期选取器	为日期

图 7-11　有效性文本的设置

9. 必填字段

此属性值为"是"或"否"项。设置为"是"时，表示此字段值必须输入；设置为"否"时，可以不填写本字段数据，允许此字段值为空。

10. 允许空字符串

该属性仅用来设置文本字段，属性值仅有"是"或"否"选项，设置为"是"时，表示该字段可以填写任何信息，包括为空。

下面是关于空值(Null)和空字符串之间的区别。

(1) Microsoft Access 2010 可以区分两种类型的空值。因为在某些情况下，字段为空，可能是因为信息目前无法获得，或者字段不适用于某一特定的记录。例如，表中有一个"数字"字段，将其保留为空白，可能是因为不知道学生的成绩，或者该学生没有参加考试。在这种情况下，使字段保留为空或输入 Null 值，意味着"不知道"。键入双引号输入空字符串，则意味着"知道没有值"。

(2) 如果允许字段为空而且不需要确定为空的条件，可以将"必填字段"和"允许空字符串"属性设置为"否"，作为新建的"文本""备注"或"超链接"字段的默认设置。

(3) 如果不希望字段为空，可以将"必填字段"属性设置为"是"，将"允许空字符串"属性设置为"否"。

(4) 何时允许字段值为 Null 或空字符串呢？如果希望区分字段空白的两个原因为信息未知以及没有信息，可以将"必填字段"属性设置为"否"，将"允许空字符串"属性设置为"是"。在这种情况下，添加记录时，如果信息未知，应该使字段保留空白(即输入 Null 值)，而如果没有提供当前记录的值，则应该输入不带空格的双引号("")来输入一个空字符串。

11. 索引

设置索引有利于对字段进行查询、分组和排序，此属性用于设置单一字段索引。属性值有三种：一是"无"，表示无索引；二是"有(重复)"，表示字段有索引，输入数据可以重复；三是"有(无重复)"，表示字段有索引，输入数据不可以重复。

12. Unicode 压缩

在 Unicode 中每个字符占两个字节，而不是一个字节。在一个字节中存储的每个字符的编码方案将用户限制到单一的代码页(包含最多有 256 个字符的编号集合)。但是，因为 Unicode 使用两个字节代表每个字符，所以它最多支持 65 536 个字符。可以通过将字段的"Unicode 压缩"属性设置为"是"来弥补 Unicode 字符表达方式所造成的影响，以确保得到优化的性能。Unicode 属性值有两个，分别为"是"和"否"，设置为"是"，表示本字段中数据可能存储和显示多种语言的文本。

由于默认情况下，Access 2010 数据类型都将"Unicode 压缩"属性设置为"是"，因此如果某文本字段大小设置为 10，则无论汉字、数码还是英文字母最多输入个数都是 10。

7.5.5 字段编辑操作

表创建好以后，在实际操作过程中难免会对表的结构做进一步的调整，对表结构的调整也就是对字段进行添加、编辑、移动和删除等操作。对表结构的调整通常是在表设计视图中进行的，如果当前状态为数据表视图，则可以通过在"表格工具/设计"功能区中的"视图"组中单击按钮切换到设计视图。

1. 添加字段

在设计视图中打开要调整的表，用鼠标选中要插入行的位置(在选中字段前插入)，然后单击"表格工具/设计"功能区的"工具"组中的"插入行"按钮，在插入空白行中进行新字段的设置。也可将鼠标指向要插入的位置，右击鼠标，在快捷菜单中选择"插入行"命令。另外，可以在数据表视图中选择要添加新字段的位置，右击鼠标，在快捷菜单中选择"插入字段"命令，也可以在选中列前插入新字段。

2. 更改字段

更改字段主要指的是更改字段的名称。字段名称的修改不会影响数据，字段的属性也不会发生变化。当然也可以对数据类型、字段属性进行修改，其操作同创建字段时一样。

在设计视图中选择需要修改的字段，然后输入新的名称。或者在数据表视图中选择要修改的字段，右击鼠标，在"属性"菜单中选择"重命名字段"命令。若字段设置了"标题"属性，则可能出现字段选定器中显示的文本与实际字段名称不符的情况，此时应先将"标题"属性框中的名称删除，然后再进行修改。

3. 移动字段

在设计视图中把鼠标指向要移动字段左侧的字段选定块上并单击，选中需要移动的字段，然后拖动鼠标到要移动的位置上放开，字段就被移到新的位置上了。另外，可以在数据表视图中选择要移动的字段，然后拖动鼠标到要移动的位置上放开，也可实现移动操作。

4. 删除字段

在设计视图中把鼠标指向要删除字段左侧的字段选定块上并单击，选中需要删除的字段，之后右击鼠标，在弹出的快捷菜单中选择"删除行"命令。或者选择要删除的字段，然后单击工具栏上的"删除行"按钮，也可以删除字段。另外，也可以在数据表视图中选择要删除的字段，右击鼠标，在快捷菜单中选择"删除字段"命令。

7.5.6　导入外部数据

在 Access 2010 中导入外部数据的步骤如下：

(1) 双击桌面 Access 2010 文件进入页面。

(2) 进入页面后，在页面上方找到"外部数据"选项卡，单击鼠标进入。

(3) 此时在弹出的选项中，选择 Excel，单击进入。

(4) 页面弹出对话框，通过浏览选择需要导入的 Excel 数据源文件，如图 7-12 所示。

(5) 通过单击鼠标选择显示工作表和命名区域，完成后单击"下一步"按钮。

(6) 选择第一行包含列标题，单击"下一步"按钮。

(7) 此时进入字段选项编辑，自己确定设置的字段名称、数据类型以及索引，完成后单击"下一步"按钮。

(8) 此时需要添加主键，自定义或者默认或者不要主键，完成后单击"下一步"按钮。

(9) 选择需要导入到的目标表文件，然后选择是否分析，这些都就绪后，单击对话框右下角的"完成"按钮就可以完成 Excel 数据的导入。

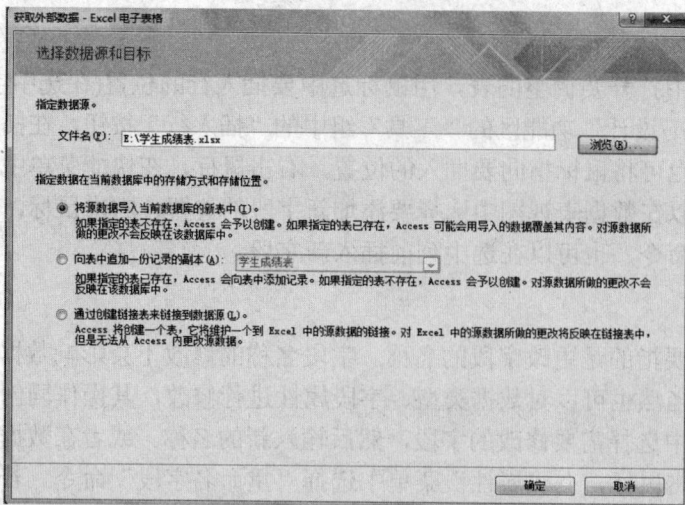

图 7-12 "选择数据源和目标"对话框

7.5.7 输入数据

向 Access 2010 表中输入数据的步骤如下：

(1) 在导航栏中双击打开"学生成绩"表。

(2) 默认情况下，Access 2010 在数据表视图中打开。

(3) 刚创建好的数据表不包含任何数据，单击要使用的第一个字段或者将焦点放到该字段上，然后输入数据即可。

(4) 要移动到同一个记录行中的下一个字段，可以使用以下 3 种方法：

- 按 Tab 键。
- 使用向右方向键。
- 直接用鼠标单击下一个字段的单元格。

(5) 如果要定位到其他单元格，则可以使用以上 3 种方法之一。按照以上方法即可继续输入记录中的其他字段数据。

(6) 按照同样的方法可以在表中输入其他各条记录信息。

完成以上步骤后即可完成向 Access 2010 表中输入数据的工作，如图 7-13 所示。

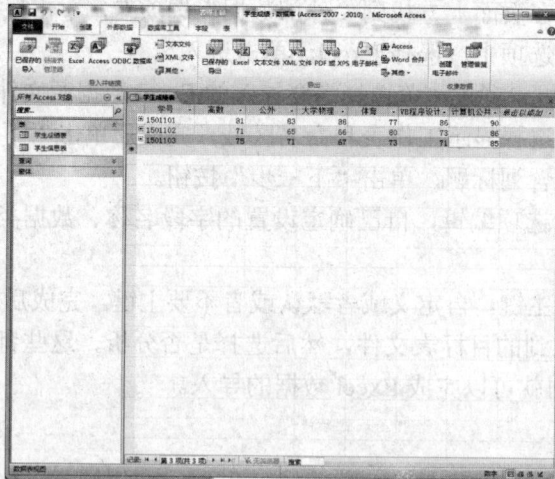

图 7-13 向"学生成绩"表中输入数据

7.5.8　数据表之间的关系

Access 2010 数据库内包含了 3 种关系方式，即一对一、一对多和多对多。

若一个表中的每一个记录仅能与另一个表中的一个记录匹配，并且另一个表中的每一个记录仅能与这一个表中的一个记录匹配，则需创建一对一关系。

若只有一个相关字段是主关键字或唯一的索引，则需创建一对多关系。

若某两个表与第三个表有两个一对多关系，并且第三个表的主关键字包含两个字段，分别是前两个表的外键，则需创建多对多关系。

下面介绍一对一关系的创建。

假设在"学生成绩"数据库中有"学生成绩表"，用来保存学生的成绩，其中包含"学号""高数""公外""大学物理""VB 程序设计""计算机公共基础"6 个字段，"学号"字段为主键。下面以"学生成绩表"和"学生信息表"为例，定义表与表之间的一对一关系。

具体操作如下：

(1) 首先关闭所有打开的表，不能在已打开的表之间创建或修改关系。

(2) 单击"数据库工具"功能区中的"关系"组中的"关系"按钮。

(3) 如果数据库没有定义任何关系，将会自动显示"显示表"对话框。如果需要添加一个关系表，而"显示表"对话框却没有显示，请单击工具栏上的"显示表"按钮。如果关系表已经显示，直接跳到步骤(5)。

(4) 选中需要编辑关系的表，然后单击"添加"按钮，将表添加到关系窗口，然后关闭"显示表"对话框。

(5) 从某个表中将所要的相关字段拖动到其他表中的相关字段上，弹出"编辑关系"对话框。如果表中已有数据，且要实施参照完整性，一对一的关联关系一定要从主表中将相关字段拖到关联表中的相关字段上，然后选中"实施参照完整性"复选框，如图 7-14 所示，否则可能会出现错误提示。

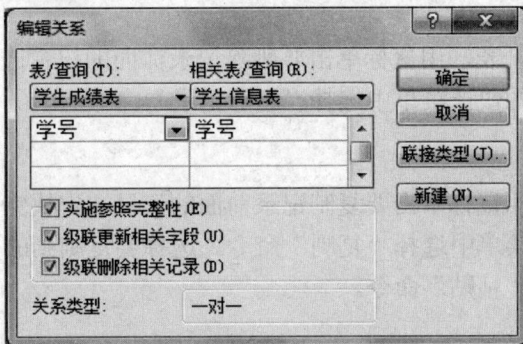

图 7-14　"编辑关系"对话框

在大多数情况下，表中的主键字段将被拖动到其他表中的名为外键的相似字段中。相关字段不需要有相同的名称，但它们必须有相同的数据类型，并且包含相同种类的内容。

(6) 显示"编辑关系"对话框，检查显示在两个列中的字段名称以确保正确性。必要情况下可以进行更改。

(7) 选中"实施参照完整性"复选框，单击"新建"按钮创建关系。在关闭"关系"窗口时，Microsoft Access 2010 将询问是否保存此关系配置。不论是否保存此配置，所创建的关系都已保存在此数据库中。新建的关系如图 7-15 所示。

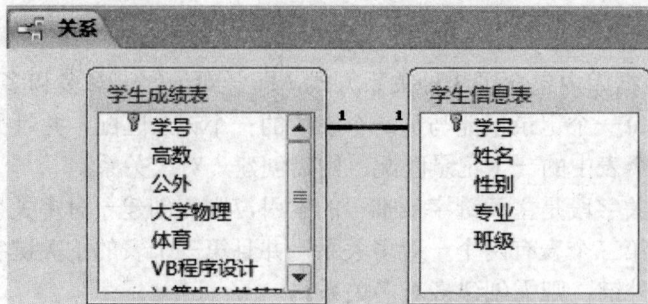

图 7-15　新建的"关系"窗口

一般来说，一个好的 Access 2010 数据表设计应该具备以下 4 个特点。

- 能够将信息划分到基于主题的表中，最大限度地减少冗余数据。
- 能够向 Access 2010 提供根据需要连接表中信息时所需要的信息。
- 可以帮助支持和确保信息的准确性和完整性。
- 可以满足数据处理和报表需求。

具备了上述 4 点的 Access 2010 数据表就算是一个设计良好的数据表。数据表的主要功能就是存储数据，这些数据的主要应用包括以下几个方面：一是作为窗体和报表的数据源；二是作为网页的数据源，将数据动态显示在网页中；三是建立功能强大的查询，完成 Excel 2010 表格不能完成的任务。

7.5.9　记录的编辑操作

1. 添加记录

若需要向表中追加新记录，可以在数据表视图中打开表，在标有"*"的空白行中输入记录即可。

2. 删除记录

在数据表视图中打开表，用鼠标单击要删除记录前面的记录选定块完成记录的选定，然后右击鼠标，在弹出的快捷菜单中选择"删除记录"命令。

3. 复制记录

打开数据表视图，用鼠标单击要复制记录前面的记录选定块完成记录的选定，然后右击鼠标，在弹出的快捷菜单中选择"复制"命令。选择要复制到的目标行，右击鼠标，在弹出的快捷菜单中选择"粘贴"命令。

4. 修改记录

在数据表视图上，把光标移动到所需修改的数据处就可以修改光标所在处的数据。通常是使用鼠标移动光标。也可以使用键盘来快速地移动光标，具体有以下三种方法。

- 按 Enter 键移动光标到下一个字段。
- 按键盘上的→键向后移动光标到下一个字段，按←键向前移动光标到前一个字段。
- 按键盘上的 Tab 键向后移动光标到下一个字段，按 Shift+Tab 组合键将光标向前移动一个字段。

当把光标定位在一个字段时，单元格会呈现白色，而该行其他单元格颜色变深。

如果需要修改这个单元格的内容，按 F2 键，单元格的值反白(即变成黑底白字)，这时输入的内容将会取代原来的内容。如果只需要修改一个字符，当光标定位到一个单元格的某个字符后，用退格键删除原来的字符后，再输入新字符。

5. 查找字段数据

在操作数据表时，当数据表中的数据很多时，若要快速查找某一数据，可以使用 Access 提供的查找功能。下面用实例来说明查找功能的使用方法。

例如，在学生成绩数据库中的"学生信息"表中查找"王新"同学。

具体操作如下。

(1) 打开学生成绩数据库，然后打开"学生信息"表。

(2) 在记录导航条的搜索栏中输入"王新"，光标则定位到所要查找的位置。

这是一种快速查找方式。另外，Access 2010 还提供了一种与 Word、Excel 中的查找方式相同的标准查找方法，即使用"查找"对话框。按快捷键 Ctrl+F 可以打开"查找"对话框。

(3) 在打开的"查找和替换"对话框中，在"查找内容"列表框中显示第一个学生的名字。把它修改为想要查找的"王新"，其他设置采用默认值，然后单击"查找下一个"按钮即可。

(4) 查找的结果将反白显示。

在"查找和替换"对话框中，"查找范围"列表框是用于确定在哪个字段中查找数据。在查找之前，最好把光标定位在要查找的字段列上，这样可以提高效率。"匹配"列表框用以确定匹配方式，包括"整个字段""字段的任何部分"和"字段开头"。"搜索"列表框用以确定搜索方式，包括"向上""向下"和"全部"三种方式。通常后两项设置为默认值即可。另外，在查找中还可以使用通配符。通配符的意义如表 7-6 所示。

表 7-6　通配符说明

字　　符	说　　明
*	可与任何长度的字符匹配。在字符串中它可以当作第一个或最后一个字符使用
?	与任何单个的字符匹配
[…]	与方括号内任何单个字符匹配
[!…]	匹配任何不在方括号内的字符
[…-…]	与某个范围内的任意一个字符匹配，必须按升序指定范围
#	与任意单个数字匹配

7.5.10　表的复制、删除与更名

在表创建好以后，还可以对表进行复制、删除与更名操作。

1. 表的复制

复制表分为在同一个数据库中复制表和从一个数据库中复制表到另一个数据库中两种情况，下面分别介绍其操作方法。

(1) 在同一个数据库中复制表的操作

打开一个 Access 2010 数据库，在数据库左边的"导航"窗口中选中准备复制的表的名称，单击"开始"功能区中的"剪贴板"组中的"复制"命令按钮。然后单击"剪贴板"组中的"粘贴"命令按钮，打开其下拉菜单，单击"粘贴"命令，即会弹出"粘贴表方式"对话框。

在这个对话框中，粘贴选项有 3 个。

- 仅结构：表示只是将准备复制的表的结构复制形成一个新表。
- 结构和数据：表示将准备复制的表的结构及其全部数据一起复制过来形成一个新表。
- 将数据追加到已有的表：表示将准备复制的表中的全部数据一起追加到一个已存在的表中，此处要求确实有一个已存在的表且此表结构与被复制表的结构相同，才能保证复制数据的正确性。

选择所需复制的内容选项，单击"确定"按钮，即完成了复制数据表的操作。

(2) 从一个数据库中复制表到另一个数据库中的操作

打开准备复制的表所在的数据库，在数据库左边的"导航"窗口中选中准备复制的表的名称，单击"开始"功能区中的"剪贴板"组中的"复制"命令按钮。然后关闭这个数据库。再打开准备接收复制表的数据库，在这个数据库中单击"开始"功能区中的"剪贴板"组中的"粘贴"命令按钮，打开其下拉菜单，单击"粘贴"命令，也会弹出"粘贴表方式"对话框，接下来的操作如上所述。

2. 表的删除

在发现数据库中存在多余的表时，可以将其删除。在数据库左边的"导航"窗口中选中准备删除的表，按下键盘上的 Delete 键；也可以右击需要删除的表的名称，从弹出的快捷菜单中选择"删除"命令，这时会弹出 Microsoft Access 信息提示框，单击"是"按钮即可删除表。

3. 表的更名

时常会出现这样的情况，在数据库中创建其他对象时发现已创建的表的名称不合适，因此希望换一个数据表名称，这时需要进行表的更名操作。在数据库中进行表的更名操作的过程是，在数据库"导航"窗口右击需要更名的表的名称，从弹出的快捷菜单中选择"重命名"命令，此时光标停留在表的名称上，即可更改该表的名称。

对于更名操作，Access 2010 版本做了重大的改进。当通过 Access 2010 用户界面更改表名称时，Access 2010 会自动纠正该表在其他对象中的引用名。为了实现此操作，Access 2010 将唯一的标识符与创建的每个对象和名称映像信息存储在一起，名称映像信息使 Access 2010 能够在出现错误时纠正绑定错误。当 Access 2010 检测到在最后一次"名称自动更正"之后又有对象被更改时，将在出现第一个绑定错误时对该对象的所有项目执行全面的名称更正。这种机制不但对表的更名有效，而且对数据库中的任何对象的更名都是有效的，包括表中字段名称的更改。

7.6　查　询

7.6.1　基础的功能

查询是 Access 2010 数据库中的一个重要对象。查询实际上就是收集一个或几个表中用户认为有用的字段的工具。可以将查询到的数据组成一个集合，这个集合中的字段可能来自一个表，也可能来自多个不同的表，这个集合就称为查询。查询的目的就是让用户根据指定条件对表或者其他查询进行检索，筛选出符合条件的记录，构成一个新的数据集合，从而方便用户对数据库进行查看和分析。

在 Access 中，利用查询可以实现多种功能。

1. 选择字段

在查询中，可以只选择表中的部分字段。如建立一个查询，只显示"学生表"中每名学生的姓名、性别、入学成绩和系名。利用此功能，可以选择一个表中的不同字段来生成所需的多个表或多个数据集。

2. 选择记录

可以根据指定的条件查找所需的记录，并显示找到的记录。如建立一个查询，只显示"学生表"中信息系的男同学。

3. 编辑记录

编辑记录包括添加记录、修改记录和删除记录等。在 Access 中，可以利用查询添加、修改和删除表中的记录。如将"计算机基础"课程不及格的学生从"学生表"中删除。

4. 实现计算

查询不仅可以找到满足条件的记录，而且还可以在建立查询的过程中进行各种统计计算，如计算每门课程的平均成绩。另外，还可以建立一个计算字段，利用计算字段保存计算的结果，如根据"学生表"中的"出生日期"字段计算每名学生的年龄。

5. 建立新表

利用查询得到的结果可以建立一个新表。如将"计算机基础"课程的成绩在 90 分以上的学生找出来并放在一个新表中。

6. 为窗体、报表提供数据

为了从一个或多个表中选择合适的数据显示在窗体、报表中，用户可以先建立一个查询，然后将该查询的结果作为数据源，每次打印报表或打开窗体时，该查询就从它的基表中检索出符合条件的最新记录。

7.6.2　查询类型

在 Access 数据库中，可以使用 5 种类型的查询，即：选择查询、交叉表查询、参数查询、操作查询和 SQL 查询。这 5 种查询的应用目标不同，对数据源的操作方式和操作结果也不同。

1. 选择查询

选择查询是最常用的一种查询类型。它根据指定的查询条件，从一个或多个表中检索数据，在一定的限制条件下，还可以通过选择查询来更改相关表中的记录。也可以使用选择查询对记录进行分组，并对记录进行总计、计数、平均以及其他种类的计算。

2. 交叉表查询

使用交叉表查询可以计算并重新组织数据的结构，从而更加方便地分析数据。交叉表查询可以实现数据的总计、平均值、计数等类型的统计工作。

注意：可以使用数据透视表向导显示交叉表数据，无须在数据库中创建单独的查询。

3. 参数查询

参数查询会在执行时弹出对话框，提示用户输入必要的信息(参数)，然后按照这些信息进行查询。例如，可以设计一个参数查询，以对话框的形式来提示用户输入两个日期，然后检索这两个日期之间的所有记录。

参数查询便于作为窗体和报表的基础，例如，以参数查询为基础创建月盈利报表。打印报表时，Access 显示对话框询问所需报表的月份，用户输入月份后，Access 便打印相应的报表。也可以创建自定义窗体或对话框，来代替使用参数查询对话框提示输入查询的参数。

4. 操作查询

操作查询是在一个操作中更改许多记录的查询，操作查询又可分为 4 种类型：删除查询、更新查询、追加查询和生成表查询。

(1) 删除查询

对一个或多个表中满足条件的一组记录进行删除操作。使用删除查询时，通常会删除整个记录，而不只是记录中所选择的字段。例如，可以使用删除查询删除没有选修某门课程的学生。

(2) 更新查询

对一个或多个表中的一组记录做全局的更改。使用更新查询时，将更改已有表中的数据，被修改的数据不能恢复。例如，可以将某一类学生的某门课程的分数上调 6 分。

(3) 追加查询

将一个(或多个)表中的一组记录添加到另一个(或多个)表的尾部。例如，要获得一些包含新入学学生信息表的数据库，可利用追加查询将有关新入学学生的数据添加到原有"学生表"中即可，不必手工输入这些内容。

(4) 生成表查询

利用从一个或多个表获得的数据创建一个新的表。生成表查询有助于创建表，以导出到其他 Microsoft Access 数据库或包含所有旧记录的历史表中。例如，将学生表中所有的少数民族的学生提取出来形成一个新表。

5. SQL 查询

这种查询需要一些特定的 SQL 命令，这些命令必须写在 SQL 视图中。SQL 查询包括联合查询、传递查询、数据定义查询和子查询 4 种类型。

查询的创建步骤如下。

(1) 双击打开桌面上的 Access 2010 文件，进入页面。

(2) 用鼠标单击页面上方的"创建"功能区。

(3) 找到"创建"功能区中的"查询"组中的"查询向导"，单击鼠标进入。

(4) 页面弹出"新建查询"对话框，单击对话框中的"简单查询向导"，完成后单击"确定"按钮进入下一步。

(5) 单击选择需要查询的表和字段，完成后单击"下一步"按钮。

(6) 单击选择明细查询还是汇总查询，完成后单击"下一步"按钮。

(7) 设定查询标题，进行修改或者查看查询，完成后单击选项卡中的"完成"按钮即可。

例如，使用简单查询向导创建查询的操作步骤如下。

(1) 在"创建"功能区下的"查询"组中单击"查询向导"按钮，打开如图 7-16 所示的"新建查询"对话框。

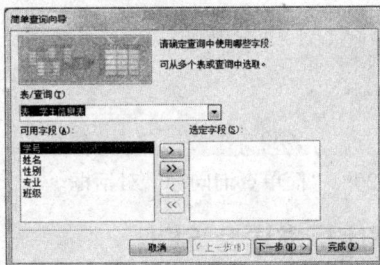

(2) 在"新建查询"对话框的向导列表中选择"简单查询向导"，单击"确定"按钮，打开如图 7-17 所示的"简单查询向导"对话框。

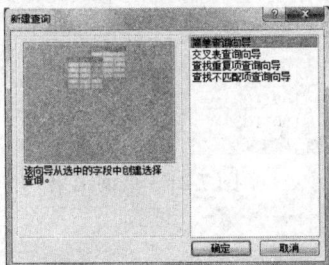

图 7-16　"新建查询"对话框　　　图 7-17　"简单查询向导"对话框

(3) 在"简单查询向导"对话框中，通过"表/查询"下拉列表框可以选择数据源表或查询，"可用字段"列表框显示了选定表或查询中的可用字段，"选定字段"列表框中显示用户已经选定的用于查询的字段。用户可以在"可用字段"列表中双击要用的字段名，双击后字段将会添加到"选定字段"列表框中；或者可以单击"可用字段"中的字段名，然后单击"添加选定字段"按钮。如果发现"选定字段"列表框中的字段选错了，可在"选定字段"列表框中双击要删除的字段名，将它移动到"可用字段"列表框中；或者可以单击"选定字段"列表框中的字段名，然后单击"移除选定字段"按钮。如果要全部选定"可用字段"中的字段，则单击"全部选定字段"按钮。如果要全部去掉"选定字段"列表框中的字段，则可单击"移除全部选定字段"按钮。在这里，单击"表/查询"下拉列表框中的下拉箭头，在出现的列表中选择"表：学生信息表"，再从"可用字段"列表框中选择"学号""姓名""性别"这几个字段，如图 7-18 所示。

(4) 单击"下一步"按钮，打开如图 7-19 所示的"简单查询向导"对话框。在这里可以选择采用明细查询还是汇总查询，如果是汇总查询，则选中"汇总"单选按钮，单击"汇总选项"按钮，在打开的"汇总选项"对话框中选择需要计算的汇总值。本例中选择明细查询，单击"下一步"按钮。

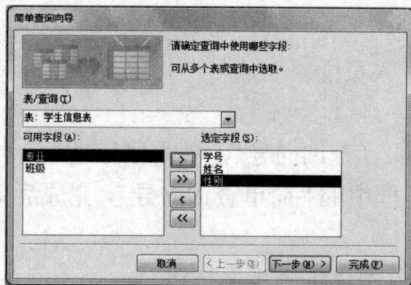

图 7-18　确定查询数据源及选定字段

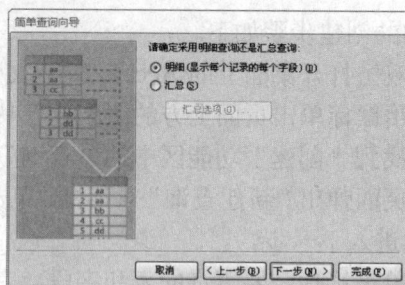

图 7-19　"简单查询向导"对话框

(5) 在如图 7-20 所示的"简单查询向导"对话框中，可以指定查询的标题，还可以选择完成向导后要做的工作，其中有"打开查询查看信息"和"修改查询设计"两个选项可供选择。本例中选择"打开查询查看信息"。

(6) 单击"完成"按钮，完成该查询的创建过程，查询结果如图 7-21 所示。

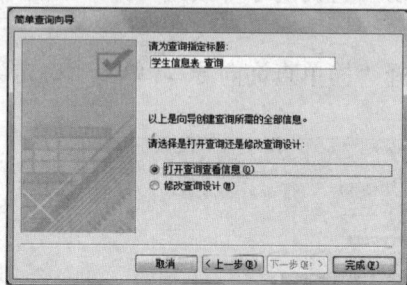

图 7-20　"简单查询向导"对话框

图 7-21　查询结果

7.6.3　数据库标准语言 SQL

SQL(Structured Query Language，结构化查询语言)是关系型数据库的标准语言，在 1974 年由 Boyce 和 Chamberlin 提出，并于 1975 年至 1979 年在 IBM 公司的 San Jose 研究实验室研制的著名的大型关系数据库管理系统 DBMS System R 上实现了这种语言。

SQL 语言具有强大的数据查询、数据定义、数据操纵和数据控制等功能，它已经成为关系型数据库的操作语言。SQL 语言虽然功能非常强大，但却只由为数不多的几条命令组成，是非常简洁的语言。

1. SQL-SELECT 语法

SQL 查询是使用 SQL 语句创建的查询。在 SQL 视图窗口中，用户可以通过直接编写 SQL 语句来实现查询工作。在每个 SQL 语句中，最基本的语法结构是"SELECT-FROM-[WHERE]"。

该语句的一般格式是：

```
SELECT[谓词]*|<字段列表>
FROM[，…][IN 外部数据库]
[WHERE…]
[GROUP BY…]
[HAVING…]
[ORDER BY…]
```

在上面这种一般的语法格式描述中使用了如下符号：

<>：表示在实际的语句中要采用实际需要的内容进行替代。

[ ]：表示可以根据需要进行选择，也可以不选。

|：表示有多项选项，但只能选择其中之一。

{ }：表示必选项。

SQL-SELECT 语句说明如表 7-7 所示。

表 7-7　SQL-SELECT 语句说明

术　　语	说　　明
SELECT	用于指定在查询结果中包含的字段、常量和表达式
谓词	包括 ALL、DISTINCT 等。其中，ALL 表示检索所有符合条件的记录(含重复记录)，默认值为 ALL；DISTINCT 表示检索已去掉重复行后的所有记录
*	表示检索包括指定表的所有字段
字段列表	表示检索指定的字段
FROM	数据来源子句
表名	用于指定要查询的表名
外部数据表	如果表达式所在的表不在当前数据库中，则使用该参数指定其所在的外部数据表
WHERE	指定查询条件。只把满足逻辑表达式的数据作为查询结果。作为可选项，如果不加条件，则所有数据都作为查询结果
GROUP BY	对查询结果进行分组统计，统计选项必须是数值型的数据
HAVING	过滤条件，功能与 WHERE 一样，只是要与 GROUP 子句配合使用来表示条件，将统计结果作为过滤条件
ORDER BY	指定查询结果的排列顺序，一般放在 SQL 语句的最后

下面将对 SQL-SELECT 语法中的子句逐一进行说明。

(1) 选择输入 SELECT 子句

SELECT 通常是 SQL 语句中的第一个关键字。SELECT 子句用于指定输出表达式和记录范围，SELECT 语句不会更改数据库中的数据。

最简单的 SQL 语句是：

```
SELECT 字段 FROM 表名
```

在 SQL 语句中，可以通过星号"*"选择表中所有的字段。如果是多个字段(即字段列表)，则用逗号分隔开。

(2) 数据来源 FROM 子句

FROM 子句用来指明数据来源，是 SELECT 语句所必需的子句，不能缺少。

其中，表名用来标识从中检索数据的一个或多个表。该表名可以是单个表名，保存的查询名，或者是 INNER JOIN、LEFT JOIN 或 RIGHT JOIN 产生的结果。

- INNER JOIN：规定内连接。只有在被连接的表中有匹配记录的记录才会出现在查询结果中。
- LEFT JOIN：规定左外连接。JOIN 左侧表中的所有记录及 JOIN 右侧表中的匹配记录才会出现在查询结果中。

- RIGHT JOIN：规定右外连接。JOIN 右侧表中的所有记录及 JOIN 左侧表中匹配的记录才会出现在查询结果中。
- IN 外部数据表：包含表的表达式中所有表的外部数据库的完整路径。

(3) 条件 WHERE 子句

WHERE 子句用来设定条件以返回需要的记录。条件表达式跟在 WHERE 关键字之后。

(4) 分组统计 GROUP BY 子句

GROUP BY 子句用来分组字段列表，将特定字段列表中相同的记录组合成单个记录，GROUP BY 是可选的。其语法格式是：

[GROUP BY 字段列表]

其中，字段列表最多有 10 个用于分组记录的字段名称。字段列表中字段名称的顺序决定了从最高到最低的分组级别。

(5) HAVING 子句

在使用 GROUP BY 子句组合记录后，HAVING 显示由 GROUP BY 子句分组的记录中满足 HAVING 子句条件的任何记录。HAVING 子句可以包含最多 40 个通过逻辑运算符(如 And 和 Or)连接起来的表达式。其语法格式是：

[GROUP BY 字段列表]

[HAVING 表达式]

HAVING 与 WHERE 相似，WHERE 确定哪些记录被选中，而 HAVING 确定哪些记录将被显示。

(6) 排序 ORDER BY 子句

以升序或降序的方式对指定字段查询的返回记录进行排序。ORDER BY 是可选的，如果希望按排序后的顺序显示数据，必须使用 ORDER BY 子句。其语法格式是：

[ORDER BY 字段 1[ASC|DESC][, 字段 2[ASC|DESC][, …]]]

字段：设置排序的字段或表达式。

ASC：按表达式升序排序，默认为升序。

DESC：按表达式降序排序。

2. SQL 特定查询

前面已经提到，并非所有的查询都能在 Access 查询中转化成查询设计视图中的交互操作，有一类称为 SQL 特定查询(如联合查询、传递查询和数据定义查询等)，就不能在设计视图中创建，只能通过在 SQL 视图中输入 SQL 语句来创建。

(1) 联合查询

联合查询将两个或多个表或查询中的字段合并到查询结果的一个字段中。使用联合查询可以合并两个表中的数据。

(2) 传递查询

传递查询使用服务器能接受的命令直接将命令发送到 ODBC 数据库。例如，用户可以使用传递查询来检索记录或更改数据。使用传递查询，可以不必连接到服务器上的表而直接使用它们。传递查询对于在 ODBC 服务器上运行存储过程也很有用。

(3) 数据定义查询

数据定义查询可以创建、删除或修改表的结构，也可以在数据表中创建索引。

● 创建表结构

CREATE [TEMPORARY] TABLE <表名>([<字段 1><字段类型 1>(字段大小 1)] [NOT NULL][索引 1][，<字段 2><字段类型 2>(字段大小 2)] [NOT NULL][索引 2][，…]] [，CONSTRAINT MULTIFIELDINDEX[，…]])

下面通过表 7-8 说明创建表结构常用的选项。

表 7-8　创建表结构常用的选项及其说明

术　　语	说　　明
CREATE TABLE	创建一个表结构
TEMPORARY	该表只能在创建它的会话中可见。当会话终止时，该表会被自动删除，临时表能够被多个用户访问
<表名>	要创建的表的名称
字段 1，字段 2	要在新表中创建的字段的名称。必须至少创建一个字段
字段类型 1，字段类型 2	新表中字段的数据类型
字段大小	以字符为单位的字段大小(仅限于文本和二进制字段)
索引 1，索引 2	CONSTRAINT 子句，用于定义单字段索引
MULTITIELDINDEX	CONSTRAINT 子句，用于定义多字段索引

使用 CREATE TABLE 语句可以在当前数据库中创建一个新的、初始化为空的表。如果某字段指定了 NOT NULL，那么新记录必须包含该字段的有效数据。

● 修改表结构

ALTER TABLE <表名> [ADD<字段名><字段类型>][DROP<字段名><字段类型>][ALTER <字段名><字段类型>]

下面通过表 7-9 说明修改表结构常用的选项。

表 7-9　修改表结构常用的选项及其说明

术　　语	说　　明
ALTER TABLE	修改表结构
<表名>	要修改的表的名称
ADD	增加表中的字段
DROP	删除表中字段
ALTER	修改表中字段的属性

● 删除表

格式：DROP TABLE 表名。

功能：删除指定的表。

- 建立索引

格式：CREATE INDEX 索引名 ON 表名。

功能：在指定表中创建索引。

- 删除索引

格式：DROP INDEX 索引名 ON 表名。

功能：删除指定表中指定的索引。

(4) 数据更新

- 数据插入

> 格式 1：INSERT　INTO 表名[(字段名 1[，字段名 2] [，…]])]VALUE(值 1[，值 2[，…]])
>
> 格式 2：INSERT　INTO 表名[(字段名 1[，字段名 2] [，…]])] [IN 外部数据库 SELECT 查询字段 1[，查询字段 2[，…]] FROM 表名列表

功能：将数据插入指定的表中。格式 1，一条语句插入一条记录；格式 2，将 SELECT 语句查询的结果插入到指定的表中。

下面通过表 7-10 说明数据插入常用的选项。

表 7-10　数据插入常用的选项及其说明

术　语	说　明
字段名 1，字段名 2	需要插入数据的字段。若省略，表示表中的每个字段均要插入数据
值 1，值 2	插入到表中的数据，其顺序和数量必须与字段名 1、字段名 2 一致

- 数据更新

格式：UPDATE 表 FIELDS SET 字段名 1=新值 | [，字段名 2=新值 2…] WHERE 条件。

功能：更新指定表中符合条件的记录。

下面通过表 7-11 说明数据更新常用的选项。

表 7-11　数据更新常用的选项及其说明

术　语	说　明
<表名>	要更新的表的名称
字段名 1，字段名 2	要修改的字段
新值 1，新值 2	其字段名 1、字段名 2 对应的数据
WHERE 条件	限定符合条件的记录参加修改

- 数据删除

格式：DELETE　FROM 表名[WHERE 条件]。

功能：从指定表中删除符合条件的数据。

说明：如果没有条件子句，则删除表中的所有数据。

7.7　窗　体

Access 2010 中的窗体是它的一个对象，又称为表单，它利用计算机屏幕将数据库的表或查询中的数据显示给用户。

1. 窗体的类型

Access 2010 提供了 7 种类型的窗体，分别是纵栏式窗体、表格式窗体、数据表窗体、主/子窗体、图表窗体、数据透视表窗体和数据透视图窗体。

(1) 纵栏式窗体

纵栏式窗体将窗体中的一个显示记录按列分隔，每列的左边显示字段，右边显示字段内容。

(2) 表格式窗体

通常，一个窗体在同一时刻只显示一条记录的信息。如果一条记录的内容比较少，单独占用一个窗体的空间就显得很浪费。这时，可以建立一种表格式窗体，即在一个窗体中显示多条记录的内容。

(3) 数据表窗体

数据表窗体从外观上看与数据表和查询的界面相同。数据表窗体的主要作用是作为一个窗体的子窗体。

(4) 主/子窗体

窗体中的窗体称为子窗体，包含子窗体的基本窗体称为主窗体。主窗体和子窗体通常用于显示多个表或查询中的数据，这些表或查询中的数据具有一对多的关系。主窗体只能显示为纵栏式窗体，子窗体可以显示为数据表窗体，也可以显示为表格式窗体。

(5) 图表窗体

图表窗体利用 Microsoft Graph 以图表方式显示用户的数据。可以单独使用图表窗体，也可以在子窗体中使用图表窗体来增加窗体的功能。

(6) 数据透视表窗体

数据透视表窗体是 Access 为了以指定的数据表或查询为数据源产生一个 Excel 的分析表而建立的一种窗体形式。数据透视表窗体允许用户对表格内的数据进行操作，用户也可以改变透视表的布局，以满足不同的数据分析方式和要求。

(7) 数据透视图窗体

数据透视图窗体用于显示数据表和窗体中数据的图形分析窗体。数据透视图窗体允许通过拖动字段和项或通过显示和隐藏字段的下拉列表中的选项，来查看不同级别的详细信息或指定布局。

2. 窗体的创建

例如，利用窗体向导创建窗体的步骤如下。

(1) 打开一个 Access 2010 数据表，选择"创建"功能区，在"导航窗格"中单击包含用户希望在窗体上显示的数据的表或查询。

(2) 在"创建"功能区的"窗体"组上单击"窗体"按钮，Access 2010 会自动创建窗体，如图 7-22 所示，并以布局视图显示该窗体。

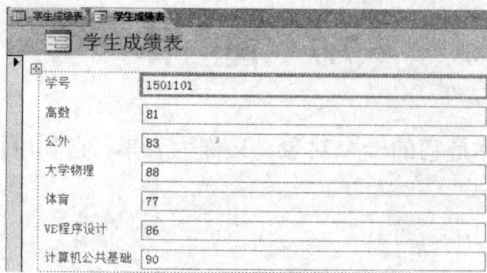

图 7-22　以布局视图显示的窗体

(3) 在"导航窗格"中单击包含在分割窗体上显示的数据的表或查询，在"创建"功能区上的"窗体"组中单击"其他窗体"中的"分割窗体"按钮。

(4) 在"导航窗格"中单击包含在分割窗体上显示的数据的表或查询，在"创建"功能区上的"窗体"组中单击"多个项目"按钮后，Access 2010 会创建窗体，并以布局视图显示该窗体。

7.8　报　表

报表用于对数据库中的数据进行计算、分组、汇总和打印。报表的功能如下。

(1) 可以对数据进行分组、汇总。

(2) 可以包含子窗体、子报表。

(3) 可以按特殊要求设计版面。

(4) 可以输出图表和图形。

(5) 能打印所有表达式。

1. 报表的类型

Access 2010 系统提供的报表主要有 4 种类型，分别是纵栏式报表、表格式报表、图表报表和标签报表。

(1) 纵栏式报表

纵栏式报表的显示方式类似于窗体的格式，在报表的界面上以垂直方式显示记录，数据表的字段名和字段内容一起显示在报表的主体节内。

(2) 表格式报表

表格式报表的显示方式类似于数据表的格式，主要以行、列的形式显示记录，一页可以显示多条记录，所以，此类报表适合输出记录较多的数据表，便于阅览。这种报表数据的字段标题不是在每页的主体节中显示，而是在页面的页眉节中显示。

(3) 图表报表

图表报表中的数据以图表方式显示，类似于 Excel 中的图表，以便更加直观地显示数据之间的关系。

(4) 标签报表

标签报表是一种特殊类型的报表，将数据做成标签形式，一页中显示许多标签。在实际应用中，可以用标签报表做名片，以及各种各样的通知、传单和信封等。

每个报表都有下列 4 种视图："报表视图""设计视图""打印预览"和"布局视图"。"报表视图"是报表设计完成后，最终被打印的视图，在"报表视图"中可以对报表应用高级筛选功能以显示所需要的信息。使用"设计视图"可以创建报表或更改已有报表的结构。使用"打印预览"可以查看将在报表的每一页上显示的数据。使用"布局视图"可以在显示数据的情况下调整报表设计。

2. 报表的创建

报表是 Access 2010 数据库对象之一，主要用来实现数据库数据的打印。报表是以打印的格式表现用户数据的一种有效方式。因为用户控制了报表上每个对象的大小和外观，所以可以按照所需的方式显示信息以便查看信息。

使用 Access 2010 的报表工具自动创建报表很简单，但其格式是固定的，在创建报表时无法自行设定，而且在表或查询中所有字段的内容都会出现在报表中，这就可能使用户不便于阅读。如果需要比较自由的数据表的话，可以使用 Access 2010 中的创建报表向导来创建报表。

例如，使用 Access 2010 向导创建报表。

(1) 打开"学生成绩"表，选择"创建"功能区。在"创建"功能区上的"报表"组中单击"报表向导"按钮。

(2) 弹出"报表向导"对话框，在"可用字段"中逐一双击要使用的字段，单击"下一步"按钮。

(3) 选择"学号"字段，表示预览及打印时，将以此字段做升序排列，单击"下一步"按钮。选中"块"和"纵向"单选按钮，单击"下一步"按钮，在"请为报表指定标题"文本框输入要报表的标题，选中"预览报表"单选按钮，单击"完成"按钮。

完成上面三步后，Access 2010 将在布局视图中生成和显示报表，如图 7-23 所示。

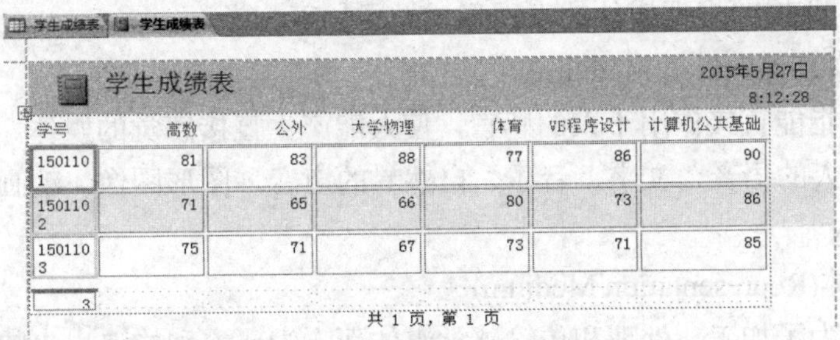

图 7-23　在布局视图中生成和显示报表

第8章 计算机多媒体技术

8.1 多媒体技术概述

随着计算机软硬件技术的不断发展，计算机的处理能力逐渐提高，具备了处理图形图像、音频和视频等多媒体信息的能力。软硬件技术的发展使计算机更能形象逼真地反映自然事物和运算结果，从而诞生了计算机多媒体技术。

8.1.1 基本知识

1. 多媒体

媒体(Media)就是人与人之间实现信息交流的中介，简单地说就是信息的载体，也称为媒介。多媒体(Multimedia)就是多重媒体的意思，可以理解为直接作用于人的感官的文字、图形图像、动画、音频和视频等各种媒体的统称，即多种信息载体的表现形式和传递方式。

2. 媒体的分类

国际电信联盟(ITU)根据媒体的表现形式做了如下分类：

(1) 感觉媒体(Preception Medium)

感觉媒体是指能直接作用于人的感官，使人能产生直接感觉的媒体。用于人类感知客观环境。例如，人的语音、文字、音乐、自然界的声音、图形图像、动画、视频等都属于感觉媒体。

(2) 表示媒体(Representation Medium)

表示媒体是为了加工、处理和传输感觉媒体而人为研究和构造出来的一种媒体，即信息在计算机中的表示。表示媒体表现为信息在计算机中的编码，如 ASCII 码、图像编码和声音编码等。

(3) 表现媒体(Presentation Medium)

表现媒体又称为显示媒体，是指感觉媒体和用于通信的电信号之间转换用的一类媒体，是计算机用于输入/输出信息的媒体。例如键盘、鼠标、光笔、显示器、扫描仪、打印机和数字化仪等。

(4) 存储媒体(Storage Medium)

存储媒体用于存放表示媒体，以便于保存和加工这些信息，也称为介质。常见的存储媒体有硬盘、软盘、磁带和 CD-ROM 等。

(5) 传输媒体(Transmission Medium)

传输媒体是指用于将媒体从一处传送到另一处的物理载体。例如电话线、双绞线、光纤、同轴电缆、微波和红外线等。

3. 多媒体技术

所谓多媒体技术，就是指把文字、图形图像、动画、音频和视频等各种媒体通过计算机进行数字化的采集、获取、加工处理、存储和传播而综合为一体化的技术。其涉及的技术有信息数字化处理技术、数据压缩和编码技术、高性能大容量存储技术、多媒体网络通信技术、多媒体系统软硬件核心技术、多媒体同步技术和超文本超媒体技术等，其中信息数字化处理技术是基本技术，数据压缩和编码技术是核心技术。

4. 常见的感觉媒体信息

多媒体技术处理的感觉媒体信息类型有以下几种：

(1) 文本信息

文本信息是由文字编辑软件生成的文本文件，由汉字、英文或其他文字符号构成。文本是人类表达信息的最基本的方式，具有字体、字号、样式和颜色等属性。在计算机中，表示文本信息主要有两种方式：点阵文本和矢量文本。目前，计算机中主要采用的是矢量文本。

(2) 图形图像

即图片信息。在计算机中，图片信息分为两类，一类是由点阵构成的位图图像，一类是用数学描述形成的矢量图形。由于对图片信息的表示存在两种不同的方式，因此对它们的处理手段也截然不同。

(3) 动画

动画是一种通过一系列连续画面来显示运动的技术，通过一定的播放速度，来达到运动的效果。利用各种各样的方法制作或产生动画，是依靠人的"视觉暂留"功能来实现的，把一系列变化微小的画面，按照一定的时间间隔产生在屏幕上，就可以得到物体在运动的效果。

(4) 音频信息

即声音信息。声音是人们用于传递信息最方便最熟悉的方式，主要包括人的语音、音乐、自然界的各种声音、人工合成声音等。

(5) 视频信息

连续的随时间变化的图像称为视频图像，也叫运动图像。人们依靠视觉获取信息占依靠感觉器官所获得的信息总量的 80%，视频信息具有直观和生动的特点。

8.1.2　多媒体技术的特点

多媒体技术具有多样性、交互性、实时性和集成性等主要特点。

1. 多样性

多样性是指信息载体的多样化，即计算机能够处理的信息的范围呈现多样性。多种信息载体使信息的交换更加灵活、直观。多种信息载体的应用也使得计算机更容易操作和控制。

2. 集成性

集成性是指处理多种信息载体的能力，也称为综合性。集成性体现在两个方面：一方面是多种媒体信息，即文字、图形图像、音频和视频等的集成；另一方面是媒体信息处理设备的集成性，计算机多媒体系统不仅包括计算机本身，还包括处理媒体信息的有关设备。

3. 交互性

交互性是指用户与计算机之间在完成信息交换和控制权交换时的一种特性。交互性使用户与计算机在信息交换中的地位变得平等，改变了信息交换中人的被动地位，使得人可以主动参与媒体信息的加工和处理。

4. 实时性

实时性是指在计算机多媒体系统中声音及活动的视频图像是实时的、同步的。计算机必须提供对这类媒体的实时同步处理能力。

8.1.3　多媒体技术的发展和应用

1. 多媒体技术的发展

多媒体技术的开端是以 1839 年法国的达盖尔发明的照相术开始，此后，人们除了继续把文本和数值处理作为信息处理的主要方式外，开始重视图形图像以及陆续出现的音频(Audio)和视频(Video)技术在信息领域的作用。自从 20 世纪 40 年代发明计算机以后，信息处理技术就获得了空前的发展，其应用逐步覆盖社会的各个领域。特别是在 20 世纪 80 年代，个人计算机(PC)在性能上的不断进步和应用的不断扩展，使得利用计算机处理多媒体信息成为可能。基于计算机的多媒体技术大体上经历了如下 3 个阶段：

- 第一个阶段是 1985 年以前，这一时期是计算机多媒体技术的萌芽阶段。在这个时期人们已经开始将声音、图像通过计算机数字化后进行处理加工。该阶段具有代表性的事件是美国 Apple 公司推出了具有图形用户界面和图形图像处理功能的 Macintosh 计算机，并且提出了位图(Bitmap)的概念。
- 第二个阶段是在 1985 年至 20 世纪 90 年代初，是多媒体计算机初期标准的形成阶段。这一时期发表的重要标准有：CD-I 光盘信息交换标准、CD-ROM 及 CD-R 可读写光盘标准、MPC 标准 1.0 版、Photo CD 图像光盘标准、JPEG 静态图像压缩标准和 MPEG 动态图像压缩标准等。
- 第三个阶段是 20 世纪 90 年代至今，是计算机多媒体技术飞速发展的阶段。在这一阶段，各类标准进一步完善，各种多媒体产品层出不穷，价格不断下降，多媒体技术的应用日趋广泛。

2. 多媒体技术的应用

多媒体技术的引进，极大地改善了人和计算机之间的界面，更进一步提高了计算机的易用性与可用性，扩大了计算机的应用领域，促进了全新的产品和服务的出现，也推动了多媒体技术自身的发展。在可以预见的将来，多媒体技术的应用将遍及社会生活的各个领域。

(1) 教育应用

由于多媒体具有图、文、声、像的一体化效果，它的直观性和交互性，使其特别适合于教育和培训。可以使学习者能够根据自己的实际情况，主动地、创造性地学习，真正确立受教育者在学习中的主体地位，从根本上改变了传统教学模式，大大提高了教学效果。

(2) 电子出版

电子出版物是以计算机存储介质为载体，采用计算机信息检索技术的新型出版物。它利用的素材范围广泛，包括文字、图形图像、动画、音频、视频及软件程序等，图文声像并茂。与传统图书相比，电子出版物以其大容量信息存储能力，多种媒体信息处理能力，先进灵活的信息查询能力，成为人类信息传播技术的又一次革命。

(3) 广告与信息咨询

在公共服务场所，如旅游、邮电、交通、商业、宾馆、百货大楼等，可以利用多媒体大信息容量的图、文、声、像，提供高质量的产品广告和无人咨询服务，既方便了广大消费者，也给经营者创造了新的商机。

(4) 管理信息系统和办公自动化

多媒体技术能提供如图形图像、动画、音频、视频等全新的信息内容，除了能处理通常的数据或文字外，还极大地增强了应用系统的功能，改善了管理信息系统(MIS)和办公自动化(OA)应用系统的人机界面，扩展了应用领域。

(5) 家庭应用

目前，多媒体声像制品和视频游戏，以其逼真的画面，高保真的声音，强大的交互性，给人们带来了身临其境的真实感受。家庭娱乐已经发展成为计算机多媒体技术应用的重要领域之一。

(6) 虚拟现实

虚拟现实(VR)就是利用多媒体技术创建的一种虚拟真实情形的环境。目前，虚拟现实主要应用于训练、展示和视频游戏等方面。

以上所述只是多媒体技术的一些典型应用，随着多媒体技术的不断成熟和发展，它的应用将遍及人类生活的各个领域。

8.2　多媒体计算机系统

在开发和利用多媒体技术的过程中形成了多种专用的交互式多媒体系统，其中著名的有 Philips 和 Sony 公司在 1986 年开发出的光盘交互系统(Compact Disc-Interactive，CD-I)，IBM 和 Intel 公司在 1989 年开发的数字视频交互系统等。除了这些专用的多媒体系统外，使用最为广泛的是多媒体个人计算机(Multimedia Personal Computer，MPC)。MPC 是指在个人计算机的基础上，融合了图形图像、音频、视频等多媒体信息处理技术，包括软件技术和硬件技术，构成的多媒体计算机系统。

8.2.1　多媒体计算机系统的构成

可以把多媒体计算机系统看作一个分层结构，如图 8-1 所示。

多媒体应用系统	
多媒体开发系统	多媒体准备工具
	多媒体制作工具
多媒体软件平台	
计算机硬件系统	

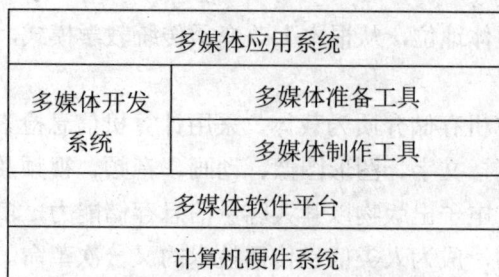

图 8-1　多媒体计算机系统的层次结构

1. 多媒体计算机的硬件系统

计算机的硬件系统位于整个系统的最底层，包括多媒体计算机中的所有硬件设备和由这些设备构成的一个多媒体硬件环境。

2. 多媒体软件平台

多媒体软件平台是多媒体软件的核心系统，其主要任务是提供基本的多媒体软件开发环境，它具有图形、音频和视频功能的用户接口，具有实时任务调度、多媒体数据转换和同步算法等功能，能完成对多媒体设备的驱动和控制，也能完成对图形用户界面、动态画面的控制。多媒体软件平台依赖于特定的主机和外设构成的硬件环境，该环境一般是专门为多媒体系统而设计或是在已有的操作系统的基础上扩充和改造而成的。

典型的多媒体操作系统有 Commodore 公司为专用 Amiga 系统研制的多任务 Amiga 操作系统，Intel 和 IBM 公司为 DVI 系统开发的 AVSS 和 AVK 操作系统，Apple 公司在 Macintosh 上的 System 7.0 中提供的 Quick Time 操作平台。在个人计算机上运行的多媒体软件平台，应用最广泛的是 Microsoft 公司的 Windows 9X/NT/2000/XP/7 操作系统。

3. 多媒体开发系统

多媒体开发系统是多媒体系统的重要组成部分，是开发多媒体应用系统的软件工具的总称。多媒体开发系统主要包括多媒体数据准备工具和制作工具。多媒体数据准备工具的功能是收集和整理多媒体素材；多媒体制作工具的功能是把多媒体素材组织成一个结构完整的多媒体应用系统。

(1) 多媒体数据准备工具

多媒体数据准备工具由各种采集和制作多媒体信息的软件工具组成，用于多媒体素材的收集、整理和制作。通常按照多媒体素材的类型对多媒体数据准备工具进行分类，如声音录制编辑软件、图形图像处理软件、扫描软件、视频采集编辑软件、动画制作软件等。

(2) 多媒体制作工具

多媒体制作工具又称多媒体创作工具或多媒体编辑工具，它为多媒体开发人员提供编排多媒体数据和连接形成多媒体应用系统的软件工具。多媒体制作工具除了具有编辑、写作等一般编辑软件具备的信息控制能力外，必须具有将各种媒体信息编入程序的能力，并具有时间控制、调试能力以及动态文件输入或输出的能力。

多媒体制作工具主要包括以下几类:

- 以图标为基础的多媒体制作工具。在这种制作工具中,数据是以对象或事件的顺序来组织的,并且以流程图为主干,将各种图标、声音、控制按钮等放在流程图中,形成完整的多媒体应用系统。这类多媒体制作工具一般只完成多媒体素材的组织,而多媒体素材的收集、制作、整理都由其他软件完成,例如,Macromedia 公司(现已被 Adobe 公司收购)的 Authorware。
- 以时序为基础的多媒体制作工具。这种多媒体制作工具中,数据是以一个时间顺序来组织的。这类工具使用起来如同电影剪辑,可以精确地控制在什么时间播放什么镜头,能精确到每一帧,例如,Macromedia 公司(现已被 Adobe 公司收购)的 Director 等。
- 以页为基础的多媒体制作工具。在这种工具中,文件与数据是用类似一叠卡片或书页来组织的。这些数据大多用图标表示,使得它们很容易理解和使用。这类多媒体制作工具的超文本功能最为突出,适合于制作电子图书,例如 Asymetrix 公司的 ToolBook 等。超媒体 Web 网页制作工具也属于以页为基础的多媒体制作工具,例如 Microsoft FrontPage、Adobe Dreamweaver 等。
- 以程序设计语言为基础的多媒体制作工具。此类的程序设计语言很多,Microsoft 公司的 Visual Basic 和 Visual C++等都是适用于多媒体编程的程序设计语言。

在多媒体开发系统中,除了媒体准备工具和制作工具以外,还包括媒体播放工具和其他媒体处理工具,如多媒体数据库管理系统,VCD 制作工具等。

4. 多媒体应用系统

多媒体应用系统是由多媒体开发人员利用多媒体开发系统制作的多媒体产品,它面向多媒体的最终用户。多媒体应用系统是多媒体系统的必要组成部分,它的功能和表现是多媒体技术的直接体现。重视多媒体应用系统的开发,有利于多媒体技术的普及和推广,也有利于多媒体技术自身的发展。

8.2.2　MPC 硬件系统

MPC 硬件系统在 PC 硬件设备的基础上,附加了多媒体附属硬件。多媒体附属硬件主要有两类:适配卡类和外设类。

1. 多媒体适配卡

多媒体适配卡的种类和型号很多,主要有视频卡、声卡、传真卡、图形图像加速卡、电视卡、CD-I 仿真卡、MODEM 卡等。

(1) 声卡

声卡能完成的主要功能有:录制和播放音频、音乐合成等。主要由以下部分组成:

① 输入/输出接口:声卡主要的输入/输出接口有 LINE IN(线路输入)、LINE OUT(线路输出)、MIC IN(麦克风输入)、SPK OUT(声音输出)、JOYSTICK/MIDI(游戏杆/MIDI)等。目前微型计算机主流声卡是支持杜比 AC-3 的具有 3D 音效的声卡,原来的 LINE OUT 接口现已被 REAR(环绕)接口取代。

② 专用芯片:由数字声音处理器、FM 音乐合成器以及 MIDI 控制器等专用芯片组成,是声卡的核心部分,主要完成声音信号的数字/模拟转换、音乐合成、MIDI 音乐等功能。

(2) 视频卡

MPC 上用于处理多媒体视频信号的是视频卡，按其功能大致分为以下几种：

① 视频采集卡：视频采集卡(Video Capture Card)的主要功能是从摄像机、录像机等视频信息源中捕捉模拟视频信息并转存到计算机外存中，以便进行后期编辑处理。视频采集卡主要有两种：静态视频采集卡和动态视频采集卡，分别用于从视频信息中捕捉静态图像和连续的动态图像。

② 视频转换卡：视频转换卡(Video Conversion Card)用于将计算机的 VGA 信号与模拟电视信号相互转换。

③ 视频播放卡：又称为解压缩卡，用于把压缩视频文件，经过解压缩处理后播放。

2. 多媒体外设

以外设形式连接到计算机上的多媒体硬件设备有：光盘驱动器、扫描仪、打印机、数码相机、触摸屏、摄像机、录放像机、传真机、麦克风、多媒体音箱等。

(1) 光盘与光盘驱动器

数字化的多媒体信息经过压缩编码处理后的数据量仍然很庞大，因此多媒体信息存储需要大容量、高性能的存储设备。容量日益增大的硬盘虽然可以满足存储需求但不便于信息交换，使用光盘存储正是为了满足这一要求而出现的。光盘和光盘驱动器价格低廉、容量大，目前光盘存储介质主要有 CD-ROM 和 DVD-ROM。

(2) 扫描仪

扫描仪是一种图形输入设备，用于将黑白或彩色图片资料、文字资料等平面素材，扫描形成图像文件。

(3) 数码照相机

① 数码照相机的种类

通常按照结构特点和性能，把数码照相机分为以下几种：

- 经济型数码照相机：采用 120 万~300 万像素的 CCD，成像质量一般，适合家庭用。
- 中档数码照相机：采用 300 万~500 万像素的 CCD，适合家庭用和要求不高的场合。
- 高档数码照相机：采用 500 万~800 万像素的 CCD，成像质量高，适合图像素材的拍摄及数码艺术作品的制作。
- 专业数码照相机：采用 800 万~1000 万像素的 CCD，成像质量高，色彩表现完美，适用于各种专业摄影、平面印刷出版等领域。

② 基本原理

数码相机的关键技术是 CCD(电荷耦合器件，用于实现光电转换)。进入照相机镜头的光线聚集在 CCD 上，CCD 就把照在各个光敏单元上的光线，按照强度转换成模拟电信号，再转换成数字信号，存储在相机中的存储设备中，之后可转存到计算机中进行处理。

(4) 数码摄像机

数码摄像机简称DV(Digital Video)，是一种使用数字视频格式记录音频、视频数据的摄像机。DV在记录视频时采用数字信号处理方式，它的核心部分就是将视频信号经过处理后转变为数字信号，并通过磁鼓螺旋扫描记录在数码录像带上，视频信号的转换和记录都是以数码形式存储的。DV可以获得很高的图像分辨率,色彩的亮度和频宽也远比普通摄像机高,音频和视频信息以数字方式存储,便于加工处理,可以直接在DV上完成视频的编辑处理。另外,DV可以像数码相机一样拍摄静态图像。

8.3　图形图像素材制作整理

图形图像媒体所包含的信息具有直观、易于理解、信息量大等特点,是多媒体应用系统中最常用的媒体形式。图形图像不仅用于界面美化,还用于信息表达,在某些场合图形图像媒体可以表达文字、声音等媒体所无法表达的含义。

8.3.1　基本知识

1. 位图图像

可以把位图看作是在一个栅格网上的图案,即"点阵"图。位(Bit)是计算机存储信息的最小单位,可以用来代表颜色的黑色和白色。如果把不同的"位"聚集成一个图案,黑白点就可以组成一幅位图。

(1) 像素

像素是位图图像的基本构成元素。在位图中,每一个小"方块"中被填充成颜色时,它就能表达出图像信息,其中每一个小"方块"称为像素。

(2) 颜色深度

在一个彩色图像中,每一个像素的颜色,在计算机里是用若干个二进制"位"来记录的。表示每个像素的颜色时所使用的"位"数越多,则所能表达的颜色数目越多。在一个计算机系统中,表示一幅图像的一个像素的颜色所使用的二进制位数就称作颜色深度。

(3) 位图图像的像素数

位图的像素数目是以宽度和高度的乘积来描述的,例如,800×600、1024×768 等。像素是计算机用来记录颜色的一个单位,它没有实际的物理大小,只有被输出到打印机、显示器等实际的物理设备时,才具有特定的大小,所以一幅图像的像素数和长宽比不能决定图像的实际物理尺寸,若需要知道它的实际尺寸,还要涉及一个特定的分辨率。

(4) 位图的特点

位图图像具有真实感强、可以进行像素编辑、打印效果好、位图文件大、分辨率有限等特点。

2. 矢量图形

与位图不同,矢量图不用大量的单个点来建立图像,而是用数学公式对物体进行描述以建立图像。例如,同样是在屏幕上画一个圆,位图必须要描述和存储组成图像的每一个点的位置和颜色信息,矢量图的描述则非常简单,例如,圆心坐标(120,120),半径60。

(1) 矢量图形的组织

在矢量图形中,把一些形状简单的物体,如点、直线、曲线、圆、多边形、球体、立方体、矢量字体等称作图元。矢量图形用一组命令和数学公式来描述这些图元,包括它们的形状、位置、颜色等信息,再用这些简单的图元来构成复杂的图形。

(2) 矢量图形的特点

矢量图形最基本的特点是充分利用了输出设备的分辨率，能获得高精度的打印输出；矢量图形信息量少，因而文件较小，能快速打印和显示；具有高度的可编辑性。与位图相比，矢量图形缺乏真实感；矢量图形能够表示三维物体并生成不同的视图，而在位图图像中，三维信息已经丢失，难以生成不同的视图。

3. 颜色理论

在物理上，把人的肉眼可见的一部分电磁波的频率范围称为可见光谱。众所周知，白光是可以分解的，它是由红、橙、黄、绿、蓝、靛、紫七色光组成的可见光谱。可见光谱的每一部分都有唯一的值，称之为颜色。

(1) 发射光和反射光

可见光可以由多种颜色构成，但是人们一般只能看到一种颜色，因为人的眼睛有把多种颜色相混合的能力。我们能看见一些物体是因为它们发光，能看见另一些物体是因为它们反射光。发射光的物体直接发出能见的颜色，而反射光的物体的颜色是由反射出去的光的颜色所决定的。

(2) 相加混色法和相减混色法

因为颜色具有发射光和反射光两种类型，因而就有了两种相反的方法来描述颜色："相加混色法"和"相减混色法"。

相加混色法是指把不同的颜色相加得到颜色的方法。在这种颜色系统中，没有任何颜色时，为黑色；全部颜色都出现时为白色。显然，这是基于发射光原理的颜色系统，是日常生活中最常见的颜色系统，电视、显示器等使用的就是相加混色法颜色系统。相加混色法有 3 个基本颜色：红(Red)、绿(Green)、蓝(Blue)，即 RGB，称为三原色或三基色。当这 3 种基色等量相加时便形成了白色，3 种基色不同量组合便形成了各种颜色。

相减混色法所得到的颜色是减剩后的颜色。在没有任何颜色时呈现白色，全部颜色都出现时呈现黑色，这是基于反射光原理的颜色系统。在相减混色法中的三基色是：靛蓝(Cyan)、洋红(Magenta)、黄色(Yellow)，即 CMY，当这 3 种基色等量组合到一起时就呈现黑色。这种颜色系统主要应用于彩色印刷、彩色打印。

(3) 颜色模型

为了便于计算机处理颜色，人们建立了各种颜色模型。颜色模型是平面设计最基本的知识，每一种颜色模式都有自己的优缺点，都有自己的适用范围。常见的几种颜色模型如下：

① RGB 颜色模型

计算机中表示颜色时使用若干二进制位来记录颜色，例如可以使用 24 位二进制来表示一种颜色，每 8 位二进制数来表示 RGB 三种基色中的一种，这样每种基色的取值范围是 0~255，不同值的三基色合在一起形成各种各样的颜色。就编辑图像而言，RGB 颜色模型是最佳的色彩模式，可以提供全屏幕的 24bit 的颜色。

② CMYK 颜色模型

CMYK 颜色模型是基于相减混色法的颜色系统。把 CMY 三基色相结合，在理论上可以获得可见光谱中的任何颜色。但在实际的打印或印刷过程中，由于墨水或油墨的某些限制，把三基色等量混合后只能得到深棕色，为了得到黑色，在 CMY 三基色的基础上又加上了黑(Black)，而形成了 CMYK 颜色模型。

③ HSB 颜色模型

HSB 颜色模型的三基色是色度(Hue)、饱和度(Saturation)和亮度(Brightness)。HSB 颜色模型是人眼认识颜色的模式中最自然的方法，比其他颜色模型优点更多，只是在实际应用中实现起来较困难。

其他常见的颜色模型还有 Lab 颜色模型、Indexed Color 颜色模型和 GrayScale 颜色模型等。

4. 分辨率

分辨率在计算机图形图像处理中是被误解和混用最多的概念之一。造成这种情况的主要原因，是这个词来源于各个不同的场合，有时甚至是互相矛盾的场合。

分辨率一个典型的定义是给定长度上的单位的数目，通常使用每英寸作为度量单位。例如，一台打印分辨率为 300DPI 的激光打印机，表示该打印机的分辨率在每英寸直线上可打印 300 个单独的点。

(1) 颜色分辨率

颜色分辨率，即颜色深度。图形图像的总的颜色数目是以 2 为底，颜色深度为指数的值。如一个颜色深度为 8 位的图像，它的像素可以是 2^8 即 256 种可能的颜色。常见的颜色深度有 8 位(256 色)、16 位、24 位、32 位、36 位、48 位、64 位等。

(2) 图形图像的分辨率

图形图像的分辨率是用每英寸像素数(Pixel Per Inch，PPI)来衡量的。计算机图形图像的像素本身是没有大小的，只是用于记录一个颜色，只有在向显示器或打印机输出时，它才具有物理意义上的大小。位图的大小会随着输出设备的不一样而发生变化。位图要克服不同输出大小这一问题就需要记录图形图像的分辨率，这就要求输出设备在每个英寸上打印出规定的像素数，输出设备会计算出这个图像的每个像素要用多少个"单位"(如打印机打印的点，显示器上的一个亮点)来表示。要想打印出一定尺寸的图像，就要根据打印机的分辨率来设置位图的分辨率。

(3) 设备的分辨率

输入/输出设备的分辨率是由设备本身的最小单位决定的，多数设备分辨率就是用"最小单位/英寸"来表示的。

输入设备如鼠标、扫描仪及数字化仪等都具有输入分辨率，由硬件记录物理移动的精度所决定。大多数输入设备也都具有可变的分辨率，它由软件对该设备的输入信号的解释来决定分辨率。例如，Windows 操作系统可以更改鼠标指针对鼠标移动的敏感程度。输入设备的分辨率并不直接影响图形，但却影响如何去建立这些图形。

显示器的分辨率有两种：物理分辨率和显示分辨率。显示器的物理分辨率是它能产生的最多的显示亮点，它是由水平方向的扫描点数和垂直方向所能产生的点数组成的。显示器的显示分辨率由视频显示适配卡和软件来决定，它是指屏幕上的亮点在水平和垂直方向上能产生的视频像素数。对于运行 Windows 操作系统的计算机系统，显示分辨率是能改变的，如 640×480、800×600、1024×768 等。

打印机的分辨率是最容易理解的，如激光打印机在每英寸上打印的激光点或喷墨打印机在每英寸上打印的墨点，若它们的分辨率为300dpi，则表示在每英寸上可以打印300点。

5. 数据压缩

数字化的声音、图像以及视频信号的数据量非常大，例如，存储一个像素数为 640×480、颜色深度为 24 位(3 个字节)的屏幕信息，需要约 900KB 的存储空间，若是采用 PAL 制式的视频信号即 25 帧/秒，则每秒的数据传输量为 23.04MB，这样大的数据量，无论是传送还是存储，都是十分困难的。因此，数据压缩编码技术是多媒体信息处理的关键技术。

(1) 数据冗余

数据是信息的载体，是用来记录和传送信息的。人们使用的是数据所携带的信息，而不是数据本身。而信息数据往往存在很大的冗余量，这是数据可以进行压缩处理的前提。在多媒体数据中，数据冗余主要有以下几种：空间冗余、时间冗余、编码冗余、结构冗余、知识冗余、视觉冗余等。

(2) 数据压缩编码方法

数据压缩处理一般由两个过程组成：一是编码过程，即将原始数据经过编码进行压缩，以便于存储与传输；二是解码过程，即对编码压缩的数据进行解码，还原为可以使用的数据。针对冗余类型的不同，人们提出了各种各样的数据压缩方法。根据解码后的数据与原始数据是否完全一致来进行分类，数据压缩方法一般划分为两类：可逆编码方法和不可逆编码方法。

可逆编码方法的解码图像必须和原始图像严格相同，即压缩是完全可以恢复的或无偏差的。这种压缩方法也称为无损压缩。例如，霍夫曼压缩、词典编码等。

用不可逆编码方法压缩的图像，在还原以后与原始图像相比有一定的误差，所以又称为有损压缩编码，如脉冲编码调制(PCM)。

(3) 声音数据编码

声音数据编码根据压缩方法不同分为波形编码、参数编码和混合编码，基于波形的压缩编码可以获得高质量的语音，但数据率不易降低；参数编码的典型方法是线性预测编码，数据率较低，但语音质量差；混合编码则综合了波形编码与参数编码的优点，在语音质量、数据率和计算量三方面都有较好的效果。

(4) 图像数据压缩编码

目前，图像数据压缩技术主要有 3 个标准：静态图像压缩标准 JPEG、动态图像压缩标准 MPEG 以及用于电视会议和视像电话领域的视频通信的 H.261 标准。

JPEG 标准是由国际标准化组织(ISO)和国际电报电话咨询委员会(CCITT)联合成立的"联合照片专家组(Joint Photographic Experts Group)"制定的一套用于静态彩色图像和灰度级图像的压缩编码标准。

MPEG 标准是由国际标准化组织(ISO)和 CCITT 联合组织的"运动图像专家组(Moving Picture Experts Group)"制定的全屏幕动态图像并配有伴音的压缩编码标准。

H.261标准是由国际电报电话咨询委员会(CCITT)提出的用于电视会议和可视电话的建议标准，也称为 P×64标准。

8.3.2　常见的图形图像文件格式

开发图形图像处理软件的厂商很多，由于在存储方式、存储技术及发展观点上的差异，因而也就导致了图像文件格式的多样化，常见的图形图像文件格式主要有以下几种：

1. BMP 格式

BMP 格式是标准的 Windows 和 OS/2 操作系统的基本位图(Bitmap)格式，几乎所有在 Windows 环境下运行的图形图像处理软件都支持这一格式。由于作为图像资源使用的 BMP 文件是不压缩的，因此 BMP 文件占磁盘空间较大。BMP 文件格式支持从黑白图像到 24 位真彩色图像。

2. JPG 格式

JPG 格式是由联合图像专家组(JPEG)制定的压缩标准产生的压缩图像文件格式。JPG 格式文件的压缩比可调，可以达到很高的压缩比，文件占磁盘空间较小，适用于要处理大量图像的场合，是 Internet 上支持的主要图像文件格式之一。JPG 支持灰度图、RGB 真彩色图像和 CMYK 真彩色图像。

3. GIF 格式

GIF(Graphics Interchange Format，图形交换文件格式)格式是由 CompuServe 公司开发的。各种平台都支持 GIF 格式图像文件。GIF 采用 LZW 格式压缩，压缩比十分高，文件容量小，便于存储和传输，因此适合在不同的平台上进行图像文件的传播和互换。GIF 文件格式支持黑白、16 色和 256 色图像，有 87a 和 89a 两个标准，后者还支持动画。同 JPG 格式一样，GIF 格式也是 Internet 上支持的主要图像文件格式之一。

4. TIF 格式

TIF(Tagged Image File Format)格式是由原 Aldus 公司(已经合并到 Adobe 公司)与 Microsoft 公司合作开发的，最初用于扫描仪和平面出版业，是行业标准格式。TIF 格式分为压缩和非压缩两大类，其中非压缩格式由于兼容性极佳，压缩存储有较大的余地，所以这种格式是众多图形图像处理软件所支持的主要图像文件格式。PC 和 Macintosh 同时支持该格式，所以 TIF 是两种平台之间进行图像互换的主要格式。

5. PCD 格式

PCD 格式是美国 Kodak 公司开发的电子照片文件存储格式，是 Photo CD 专用格式。Photo CD 应用广泛，是计算机图形图像的主要来源之一。很多图形图像处理软件都可以读取 PCD 格式文件，并且可以转换为其他格式，但是这些软件无法存储 PCD 格式。

6. EPS 格式

EPS 格式是 Adobe 公司的 PostScript 页面描述语言的文件格式，这种语言用于描述矢量图形，由于桌面出版大多使用 PostScript 页面描述语言打印输出，因此，几乎所有的图形图像处理软件和桌面出版软件都支持 EPS 格式。另外，EPS 格式也通用于 Windows 和 Macintosh 平台。

上面所述的只是几种流行的通用的图像文件格式，另外，各种图形图像处理软件大都有自己的专用格式，如 AutoCAD 的 DXF 格式、CorelDRAW 的 CDR 格式、Photoshop 的 PSD 格式等。

8.3.3 图形图像媒体素材的获取

在制作多媒体系统时，图形图像媒体素材主要是以各种格式的图形图像文件形式输入到多媒体作品中。获得这些图形图像文件有两种办法，一种是用图形绘制软件进行创作；另一种就是利用各种方法收集原始图像，然后使用图像处理软件进行加工处理。

在使用图形图像处理软件处理图像之前，需要把原始图像输入并存储在计算机中。目前获得原始图形图像的主要方法有：使用扫描仪输入图像；利用数字相机采集数字照片；从屏幕上捕捉图像；购买图形图片库。

计算机图形绘制和图像处理这两类软件大都既可以处理位图图像，又可以手工绘制图形，只是它们的侧重点不同。例如，Windows 操作系统附件程序中的"画图"就是一个简单的图像处理软件，它也包含了基本的绘制功能，可以绘制一些简单的几何形状，拥有可以选择的多种绘制工具，有可以选择颜色的调色板，可以对图形图像进行裁剪、粘贴、翻转、拉伸等简单的编辑处理功能，这些功能是所有图像处理软件所必备的。

常用的图形绘制软件有 CorelDRAW、Micromedia Freehand、Adobe Illustrator 等软件。常用的图像处理软件有 Adobe Photoshop、Corel Photo Paint、Ulead PhotoImpact、PaintShop 等软件。

1. CorelDRAW 简介

(1) CorelDRAW 的特点

CorelDRAW 是平面设计领域的优秀软件，是最为流行的矢量图形设计软件之一，与 Photoshop 相比，CorelDRAW 不仅仅在矢量绘图能力方面比较强，而且更适用于图文混排，在彩色印刷、广告制作等平面出版领域是首选软件之一。

CorelDRAW 集合了图形绘制、图像编辑、图像抓取、图像转换、动画制作等一系列功能，构成了一个高级图形设计和编辑出版软件包，主要应用于图文混排，制作海报、宣传单、宣传画册、广告等；用于绘画，绘制图标、商标以及各种复杂的图形；用于印刷出版，是印前制作、分色付印的优秀印前系统；用于制作各种平面作品。

(2) CorelDRAW 的工作界面

如图 8-2 所示是 CorelDRAW 10 中文版的工作界面。

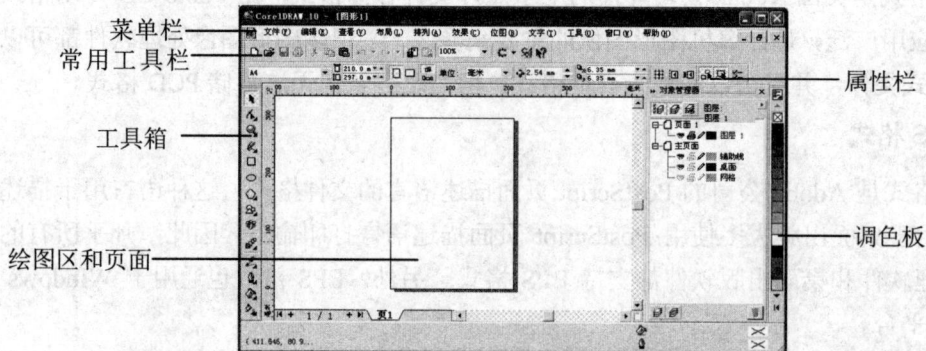

图 8-2　CorelDRAW的工作界面

主要分为以下几个区域:

- 菜单栏:集合了所有的编辑制作命令。包括文件、编辑、查看、布局、排列、效果、位图、文字、工具、窗口和帮助 11 个菜单。
- 常用工具栏:包含新建、打开、保存和打印 CorelDRAW 图形文件的命令,包含剪切、复制、粘贴、撤销和恢复等编辑命令,还包括其他格式的图形图像文件的导入导出等命令。
- 工具箱:CorelDRAW 的工具箱提供了一组绘制和编辑工具,在工具按钮图标中,有的图标右下角带有黑色三角箭头,表示该工具是一组工具,在图标按钮上按住鼠标片刻,会打开一个子工具栏。

工具箱中从上到下依次为:挑选工具、形状工具、缩放工具、贝塞尔工具、矩形工具、椭圆工具、多边形工具、基本形状工具、文本工具、交互式调和工具、吸管工具、轮廓工具、填充工具、交互式填充工具。

- 绘图区和页面:由边框围成的空白区域是图形绘制和图文编辑的工作界面,称为绘图区,绘图区中间带阴影的矩形框是打印输出的纸张大小,称为页面。
- 属性栏:当选择某工具时,属性栏将会出现与之对应的工具属性,可以直接进行属性设置。图 8-2 中的属性栏显示的是不选择任何工具或对象时页面的属性。
- 调色板:用于设置对象的颜色属性。使用时,先选择对象,再用鼠标单击调色板中的颜色,就可以对图形对象进行快速填充(鼠标左键单击)和轮廓颜色设置(鼠标右击)。

(3) CorelDRAW 基本操作

① 对象的概念

在 CorelDRAW 中,操作的基本单位是对象。对象可以是任何基本的绘图元素或者是一行文字,例如直线、椭圆、多边形、矩形、美术字等。

② 绘制图形对象

基本的图形对象包括直线、曲线、矩形和正方形、圆和椭圆、多边形、矢量文字等。这些基本图形的建立过程是一样的:首先在工具箱中选取对应的绘制工具,然后在绘图区拖动鼠标,即可完成基本图形对象的绘制。复杂的图形通常是由这些基本的图形通过叠加、融合等操作组合而成的,其基本过程是选择要组合的基本图形,然后在菜单中选择相应的命令完成。

③ 对象的选择

选择对象是绝大多数操作开始的第一步,选择对象使用挑选工具。用挑选工具单击对象的任何一个部分可以选定操作对象,也可以拖动鼠标把包含在拖动形成的虚线框中的所有对象选中。对象被选中后,在其周围会出现 8 个黑色的方块(句柄),利用这些句柄可以完成对象的拉伸、缩放、镜像、倾斜、旋转等操作。

④ 对象的属性设置

对象的属性主要包括大小、位置、旋转、倾斜、缩放和镜像、填充色、轮廓色等。设置的基本过程是先选择对象,然后在菜单栏中选择相应的命令或在控制面板中选择对应命令的按钮,可根据对话框的内容交互式地设置对象的属性。

2. Photoshop 简介

(1) Photoshop 的特点

Photoshop 是优秀的图像处理软件，主要用于平面设计、建筑装修设计、三维动画制作及网页设计等。从应用功能上看，Photoshop 可分为图像编辑、图像合成、图像色彩调校及特效制作几部分。

图像编辑是图像处理的基础，可以对图像做各种变换，如放大、缩小、旋转、倾斜、镜像、透视等；也可进行复制、去除斑点、修补、修饰图像的残损等；图像合成则是将几幅图像通过图层操作合成完整的具有明确意义的图像，这是平面设计中经常使用的方法；颜色调校是 Photoshop 中最常用的功能之一，可方便快捷地对图像进行亮度、对比度、色相、色阶和饱和度等的调整和校正，可以对不同的颜色模式进行转换，以满足图像在网页设计、印刷、多媒体应用系统等不同领域的应用；特效制作在 Photoshop 中主要由滤镜、通道及工具综合应用完成，包括图像的特效创意和特效字的制作，如油画、浮雕、石膏画、素描等常用的传统美术技巧都可使用 Photoshop 特效制作完成。

(2) Photoshop 的工作界面

Photoshop 的工作界面如图 8-3 所示。

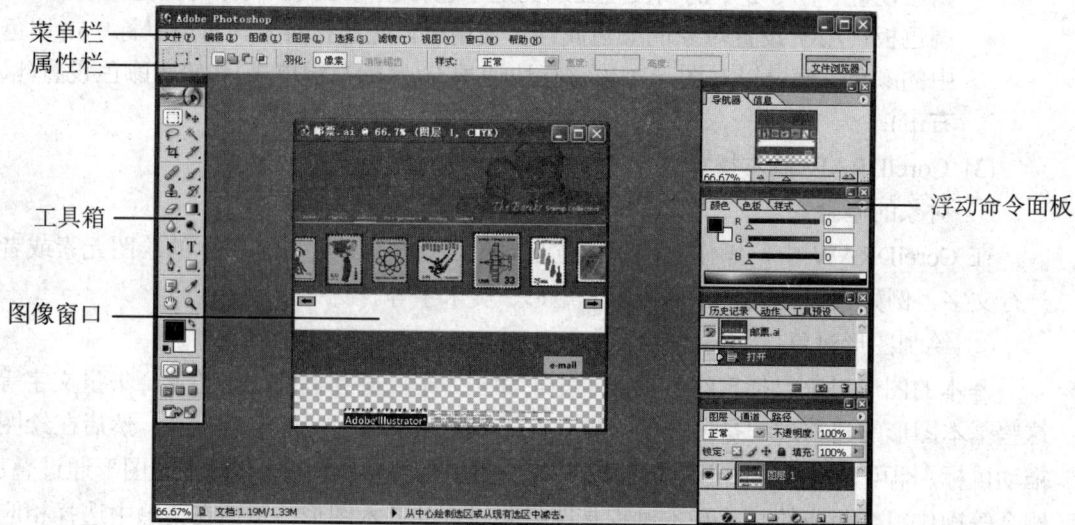

图 8-3　Photoshop 的工作界面

主要包括以下部分：

- 菜单栏：包含了 Photoshop 的所有编辑制作命令，分别为文件、编辑、图像、图层、选择、滤镜、查看、窗口和帮助 9 个菜单。
- 工具箱：Photoshop 提供了一套用于编辑图形图像的工具，在图 8-3 中的左侧为工具箱，其中的大多数工具已经成为平面设计类软件的标准工具。

工具箱中的工具可以用来选择、绘制、编辑以及查看图像，还可以选取前景色和背景色、创建快速蒙版、跳转到 ImageReady 以及更改屏幕显示模式等。如果要选择工具箱中的工具，只需用鼠标单击该工具即可。有些工具按钮的右下角带有黑色的箭头，表示是一组工具，可以通过右击按钮显示子工具箱。

工具箱中从上到下依次为：矩形选框工具、移动工具、套索工具、魔棒工具、裁切工具、切片工具、喷枪工具、画笔工具、仿制图章工具、历史记录画笔工具、橡皮擦工具、渐变工具、模糊工具、减淡工具、路径组件选择工具、文字工具、钢笔工具、矩形工具、注释工具、吸管工具、抓手工具和缩放工具。

- 浮动命令面板：浮动命令面板是 Photoshop 特有的图像用户界面控件，它们以浮动窗口的形式浮动在工作界面的上方。Photoshop 共有 12 个面板，如图 8-4 所示，要打开某个面板，可以通过选择菜单栏中的"窗口"菜单中的相应命令完成。
- 属性栏：属性栏位于菜单栏的下方，当用户选中某个工具后，属性栏就会改变成相应工具的属性设置选项，用户可以很方便地更改工具或对象的属性。

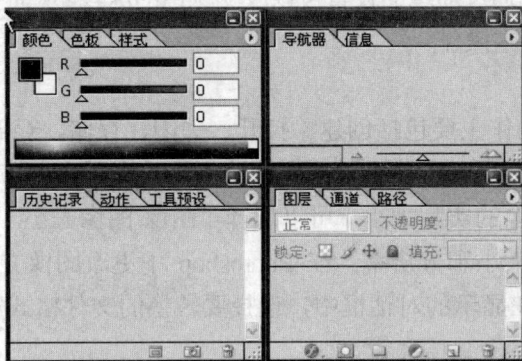

图 8-4　Photoshop 默认的浮动命令面板

- 图像窗口：图 8-3 中间的窗口是图像窗口，它是 Photoshop 的主要工作区，用来显示图像文件，供用户浏览、编辑。图像窗口带有自己的标题栏，提供了打开的图像文件的基本信息，包括文件名、缩放比例、颜色模式等。Photoshop 可以同时打开多个图像窗口，每个图像窗口可以任意移动。如果在窗口中同时打开多个图像窗口，可以通过单击图像窗口进行切换操作。

(3) Photoshop 的几个基本概念

① 选区

如果需要处理图像的某一部分，就要先选定这个处理的区域，这个像素区域称为选区。利用选区可以对图像的局部进行诸如移动复制、填充颜色或者设置一些特殊效果的操作。在 Photoshop 中大多数操作都与选区密切相关。

② 图层

图层是一组可以用于绘制图像和存放图像的透明层。可以将图层想象为透明的幻灯片，在每层上都可以绘图，它们叠加到一起后，可以形成合成的图像效果。在 Photoshop 中，一幅图像可以由很多个图层构成，最下面的图层是背景图层，默认时背景图层是不透明的，而其他图层是透明的。图层上有信息的部分会遮挡下面图层的内容，叠在一起的图层是有顺序的，修改顺序可以形成不同的叠加合成图像。

③ 路径

在 Photoshop 中，路径是由贝塞尔(Bezier)曲线组成的。路径上面有 Bezier 曲线、锚点等元素，通过锚点延伸出来的控制线和控制点可以控制路径外观。路径不同于用选框工具建立的选区，它不会固定在屏幕的背景像素上，因此可以容易地改变位置和形状，路径可以是封闭的也可以是不封闭的。路径的主要功能有两点：一是路径可以绘制精确的选取框线，通过使用钢笔工具、自由钢笔工具、增加锚点和删除锚点工具绘制路径；二是可以通过路径存储选区并相互转换。

④ 通道

在 Photoshop 环境下，将图像的颜色分离成基本的颜色，每一个基本的颜色就是一条基本的通道。当打开一幅以颜色模式建立的图像时，通道面板将为其色彩模式和组成它的原色分别建立通道。通道有以下几种用途：表示选区，可以利用分离通道做一些比较精确并很方便的选择；通道可以代表颜色强度，可以在分离的通道中观察颜色的亮度，不同通道的亮度通常是不同的；通过通道的设置可以改变颜色的深浅，从而达到改变透明度的效果。

(4) Photoshop 的基本操作

① 文件操作

Photoshop 的文件操作主要包括创建、打开、关闭、存储、存储为等操作，在"文件"菜单中选择相应的命令选项。可以通过选择缩放工具改变图像窗口中图像的缩放比例，如果要更改图像文件中图像的实际大小，可以选择"图像/图像大小"命令选项，在显示的对话框中修改图像的实际大小和分辨率。在 Photoshop 中更改图像文件格式，可以通过选择"文件/存储为"命令，在显示的对话框中，选择要转换的文件格式完成操作。

② 选区操作

在 Photoshop 中，创建选区的工具很多，包括 4 种选框工具、3 种套索工具和魔棒工具等，这些工具都在工具箱内。创建选区后，可以对选区中的内容进行移动、复制(包括复制选区)；通过自由变换，可以对选区进行各种变换，如压缩、拉伸、旋转、扭曲和透视等。

创建规则选区可使用工具箱中的矩形选框工具、椭圆选框工具、单行选框工具和单列选框工具。操作选区时，可以使用 Alt 或 Shift 键同时选择多个选区，按住 Shift 可以画正方形或圆。创建不规则选区时可使用工具箱中的套索工具、多边形套索工具和磁性套索工具。创建特殊选区可使用魔棒工具，根据图像中像素颜色的差异程度确定将哪些像素包含在选区内。

用鼠标拖动或使用方向键可以移动选区，如果连内容一起移动，可以使用工具箱中的"移动工具"。使用"移动工具"的同时，按住 Alt 键，则是复制。完成选区的移动和复制操作也可以利用剪贴板来完成。

③ 图像色彩调整

选择"图像"菜单的"调整"级联菜单中的命令选项，可以调整图像的整体色阶、调整亮度和对比度、调整色彩平衡、调整色相/饱和度等。

设置背景色和前景色是常用的操作，单击工具箱下端的设置背景色和前景色工具，打开"拾色器"对话框，在对话框中使用鼠标单击选择需要的颜色或输入精确的颜色分量值，再单击"好"按钮完成背景色或前景色的设置。

④ 图形绘制操作

Photoshop 提供了基本的图形绘制能力，在工具箱中有 6 种基本的图形绘制工具：矩形工具、圆角矩形工具、椭圆工具、多边形工具、直线工具和自定形状工具，基本操作方法和 Word、CorelDRAW 等软件的绘制工具的操作方法类似。

⑤ 文本编辑处理

在 Photoshop 中可以方便地添加文本并进行格式设置。选择文字工具，单击欲添加文本的位置，在插入点处输入文字内容。这时属性栏的内容已经变成文字工具的属性栏，如图 8-5 所示。利用文字工具属性栏的内容可以对所选择文字的字体、大小、颜色等基本格式进行设置。

图 8-5　文字工具属性栏

⑥ 滤镜效果

滤镜是 Photoshop 中最有特色的工具。利用 Photoshop 提供的数十种滤镜，可以制作出各种特殊的图像效果。Photoshop 允许使用其他软件开发商生产的第三方滤镜，如 EyeCandy、KPT 等。滤镜都包含在"滤镜"菜单中，选中图像的某个图层后，选择"滤镜"菜单中的命令，就可以直接添加相应的滤镜效果。

(5) 操作实例

【例 8-1】羽化效果。

① 在 Photoshop 中打开一幅图片。本例使用的图片是 Photoshop 提供的一个样本图片，文件名为"山丘.TIF"。

② 在工具箱中选择椭圆选框工具，拖动鼠标在图片上选择一个椭圆区域，创建一个选区，如图 8-6 所示。

③ 单击"选择"菜单，选择"羽化"命令，打开 "羽化选区"对话框，输入羽化半径为 10 像素，如图 8-7 所示。

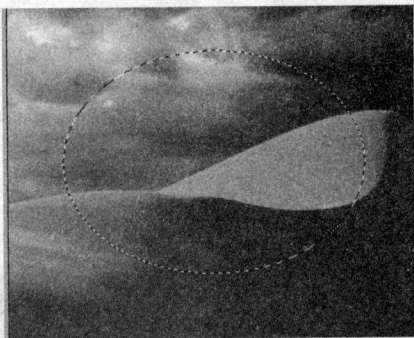

图 8-6　椭圆选区示意

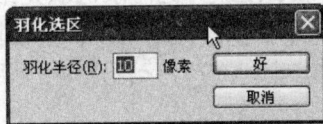

图 8-7　"羽化选区"对话框

④ 单击"编辑"菜单，选择"复制"命令，将羽化后的选区复制到剪贴板。

⑤ 单击"文件"菜单，选择"新建"命令，在打开的对话框里单击"好"按钮，创建一个新的图片文件，使新建的图像窗口为当前工作窗口，单击"编辑"菜单的"粘贴"命令，就可以在这个图像窗口中看到羽化后的效果了，如图 8-8 所示。

图 8-8　羽化效果实例

【例 8-2】利用滤镜制作特殊字。

① 在工具栏中将背景色设置为黑色。单击"文件"菜单，选择"新建"命令，在对话框中的"内容"区域中选择背景色，单击"好"按钮完成创建。在新文件的图像窗口中，使用文字工具输入"光晕"两个字，颜色设置为白色，如图 8-9 所示。

② 在"图层"浮动控制面板中可以看到添加文本后产生了一个文本图层，名字为"光晕"，选择该图层为当前图层。右击"光晕"图层，在打开的快捷菜单中选择"复制图层"命令，在打开的对话框中单击"好"按钮，复制出一个文本层，自动命名为"光晕 副本"。在"光晕 副本"图层上通过同样的操作，再复制出一个文本层，并自动命名为"光晕 副本 2"，如图 8-10 所示。

图 8-9 "光晕"字实例

图 8-10 复制图层

③ 单击"图层"菜单，选择"栅格化"级联子菜单中的"所有图层"选项。

④ 选择工具箱中的渐变工具，在"属性"工具栏的下拉列表框中，选择一种颜色相间的效果。本例选择的是"蓝黄蓝渐变"，如图 8-11 所示。

⑤ 选择"光晕 副本 2"为当前层，单击"选择"菜单，选择"载入选区"命令，在打开的"载入选区"对话框中单击"好"按钮。使用填充工具，在编辑区通过拖动鼠标完成填充渐变色的操作。

⑥ 选择"光晕 副本"图层为当前层，并保持文字为选中状态。在工具栏中设置前景色为黄色，单击"编辑"菜单，选择"填充"命令，在"内容"区域的"使用"下拉列表框中选择"前景色"，把前景色填充给文字，单击"好"按钮。选择移动工具，把"光晕 副本"图层向左下稍微移动一下，形成阴影效果，如图 8-12 所示。

图 8-11 渐变效果下拉列表

图 8-12 阴影效果

⑦ 选择"光晕"图层为当前图层，在选区外单击鼠标去掉选区，单击"滤镜"菜单，选择"模糊"级联子菜单中的"高斯模糊"命令，打开"高斯模糊"对话框，如图 8-13 所

示。设置半径为 10 像素，单击"好"按钮，完成设置。

⑧ 制作后的参考效果如图 8-14 所示。

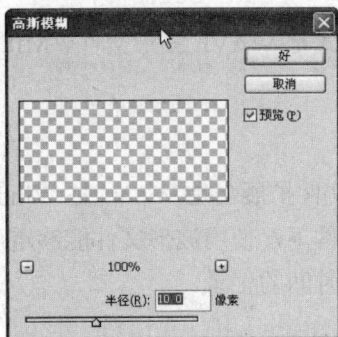

图 8-13 "高斯模糊"对话框

图 8-14 制作完成后的效果

8.4 音频素材采集处理

在多媒体应用系统中所使用的音频数据一般分为两种：音乐和语音，音乐主要用于背景声音，语音用于解说。音乐通常是符合 MIDI 标准的合成的数字化音乐，而语音一般采用 WAVE 波形音频。计算机多媒体音频处理技术包括音频信息的采集技术，音频信号的编码和解码技术，音乐合成技术，语音的识别和理解技术，音频和视频的同步技术，音频的编辑以及音频数据传输技术等。

8.4.1 基本知识

1. 音频数字化

声音本身是一种具有振幅和频率的波，通过麦克风可以把它转换为模拟电信号，称为模拟音频信号。模拟音频信号需要经过"模拟/数字(A/D)"转换电路通过采样和量化转变成数字音频信号，计算机才能对其进行识别、处理和存储。数字音频信号经过计算机处理后，在播放时又需要经过"数字/模拟(D/A)"转换电路还原为模拟信号，放大输出到扬声器。

2. 波形音频

波形音频是计算机中处理声音最直接、最简便的方式。由多媒体计算机中的声卡对麦克风、CD 等音源的声音信号进行采样、量化处理后以文件形式存储到硬盘上，声音重放时，声卡将声音文件中的数字音频信号还原为模拟信号，再经过混音器混合后，输出到扬声器。

3. 乐器数字接口 MIDI

MIDI(Musical Instrument Digital Interface)是乐器数字接口的缩写，它是 1983 年由 YAMAHA、ROLAND 等公司联合制定的一种数字音乐的国际标准。MIDI 标准提供了多媒体计算机所支持的又一种声音产生方法，MIDI 不记录声音的波形信息，而是记录描述音乐信息的一系列指令，如音符序列、节拍速度、音量大小、甚至可以指定音色，即 MIDI 通过描述声音产生了数字化的乐谱，是对声音的符号表示。由声卡上的合成器根据这个"乐谱"完成音乐合成,再通过扬声器播放出来。

8.4.2 音频文件格式

在多媒体声音处理技术中,最常见的几种声音存储格式是 WAVE 波形文件、MIDI 音乐数字文件和目前非常流行的 MP3 音乐文件。

1. WAVE 波形文件

WAVE 波形文件是基于 PCM 技术的波形音频文件,文件扩展名是 WAV,是 Windows 操作系统所使用的标准数字音频文件。在适当的软硬件条件下,使用波形文件能够重现各种声音,但波形文件的缺点是产生的文件太大,不适合长时间的记录。

2. MIDI 音乐数字文件

MIDI 音乐数字文件是按 MIDI 数字化音乐的国际标准来记录描述音符、音高、音长、音量和触键力度(键从触按到最低位置的速度)等音乐信息的指令,通常称为 MIDI 音频文件。它在 Windows 下的扩展名为 MID。

由于 MIDI 文件记录的不是声音信息本身,它只是对声音的一种数字化描述方式,因此,与波形文件相比,MIDI 文件要小得多。MIDI 文件的主要缺点是缺乏重现真实自然声音的能力,另外,MIDI 只能记录标准所规定的有限几种乐器的组合,并且受声卡上芯片性能限制难以产生真实的音乐效果。

3. MP3 文件

MP3 全称为 MPEG Audio Layer3。由于在 MPEG 视频信息标准中,也规定了视频伴音系统,因此,MPEG 标准里也就包括了音频压缩方面的标准,称为 MPEG Audio。MP3 文件就是以 MPEG Audio Layer3 为标准的压缩编码的一种数字音频格式文件。

MP3 语音压缩具有很高的压缩比,一般说来,1 分钟 CD 音质的 WAV 文件约需 10MB,而经过 MPEG Audio Layer3 标准压缩可以压缩为 1MB 左右且基本保持不失真。

4. RA 文件

RA 音频文件的全称是 RealAudio,是由 RealNetworks 公司开发的一种具有较高压缩比的音频文件。由于其压缩比高,因此文件小,适合于网络传输,属于流媒体音频文件格式。同样也由于其压缩比高,声音失真也比较严重。

5. WMA

WMA 为 Windows Media Audio 的缩写,是微软公司制定的音乐文件格式。 WMA 类似于 MP3,同样是一种失真压缩,损失了声音中人耳极不敏感的甚高音、甚低音部分。WMA 与 MP3 相比较有以下优点:具有与 MP3 相当的音质,但容量更小;采用了更先进的压缩算法,在给定速率下可获得更高的质量;适合于低速率传输;在频谱结构上更接近于原始音频,因而具有更好的声音保真度。

8.4.3　音频媒体素材的采集和制作

1. MIDI 音乐的采集

MIDI 音乐的来源主要有 4 种方式：

(1) 以 MIDI 硬件设备为主的 MIDI 创作。通过把专用的 MIDI 键盘或电子乐器的键盘连接到多媒体计算机的声卡上，采集键盘演奏的 MIDI 信息，形成 MIDI 音乐文件。

(2) 以 MIDI 制作软件为主的 MIDI 创作。通过专用的 MIDI 音序器软件在多媒体计算机中创作 MIDI 音乐。

(3) 采集免费的 MIDI 资源或购买现成的 MIDI 作品。

(4) 通过专门的软件，把其他的声音文件转换为 MIDI 文件。

2. 利用"媒体播放器"播放音乐

媒体播放器可以播放 MIDI 音乐、WAV 波形音频文件，也可以播放 MP3 等格式的压缩声音文件和 AVI 等格式的视频文件，以及 asf、asx、wmx 等格式的流媒体文件。

3. 波形音频的采集和制作

波形音频文件其实是把模拟信号的声音进行数字化的结果，可以通过录音获取波形文件。它的一般过程是：由麦克风将音源发出的声音转换为模拟电信号，模拟电信号经过声卡进行采样、量化编码后，得到数字化的波形声音。

波形音频的采集方式有：

(1) 音频数据的录制

音频数据的录制方法很多，如 Windows 操作系统附件中的"录音机"程序，可以录制 WAVE 波形音频文件。另外，现在有许多功能强大的声音处理软件包，如著名的音频编辑软件 CoolEdit，可以提供具有专业水准的录制效果，可以使用多种格式进行录制，并可以对录制的声音进行复杂的编辑，制作各种特技效果。如果所需要的音频数据质量很高，也可以考虑在专业的录音棚中录音，以获得 CD 音质的音频数据。

(2) 利用现有的音频数据

可以从录音带、CD 唱盘上直接输入音频信息或使用存储在光盘上的音频素材库，然后再利用音频编辑软件进行处理。对于已有的波形音频数据，可以使用声音处理软件对其进行加工处理。有很多功能强大的音频处理软件都可以进行专业的高质量的处理。对于波形音频数据的处理主要包括波形的剪辑、声音强度调节、添加声音的特殊效果等。

4. 利用"录音机"采集波形声音

【例 8-3】利用 Windows 操作系统自带的"录音机"软件，可以实现简单的声音采集和编辑工作。

(1) 选择音源

单击"开始"菜单，选择"控制面板"命令，在打开的控制面板窗口内双击"声音和多媒体"图标，打开"声音和音频设备 属性"对话框，选择"音频"选项卡，如图 8-15 所示。在"录音"区域中，单击"音量"按钮，打开"录音控制"对话框，在对话框中选择

"选项"菜单中的"属性"命令，打开 "属性"对话框，如图 8-16 所示。在"属性"对话框的"显示下列音量控制："列表框中，使"麦克风"选项处于选中状态，设置麦克风为录音的音源。

如果音源来自 CD，则设置"CD 唱机"为选中状态。如果使用其他音源设备，通过声卡的 LINE IN 接口接入，则设置"线路输入"为选中状态。为了避免产生不必要的干扰，一般只选择需要的设备。

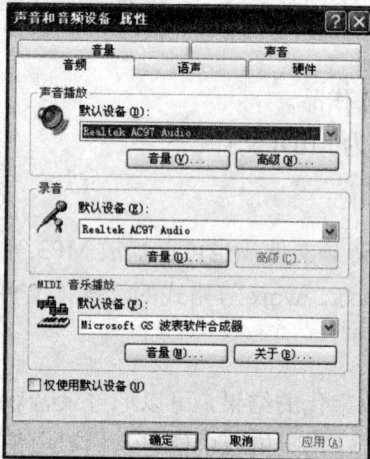

图 8-15 　"声音和音频设备 属性"对话框　　　　　　图 8-16 　"属性"对话框

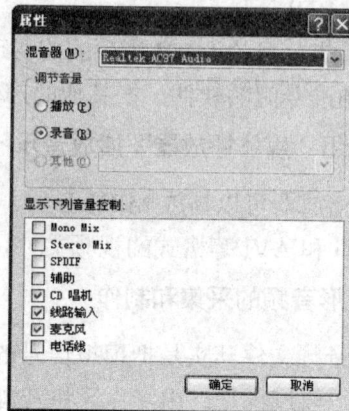

(2) 录音

单击"开始"菜单，选择"程序"→"附件"→"娱乐"→"录音机"命令，打开 "录音机"程序，如图 8-17 所示。

单击控制按钮中红色的录音键，就可以开始录音，按停止键结束录音，选择播放键可以回放刚刚录制的声音剪辑。

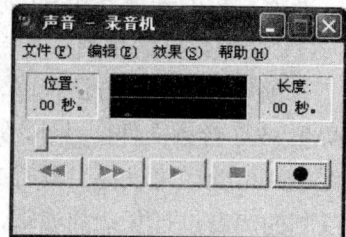

图 8-17　录音机

(3) 编辑声音

"录音机"程序可以对声音做简单的编辑。首先选择开始编辑的位置，即拖动滑块到要编辑的时间位置，然后利用"编辑"菜单中的"删除当前位置以前的内容"和"删除当前位置以后的内容"选项，可以完成简单的声音剪辑。还可以利用"编辑"菜单中的"插入"选项，在所选择的位置插入一个声音文件。

(4) 保存声音

播放录制和剪辑后的声音后，可以通过"文件"菜单的"保存"或"另存为"命令将声音保存为 WAVE 波形文件。

"录音机"程序只能实现对声音文件的简单编辑和处理，在多媒体素材工具中有很多专门用于声音编辑的软件，如 Cool Edit Pro、Gold Wave 等，具有音高调整、片段剪辑、静音设置等功能，并支持多种声音文件格式。如果需要对声音做更专业的处理，应该使用这些功能更为强大的音频素材工具。

8.5　视频及动画素材的采集处理

视频动画信息和其他媒体信息相比具有直观和生动的特点，随着视频处理新技术的不断发展，计算机处理能力的进步，视频技术和产品日益成为多媒体计算机不可缺少的重要组成部分，并广泛应用于商业展示、教育技术、家庭娱乐等各个领域。

8.5.1　视频

多媒体应用系统可以使用电视录像或 VCD 中的素材，这些素材就是视频。视频在多媒体应用系统中占有非常重要的地位，因为它本身可以由文本、图像、声音、动画中的一种或多种组合而成。利用其声音与画面的同步、表现力强的特点，能明显提高直观性和形象性。

1. 基本知识

(1) 视频图像

通常把连续地随着时间变化的一组图像称为视频图像，其中每一幅图像叫作一帧(Frame)。常见的视频图像有电影、电视和动画等。

(2) 数字视频处理技术

摄像机和录像机输出的信号、电视机的信号以及存储在录像带和激光视盘(LD)上的影视节目等大多是模拟信号。为了让计算机能够处理视频信息，必须把模拟信号转换为数字信号。数字视频处理的基本技术就是通过"模拟/数字(A/D)"信号的转换，经过采样、量化以后，把模拟视频信号转换为数字图像，这样方便视频信息的存储和传输，有利于计算机进行分析处理。

2. 视频媒体素材的采集处理

(1) 视频信号采集

在多媒体计算机中，使用视频采集卡配合视频处理软件，把从摄像机、录像机和电视机这些模拟信息源输入的模拟信号转换成数字视频信号。有的视频采集设备还能对转换后的数字视频信息直接进行压缩处理并转存起来，以便于做进一步的编辑和处理。

(2) 视频信息处理

在多媒体计算机中，采用专用的视频处理软件来处理视频信息。从视频信息处理的目的和对象看有两方面：一种情况是对于单帧图像的处理，对于这种情况，计算机遵循静止图像处理原则来处理单帧静止图像；另一种情况是对于连续的视频信息进行剪辑、配音、视频合成等编辑操作。

3. 数字视频信息处理软件

视频信息处理软件有两类，一类是播放软件，一类是视频编辑制作软件。

(1) 常用的视频播放软件

由于视频信息数据量庞大，几乎所有的视频信息都以压缩格式存放在磁盘或光盘上，这就要求在播放视频信息时，计算机有足够的处理能力进行动态实时解压缩播放。目前，常用的视频播放软件有很多，其中著名的有豪杰公司的超级解霸、微软公司的 Media Player 和 Real NetWork 公司的 Real OnePlayer 等。这些视频播放软件，界面操作简单易用，功能强大，支持大多数音频和视频文件格式。

(2) 常用的数字视频编辑软件

常用的数字视频编辑软件有：Video for Windows、Quick Time、Adobe Premiere 等。在这些视频编辑制作软件中，美国 Adobe 公司开发的 Premiere 是一款功能十分强大的处理影视作品的视频和音频编辑软件，它是一款专业的 DTV(DeskTop Video)编辑软件，可以在各种操作系统平台下与硬件配合使用。使用该软件，可以制作广播级的视频作品，即使普通业余人员，在个人计算机上配置低档视频设备也可以制作出专业级的视频文件。

8.5.2　动画

视频和动画同属于运动图像，它们的实现原理是一致的，两者的不同在于视频是对已有的模拟视频信号如电视录像，进行数字化的采集形成数字视频信号，其内容通常是真实事件的再现。而动画里的场景、角色和各帧运动画面的生成一般都是在计算机里绘制而成的。

1. 动画的种类

(1) 二维动画

二维动画是一种平面动画，即通过连续播放平面图像形成二维动画。二维计算机动画，主要是辅助动画制作者制作动画，用于实现中间帧画面的生成。当一系列画面变化微小时，需生成的中间帧数量很多，所以插补技术是生成中间帧画面的重要技术。随着科技的发展，二维动画的功能也在不断提高，它的功能已经渗透到动画制作的各个方面，包括画面生成、中间画面生成、画面着色，预演和后期制作等。

(2) 三维动画

三维动画是采用计算机模拟真实的三维空间，在计算机中构造三维的几何造型，并赋给它表面颜色、纹理，然后设计三维物体的运动、变形，设计对物体的照明灯光、灯光强度、位置及移动，最后生成一系列可供动态实时播放的连续的图像技术。

由于三维计算机动画是在计算机上实现的，因此通过计算机可以产生一系列特殊效果的画面，想到什么就可以做什么，因此三维计算机动画可以产生一些现实世界中根本不存在的场景。因此，三维动画是虚拟现实等技术的基础。

2. 动画素材制作

动画具有形象生动的特点，适合表现抽象的过程，容易吸引人们的注意力，因此，在多媒体应用系统中，对信息的表现能力是十分出色的。动画素材的准备要借助于动画制作工具。

(1) 二维动画制作工具

二维动画制作软件是将一系列画面连续显示以达到动画效果，一般只要软件本身提供的各类工具产生关键帧，安排显示的次序和效果，再组合成所需的动画即可完成。

目前，较为流行的二维动画制作软件较多，如 Animator Studio、Adobe Flash、AXA 2D

等。另外，大多数多媒体制作工具都包括有简单的动画制作能力，如 Macromedia Authorware、Asymetrix Multimedia Toolbook 等。

(2) 三维动画制作工具

三维动画制作一直是电脑应用的一个热点领域，多年来，各种动画制作软件层出不穷，其中最为人们所熟悉的是 Autodesk 公司的基于 Windows 操作系统的 3D Studio MAX，它们已经成了计算机三维动画的代名词。

8.5.3　视频与动画文件格式

1. AVI 格式

AVI(Audio-Video Interleaved Format，音视频交互格式)文件是 Windows 操作系统的标准格式，是 Video for Windows 视频应用程序中使用的格式。AVI 很好地解决了音视频信息的同步问题，采用有损压缩方式，可以达到很高的压缩比，是目前比较流行的视频文件格式。

2. MOV 格式

MOV 格式是 Apple 公司在 Quick Time for Windows 视频应用软件中使用的视频文件格式，原先应用于 Macintosh 平台，现在已经移植到 Windows 环境下。MOV 采用 Intel 公司的 INDEO 有损压缩技术，以及音频视频信息混合交错技术，MOV 格式视频图像质量优于 AVI 格式。

3. MPG 格式

MPG 格式是使用 MPEG 标准进行压缩的全屏幕运动图像文件格式，是 PC 机上全屏幕运动视频的标准格式，也称为系统文件或隔行数据流。MPG 格式可以在 1024×768 分辨率下以每秒 24、25 或 30 帧的速度同步播放有 128 000 种颜色的全运动视频图像和具有 CD 音质的伴音。MPG 文件一般需要专门的有压缩功能的硬件才能制作，播放时往往也要有相应的解压缩硬件支持。随着 MPG 文件的普及，目前，许多视频处理软件都能支持 MPG 格式的视频文件。

4. DAT 格式

DAT 是 Video CD 的数据文件扩展名，这种文件格式与 MPG 基本相同，也是基于 MPEG 压缩算法的一种格式文件。虽然 Video CD 也称为全屏幕活动视频，但实际上，标准 VCD 的分辨率只有 350×240，与 AVI 和 MOV 格式差不多，但由于 VCD 的帧频高并有 CD 音质的伴音，所以质量要优于 AVI 和 MOV 格式文件。

5. SWF 格式

SWF 格式是动画制作软件 Flash 的动画文件。SWF 格式的动画文件可以嵌入到网页中，也可以单独成页，或以 OLE 对象的方式出现在其他多媒体制作软件中。Flash 动画的主要特点有：使用矢量图形，文件大小比 GIF 动画小得多，可以按任意比例缩放而不失真；Flash 动画的图像可以为真彩色，而 GIF 只能为 256 色图像；Flash 动画具有功能丰富的交互能力；Flash 动画采用先进的"流"式播放技术，完全适应网络环境，使用户边下载边观看。

6. ASF 格式

ASF(Advanced Streaming Format，高级流格式)是 Microsoft 公司开发的一种可以直接在网上观看的视频文件压缩格式。由于它使用了 MPEG4 的压缩算法，所以压缩比和图像的质量都很高。ASF 属于流格式，它的图像质量优于 RM 格式。

7. WMV 格式

WMV 是 Microsoft 公司开发的视频文件格式，它是一种独立于编码方式的在 Internet上实时传播多媒体的技术标准，Microsoft 公司希望用其取代 QuickTime 之类的技术标准以及 WAV、AVI 之类的文件扩展名。WMV 的主要优点包括：本地或网络回放、可扩展的媒体类型、部件下载、可伸缩的媒体类型、流的优先级化、多语言支持、环境独立性、丰富的流间关系以及扩展性等。

8. RM 格式

RM 格式视频文件是由 RealNetworks 公司开发的一种具有较高压缩比的视频文件格式。RM 格式文件压缩比高、文件小，适合于网络传输，属于流媒体文件格式。

8.5.4　视频与动画素材的采集与制作

1. 视频素材的采集

视频素材的采集方法很多，最常见的是用视频捕捉卡配合相应的软件来采集来自录像机、录像带、VCD 机、电视机上的视频信号。可以利用超级解霸等软件来截取 VCD 上的视频片段，也可以获得高质量的视频素材。也可以使用特定的软件配合目前市场上流行的摄像头，直接获取视频图像。还可以使用屏幕抓取软件，来记录屏幕的动态变化及鼠标的操作，以获得视频素材。

2. 动画素材的制作

计算机制作动画的方法大致有以下 4 种：

(1) 将一幅幅画面分别绘制后，再串接成动画。

(2) 路径动画(补间动画)。

(3) 关键帧动画。

(4) 利用计算机程序设计语言制作动画，如 Java 动画。

3. Flash 简介

Flash 动画在网页中应用广泛，是目前最流行的二维矢量动画。Flash 独有的 ActionScript脚本制作功能，使其具有很强的灵活性，从功能上看 Flash 已经不仅仅是一个单纯的动画制作软件。

(1) Flash 的工作界面

Adobe Flash 的工作界面如图 8-18 所示。主要由菜单栏、工具箱、时间轴、场景、浮动面板等几个部分组成。

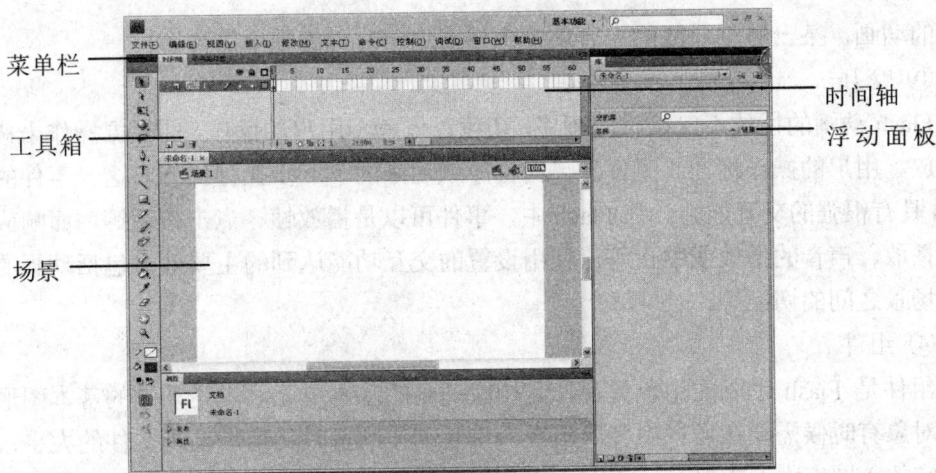

图 8-18　Adobe Flash 的工作界面

- 菜单栏：菜单栏包含 Flash 所有的操作命令，由文件、编辑、视图、插入、修改、文本、命令、控制、调试、窗口和帮助 11 个菜单组成。
- 工具箱：工具箱中提供了用于绘制、填充颜色、选择和修改对象的一组工具，位于工作界面的左侧，如图 8-18 中所示，从上到下依次为：箭头工具、部分选取工具、线条工具、套索工具、钢笔工具、文本工具、椭圆工具、矩形工具、铅笔工具、画笔工具、任意变形工具、填充工具、墨水瓶工具、颜料桶工具、手形工具、缩放工具、笔触颜色和填充色工具等。
- 场景：编辑制作关键帧的工作区。
- 时间轴：用于制作帧动画，包括图层控制区和时间线控制区。
- 浮动面板：位于工作界面的右侧和下方，可浮动，用于完成对编辑对象和角色的颜色、动作控制和组件管理等功能。

(2) Flash 的基本术语和概念

① 图层

与 Photoshop 中图层的概念一样，在 Flash 中也支持图层的概念，以编辑制作更复杂的场景和动画，Flash 可以通过图层把一个大型动画分成很多个在各个图层上的动画的组合。Adobe Flash 还有两种称为功能层的特殊的图层：引导线层和遮罩层。

引导线层提供引导线，而引导线可以作为移动渐变的图形元素的路径。在引导线设置好后，在被引导层设计好移动渐变，在开始和结束的关键帧上将对象吸附到路径上，对象就会按照引导层的路径移动。

Flash 很多有创意的效果就是利用遮罩层来实现的。要完成遮罩效果，需要有遮罩层和被遮罩层，而且遮罩层在被遮罩层的上面，与被遮罩层挨在一起。设置遮罩层后，遮罩层会为图形提供一个区域，提供这个区域能看到被遮罩层上的图形元素，而区域之外则看不到被遮罩层的图形元素。

② 帧

帧是构成 Flash 动画的基本元素，对于只用一个层的动画，可以简单地理解为各个时刻所播放的内容。在时间轴窗口中，帧是用小矩形的方格表示的，一个方格是一帧。对于多层的动画,某一时刻播放的内容就是各层在这一时刻的帧中的内容。

③ 交互

Flash 动画的播放不仅按时间顺序,还可以依赖于用户的操作,即根据操作来决定动画的播放。用户的操作称为"事件",而程序或动画的下一步执行称为对这一事件的响应。Flash 具有很强的交互能力。在 Flash 中,事件可以是播放帧、点击按钮等,而响应可以为帧的播放、声音的播放或中止等。使用设置的交互功能达到的主要效果包括动画的播放控制、场景之间的切换等。

④ 组件

组件是 Flash 动画的角色灵魂,是构成动画的基本单元,也是动画的基本图形元素。一个对象有时候需要在场景中多次出现,重复制作既费时又增加动画文件的大小,这时可以把它放入图库中,需要时,由图库中直接调用,这就是组件的概念。拖入场景的组件叫实例,若更改一个组件,它的所有实例会随之发生改变。但当场景里的某个实例经过打散之后,就可以单独更改其属性(大小,颜色等)。Adobe Flash 中的组件有 3 种:图像、按钮、影片剪辑。

⑤ 场景

场景是 Flash 动画中相对独立的一段动画内容,一个 Flash 动画可以由很多个场景组成,场景之间可以通过交互响应进行切换。正常情况下,动画播放时将按场景设置的先后顺序播放。

⑥ Alpha 通道

Alpha 通道是决定图像中每个像素透明度的通道,它用不同的灰度值来表示图像可见度的大小,一般纯黑为完全透明,纯白为完全不透明,介于二者之间为部分透明。Alpha 通道的透明度可以有 256 级。

(3) Flash 的基本操作

① 图形的编辑与处理

Flash 是基于矢量绘图的动画制作工具,其图形绘制操作和绘制工具与前面介绍的软件的图形绘制操作和绘制工具基本一致。

② 对象操作

对象的基本操作包括对象的选取、对象的群组和分解、对象的对齐和组件的创建。

③ 文本的创建和编辑

在工具箱中选择文本工具,然后在场景中拖动鼠标,在拖出的矩形框中输入文本内容。对输入的文本可以完成插入、删除、复制、移动等编辑操作。对文本属性进行设置时,先选定欲设置的文本,然后选择"文本"菜单中的命令选项完成操作。

④ 层的操作

层的操作包括创建层、层的选择、层的删除、插入图层、添加运动引导层、层的重新命名、层的隐藏/显示、层的锁定/解锁、层移动、层的轮廓显示等。这些操作可以利用时间轴左侧的图层控制区的相应按钮或在图层控制区的快捷菜单中选择相应的命令选项完成。

⑤ 动画制作

在场景和角色绘制及编辑处理完成后，就可以开始动画的制作。在 Flash 中制作动画有两种基本方式：逐帧动画和渐变动画。

逐帧动画是指在建立动画时，设置动画中每一帧的内容。设置动画开始前的场景为第一帧，其余帧制作的基本过程是：先在时间轴选择帧，然后修改场景中的运动对象，持续上述两个步骤，直到最后一帧。

渐变动画只需要设定动画的起点和终点，中间的过程帧可以由 Flash 自动生成，这种自动生成的动画称为补间动画。Flash 支持的补间动画有变形补间动画、运动补间动画和路径引导补间动画 3 类。补间动画简化了动画的制作过程，但补间动画的中间帧不能由用户完全控制。关键帧就是变化的关键点，如补间动画的起点和终点或逐帧动画的每个设置帧都是关键帧。关键帧数目越多，动画文件越大。

Flash 动画是以时间轴为基础的关键帧动画。播放时，也是以时间轴上的帧序列为顺序依次进行的，对于复杂的动画，Flash 使用场景的概念，每一个场景使用独立的时间轴，对应场景的组合产生了不同的交互播放效果。

动画制作完成后，只需按回车键就可以播放。

⑥ ActionScript

可以将 ActionScript 称作动作脚本，它是一种编程语言，与流行的 JavaScript 基本相同。它采用了面向对象的编程思想，采用事件驱动机制，以关键帧、按钮和电影剪辑为动作对象来定义和编写 ActionScript。动作脚本制作功能是 Flash 的精华部分，它使得 Flash 区别于一般的动画制作软件和其他多媒体制作软件。

在 ActionScript 编程面板的左侧提供了 ActionScript 编程命令的分类参考，可以通过直接单击相应命令，在打开的对话框中添加相应的脚本语句，完成 Action 编程。这样，运用 Actions 面板中的 Normal mode 设置，不需要编程就可以在电影中加入一些 Actions，而对于一些高级用户则可以选择专家模式直接书写代码进行 Action 编程。

⑦ 文件操作

Flash 提供了对文件的打开、保存等基本操作，可以在"文件"菜单中选择相应的命令选项完成基本操作。Flash 支持打开的文件格式有：Flash 的编辑格式 FLA，打开后可以直接开始编辑；Flash 的动画播放格式 SWF，打开后可以进行动画播放测试。Flash 还提供了和其他媒体文件格式进行转换的导入导出能力，Flash 允许导入几乎大部分常见的图形图像、声音和视频文件格式，同时支持把 Flash 动画导出为 SWF、GIF、AVI、MOV 等视频格式和以离散图片序列的形式逐帧导出动画。

(3) 实例

【例 8-4】以制作带有滚动字幕标题为例，学习制作逐帧动画。

在 Flash 中制作逐帧动画，就是通过时间轴确定当前编辑的帧，先绘制该帧的画面，再形成动画。操作步骤如下：

① 选择"修改"菜单中的"文档"命令，打开"文档属性"对话框，如图 8-19 所示，可以根据需要制作标题的尺寸来修改影片的尺寸。在"文档属性"对话框中还可以设置场

景的背景色和播放动画的帧频。

② 利用文本工具在场景中输入一行文字："使用 Flash 制作动画"。使用"文本"菜单中的命令选项对文本进行格式设置。使用箭头工具选择文本，摆放到影片的中间位置。

③ 单击"插入"菜单，选择"转换为元件"命令，打开 "转换为元件"对话框，如图 8-20 所示。在"行为"区域中选中"图形"单选按钮，单击"确定"按钮把文本创建为图形组件。

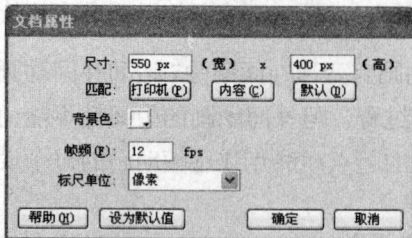

图 8-19　"文档属性"对话框　　　　图 8-20　"转换为元件"对话框

④ 右击时间轴上的第 3 帧处，打开快捷菜单，选择"插入关键帧"命令，在第 3 帧中插入关键帧。

⑤ 利用键盘向左移动第 3 帧上的文本。

⑥ 用同样的办法在第 5、7、9 帧中插入关键帧，并在每帧中逐渐左移文本，在第 9 帧时把文本移出场景。

⑦ 用上述办法在第 11 帧处插入关键帧，把文本移动到编辑区的右侧，但不进入编辑区。

⑧ 编辑第 13、15、17、19 帧，把文本逐级移动到编辑区的中间。

⑨ 编辑第 30 帧，使文本在编辑区的中间(可以把 19 帧复制过来)。

⑩ 单击"控制"菜单，选择"测试影片"命令或按 Ctrl+Enter 组合键，观看动画效果。

8.6　多媒体应用系统的开发

多媒体应用系统是多媒体系统的必要组成部分，它的功能和表现是多媒体技术的直接体现。重视多媒体应用系统的开发，有利于多媒体技术的普及和推广，有利于多媒体技术自身的发展。

8.6.1　多媒体应用系统的开发过程

对于一个复杂的多媒体应用系统，其开发工作是一个系统工程。多媒体应用系统的一般开发过程如下：

1. 分析阶段

系统分析阶段是多媒体应用系统开发的重要阶段，这一阶段的主要工作包括：

(1) 课题定义。

(2) 目标分析。

(3) 使用对象特征分析。

(4) 内容分析。

(5) 开发和使用环境分析。

(6) 项目开发费用预算。

(7) 编写需求评估报告。

2. 信息内容设计阶段

这一阶段的主要工作包括：

(1) 细化目标。

(2) 目标排序。

(3) 制定内容呈现策略。

(4) 设计系统的所有模块所包括的内容及结构。

(5) 确定媒体的选择及组合。

(6) 确定评估方法。

3. 软件系统设计阶段

这一阶段的主要工作包括：

(1) 内容组织结构设计。

(2) 导航策略设计。

(3) 控制机制设计。

(4) 交互界面设计。

(5) 屏幕风格设计。

4. 稿本编写阶段

稿本又称为脚本，多媒体应用系统的细节问题，需要通过稿本的编写来加以描述和体现，并将稿本作为下一步制作的直接蓝本。稿本分为文字稿本和节目稿本。文字稿本是对多媒体应用系统所要表达的内容进行的描述。节目稿本则是在文字稿本的基础上改写而形成的能体现软件的系统结构和功能，并作为软件制作的直接依据的一种具体描述。软件工程师按照稿本即可以完成整个系统的软件设计，就像电视制作中的分镜头稿本。

5. 媒体素材制作阶段

这一阶段的主要工作包括：

(1) 文、图、声、像等多媒体素材的采集和制作。

(2) 选用媒体编辑工具。

(3) 对媒体素材进行加工制作和编辑。

6. 制作与合成阶段

这一阶段的主要工作包括：

(1) 选用合适的写作软件，或是多媒体制作系统，或是多媒体制作语言，或是可视化程序设计语言来完成制作。

(2) 按照节目稿本的要求完成多媒体应用系统的合成。

7. 测试与评价阶段

将制作好的应用系统在小范围内进行试用，注意收集用户的反馈信息，对系统存在的内容和技术方面的缺陷进行改进。

8. 修改阶段

在测试和评价中若发现产品设计方面的问题，则需要及时修改。修改工作可能涉及信息内容结构设计、软件系统设计、节目稿本编写、媒体素材制作、系统合成步骤中的局部或全部。但从软件工程角度出发，修改阶段应尽可能不涉及课件制作的前期阶段。

9. 复制与发行阶段

经过认真地测试与反复修改后，当应用系统被证明是合乎设计要求的，而且在实际应用中行之有效时，该多媒体应用系统就可以作为一个确定的版本加以推广使用了。如果是商业化的软件，必须要考虑为用户提供经济可靠的发行载体、便捷的安装方法、详尽的文档资料以及相应的售后技术支持等。

10. 维护与更新阶段

多媒体应用系统发行后，项目的负责人必须及时跟踪课件的使用效果，及时发现问题并合理解决问题。尽可能收集客户的反馈信息，改进和优化应用系统的设计。当系统已经不适应需要时，就有必要对其进行更新，由此，又进入了一个新的设计制作周期。

8.6.2　媒体素材的选择和利用

1. 媒体选择

选择何种媒体，与应用系统的设计目标、信息内容、媒体特性、经济因素以及使用者的自身素质有关。可通过以下程序来选择媒体：

(1) 确定要实现的设计目标。

(2) 根据要实现的设计目标和具体的使用对象，确定应该或必须由某种媒体来表现的信息内容。

(3) 分析可供选择的媒体的类型及其特点，选定高效低耗的媒体。

(4) 设计媒体呈现的时机、方式、步骤和次数。

(5) 如果采用多媒体系统，还需确定多种媒体的组合方式等。

不同媒体的特性是不同的，不同媒体所能展现的内容(简称为媒体内容)也是不同的，必须深刻地理解和掌握不同媒体的特性，才能掌握根据不同的要求合理选择媒体。此外，在媒体内容的组织上要注意画面资料的内容和组合序列，要注意和呈现内容相符合，要注意主题突出、结构合理、图像要清晰、刺激强度和刺激时间适中、易于观看、易于为使用者所理解和接受。

2. 多种媒体的组合

多种媒体的组合是指根据设计目标和信息内容的需要以及各种媒体的特性、功能，选择两种以上的媒体，充分发挥各种媒体的特有优势，互为补充、相辅相成、有机结合，构成信息传输及反馈调节的优化组合。

多种媒体组合时，要注意遵循如下几条原则：

(1) 目的性原则

进行多种媒体组合，要根据信息内容的需要，为实现整体设计目标服务，不能为了形式上的多样化而滥用多种媒体。

(2) 多种感官配合原则

多种媒体的组合有利于调动使用者的多种感官参与，促进使用者对呈现内容的理解和记忆。

(3) 大信息量原则

每一种媒体都能传播一定量的信息，如果反复使用同一种媒体的信息内容，虽然能够起到强化刺激的作用，但容易使使用者感到疲劳，进而产生抵制心理。由于各种媒体的特性不同，对于同一信息内容，用多种媒体从不同的角度采用不同的形式传递，所传递的信息量比单一媒体要大。

(4) 整体性原则

多种媒体优化组合时，既要考虑各种媒体所能发挥的作用，又要考虑作为一个整体需要各个媒体发挥何种作用，才能达到最佳的效果。

8.6.3　多媒体应用系统的制作模式

根据开发多媒体应用系统的软件系统设计阶段中所采用的信息内容结构、导航结构、交互方式等的不同，可以将多媒体应用系统的制作模式分为以下几种：

1. 幻灯呈现模式

幻灯呈现模式是一种线性呈现模式，用于按照事先确定的顺序呈现分离的屏幕。

2. 层次模式

层次模式按照树型结构组织，适合于菜单的驱动程序。

3. 书页模式

书页模式类似幻灯呈现模式，用有固定顺序的页组织成"书"，但是在页之间还有交互操作。

4. 窗口模式

在窗口模式中，目标程序按分离的屏幕对象组织成为"窗口"序列。在每一个窗口中，类似幻灯呈现模式。

5. 时基模式

时基模式是指按照时间顺序制作的由动画、声音以及视频组成的应用程序或呈现过程。

6. 网络模式

网络模式允许应用程序组成一个网状的自由形式结构。

7. 图标模式

在图标模式中，图标用于标识对应的内容动作或交互控制。制作过程中，它们通过一张显示一系列有不同对象连接的流程图来表示。

第9章　数据通信技术基础

9.1　数据通信的基本概念

当今社会正处于一个信息和网络时代，人与人之间要经常互通信息，从一般意义上讲这就是通信(Communication)。通信是现代人们生活中不可缺少的一部分，它对社会发展产生深刻的影响，因而掌握通信技术具有十分重要的意义。通信的根本目的就是传递信息。由于现在的信息传输与交换大多是在计算机之间或计算机与外设之间进行，因此数据通信有时也称为计算机通信。

所谓数据通信是指依照通信协议，利用数据传输技术在两个功能单元之间传递数据信息。它可实现计算机与计算机、计算机与终端以及终端与终端之间的数据信息传递。通俗而言，数据通信是计算机与通信相结合而产生的一种通信方式和通信业务。从数据通信的定义可见，数据通信包含两方面的内容，数据传输和数据传输前后的处理(如数据的采集、交换、控制等)。数据传输是数据通信的基础，而数据传输前后的处理使数据的远距离交互得以实现。

9.1.1　通信信号与通信模型

1. 通信信号

数据通信中数据从一方传送到另一方，数据必须以一种合适的形式快速有效地传送，并能够被人们利用。数据一般可理解为"信息的数字化形式"，在计算机网络系统中，数据通常理解为在网络中存储、处理和传输的二进制数字编码。声音信息、图像信息、文字信息以及从现实世界直接采集的各种信息，均可转换为二进制编码在计算机网络系统中存储、处理和传输。

(1) 信号(Signal)

简单地说是信号信息的表现形式，具有确定的物理描述，如电磁信号、光信号等。

(2) 数字信号与模拟信号

信号可分为数字信号和模拟信号，从时间域来看，数字信号是一种离散信号，模拟信号是一段连续变化的信号。

数据可以是模拟的也可以是数字的。模拟是与连续相对应的。模拟数据是取某一区间的连续值，而模拟信号是一个连续变化的物理量，如图 9-1(a)所示。例如，声音信号是一个连续变化的物理量，声音数据是在一个区间内取连续值。数字是与离散相对应的。数字数据取某一区间内有限个离散值，数字信号取几个不连续的物理状态来代表数字，如图

9-1(b)所示。由离散数字按不同的规则组成的离散数字序列就形成了数字数据，其离散数字的序列便是数字数据代码。最简单的离散数字是二进制数字 0 和 1，它分别用信号的两个物理状态(如低电平和高电平)来表示。利用数字信号传输的数据，在受到一定限度的干扰后是可以恢复的。例如，用高电平 5V 代表数字 1，用低电平 3V 代表数字 0，如果电压因干扰分别变成 4.9V 和 3.1V，接收信号的一端依然可以判定接收的数字数据是 1 和 0。

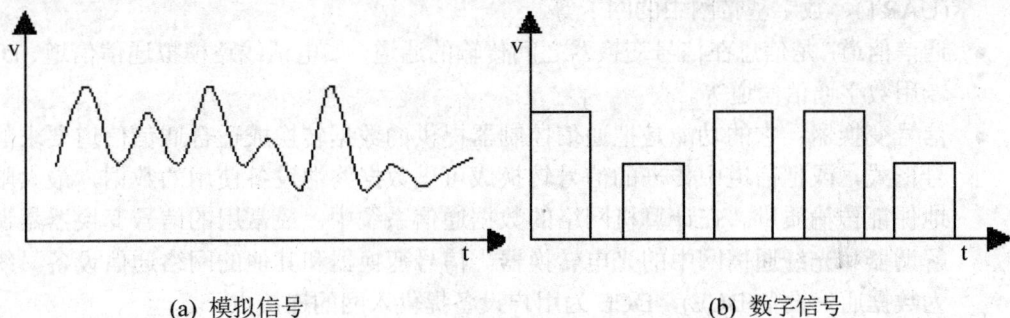

(a) 模拟信号　　　　　　　　　　　　　(b) 数字信号

图 9-1　模拟信号和数字信号

2. 通信模型

数据通信系统是指以计算机为中心，用通信线路与分布于远地的数据终端设备连接起来，执行数据通信的系统。现代通信系统虽然种类繁多，但根据其信息特点，可以概括成一个基本的通信模型，如图 9-2 所示。

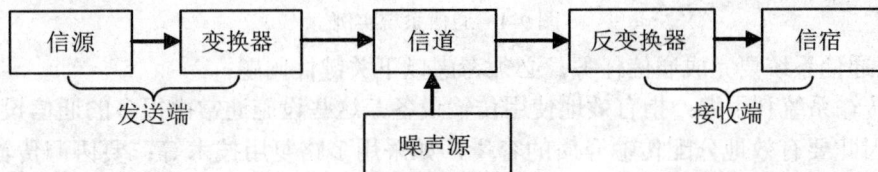

图 9-2　通信系统模型

- 信源：产生待发送数据的设备，是信息的发出者。
- 变换器：对信号进行转换和编码，以产生能在特定的传输信道中传输的信号。
- 信道：连接信源和信宿的传输介质或复杂网络。
- 反变换器：从信道接收信号并将其转换成信宿能处理的信号。
- 信宿：从反变换器接收数据，并能还原成原信号，是信息的接收者。
- 噪声源：通信系统中不能忽略噪声的影响，通信系统中的噪声可能来自各个部分，包括发送或接收信息的周围环境、各种设备的电子器件、信道外的电磁场干扰等。噪声的存在影响通信质量。

从计算机网络技术的组成部分来看，一个完整的数据通信系统，一般由以下几个部分组成：数据终端设备、通信控制器、通信信道、信号变换器，如图 9-3 所示。

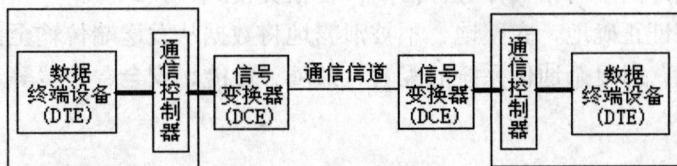

图 9-3　计算机网络通信模型

- 数据终端设备：即数据的生成者和使用者，它根据协议控制通信的功能。最常用的数据终端设备就是网络中的微机。此外，数据终端设备还可以是网络中的专用数据输出设备，如打印机等。
- 通信控制器：它的功能除进行通信状态的连接、监控和拆除等操作外，还可接收来自多个数据终端设备的信息，并转换信息格式。如微机内部的异步通信适配器(UART)、数字基带网中的网卡等。
- 通信信道：是信息在信号变换器之间传输的通道。如电话线路模拟通信信道、DDN专用数字通信信道等。
- 信号变换器：它的功能是把通信控制器提供的数据转换成适合通信信道要求的信号形式，或把信道中传来的信号转换成可供数据终端设备使用的数据，最大限度地保证传输质量。在计算机网络的数据通信系统中，最常用的信号变换器是调制解调器和光纤通信网中的光电转换器。信号变换器和其他的网络通信设备又统称为数据通信设备(DCE)，DCE 为用户设备提供入网的连接点。

一个计算机网络通信系统的实例如图 9-4 所示。

图 9-4　通信系统实例

数据通信系统要完成通信任务，必须考虑以下关键性问题：

- 传输系统利用率：指有效地使用传输设备，这些设施通常由很多的通信设备共享。因此要有效地分配传输介质的容量，如采用多路复用技术等；要协调传输服务的要求以免系统过载，如采用拥塞控制技术等。
- 接口规范：为了通信，设备必须和传输系统有接口，使发送端产生的信号特征(如信号的波形和信号强度)能适应信道的传输，以及在接收端能对数据做正确解释。
- 同步：接收端要按发送端发送的数据频率和起止时间来接收数据，使自己的时钟与发送端一致，实现同步接收。
- 交换管理：在两个实体通信期间的各种协调管理。
- 差错检测和校正：对通信中产生的差错进行检测和校正，并通过流量来控制反变换器来不及接收的信号。
- 寻址和路由：决定信号到达目标的最优路径。
- 恢复：不同于差错检测和校正，指在系统由于某种原因被破坏或中断后(包括自然灾害)，对系统进行必要的恢复。
- 报文格式：两个对话实体进行协商，使报文格式一致。
- 安全：保证正确地、完整地、不被泄露地将数据从发送端传输至接收端。
- 网络管理：对复杂通信系统的配置、故障、性能、安全、计费等进行管理。

9.1.2　信道分类及通信中的主要指标

1.　信道分类

信道可按不同的方式来分类。从概念上可分为广义信道和狭义信道；按传输媒体可分为有线信道和无线信道；按允许通过的信号类型可分为模拟信道和数字信道等。

(1) 广义信道和狭义信道

广义信道是指相对某类传输信号的广义上的信号传输通路。它通常是将信号的物理传输媒介与相应的信号转换设备合起来看作是信道，常用的信道如调制信道，即将调制器和解调器之间的信道和设备看作是一个广义信道。

狭义信道是指传输信号的具体的传输物理媒介，如电缆、光纤、微波、卫星等传输线路。在讨论信道时，物理传输媒介仍是重点。

(2) 有线信道和无线信道

有线信道(对称电缆、同轴电缆、光纤等)具有性能稳定，外界干扰小，维护便利等优点，在通信网中占有较大的比例。但是，一般有线信道架设工程量大，一次性投资较大。目前，在有线信道中，光纤的使用比重正在进一步增大。

无线信道(中波、短波、微波、卫星)是利用无线电波在空间进行信号传输。通信成本低，通信的建立比较灵活，可移植性大。但是，一般无线信道受环境气候影响较大，保密性差。目前，在无线信道中，微波和卫星信道的使用比重较大。

(3) 模拟信道和数字信道

模拟信道中传输的是模拟信号。使用模拟信道进行数据通信比较方便，但传输过程中容易受到干扰而失真，必须采用有效的差错控制技术。电报、电话网出现在计算机网络之前，该网采用的是模拟信道。

数字信道中传输的是二进制数字脉冲信号。使用数字信道进行数据通信效率高，质量好，对所有频率的信号都不衰减，或都作同等比例衰减。长距离通信时，数字信号也会有所衰减，因此数字信道中常采用类似放大器功能的中继器来识别和还原数字信号。例如使用光纤的数字信道。

2.　数据通信中的几个主要指标

(1) 比特率

比特率是数据传输速率，是指在有效的带宽上，单位时间内所传输的二进制代码的有效位(bit)数，可用每秒比特数(bit/s 或 bps)单位来表示。

(2) 波特率

波特率是一种调制速率，是指数字信号经过调制后的速率，即调制后的模拟信号每秒钟变化的次数，其单位为波特(Baud)。

波特率和比特率不总是相同的，如果一个信号由 1 比特组成，比特率若是 2400bit/s，则波特率也是 2400B。如果一个信号由 2 比特组成，比特率若是 2400bit/s，则波特率是 1200B。

(3) 带宽

带宽是指物理信道的频带宽度,即信道允许的最高频率和最低频率之差,单位为赫兹(Hz)。

(4) 信道容量

信道容量是指物理信道上能够传输数据的最大能力,即极限数据传输速率。当信道上传输的数据速率大于信道所允许的数据速率时,信道就不能用来传输数据了。

(5) 误码率

误码率是指二进制编码在数据传输中被传错的概率,也称出错率。

(6) 吞吐量

吞吐量是指数值上大于等于信道在单位时间内传输的总的数据量,单位也是 bps。

9.1.3　通信介质

通信(传输)介质是通信网络中发送方和接收方之间的物理通路。计算机网络通信中通常使用双绞线、同轴电缆、光纤等有线传输介质。另外,也经常利用无线电短波、微波、红外线、激光、卫星通信等无线传输介质。

常用的传输介质如下:

1. 双绞线

双绞线是两根绝缘铜线相互扭绕成有规则的螺旋形,由一对线作为一条通信线路,计算机网络中常用的是由 4 对双绞线构成双绞线电缆。双绞线是一种广泛使用的通信传输介质,既可以传输模拟信号,也可以传输数字信号。双绞线电缆的连接器一般使用 RJ-45 接头,用来连接计算机的网卡或集线器等通信设备。双绞线与 RJ-45 接头连接示意如图 9-5 所示。

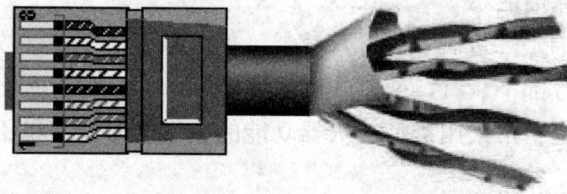

图 9-5　双绞线与 RJ-45 接头连接示意

双绞线主要分为两类,即非屏蔽双绞线(Unshielded Twisted-Pair,UTP)和屏蔽双绞线(Shielded Twisted-Pair,STP)。屏蔽双绞线增加了一个屏蔽层,能有效地防止电磁干扰。

EIA/TIA(电子工业协会/电信工业协会)为非屏蔽双绞线制定了布线标准,目前常用的为 5 类线和 6 类线,可用于 100Mbit/s 和 1000Mbit/s 的以太网。

计算机网络中,双绞线的连接分为计算机至计算机和计算机至集线器两种。参照 T568B 标准,计算机至集线器的双绞线,其 8 芯线按颜色顺序一一对应进行连接,如表 9-1 所示;计算机至计算机的双绞线(不经过集线器)连接顺序如表 9-2 所示。

表 9-1　计算机至集线器双绞线的连接

	1	2	3	4	5	6	7	8
计算机	橙白	橙	绿白	蓝	蓝白	绿	棕白	棕
集线器	橙白	橙	绿白	蓝	蓝白	绿	棕白	棕

表 9-2　计算机至计算机双绞线的连接

	1	2	3	4	5	6	7	8
计算机 1	橙白	橙	绿白	蓝	蓝白	绿	棕白	棕
计算机 2	绿白	绿	橙白	蓝	蓝白	橙	棕白	棕

2. 同轴电缆

同轴电缆是由一根空心的外圆柱形导体围绕着单根内导体构成的。内导体为实芯或多芯硬质铜线电缆，外导体为硬金属或金属网，内、外导体之间有绝缘材料，如图 9-6 所示。同轴电缆的连接器可以用 BNC 或 T 连接器。

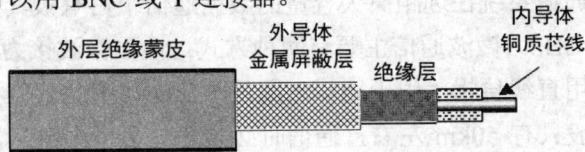

图 9-6　同轴电缆的结构

同轴电缆可以用于长距离的电话网络、有线电视信号的传输通道以及计算机局域网络。50 Ω 的同轴电缆可用于数字信号发送，称为基带同轴电缆；75 Ω 的同轴电缆可用于频分多路转换的模拟信号发送，称为宽带同轴电缆。在抗干扰性方面，对于较高的频率，同轴电缆优于双绞线。

3. 光纤

光导纤维电缆，简称光纤。它由纤芯、包层和护套组成，其中纤芯由玻璃或塑料制成，包层由玻璃制成，护套由塑料制成，四芯光纤及其剖面的示意，如图 9-7 所示。光纤一般使用光纤收发器进行连接。将短距离的双绞线电信号和长距离的光信号进行互换的以太网传输媒体转换单元，称为光纤收发器(光电转换器)。如 SC 接头光纤收发器和 ST 接头光纤收发器。

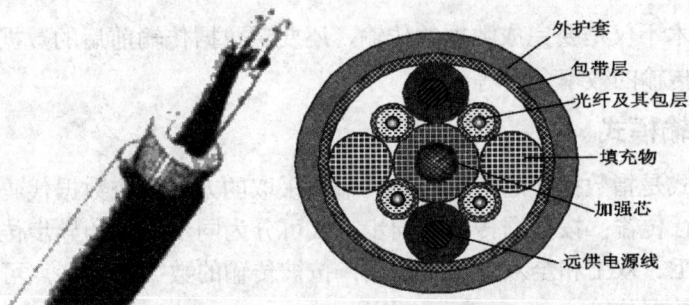

图 9-7　四芯光纤及剖面示意图

光纤的很多优点使得它在远距离通信中起着重要作用。光纤与同轴电缆相比有如下优点：

(1) 光纤有较大的带宽，通信容量大。

(2) 光纤的传输速率高，能超过千兆位/秒。

(3) 光纤的传输衰减小，连接的范围更广。

(4) 光纤不受外界电磁波的干扰，因而电磁绝缘性能好，适宜在电气干扰严重的环境中应用。

(5) 光纤无串音干扰，不易被窃听和截取数据，因而安全保密性好。

目前，光纤通常用于高速的主干网络。

4. 无线传输介质

在一些电缆光纤难以通过或施工困难的场合，例如，高山、湖泊或岛屿等，特别是通信距离远，对通信安全性要求不高，铺设电缆或光纤成本过高时，利用无线电波等无线传输介质在空间传播，实现数据通信。

无线电数字微波通信系统在远距离大容量的数据通信中占有极其重要的地位，其频率范围为 300MHz～300GHz。微波通信主要有两种方式：地面微波接力通信和卫星通信。

微波在空间中采用直线传播，由于地球表面是个曲面，因此其传播距离受到限制且与天线的高度有关，一般只有 50km 左右，通信时必须建立多个中继站，中继站把前一站发来的信号经过放大后再发往下一站。

卫星通信就是利用位于 3 万 6 千公里高空的人造地球同步卫星作为微波中继站的一种特殊形式的微波通信。卫星通信可以克服地面微波通信的距离限制，其最大特点就是通信距离远，且通信费用与通信距离无关。卫星通信的频带比微波通信更宽，通信容量更大，信号所受到的干扰也较小，误码率也较小，通信比较稳定可靠。但是卫星通信的传播时延较长。

红外线通信和激光通信就是把要传输的信号分别转换成红外光信号和激光信号直接在空间沿直线进行传播，它比微波通信具有更强的方向性，难以窃听、插入数据和进行干扰，但红外线和激光对雨雾等环境的干扰特别敏感。

9.2　数据通信技术

数据通信技术不仅是要完成数据的传输，还要对数据传输前后的数据进行处理，如数据的交换、数据传输的效率分析等。

9.2.1　数据传输模式

数据传输模式是指数据在通信信道上传输所采取的方式。按数据代码传输的顺序可分为并行传输和串行传输；按数据传输的同步方式可分为同步传输和异步传输；按数据传输的流向可分为单工、双工和全双工数据传输；按被传输的数据信号特点可分为基带传输、频带传输和数字数据传输。

1. 串行传输和并行传输

串行传输是数据以串行方式在一条信道上传输。该方法易于实现，成本低，用于长距离传输，但速度慢。

并行传输是将数据以成组的方式在两条以上的并行信道上同时传输。并行传输速度快，不需另外措施实现同步，但设备复杂，成本高，适用于短距离传输。

2. 同步传输与异步传输

(1) 同步传输

同步传输就是接收端按发送端发送的每个码元的起止时间及重复频率来接收数据，并且要校准自己的时钟以便与发送端的发送取得一致，实现同步接收。

数据传输的同步方式一般分为位同步、字符同步。字符同步通常是识别每一个字符或一帧数据的开始和结束；位同步则识别每一位的开始和结束。字符同步传输示意如图 9-8 所示。

DCE	…	同步字符	字符块	同步字符	…	DCE

图 9-8　字符同步传输方式示意

同步传输方式适用于同一个时钟协调通信双方，传输速率较高。

(2) 异步传输

在异步传输中，发送端可以在任意时刻发送字符，字符(信息帧)之间的间隔时间可以任意变化。该方法是将字符看作一个独立的传送单元，在每个字符的前后各加入 1~3 位信息作为字符的开始和结束标志位，以便在每一个字符开始时接收端和发送端同步一次，从而在一串比特流中可以把每个字符识别出来。异步传输实现字符同步比较简单，收发双方的时钟信号不需要精确地同步，数据传输效率低于同步传输。异步传输 1 个字符的示意如图 9-9 所示。

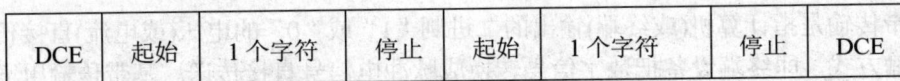

DCE	起始	1 个字符	停止	起始	1 个字符	停止	DCE

图 9-9　异步传输 1 个字符的示意

3. 单工通信、半双工通信和全双工通信

(1) 单工通信

单工通信是指通信双方传送的数据是一个方向，不能反向传送。如图 9-10 所示，数据只能从 A 传送至 B，而不能由 B 传送至 A。单工通信在理论上只需一根线，而在实际中一般采用二线制，一个正向传送数据，一个反向传送控制信号。无线电广播和电视信号传播都是单工通信。

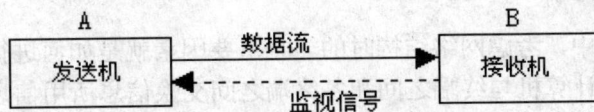

图 9-10　单工通信

(2) 半双工通信

半双工通信是指通信双方传送的数据可以双向传输，但不能同时进行，发送和接收共用一个数据通路，若要改变数据的传输方向，需要利用开关进行切换。由于通信需要切换传输方向，故效率低，但可节省传输线路。如图 9-11 所示，信息可以从 A 传送至 B，或从 B 传送至 A。对讲机就是半双工通信的一个例子。

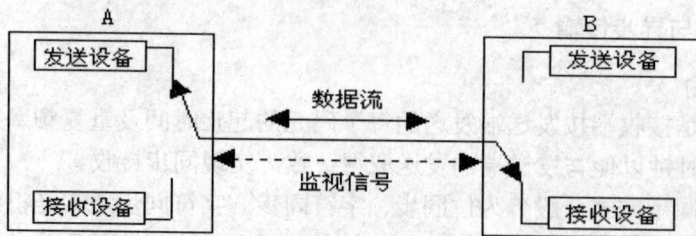

图 9-11 半双工通信

(3) 全双工通信

全双工通信是指通信双方可以同时双向传输，如图 9-12 所示。它相当于两个相反方向的单工通信的组合，因此可采用四线制。显然全双工通信较前两种方式效率高、控制简单，但结构复杂，成本高。例如，电话是全双工通信，双方可以同时讲话；计算机与计算机通信也可以是全双工通信。

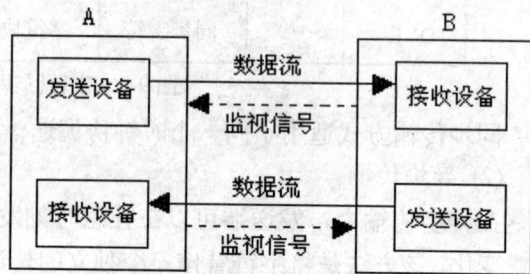

图 9-12 全双工通信

4. 基带传输、频带传输和数字数据传输

(1) 基带传输

基带传输是指计算机(或终端)输出的二进制"1"或"0"的电压(或电流)直接传送到电路的传输方式，即终端设备把数字信号转换成脉冲电信号直接传送。基带传输用于短距离的数据通信中。

(2) 频带传输

频带传输是指把代表二进制"1"或"0"的信号，通过调制解调器变成具有一定频带范围的模拟信号进行传输。频带传输可实现远距离的数据通信。

(3) 数字数据传输

数字数据传输是利用数字信道传输数据信号的一种方式。这种方式效率高，传输质量好。

9.2.2 数据交换方式

在网络通信系统中，考虑网络结构时的一个重要因素就是如何进行信息交换。交换方式是指计算机之间、计算机与终端之间和各终端之间交换信息所用信息格式和交换装置的方式。根据交换装置和信息处理方法的不同，常用的交换方式有三种：电路交换、报文交换和分组交换。

1. 电路交换

电路(线路)交换(Circuit Switching)方式，是通过网络中的结点在两个站之间建立一条专用的通信线路，是两个站之间一个实际的物理连接。两个站之间一旦建立连接，连接的通信线路就成为它们之间的临时专用通路，其他用户不能使用通道，直到通信结束才拆除连接。电话系统就是最普通的电路交换实例。电路交换的通信过程分为电路建立、数据传输、线路拆除三个阶段。

- 电路建立：在传输数据之前，完成两站之间各个结点的连接，形成站到站的直通电路。
- 数据传输：电路建立结束后，两站之间即可进行数据传输，传输的数据可以是数字的，也可以是模拟的。
- 线路拆除：在完成数据传输后，终止电路连接，释放结点和信道。

从性能上看，电路建立阶段存在延时，但一旦电路建立，网络对用户是完全透明的，数据可以固定的速率进行传输，除了传输延迟外，不再有其他延迟，也不会发生冲突，数据传送可靠、迅速，不丢失且保持着传输的顺序，因此电路交换方式能适应实时传输。

用电路交换方式进行通信时，若在连接时间内没有数据传输，但线路仍然必须保持连通状态，电路资源被通信双方独占，线路利用率低；如果通信量不均匀，网络负载过重，则容易引起阻塞。

2. 报文交换

报文交换方式，是源站在发送报文时，把目的地址添加到报文中，然后报文在网络中从一个结点传送至另一个结点。在每个结点中，接收信息后暂时存储起来，待信道空闲时再转发到下一结点，这种工作方式叫存储转发方式。存储转发具有存储信息的能力，所以能平滑通信量和充分利用信道。

报文交换方式与电路交换方式相比有如下特点：

- 线路效率较高。因为许多报文可分时共享一条结点到结点的通道。
- 接收者和发送者无须同时工作。在接收者忙时，网络结点可先将报文暂时存起来。
- 当流量增大时，在电路交换中可能导致一些呼叫不能被接收，而在报文交换中，报文仍可接收，只是延时会增加，但不会引起阻塞。
- 报文交换可把一个报文送到多个目的地，而电路交换很难做到这一点。
- 可建立报文优先级，使得一些短的、重要的报文优先传递，并可以在网络上实现差错控制和纠错处理。
- 报文交换能进行速度和代码转换。两个数据传输率不同的站可以互相连接，也易于实行代码格式的变换(如将 ASCII 码能变换为 EBCDIC 码)。这在电路交换中是不可能的。

报文交换的主要缺点是网络延时较长，波动范围较大，不宜用于声音连接，也不适合交互式终端到计算机的连接，例如，话音、传真、终端与主机之间的会话业务等。

3. 分组交换

分组交换是吸取报文交换的优点，仍然采取存储转发方式，但不像报文交换以报文为单位进行交换，而是把报文裁成若干比较短的、规格化了的"分组"(Packet，或称包)进行交换和传输。从表面上看，两者的主要区别在于传输数据单元的大小。报文的长度是随机的，可达几千或几万比特，甚至更长。分组交换传输数据的单元为分组，每个分组都包含有数据和目的地址，其长度受到限制，典型的最大长度是一千位至几千位。

在分组交换网中，有两种常用的处理数据的方法：数据报方式和虚电路方式。

(1) 数据报方式

在数据报方式中，每个分组被称为一个数据报(数据包)，若干个数据报构成一次要传送的报文或数据块。数据报方式采用同报文交换一样的方法对每个分组单独进行处理(把分组看成一个小报文)。

在数据报中，每个数据包被独立地处理，就像在报文交换中每个报文被独立地处理那样，每个结点根据一个路由选择算法，为每个数据包选择一条路径，使它们的目的地相同。由于不同时间的网络流量、故障等情况不同，大数据段的各个数据包不能保证按发送的顺序到达目的结点。为此，每个数据包都有相应的发送顺序信息，接收端根据这些信息把它们重新组合起来，恢复原来的数据块。

(2) 虚电路方式

在虚电路中，数据在传送以前，发送和接收双方在网络中建立起一条逻辑上的连接，但它并不是像电路交换中那样有一条专用的物理通路。逻辑连接路径上的各个结点都有缓冲装置，缓冲装置服从于这条逻辑线路的安排，也就是按照逻辑连接的方向和接收的次序进行转发。这样每个结点就不需要为每个数据包作路径选择判断，就好像收发双方有一条专用信道一样。发送方依次发出的每个数据包经过若干次存储转发，按顺序到达接收方。双方完成数据交换后，拆除该虚电路。

分组交换比报文交换具有明显的优点：

(1) 减少了时间延迟。每个分组传输延时小于报文延时。因为多个分组可同时在网中传播，使总的延时大大减少。

(2) 每个结点上所需缓冲容量减少了(因为分组长度小于报文长度)，有利于提高结点存储资源的使用效率。

(3) 传输数据发生错误时，分组交换方式只需重传一个分组而不是整个报文，减少了每次传输发生的错误率以及重传信息的数量。

(4) 易于重新传输。可让紧急报文迅速发送出去，不会因传输优先级较低的报文而堵塞。

分组交换的缺点：每个分组都要附加一些控制信息，这增加了所传信息的容量，相应地，加工处理时间也有所增加。

目前，分组交换广泛用于计算机网络中。

4. 其他数据交换技术

随着通信技术和计算机网络技术的发展，出现了高速数据交换技术。

(1) 利用数字语音插空技术(Digital Speech Interpolation，DSI)，能提高线路交换的传输能力。

(2) 帧中继(Frame Relay)是对目前广泛使用的 X.25 分组交换通信协议的简化和改进。这种高速分组交换技术可灵活设置信号的传输速率，充分利用网络资源，提高传输效率，可对分组呼叫进行带宽的动态分配，具有低延时、高吞吐量的网络特性。

(3) 异步传输模式(Asynchronous Transfer Mode，ATM)是电路交换与分组交换技术的结合，能最大限度地发挥线路交换与分组交换技术的优点，具有从实时的语音信号到高清晰度电视图像等各种高速综合业务的传输能力。

9.2.3　多路复用技术

为了充分利用传输介质，降低成本，提高有效性，人们提出了复用问题。多路复用是指在数据传输系统中，允许两个或多个数据源共享同一个公共传输介质，就像每一个数据源都有自己的信道一样，也就是将若干个彼此无关的信号合并为一个在一个公共信道上传输的复合信号的方法。

多路复用技术通常采用频分多路复用(FDM)、时分多路复用(TDM)、波分多路复用(WDM)方式。

1. 频分多路复用

频分复用是一种按频率来划分信道的复用方式。它将物理信道的总带宽分割成若干个互不交叠的子信道，每一个子信道传输一路信号，这就是频分多路复用，如图 9-13 所示。

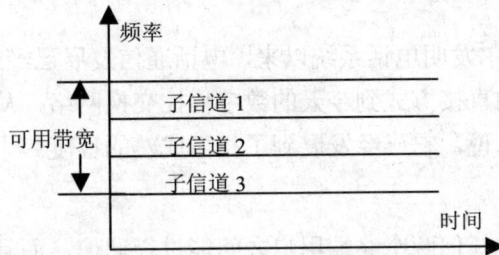

图 9-13　FDM 子信道示意

频分多路复用的优点是通信信道利用率高，允许复用的路数多，分路方便，频带宽度越大，在此频带宽度内的用户就可以越多；缺点是设备复杂，抗干扰能力差。频分多路复用最普遍的应用就是在电视和无线电传输中。

2. 时分多路复用

时分多路复用是将一条物理线路按时间分成一个个互不重叠的时间片，每个时间片称为一帧，帧再分为若干时隙，轮换地为多个信号所使用。每一个时隙由一个信号(一个用户)占用，该信号使用通信线路的全部带宽，如图 9-14 所示。

时分多路复用分为同步时分多路复用和异步时分多路复用。

同步时分多路复用是指分配给每个用户的时隙是固定的，不管是否有数据发送，属于该用户的时隙都不能被其他用户占用，从而造成信道资源的浪费。

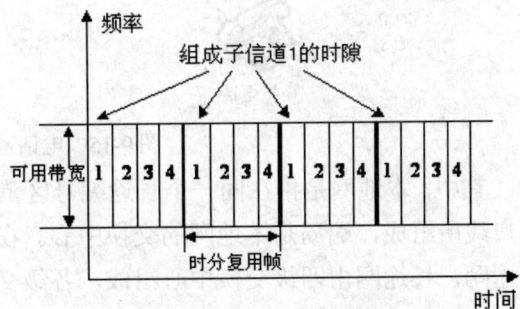

图 9-14　TDM 子信道示意

异步时分多路复用允许动态地分配时隙，如果某个用户不发送数据，则其他的用户可以占用该时隙。异步时分多路复用可以为更多的用户服务，即用户数可以比时隙数多，当所有时隙全部被占用而仍有新用户需要分配时隙时，就得采取排队或竞争的方法。

时分多路复用技术适合于数字信号的场合，是计算机通信网分时系统的基础。

3. 波分多路复用

波分多路复用与频分多路复用使用的技术原理是一样的，与 FDM 技术不同的是采用光纤作为通信介质，利用光学系统中的衍射光栅，来实现多路不同频率(波长)光波信号的合成与分解。

9.3　常用的通信系统

随着人们传递信息的手段不断进步，出现了电话、电报、计算机、短波、移动通信和卫星通信系统等，常用的通信系统如下：

9.3.1　电话系统

从 1876 年美国人贝尔发明电话系统以来，电话通信发展已经经历了 100 多年的历史。期间，电话系统从最早的直接方式到今天的数字程控交换网络，从单一的通话业务到能提供数十种新业务等，可以说，它已经发展到了相当成熟的程度。

1. 电话系统的结构

在电话系统中，为使任何两个终端用户之间能进行通信，而且既要保证通信质量，又要求经济合理，需要根据通信的流量和终端所在范围把整个电话网络分成区域，再把各区域的通信流量汇聚起来，以此来提高网络线路的利用率，从而更加有效地利用网络资源。

在我国，电话网分成长途网和本地网，如图 9-15 所示。

图 9-15　电话系统的一般结构

其中，本地网是指在同一个长途编号区范围内，由若干个端局及局间中继、城市中继、用户线所组成，端局是本地网的交换中心。在不同长途编号区的范围内进行通信需要经过长途网，长途网由四级交换中心组成，各级交换中心的功能是疏通该交换中心服务区域内的长途话务，四级交换中心分别负责长途来话、长途去话、转话话务和长途终端话务。

2. 综合业务数字网

综合业务数字网(ISDN)是以综合数字网(IDN)为基础发展起来的，它是支持语音和非语音等各类业务的综合业务通信网络。ISDN 具有通信业务的综合化、高可靠性和高质量的通信、使用方便等特点，用于数字电话、数字传真、可视图文、数据通信、视频业务等。

9.3.2　移动通信系统

随着人们对通信的要求越来越高，在任何地方与任何人都能及时沟通联系、交流信息，这必须借助于新的通信技术，移动通信技术就是其一。

现代移动通信集中了无线通信、有线通信、网络技术、计算机技术等许多成果，在人们的生活中得到广泛的应用，弥补了固定通信的不足。

1. 移动通信的特点

由于移动通信系统需能保证移动体在运动中实现不间断通信，尽可能为移动用户提供高质量、方便、快捷的服务，因此移动通信有其自身的特点和更高的要求。与有线通信方式和固定无线通信方式相比，移动通信有如下特点：

- 电波传播环境复杂。
- 干扰和噪声的影响大。
- 处于运动状态下的移动台工作环境恶劣。
- 控制系统复杂。
- 组网方式灵活多样。

2. 移动通信系统的组成

移动通信系统一般由移动台、基地站、移动业务交换中心以及与公用电话网相连接的中继线构成，如图 9-16 所示。

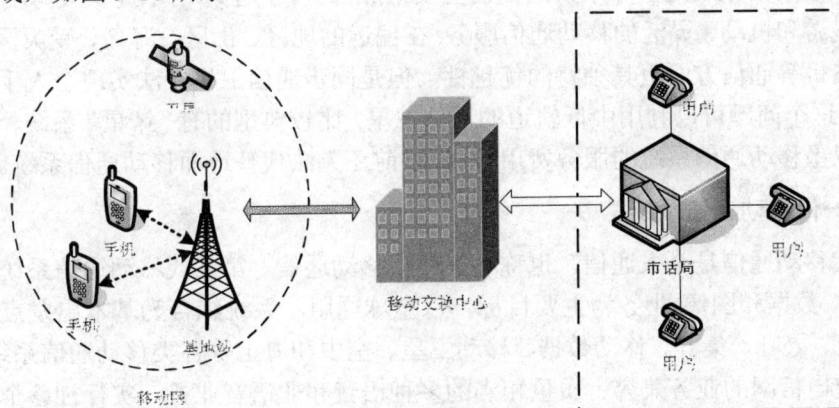

图 9-16 移动通信示意图

基地站和移动台(如手机)设有收、发及天线等设备，它们的工作方式是由移动通信网的具体情况决定的。例如，汽车调度等专用业务移动通信系统采用半双工制，而公用移动通信系统采用双工制。

基地站的发射功率、天线高度、数量同移动通信网服务覆盖区大小有关。

移动业务交换中心主要用来处理信息的交换和整个系统的集中控制管理。

一个移动通信系统，它由多个基地站构成，如图 9-16 所示。可以看出，在整个服务区内任意两个移动用户之间的通信都能够通过基地站、移动业务交换中心来实现，移动用户与市话用户之间的通信可以通过中继线与市话局的连接来实现，这样就构成了一个有线、无线相结合的移动通信系统。

3. 移动通信系统的分类

移动通信系统从使用情况来看，主要有公用移动通信系统、专用业务移动通信系统、无线寻呼系统、无绳电话系统和卫星移动通信系统等。

(1) 公用移动通信系统

公用移动通信系统是公用电话网的一个组成部分，它的使用范围广、用户数量多，主要有车载式、手提式、船用式等。

(2) 专用业务移动通信系统

专用业务移动通信系统是在一定业务范围内，为某些单位提供服务的移动通信系统。该系统应用非常广泛，如列车无线调度系统、消防、救护、出租车的指挥等。这些系统大多是中、小容量，一般不接入公用电话网。

(3) 无线寻呼系统

无线寻呼系统是一种单向传送信息的呼叫系统，由寻呼控制中心、基站和寻呼接收器(BP)组成。无线寻呼系统除了能够接收呼叫信息外，还可以接收很多其他信息，如气象服务、股市行情、报时等。

(4) 无绳电话系统

无绳电话系统由座机(基站)和手机组成，座机接入市话用户线。一般无绳电话的手机移动范围在室外开阔地约为 200 米，楼群间约为 100 米，楼内约为 50 米。

(5) 卫星移动通信系统

卫星移动通信系统是全球个人通信的重要组成部分，为全球用户提供大跨度、大范围、远距离的漫游和机动、灵活的移动通信服务，在偏远的地区、山区、海岛、受灾区、远洋船只及远航飞机等通信方面更具独特的优越性，但是同步通信卫星无法实现个人手机的移动通信。解决这个问题可以利用中低轨道的通信卫星，比较典型的有"铱星"系统、"全球星"系统等。卫星移动通信系统的服务费用较高，目前还无法代替地面移动通信系统。

4. 新一代移动通信系统

新一代移动通信是个人通信，也称为第三代移动通信。第三代移动通信系统以支持多媒体(语音、数据和图像)业务为主要目标，以全球通用、系统综合为基本出发点，将集合蜂窝、无绳、寻呼、集群、移动数据、移动卫星、空中和海上等各类移动通信系统的功能，提供与固定电信网的业务兼容、质量相当的多种语音和非语音业务，实行袖珍个人终端全球漫游，以实现在任何地方、任何时间与任何人进行通信的理想。

第 10 章　计算机网络与 Internet 应用

10.1　计算机网络基础

在信息社会里，信息技术代表世界上最新的生产力，信息技术成为人们必备的工具，信息知识成了社会的最重要资源。计算机网络技术是当今信息社会的重要支柱，尤其是以 Internet 为核心的信息高速公路已经成为人们交流信息的重要途径。目前计算机网络在全世界的范围内迅猛发展，它已成为衡量一个国家现代化程度的重要标志之一，它的应用渗透到社会的各个领域，因此，掌握网络知识与 Internet 的应用是对新世纪人才的基本要求。

计算机网络经历了一个从简单到复杂的发展过程。计算机网络是通信技术与计算机技术相互结合、相互渗透而形成的一门新兴学科。计算机网络可定义为：地理上分散的自主计算机通过通信线路和通信设备相互连接起来，在通信协议的控制下，进行信息交换和资源共享或协同工作的计算机系统。

计算机网络由通信子网和资源子网构成，通信子网负责计算机间的数据通信，也就是数据传输，资源子网是通过通信子网连接在一起的计算机，向网络用户提供可共享的硬件、软件和信息资源。

10.1.1　计算机网络的形成及发展

20 世纪 50 年代，美国建立的半自动地面防空系统 SAGE 将远距离的雷达和测控仪器所探测到的信息，通过通信线路汇集到某个基地的一台计算机上进行处理。这种把终端设备(如雷达、测控仪器)、通信线路、计算机连接起来的系统，可以说是计算机网络的雏形。到 20 世纪 60 年代中期，美国出现了将若干台计算机相互连起来的系统，这使系统发生了本质上的变化，成功的典型就是美国国防部高级研究计划署设计开发的 ARPANet，是由美国四所大学的 4 台大型计算机采用分组交换技术，通过专门的接口通信处理机和专门的通信线路相互连接的计算机网络，是 Internet 最早的雏形。

概括起来，计算机网络发展过程可分为 4 个阶段。

1. 面向终端的计算机网络

第一代计算机网络系统是以单个计算机为中心的远程联机系统，如图 10-1 所示。这种系统由主机系统通过通信线路连接若干终端设备构成，其中终端都不具备自主处理的功能。用户可以在远程终端上输入程序和数据，发送给主机进行处理，处理结果通过主机的通信装置，经由通信线路返回给用户终端，所以称为面向终端的计算机网络。

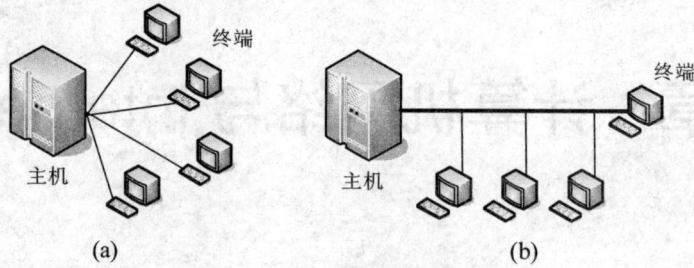

图 10-1　　面向终端的计算机网络

2. 计算机-计算机网络

第二代计算机网络由多台计算机通过通信线路互联起来，即计算机-计算机网络，如图10-2 所示。与第一代相比，这里的多台主计算机都具有自主处理能力，它们之间不存在主从关系，能够完成计算机和计算机间的通信。第二代计算机网络才是真正的计算机网络，前面提到的 ARPANet 是这个时代的典型代表。

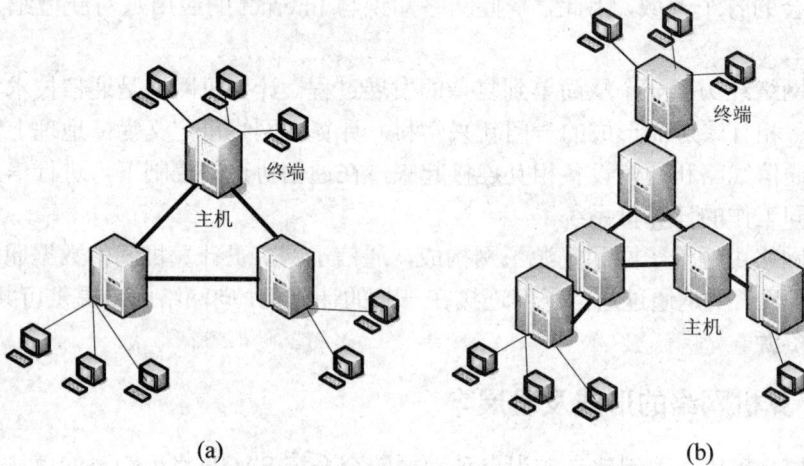

图 10-2　　计算机-计算机网络

3. 开放式标准化网络

第三代计算机网络是网络互联飞速发展的时代。随着网络规模不断扩大，同时为了共享更多的资源，需要把不同的网络连接起来，网络的开放性和标准化被提上议事日程。ISO于 1984 年正式颁布了开放式系统互联基本参考模型(OSI/RM)的国际标准。这里的开放性是针对第二代计算机网络中只能和同种计算机互联而言的，它可以和任何其他系统通信和相互开放；标准化就是要有统一的网络体系结构，遵循国际标准化协议。

4. 网络互联时代

20 世纪 90 年代以来，各国政府都将计算机网络的发展列入国家发展计划。1993 年美国政府提出了"国家信息基础结构(NII)行动计划"(即人们常说的"信息高速公路")，1996年美国总统克林顿宣布在今后的五年实施"下一代的 Internet 计划"(即 NGI 计划)。在我国，以"金桥""金卡""金关"工程为代表的国家信息技术正在迅猛发展，并且国务院已将加快国民经济信息化进程列为经济建设的一项主要任务，并制定了"信息化带动工业化"的发展方针。

　　计算机技术的发展已进入了以网络为中心的新时代，有人预言未来通信和网络的目标是实现 5W 的通信，即任何人(whoever)在任何时间(whenever)、任何地点(wherever)都可以和任何另一个人(whomever)通过网络进行通信，以传送任何信息(whatever)。

10.1.2　计算机网络的功能

　　进行信息交换、资源共享、协同工作是计算机网络的基本功能。从计算机网络的应用角度来看，计算机网络的功能因网络规模的大小和设计目的的不同，往往有一定的差异。归纳起来有如下几方面：

1. 资源共享

　　计算机资源主要指计算机的硬件、软件和数据资源。共享资源是组建计算机网络的主要目的之一。网络用户可以共同分享分散在不同地理位置的计算机上的各种硬件、软件和数据资源，为用户提供了极大的方便。

2. 平衡负荷及分布处理

　　当网络中某个主机系统负荷过重时，可以将某些工作通过网络传送到其他主机处理，既缓解了某些机器的过重负荷，又提高了负荷较小的机器的利用率。另外，对一些大型问题，可采用适当的算法将任务分散到不同的计算机上进行分布处理，这充分地利用各地的计算机资源，达到协同工作的目的。

3. 信息快速传输与集中处理

　　国家宏观经济决策系统、企业办公自动化的信息管理系统、银行管理系统等一些大型信息管理系统，都涉及大量的信息传输与集中处理问题，均要靠计算机网络来支持。

4. 综合信息服务

　　在当今的信息化社会中，通过计算机网络向社会提供各种经济信息、科技情报和咨询服务已相当普及。目前正在发展的综合服务数字网可提供文字、数字、图形、图像、语音等多种信息传输，实现电子邮件、电子数据交换、电子公告、电子会议、IP 电话和传真等业务。计算机网络将为政治、军事、文化、教育、卫生、新闻、金融、图书、办公自动化等各个领域提供全方位的服务，成为信息化社会中传送与处理信息的不可缺少的强有力的手段。目前，互联网 Internet 就是最好的实例。

10.1.3　计算机网络的分类

　　计算机网络分类的标准很多。例如，按覆盖地理范围分类、按计算机网络用途分类、按网络的交换方式分类、按拓扑结构分类等，几种常用的分类方法如下。

1. 按覆盖的地理范围分类

　　按网络覆盖的地理范围可将计算机网络分为局域网、广域网和城域网。

(1) 局域网(Local Area Network，LAN)

　　局域网是一种在有限地理范围内(如一幢大楼、一个校园等)的计算机或数据终端设备连接在一起的通信网络。局域网的覆盖范围一般在几公里以内，最大距离不超过 10 公里，所以它具有信号传输速度快、网络的建设费用低、容易管理和配置、网络拓扑结构简单等特点，适合于中小单位的计算机联网，为单一组织或机构拥有和使用。在目前计算机网络技术中，局域网是发展最快也是最活跃的领域之一。

(2) 广域网(Wide Area Network，WAN)

广域网是一种远距离的计算机网络，也可称为远程网。它的覆盖范围从几十公里到几千公里，可以跨越市、地区、国家甚至洲，它是以连接不同地域的大型主机系统或局域网为目的的。广域网的通信子网可以利用公用分组交换网、卫星通信网和无线分组交换网进行连接，其特点是建设费用高、传输信号速率较低、传输错误率比专用线的局域网要高、网络拓扑结构复杂。

互联网(Internet)实际上也属于广域网的范畴，它利用网络互联技术和设备，将世界各地的各种局域网和广域网互联起来，并允许它们按一定的标准互相交流。

(3) 城域网(Metropolitan Area Network，MAN)

城域网的覆盖范围介于局域网和广域网之间，一般为几十公里范围内的机关、企业、事业单位、集团、公司等的网络连接，是规模较大的城市范围内的网络，用来满足大量用户、多种信息传输为目标的综合计算机网络。

2. 其他分类

从计算机网络的用途角度来分类，可分为公用网和专用网；按交换方式分类，可分为电路交换网、报文交换网和分组交换网 3 种；按所采用的传输媒体分为双绞线网、同轴电缆网、光纤网、无线网等；按信道的带宽分为窄带网和宽带网；按所采用的拓扑结构分类，可分为星型网、环型网、总线型网和树型网等。

10.1.4　计算机网络的体系结构

在网络系统中，由于计算机的类型、通信线路类型、连接方式、通信方式等的不同，导致网络各结点的通信十分不便。要解决上述问题，必然涉及网络体系结构的设计和生产各网络设备的厂商共同遵守的标准等问题，也就是计算机网络体系结构和协议问题。

1. 计算机网络的体系结构

为了完成计算机间的通信合作，把每台计算机互联的功能划分成定义明确的层次，规定了同层次进程通信的协议及相邻层之间的接口及服务。将这些同层进程间通信的协议以及相邻层之间的接口统称为网络体系结构。现代计算机网络都采用了分层结构。

开放式系统互联基本参考模型是由 ISO 制定的标准化开放式的计算机网络层次结构模型，又称为 OSI/RM 模型，如图 10-3 所示。OSI/RM 模型共分为 7 层，从下到上依次为物理层、链路层、网络层、传输层、会话层、表示层和应用层。计算机网络层次结构模型将网络通信问题分解成若干个容易处理的子问题，然后各层"分而治之"逐个加以解决。

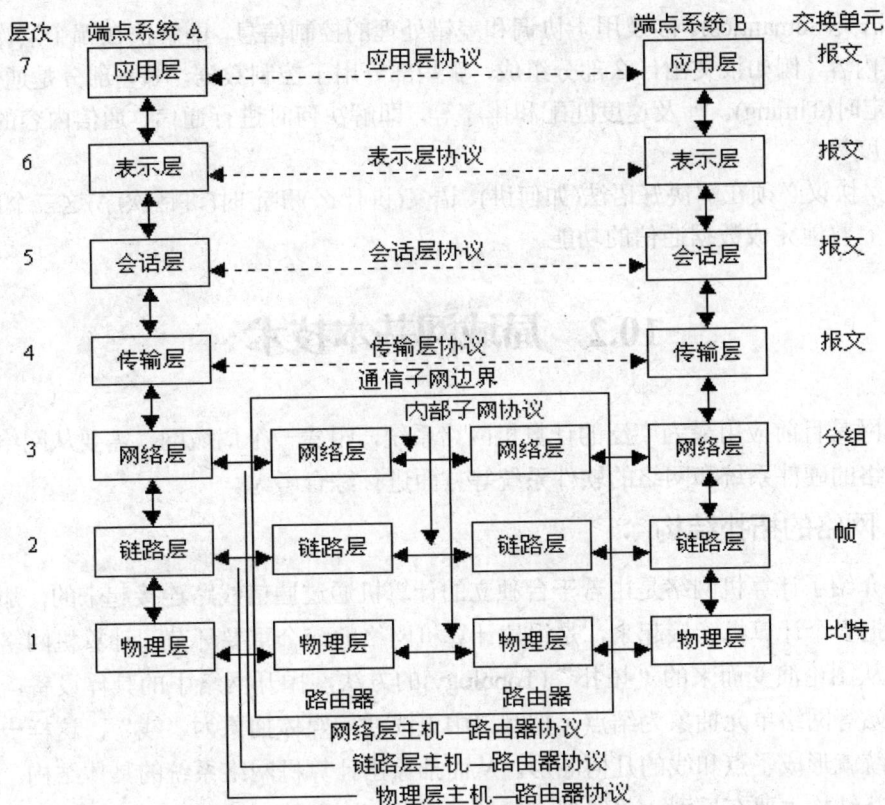

图 10-3　OSI 参考模型

在计算机网络体系层次结构中，各层的功能和作用可简单地归纳如下：由物理层正确利用传输介质，链路层连通每个结点，网络层选择路由，传输层找到对方主机，会话层指出对方实体是谁，表示层决定用什么语言交谈，应用层指出做什么事。

2. 网络通信协议

计算机之间进行通信时，必须使用一种双方都能理解的语言，这种语言被称为"协议"。也就是说，只有能够传达并且可以理解这些"语言"的计算机才能在计算机网络上与其他计算机进行通信。可见，协议是计算机网络中的一个重要概念。

1) 网络通信协议概念

协议(Protocol)是指计算机间通信时对传输信息内容的理解、信息表示形式以及各种情况下的应答信号都必须遵守的一个共同的约定。目前，最常用的网络协议是 TCP/IP(传输控制协议/网际协议)。

在协议的控制下网络上的各种大小不同、结构不同、处理能力不同、厂商不同的产品才能连接起来，实现互相通信、资源共享。从这个意义上来说，协议是计算机网络的本质特征之一。

2) 网络通信协议的三要素

一般来说，通过协议可以解决三方面的问题，即协议的三要素。

(1) 语法(Syntax)。涉及数据、控制信息格式、编码及信号电平等，即解决如何进行通信的问题，例如报文中内容的顺序、形式。

(2) 语义(Semantics)。涉及用于协调和差错处理的控制信息，即解决在哪个层次上定义通信及其内容，例如报文由什么部分组成，哪些部分用于控制数据，哪些部分是通信内容。

(3) 定时(Timing)。涉及速度匹配和排序等，即解决何时进行通信、通信内容的先后以及通信速度等。

总之，协议必须在解决好语法(如何讲)、语义(讲什么)和定时(讲话次序)这三个问题后，才算比较完整地完成数据通信的功能。

10.2　局域网基本技术

局域网是目前应用最为广泛的计算机网络系统，组建一个局域网，需要从网络的拓扑结构、网络的硬件系统和网络的软件系统等方面进行综合考虑。

10.2.1　网络的拓扑结构

前面介绍了计算机网络是由若干台独立的计算机通过通信线路连接起来的，那么通信线路如何把多个计算机连接起来，是组建计算机网络的一个重要环节。计算机网络的拓扑结构采用从图论演变而来的"拓扑"(Topology)的方法，抛开网络中的具体设备，把服务器、工作站等网络单元抽象为结点，把网络中电缆通信媒体抽象为"线"，这样一个计算机网络系统就形成了点和线的几何图形，从而抽象出计算机网络系统的具体结构。计算机网络的拓扑结构主要有星型、总线型、环型、树型和网型等。

1. 星型

星型拓扑结构中每个结点设备都以中心结点为中心，通过连接线与中心结点相连。中心结点为控制中心，各结点之间的通信都必须经过中心结点转接，如图 10-4 所示。星型拓扑结构的优点是结构简单、建网容易、便于管理和控制；缺点是一旦中心结点出现故障，则全网瘫痪。

2. 总线型

总线型拓扑结构是将各个结点设备通过一根总线相连，网络中所有结点工作站都是通过总线传输数据的，如图 10-5 所示。总线型拓扑结构的优点是结构简单灵活、可靠性高、安装使用方便、成本低等，缺点是由于各结点通信都通过这根总线，线路争用现象较重，因此一旦总线上的任何位置被切断或短路，整个网络就无法运行。

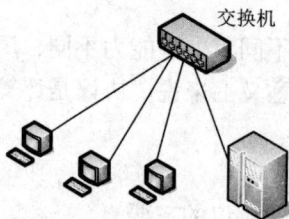

图 10-4　星型拓扑结构的计算机网络　　图 10-5　总线型拓扑结构的计算机网络

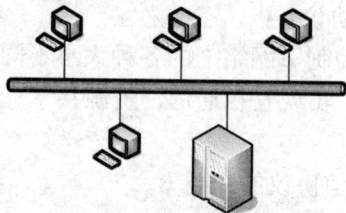

3. 环型

环型拓扑结构是网络中各结点通过一条首尾相连的通信链路连接起来，构成一个闭合环形结构网，如图 10-6 所示。环型拓扑结构的优点是结构比较简单、负载能力强且均衡、可靠性高、信号流向是定向的、无信号冲突；缺点是结点过多时影响传输速率，环中任何结点发生故障，均会导致网络不能正常工作。

4. 树型

树型拓扑结构是一种分级结构，其形状像一棵倒置的树，顶端有一个带有分支的根，每个分支还可延伸出子分支，如图 10-7 所示。树型拓扑结构的优点是线路利用率高、网络成本低、结构比较简单，改善了星型结构的可靠性和扩充性；缺点是如果中间层结点出现故障，下一层的结点间就不能交换信息，对根结点的依赖性太大。

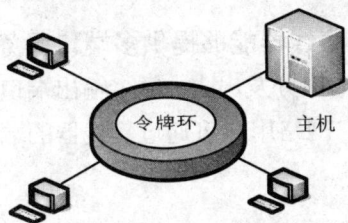

图 10-6　环型拓扑结构的计算机网络　　图 10-7　树型拓扑结构的计算机网络

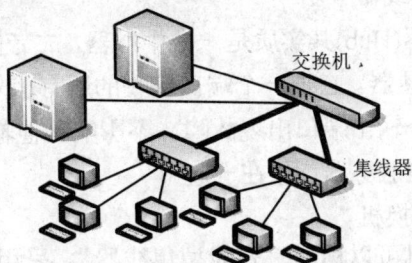

此外，网络中还存在网型、全互联型等形式的结构。实际上，复杂的网络拓扑结构往往是星型、总线型、环型 3 种基本结构的组合。

10.2.2　局域网的组成

局域网通常可划分为网络硬件系统和软件系统两大部分，所涉及的网络组件主要有服务器、工作站、通信设备、计算机网络软件系统等。

1. 服务器

网络服务器是网络中为各类用户提供服务，并实施网络的各种管理的中心单元，也称为主机(Host)。网络中可共享的资源大部分都集中在服务器中，同时服务器还要负责管理资源，管理多个用户同时并发访问。根据服务器在网络中所起的作用不同，可分为文件服务器、数据库服务器、通信服务器及打印服务器等，在一个计算机网络中至少要有一个文件服务器。服务器可以是专用的，也可以是非专用的。一般使用高性能，特别是内存和外存容量较大、运算速度较快的计算机，在基于 PC 机的局域网中也可使用高档微型计算机。

2. 工作站

网络工作站是可以共享网络资源的用户计算机，也可称为网络终端设备，通常是一台微型计算机。一般情况下，一个工作站在退出网络后，可作为一台普通微型计算机使用，用来处理本地事务，工作站一旦连网就可以使用网络服务器提供的各种共享资源。

3. 通信设备

(1) 网络适配器

网络适配器简称网卡，它是计算机与网络之间的物理链路，其作用是在计算机与网络之间提供数据传输功能。要使计算机连接到网络中，必须在计算机中加入网卡。

(2) 中继器

中继器又称转发器，工作在物理层，它是用来扩展局域网覆盖范围的硬件设备。当规划一个网络时，若网络段已超出规定的最大距离，就要用中继器来延伸。中继器的功能就是接收从一个网段传来的所有信号，放大后发送到另一个网段(网络中两个中继器之间或终端与中继器之间的一段完整的、无连接点的数据传输段称为网段)。中继器有信号放大和再生功能，但它不需要智能和算法的支持，只是将信号从一端传送到另一端。

(3) 集线器

集线器(Hub)其实质是一个中继器，二者区别在于集线器能够提供多端口服务，也称为多口中继器。它把一个端口接收的所有信号向所有端口分发出去，每个输出端口相互独立，当某个输出端口出现故障，不影响其他输出端口。网络用户可通过集线器的端口用双绞线与网络服务器连接在一起。

(4) 交换机

交换机可以称作"智能型集线器"，采用交换技术，可以为所连接的设备同时建立多条专用线路，当两个终端互相通信时并不会影响其他终端的工作，这使网络的性能得到大幅提高。

在具体的组网过程中，通常使用第二层(链路层)交换机和具有路由功能的第三层(网络层)交换机。第二层交换机主要用在小型局域网中，具有快速交换、多个接入端口和价格低廉的特点。第三层交换机，也称为路由交换机，它是传统交换机与路由器的智能结合，这种方式使得路由模块可以与需要路由的其他模块间高速交换数据，从而突破了传统的外接路由器接口速率的限制，并且接口类型简单，价格比相同速率的路由器低，适用于大规模的局域网。

(5) 路由器

路由器是一种可以在不同的网络之间进行信号转换的互联设备。网络与网络之间互相连接时，必须用路由器来完成。它的主要功能包括过滤、存储转发、路径选择、流量管理、介质转换等。即在不同的多个网络之间存储和转发分组，实现网络层上的协议转换，把在网络中传输的数据正确传送到下一网段上。

(6) 网关

网关又称网间连接器、协议转换器。网关在传输层上实现网络互联，是最复杂的网络互联设备，用于两个高层协议不同的网络互联。网关既可以用于广域网互联，也可以用于局域网互联。

4. 网络传输介质

网络传输介质包括双绞线、同轴电缆、光纤等有线传输介质，以及红外线、激光、卫星通信等无线传输介质。

5. 计算机网络软件系统

计算机系统在计算机软件的控制和管理下进行工作,同样计算机网络系统也要在网络软件的控制和管理下才能进行工作。计算机网络软件主要指网络操作系统和网络应用软件。

(1) 网络操作系统

网络操作系统是指能够控制和管理网络资源的软件系统。它的主要功能是控制和管理网络的运行、资源管理、文件管理、通信管理、用户管理和系统管理等。网络服务器必须安装网络操作系统,以便对网络资源管理,并为用户机提供各种网络服务。目前,常用的网络操作系统有 UNIX、Linux、Windows Server 2003、Novell Netware 等。

(2) 网络应用软件

网络应用软件是根据用户的需要开发出来的。网络应用软件能为用户提供各种服务。应用软件随着计算机网络的发展和普及也越来越丰富,如浏览软件、传输软件、电子邮件管理软件、游戏软件和聊天软件等。

10.3　Internet 基础知识

20 世纪 80 年代以来,在计算机网络领域最引人注目的就是起源于美国的 Internet 的飞速发展。Internet 意为"互联网",也叫"因特网",是世界上最大的全球性计算机网络。该网络将遍布全球的计算机连接起来,人们可以通过 Internet 共享全球信息,它的出现,标志着网络时代的到来。

从信息资源的角度来看,Internet 是一个集各个部门、各个领域的各种信息资源为一体,供网上用户共享的信息资源网。它把全球数万个计算机网络、数千万台主机连接起来,包含了海量的信息资源,向全世界提供信息服务。

从网络通信的角度来看,Internet 是一个以 TCP/IP 网络协议连接各个国家、各个地区、各个机构的计算机网络的数据通信网。今天的 Internet 已经远远超过了一个网络的含义,它是一个信息社会的缩影。

10.3.1　Internet 的产生与发展

Internet 最早源于美国国防部高级研究计划署建立的一个名为 ARPANet 的计算机网络,该网于 1969 年投入使用。ARPANet 的一项非常重要的成果就是称为网际协议 IP 和传输控制协议 TCP 的两个协议。

在 Internet 的发展过程中,值得一提的是 NSFNet,它是美国国家科学基金会 NSF(National Science Foundation)建立的一个计算机网络,该网也使用 TCP/IP 协议,并在全国建立了按地区划分的计算机广域网。1988 年,NSFNet 已取代原有的 ARPANet 而成为 Internet 的主干网。NSFNet 对 Internet 的最大贡献是使 Internet 向全社会开放,而不像以前那样仅仅供计算机研究人员和其他专用人员所使用。

随着社会科技、文化和经济的发展,人们对信息资源的开发和使用越来越重视,特别是计算机网络技术的发展,Internet 已经成为一个开发和使用信息资源的覆盖全球的信息海洋。根据报告，截至 2017 年 6 月，全球网民总数达 38.9 亿，普及率为 51.7%。其中，中国网民现规模达 7.5 亿，居全球第一，中国网络零售也居全球首位。

中国早在 1987 年就由中国科学院高能物理研究所首先通过 X.25 租用线实现了国际远程联网。1994 年 5 月高能物理研究所的计算机正式接入了 Internet。与此同时，以清华大学为网络中心的中国教育与科研网也于 1994 年 6 月正式连通 Internet。1996 年 6 月，中国最大的 Internet 互联子网 ChinaNet 也正式开通并投入营运，在中国兴起了一种研究、学习和使用 Internet 的浪潮。中国的用户已经越来越多地走进 Internet。

为了规范发展，1996 年 2 月，国务院令第 195 号《中华人民共和国计算机信息联网国家管理暂行规定》中明确规定只允许 4 家互联网络拥有国际出口：中国科技网(CSTNet)、中国教育与科研网(CerNet)、中国互联网(ChinaNet)、中国金桥信息网(ChinaGBN)。前两个网络主要面向科研和教育机构，后两个网络是以经营为目的，是属于商业性的 Internet。这里，国际出口是指互联网络与 Internet 连接的端口及通信线路。

10.3.2　Internet 的特点

1. 开放性

Internet 不属于任何一个国家、部门、单位、个人，并没有一个专门的管理机构对整个网络进行维护。任何用户或计算机只要遵守 TCP/IP 协议都可进入 Internet。

2. 资源的丰富性

Internet 上有数以万计的计算机，形成了一个巨大的计算机资源，可以为全球用户提供极其丰富的信息资源，包括自然、社会、科技、教育、政治、历史、商业、金融、卫生、娱乐、天气预报、政府决策等。

3. 技术的先进性

Internet 是现代化通信技术和信息处理技术的融合。它使用了各种现代通信技术，充分利用了各种通信网，如电话网(PSTN)、数据网(如帧中继等)、综合通信网(DDN、ISDN)。这些通信网遍布全球，并促进了通信技术的发展，如电子邮件、网络视频电话、网络传真、网络视频会议等，增加了人类交流的途径，加快了交流速度，缩短了全世界范围内人与人之间的距离。

4. 共享性

Internet 用户在网络上可以随时查阅共享的信息和资料。若网络上的主机提供共享型数据库，则可供查询的信息更多。

5. 平等性

Internet 是"不分等级"的。个人、企业、政府组织之间可以是平等的、无等级的。

6. 交互性

Internet 可以作为平等自由的信息沟通平台，信息的流动和交互是双向的，信息沟通双方可以平等地与另一方进行交互，及时获得所需信息。

另外，Internet 还具有合作性、虚拟性、个性化和全球性的特点。

10.3.3　Internet 的体系结构概述

Internet 也使用分层的体系结构(通常称为 TCP/IP 协议簇)，这相对于 OSI 开放式层次体系结构，更为简单和实用，只有 4 个层次：网络接口层、网际层、传输层和应用层，如图 10-8 所示，凡是遵循 TCP/IP 协议簇的各种计算机都能相互通信。

应用层 Telnet、FTP、SMTP 等
传输层(TCP、UDP)
网际层 (IP)
网络接口层

图 10-8　Internet 的层次模型

网络接口层位于整个体系模型的最下层，是面向通信子网的，无具体的协议。

网际层是整个 Internet 层次模型中的核心部分，其功能是把各种各样的通信子网互联，运行的协议是网际协议 IP(Internet Protocol)。

传输层也叫主机到主机层。在这层可以使用两种不同的协议：一种是面向连接的传输控制协议 TCP(Transmission Control Protocol)；另一种是无连接的用户数据报协议 UDP(User Datagram Protocol)，所以可以提供面向连接的服务或者无连接的服务，来传输报文或数据流。

应用层是最高层，可以向各种用户提供服务，如远程登录服务 Telnet、文件传输服务 FTP、简单邮件传送服务 SMTP 等。

10.3.4　TCP/IP 协议

前面已介绍过，各种计算机网络，通常都有各自环境下的网络通信协议。Internet 也不例外，它使用的 TCP/IP 协议成功地解决了不同网络之间的互联问题，实现了异网互联通信。

1. TCP 传输控制协议

TCP 协议对应于开放式系统互联模型 OSI/RM 七层中的传输层协议，它是面向"连接"的。在进行数据通信之前，通信双方必须先建立连接，之后才能进行通信，而在通信结束后，要终止它们的连接。

TCP 的主要功能是对网络中的计算机和通信设备进行管理，规定了信息包应该怎样分层、分组，在收到信息包后又怎样重组数据，以何种方式在线路上传输信号。

2. IP 网际协议

IP 协议对应于开放式系统互联模型 OSI 七层中的网络层协议，制定了所有在网上流通的数据包标准，提供跨越多个网络的单一数据包传送服务。IP 协议的功能是无连接数据包传送，数据包路由选择，差错处理等。

Internet 的核心协议是 IP 协议，它的目的是把数据从原结点传送到目的结点。为了正确传送数据，Internet 上的每一个网络设备(如主机、路由器)都有一个唯一的标识，也就是 IP 地址。

10.3.5　Internet 的地址和域名

1. IP 地址

一个 IP 地址由 32 位二进制数字组成，通常被分割为 4 段，段与段间以小数点分隔，每段 8 位(1 个字节)，通信时要用 IP 地址来指定目的地址。例如：

11000000.10101000.00100010.00010101

为了便于表达和识别，IP 地址常以十进制数的形式来表示，因为一个字节所能表示的最大十进制数是 255，所以每段整数的范围是 0~255，如上面二进制表示的 IP 地址用十进制表示则为 192.168.10.21。

IP 地址包括网络部分和主机部分，网络部分指出 IP 地址所属的网络，主机部分指出这台机器在网络中的位置。这种 IP 地址结构可以在 Internet 上很容易地进行寻址，先按照 IP 地址中的网络号找到网络，然后在该网络中按主机号找到主机。

IP 地址可分为 5 类：

- A 类地址：A 类网络地址被分配给主要的服务提供商，即大型的地区网或国家网。IP 地址的前 8 位二进制数代表网络部分，取值范围 00000000~01111111(十进制数为 0~127)，后 24 位代表主机部分。如 61.111.10.3 属于 A 类地址。
- B 类地址：B 类地址分配给拥有大型网络的机构，如大型企业和机构。IP 地址的前 16 位二进制数代表网络部分，其中前 8 位二进制数的取值范围为 10000000~10111111(十进制数为 128~191)；后 16 位代表主机部分。如 168.133.21.66 属于 B 类地址。
- C 类地址：C 类地址分配给小型网络，如小型公司网络和校园网络。IP 地址的前 24 位二进制数代表网络部分，其中前 8 位二进制数的取值范围是 11000000~11011111(十进制数为 192~223)，每个网络中的主机数最多为 254 台。C 类地址共有 2097152 个。如 200.118.24.8 属于 C 类地址。
- D 类地址：D 类地址是为多路广播保留的。它的前 8 位二进制数的取值范围是 11100000~11101111(十进制数为 224~239)。
- E 类地址：E 类地址是实验性地址，是保留未用的。它的前 8 位二进制数的取值范围是 11110000~11110111(十进制数为 240~247)。

以前 IP 协议的版本是 IPv4，随着 Internet 的指数式增长，32 位 IP 地址空间越来越紧张，网络号将很快用完，迫切需要新版本的 IP 协议，于是产生了 IPv6 协议。IPv6 协议使用 128 位地址，它支持的地址数是 IPv4 协议的 2^{96} 倍，这个地址空间是足够的。IPv6 协议在设计时，保留了 IPv4 协议的一些基本特征，这使采用新老技术的各种网络系统在 Internet 上能够互联。

2. 域名(Domain Name)

由于 IP 地址由一串数字组成，不便于记忆，因此 Internet 上设计了一种字符型的主机命名系统 DNS(Domain Name System)，也称域名系统。DNS 为主机提供一种层次型命名方案，如家庭住址是用城市、街道、门牌号表示的一种层次型地址，主机或机构有层次结构的名字在 Internet 中称为域名。DNS 提供主机域名和 IP 地址之间的转换服务。例如，www.sina.com 就是新浪网的域名地址。

　　域名的各部分之间也由"."隔开。按从右到左的顺序，顶级域名在最右边，代表国家或机构的种类，最左边的是机器的主机名。域名长度不超过 255 个字符，由字母、数字或下画线组成，以字母开头，以字母或数字结尾，域名中的英文字母不区分大小写。常见的顶级域名见表 10-1 和表 10-2。

表 10-1　机构顶级域名

域　名	含　义
Com	商业组织
Net	网络和服务提供商
Edu	教育机构
Gov	除军事部门以外的政府组织
Mil	军事组织
Org	除以上组织以外的组织
Int	国际组织
Web	强调其活动与 Web 有关的组织
Arts	从事文化和娱乐活动的组织
Info	提供信息服务的组织

表 10-2　国家顶级域名

域　名	含　义	域　名	含　义
Au	澳大地亚	fr	法国
Ca	加拿大	gr	希腊
Ch	瑞士	jp	日本
Cn	中国	nz	新西兰
De	德国	ru	俄罗斯
Dk	丹麦	uk	英国
Es	西班牙	us	美国

　　例如，www.tsinghua.edu.cn，最右边的顶级域名 cn 是指中国；edu 二级域名指属于教育界；tsinghua 是下一层次的域名，表示该网络属于清华大学；www 是主机名，表示一般是基于 HTTP 协议的 Web 服务器。

　　Internet 主机的 IP 地址和域名具有同等地位。通信时，通常使用的是域名，计算机经 DNS 自动将域名翻译成 IP 地址。

10.4　Internet 接入技术

　　传统的 Internet 接入方式是利用电话网络，采用拨号方式进行连接。这种接入方式的缺点是显而易见的，如通话与上网的矛盾、上网费用问题、网络带宽的限制等问题，视频点播、网上游戏、视频会议等多媒体功能难以实现。随着接入 Internet 技术的发展，高速访问 Internet 技术已经进入人们的生活。

　　在接入 Internet 之前，用户首先要选择一个 Internet 网络服务商(ISP)和一种适合自己的接入方式。国内大多数个人用户选择的 ISP 为 ChinaNet 或 ChinaGBN。

　　Internet 为公众提供了各种接入方式，以满足用户的不同需求。它包括通过调制解调器接入、ISDN、ADSL、Cable Modem、无线接入、高速局域网接入等。

1. 使用调制解调器接入

　　调制解调器又称 Modem。它是一种能够使计算机通过电话线同其他计算机进行通信的设备。其作用是：一方面把计算机的数字信号转换成可在电话线上传送的模拟信号(这一过程称为"调制")；另一方面，把电话线传输的模拟信号转换成计算机所能接收的数字信号(这一过程称为"解调")。目前市面上的 Modem，主要有内置、外置、PCMCIA 卡式 3 种。它的重要技术指标是传输速率，即每秒钟可传输数据位数，以 bps 为单位，目前经常使用的 Modem 传输速率为 56Kbps。

　　利用 Modem 接入网络是目前大众常用的接入方式，但以这种方式接入网络时，要进行数字信号和模拟信号之间的转换，所以网络连接速度较慢、性能较差。

2. ISDN 接入技术

　　在 20 世纪 70 年代出现了 ISDN(Integrator Services Digital Network)，即综合业务数字网。它将电话、传真、数据、图像等多种业务综合在一个统一的数字网络中进行传输和处理，所以又称"一线通"。ISDN 接入 Internet 需要使用标准数字终端的适配器(TA)连接设备将计算机连接到普通的电话线。ISDN 将原有的模拟用户线改造成为数字信号的传输线路，为用户提供纯数字传输方式，即 ISDN 上传送的是数字信号，因此速度较快。可以以128Kbps 的速率上网，而且上网的同时可以打电话、收发传真，是用户接入 Internet 及局域网互联的理想方法。

3. ADSL 接入技术

　　ADSL(Asymmetric Digital Subscriber Line，非对称数字用户线路)是基于公众电话网提供宽带数据业务的技术，素有"网络快车"的美称。ADSL 是在铜线上传送数据和语音信号，数据信号并不通过电话交换机设备，这减轻了电话交换机的负载。ADSL 属于一种专线上网方式，其支持的上行速率为 640Kbps~1Mbps，下行速率为 1~8Mbps。它具有下行速率高、频带宽、性能优、安装方便、不需要交纳电话费等特点，所以受到广大用户的欢迎，成为继 Modem、ISDN 之后的又一种更快捷、更高效的全新接入方式。

　　接入 Internet 时用户需要配置一个网卡及专用的 Modem，可采用专线入网方式(即拥有固定的静态 IP)或虚拟拨号方式(不是真正的电话拨号，而是用户输入账号、密码，通过身份验证，获得一个动态的 IP 地址)。

4. Cable Modem 接入技术

　　Cable Modem 又称为线缆调制解调器，它利用有线电视线路接入 Internet，接入速率可以高达 9~30Mbps，可以实现视频点播、互动游戏等大容量数据的传输。接入时，将整个电缆(目前使用较多的是同轴电缆)划分为 3 个频带，分别用于 Cable Modem 数字信号上传、数字信号下传及电视节目模拟信号下传。一般同轴电缆的带宽为 5～750MHz，数字信号上传为 5～42MHz，模拟信号下传为 50～550MHz，数字信号下传则是 550～750MHz，这样，数字数据和模拟数据不会冲突。它的特点是带宽高、速度快、成本低、不受连接距离的限制、不占用电话线、不影响收看电视节目。

5. 无线接入

用户不仅可以通过有线接入 Internet，也可以通过无线接入。采用无线接入方式一般适用于接入距离较远、布线难度大、布线成本较高的地区。目前常见的接入技术有蓝牙技术、GSM(Global System for Mobile Communication，全球移动通信系统)、GPRS(General Packet Radio Service，通用分组无线业务)、CDMA(Code Division Multiple Access，码分多地址)、4G(4rd Generation，第四代数字通信)等，其中，蓝牙技术适用于传输范围一般在 10m 以内的多设备之间的信息交换，如手机与计算机相连，实现 Internet 接入；GSM、GPRS、CDMA技术目前主要用于个人移动电话通信及上网；5G 通信技术目前还没有正式进入市场。

6. 高速局域网接入

用户若是局域网中的结点(终端或计算机)，可以通过局域网中的服务器(或代理服务器)接入 Internet。

用户在选择接入 Internet 的方式时，可以从地域、质量、价格、性能、稳定性等方面考虑，选择上述的接入方式。

10.5　Internet 服务与应用

Internet 改变了人们传统的信息交流方式，学习网络与 Internet 知识的目的就是利用 Internet 上的各种信息和服务为生产、生活、工作和交流提供帮助。其中，Internet 基本的服务有万维网 WWW(World Wide Web)、电子邮件(E-mail)、远程登录(Telnet)、文件传输 FTP(File Transfer Protocol)、专题讨论(UseNet)、电子公告板服务 BBS(Computer Bulletin Board System)、信息浏览服务(Gopher)、广域信息服务 WAIS(Wide Area Information Service)。

10.5.1　WWW 服务

WWW 也叫环球信息网，是 Internet 上最受欢迎、最为流行的多媒体信息查询服务系统。用户利用 WWW 服务很容易从 Internet 上获取文本、声音、视频、图像信息。它基于 HTTP(Hyper Text Transfer Protocol)协议，采用超文本、超媒体的方式进行信息的存储与传递，并能把各种信息资源有机地结合起来，具有图文并茂的信息集成能力及超文本链接能力。这种信息检索服务程序起源于 1992 年欧洲粒子研究中心(CERN)推出的一个超文本方式的信息查询工具。超文本含有与许多相关文件的接口，称为超链接。用户只需单击文件中的超链接词汇、图片等，便可即时链接到该词汇或图片等相关的文件上——不论该文件存放在何地的何种网络主机上。

WWW 以非常友好的图形界面、简单方便的操作方法，以及图文并茂的显示方式，使用户可以轻松地在 Internet 各站点之间漫游，浏览从文本、图像到声音，乃至动画等各种不同形式的信息。

Internet 主干网的统计数据表明，WWW 的规模以每年上百倍的速度增长，大大超过了其他的 Internet 服务，每天都有新出现的提供 WWW 商业或非商业服务的结点，WWW 的普及已开始改变各企事业单位的经营和工作方式。

10.5.2　Web 浏览器及 IE 的使用方法

WWW 浏览是目前网上获取信息最方便和最直观的渠道，也是大多数人上网的首要选择。Microsoft Internet Explorer(简称 IE)是因特网上使用最为广泛的 WWW 浏览器软件。在完成系统与 Internet 的连接以后，用户就可以使用 Web 浏览器 IE 进行网页浏览了。下面简单介绍 IE 的使用方法。

1. 主窗口介绍

IE 的窗口由标题栏、菜单栏、标准工具栏、地址栏、链接工具栏、Web 浏览窗口、状态栏组成，如图 10-9 所示。

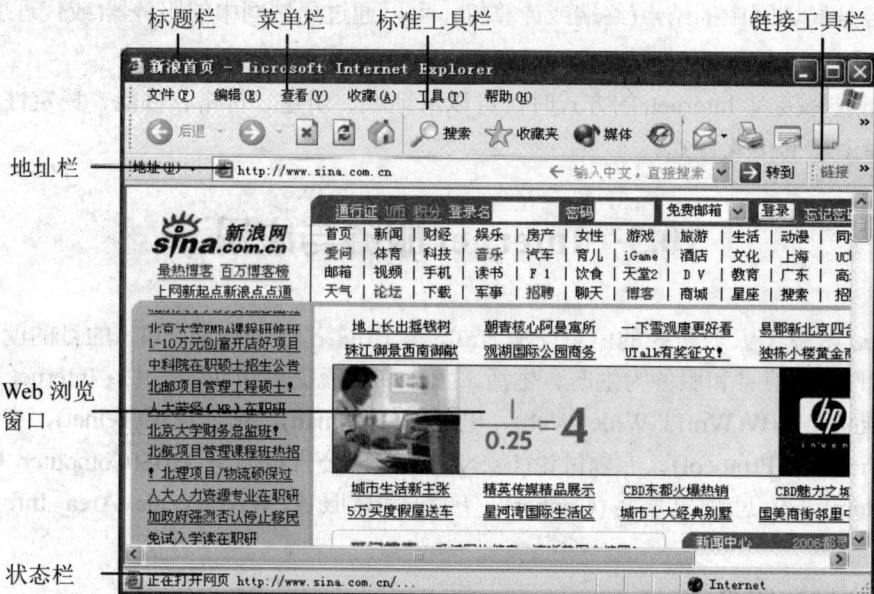

图 10-9　IE 窗口结构

(1) 标题栏

此处显示的内容为当前用户浏览的 Web 页面的标题，比如"新浪首页-Microsoft Internet Explorer"。

(2) 菜单栏

通过这些菜单项可以实现浏览器所有的功能，包括浏览、保存、收藏、搜索等功能。

(3) 标准工具栏

包括后退、前进、停止、刷新、主页、搜索、收藏等按钮。各个按钮的功能如下：

- 后退：显示当前页面之前浏览的页面。
- 前进：显示当前页面之后浏览的页面。
- 停止：停止下载当前页面的内容。

- 刷新：重新下载当前页面的内容。
- 主页：打开 IE 浏览器默认的起始主页。
- 搜索：在浏览器窗口左边打开浏览器栏，并显示某个搜索引擎。
- 收藏夹：在浏览器窗口左边打开浏览器栏，并显示收藏夹内容。

(4) 地址栏

地址栏显示当前打开的 Web 页面的地址，用户也可以在地址栏中重新输入要打开的 Web 地址。地址是以 URL(Uniform Resource Locator)形式给出的，URL 即统一资源定位符，用来定位网上信息资源的位置和方式，其基本语法格式为：

通信协议：//主机/路径/文件名

其中：

- 通信协议是指提供该文件的服务器所使用的通信协议，如 HTTP、FTP 等协议。
- 主机是指上述服务器所在主机的域名。
- 路径是指该文件在主机上的路径。
- 文件名是指文件的名称。

例如 HTTP：//www.sina.com.cn/asp/index.asp，其中，HTTP 为数据传输的通信协议，www.sina.com.cn 为主机域名，/asp/代表路径，index.asp 是文件名。

(5) 链接工具栏

链接工具栏给出了 Internet Explorer 浏览器自带的一些 Web 页面的链接。

(6) Web 浏览窗口

Web 浏览窗口用于浏览从网上下载的文档以及图片等信息。

(7) 状态栏

状态栏中显示了当前的状态信息，包括打开网页、搜索 Web 地址、指示下载进度、确认是否脱机浏览以及网络类型信息。

2. Web 页浏览

IE 浏览器最基本的功能是在 Internet 上浏览 Web 页。浏览功能是借助于超链接实现的，超链接将多个相关的 Web 页连接在一起，方便用户查看信息。

打开 IE 后，在屏幕上最先出现的主页是起始主页，在页面中出现的彩色文字、图标、图像或带下画线的文字等对象都可以是超链接，单击这些对象可进入超链接所指向的 Web 页。

(1) 查找指定的 Web 页

查找指定的 Web 页可使用下面几种常用方法：

- 直接将光标定位在地址栏，输入 URL 地址。
- 单击地址栏右侧的下拉按钮，将列出最近访问过的 URL 地址，从中选择要访问的地址。
- 单击工具栏上的"链接"按钮，从中选择所需的链接名。
- 在"收藏"下拉菜单中选取。

(2) 脱机浏览 Web 页

用户可通过单击"文件"菜单中的"脱机工作"命令，实现不连接到 Internet 而直接脱机浏览 Web 页。如使用脱机浏览可以将保存到本机的 Web 页离线浏览。

用户在网上浏览时，系统会在临时文件夹中将所浏览的页面存储起来，所以临时文件夹是在硬盘上存放 Web 页和文件(如图形)的地方，用户可以直接通过临时文件夹打开 Internet 上的网页，提高访问速度。

3. 收藏 Web 页

在浏览 Web 页时，会遇到一些经常访问的站点。为了方便再次访问，可以将这些 Web 页收藏起来。用户单击"收藏"菜单中的"添加到收藏夹"命令，或单击工具栏上的"收藏夹"按钮，在打开的"收藏夹"窗格中单击"添加..."按钮，都会打开"添加到收藏夹"对话框，在该对话框中输入站点名称，之后单击"确定"按钮。

4. 查看历史记录

IE 的历史记录中自动存储了已经打开过的 Web 页的详细资料，借助历史记录，在网上可以快速返回以前打开过的网页。单击工具栏上的"历史"按钮，在打开的"历史记录"窗格中选择要访问网页标题的超链接，就可以快速打开这个网页。

如果不需要这些历史记录，用户可以清除历史记录。单击"工具"菜单中的"Internet 选项"命令，单击"常规"选项卡，可以调整网页保存在历史记录中的天数或清除历史记录，如图 10-10 所示。

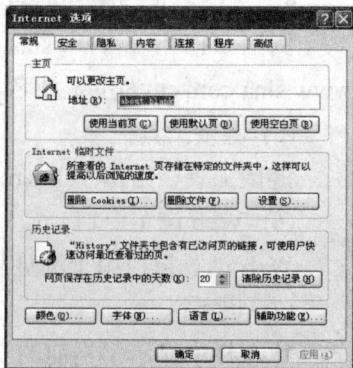

图 10-10 "Internet 选项"对话框

5. 保存 Web 页信息

用户在网上浏览时，也可以保存 Web 页信息，操作如下。

(1) 保存当前页

单击"文件"菜单，选择"另存为"命令，打开"保存网页"对话框，如图 10-11 所示。

在"保存在"下拉列表框中，选择保存网页的文件夹。

在"文件名"下拉列表框中输入名称。

单击"保存"按钮。

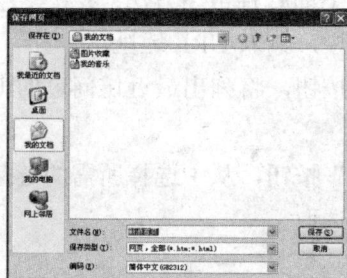

图 10-11 "保存网页"对话框

(2) 保存网页中的图片

将鼠标指向网页上的图片，右击图片，选择快捷菜单中的"图片另存为"命令，打开"保存图片"对话框。

在"保存在"下拉列表框中选择保存位置，选择相应的存储类型，在"文件名"下拉列表框内输入文件名，单击"保存"按钮。

(3) 不打开网页或图片而直接保存

右击所需项目(网页或图片)的链接。

在快捷菜单中选择"目标另存为"命令，在弹出的"另存为"对话框完成保存。

6. 打印 Web 页面

用户可以选择打印 Web 页其中的一部分或者全部。

(1) 在打印之前，可以通过"文件"菜单的"页面设置"命令，对页面的打印属性进行设置，如图 10-12 所示。页面设置的内容和方法与 Office 2010 的页面设置基本相同。

(2) 页面设置完成后，选择"文件"菜单的"打印"命令，打开"打印"对话框，如图 10-13 所示，在该对话框中单击"确定"按钮，即可打印当前 Web 页。也可以单击工具栏上的"打印"按钮，直接打印 Web 页的全部内容。

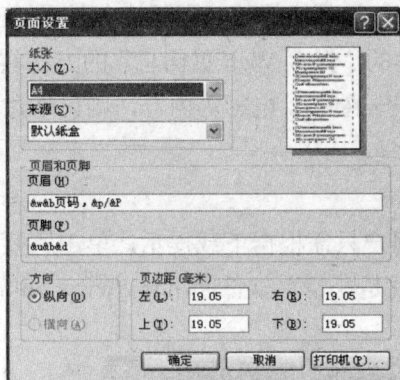

图 10-12　"页面设置"对话框　　　　　　　图 10-13　"打印"对话框

10.5.3　资源检索与下载

1. WWW 网上信息资源检索

(1) 使用 IE 浏览器检索

使用 IE 的"搜索"按钮进行信息检索。

只需在 URL 地址栏中直接输入要搜索的关键词即可。

(2) 使用搜索引擎检索

搜索引擎是一种搜索其他目录和搜索网站的检索系统。搜索引擎网站可以将查询结果以统一的清单界面返回。

百度(http://www.baidu.com)是全球最大的中文搜索引擎。另外，还有搜狐(www.sohu.com)、新浪(www.sina.com.cn)、网易(www.163.com)、凤凰网(www.ifeng.com)等中文搜索引擎网站。

常见的国外搜索引擎有 Yahoo(http://www.yahoo.com)、AltaVista (http://www.altavista.com)、Infoseek(http://guide.infoseek.com)等。

2. 使用搜索引擎的技巧

要完成一个有效的搜索，首先应当确定要搜索的是什么，然后确定如何进行搜索。下面提供一些搜索技巧，以获得更有效的搜索结果。

(1) 如果主题范围狭小，不妨简单地使用两三个关键词试一试。

(2) 如果不能准确地确定搜索的是什么或搜索的主题范围很广，可以使用分类的目录搜索。

(3) 尽可能缩小搜索范围，可以在 Web 页中搜索。

(4) 搜索多个并列关系的关键词时，在关键词间加入空格或逗号"，"即可，例如查询同时含有关键词"计算机"和"网络"，只需在搜索处输入"计算机 网络"。

3. WWW 网上信息资源下载

当用户在网上浏览到有价值的信息时，可以将其保存到本地计算机中，这种从 WWW 网上获得信息资料的方法就是下载。

下载一般直接通过 Web 页或采用专门下载工具(如网络蚂蚁、网际快车)获取信息。如果用户下载的信息资源是网页形式，则可利用上述的"保存 Web 页信息"的方法实现，若用户下载的内容是共享软件、软件工具、程序、电子图书、电影等内容，则可通过专门的下载中心或下载网站完成。

(1) 通过下载中心(或网站)下载

一般下载中心页面提供"下载"的超链接，用户只需根据下载提示，单击所要下载信息的超链接即可，操作十分简单。如图 10-14 所示就是在华军软件园(http://www.onlinedown.net/index.htm)下载网站进行下载的主页面。

图 10-14　华军软件园的主页面

该网站提供了下载分类功能,用户可单击下载内容所属类别的超链接进行检索(如单击图 10-14 分类下载栏中的"网络工具"的链接),在检索到的如图 10-15 所示页面中,单击"本地下载"或"远程下载"的超链接即可。另外,用户还可以在图 10-14 中的"搜索"栏中输入所需的下载内容,单击"搜索"按钮后,接下来的操作同上。

(2) 利用下载工具

下载工具可以解决下载过程中下载速度和下载后的文件管理,通过多线程、断点续传、镜像等技术最大限度地提高下载速度,图 10-16 是网络蚂蚁(NetAnts)的下载页面。

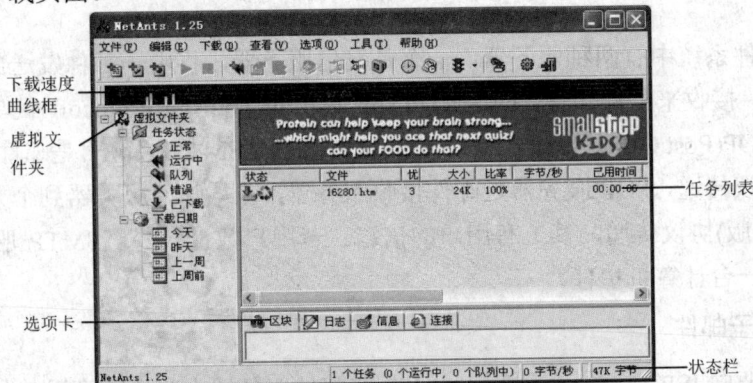

图 10-15　华军软件园的下载页面

图 10-16　"网络蚂蚁"的下载页面

其中:

- 下载速度曲线框:显示数据的传输速率。
- 虚拟文件夹:查看下载任务项。
- 选项卡:显示下载进度等相关信息。
- 任务列表:显示要下载的文件。
- 状态栏:显示下载速度、任务信息。

使用网络蚂蚁下载时,首先用户要在本地计算机上安装 NetAnts 软件,用户在所要下载的信息处单击鼠标右键,在弹出的快捷菜单中选择 Download by NetAnts 命令,此时会出现"添加任务"对话框,如图 10-17 所示,在该对话框中选择下载线程数(蚂蚁数目)等信息,并输入保存的路径及文件名即可。

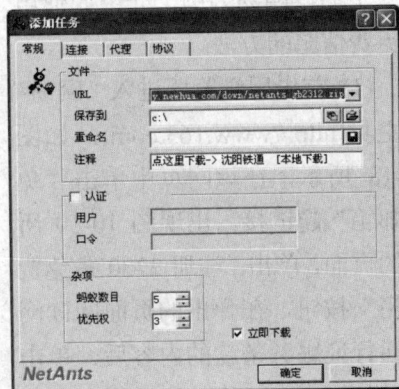

图 10-17　"添加任务"对话框

10.5.4　电子邮件

1. 电子邮件的基本概念及协议

电子邮件(E-mail)是 Internet 上使用最广泛的一种服务。电子邮件是指 Internet 上或常规计算机网络上的各个用户之间,通过电子信件的形式进行通信的一种电子邮政通信方式,以"存储-转发"的形式为用户传递邮件。电子邮件与传统邮件相比的优势是方便、快捷、费用低,邮件可以是文本格式、图形和声音等。

与普通信件一样,要发送电子邮件,必须知道发送者的地址和接收者的地址。其格式为:
用户名@主机域名

其中,符号"@"读作英文的"at";"@"左侧的字符串是用户的信箱名,右侧是邮件服务器的主机名。例如 hicd@hrbu.edu.cn。用户打开信箱时,所有收到的邮件都会出现在邮件列表中,并且列表中只显示邮件主题,邮件主题是邮件发送者对邮件主要内容的概括。

在电子邮件系统中有两种服务器,一个是发信服务器,将电子邮件发送出去,另一个是收信服务器,接收来信并保存,即 SMTP(Simple Mail Transfer Protocol,简单邮件传输协议)服务器和 POP(Post Office Protocol,邮局协议)服务器。SMTP 服务器是邮件发送服务器,采用 SMTP 协议传递,POP 服务器是邮件接收服务器,即从邮件服务器到个人计算机是使用 POP3(第 3 版)协议传递,其上有用户的信箱。若用户数量较少,SMTP 服务器和 POP 服务器可由同一台计算机担任。

2. 收发电子邮件

用户首先要向 ISP 申请一个信箱,由 ISP 在邮件服务器上为用户开辟一块磁盘空间,作为分配给该用户的信箱,并给信箱取名,所有发向该用户的信件都存储在此信箱中。一般情况下,用户向 ISP 服务商申请上网得到上网的账号时,会得到一个邮箱。另外,还有些网站为用户提供免费或收费的电子邮箱。

下面以网易为例,介绍如何申请免费信箱的方法。

(1) 首先用浏览器进入"网易"的主页(http://www.163.com),如图 10-18 所示,在该网页中单击"免费邮箱"超链接,出现图 10-19 所示的页面,单击"注册 2280 兆免费邮箱"按钮,在弹出的页面阅读网易通行证服务条款的内容后,单击"我接受"按钮,进入注册用户名和密码页面,如图 10-20 所示。

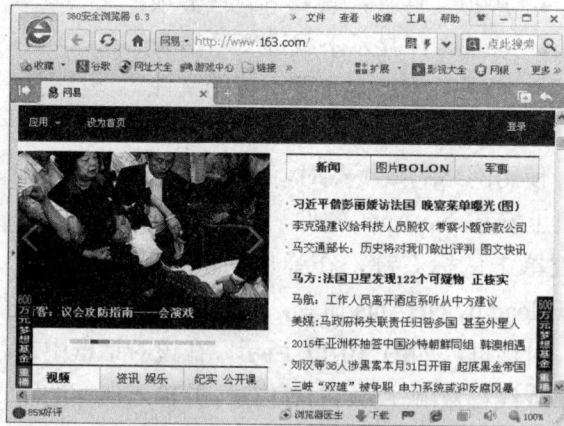

图 10-18　"网易"主页页面

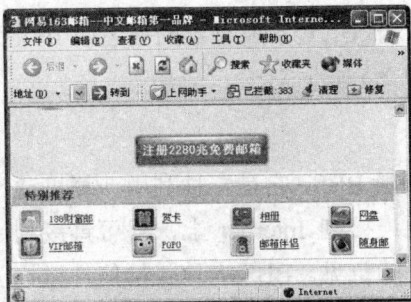

图 10-19　用户注册页面

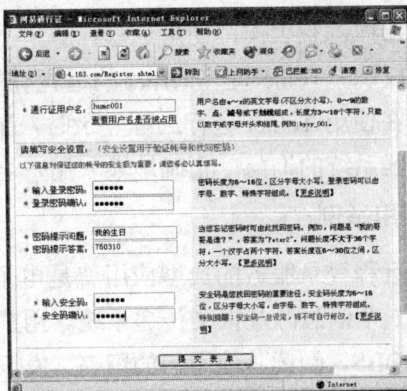

图 10-20　注册用户名和密码页面

(2) 在图 10-20 所示的注册用户名和密码页面中的"通行证用户名："处输入"humc001"，"输入登录密码："和"登录密码确认："处输入"750310"，"密码提示问题："处输入"我的生日"，"密码提示答案："处输入"750310"，"输入安全码："和"安全码确认："处输入"111111"(用于找回密码，由用户定义)，单击"提交表单"按钮，进入注册用户个人信息页面。

(3) 在注册用户个人信息页面中输入姓名、性别、出生日期、身份证号码、校验码等个人信息后，单击"提交表单"按钮，出现如图 10-21 所示的成功注册页面。在该页面中，单击"开通 2280 兆免费邮箱"按钮后，163 免费邮箱申请成功。

互联网上的很多网站都为用户提供了免费邮箱，如新浪、搜狐、雅虎等，用户可仿照上述操作，上网申请一个邮箱。

当用户拥有了自己的 E-mail(电子邮件)账号，即拥有了自己的电子信箱，就可以收发电子邮件了。收发电子邮件有两种方式，一种是直接到提供邮件服务的网站，在该网站的页面上输入用户名和密码即可。例如在图 10-18 中，"用户名"处输入"humc001"，密码处输入"750310"，就可以进入收发电子邮件的页面，完成收发邮件。另一种是利用专门的管理工具收发邮件，Outlook Express 就是一种管理邮件的专门工具，它是 IE 的一个组件，它功能强大、操作简单、容易掌握。常用的其他电子邮件工具还有 Hotmail 等，上述邮件工具的使用十分简单，本书不再赘述。

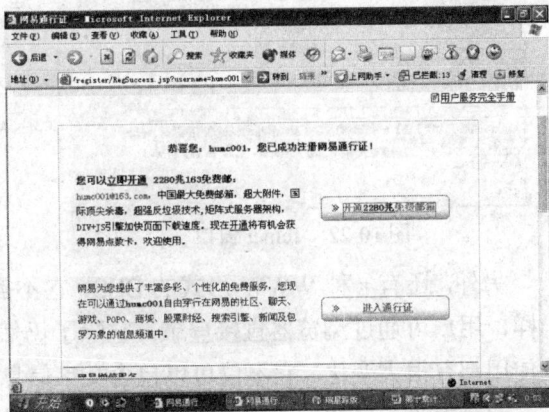

图 10-21　邮箱注册成功页面

10.5.5　远程登录

1. 远程登录概述

用户将电脑连接到远程计算机的操作方式称为"登录"。远程登录(Remote Login)是用户通过使用 Telnet 等有关软件使自己的计算机暂时成为远程计算机的终端的过程。一旦用户成功地实现了远程登录，用户使用的计算机就好似一台与对方计算机直接连接的本地计算机终端那样进行工作，使用远程计算机上所拥有的信息资源，享受远程计算机与本地终端同样的权利。Telnet 是 Internet 的远程登录协议。

用户在使用 Telnet 进行远程登录时，首先应输入欲登录服务器的域名或 IP 地址，然后根据服务器系统的询问，正确地输入用户名和口令后，远程登录成功。

2. 应用举例

利用远程登录服务的典型应用就是电子公告板 BBS，它是一种利用计算机通过远程访问得到的一个信息源及报文传递系统。用户只要连接到 Internet 上，就可直接利用 Telnet 方式进入 BBS，阅读其他用户的留言，发表自己的意见。BBS 大致包括信件讨论区、文件交流区、信息布告区和交互讨论区、多线交谈等几部分，它大多以技术服务或专业讨论为主。它的界面一般是字符界面。

下面以 Windows XP 中的 Telnet 终端仿真程序为例，进行 BBS 远程登录。具体步骤如下：

(1) 运行 Telnet 终端仿真应用程序。用户可单击"开始"按钮，选择"运行"命令，在弹出的"运行"对话框中输入 Telnet bbs.hit.edu.cn(哈尔滨工业大学的紫丁香 BBS 站)，出现图 10-22 所示的窗口。

(2) 在该登录窗口中输入用户名。如果是第一次登录，没有用户名，则可输入"new"来注册。如果不想注册，可输入"guest"以客人身份登录(以客人身份登录不能发表文章)，进入"紫丁香"的主功能菜单，如图 10-23 所示。用户可利用上下方向键选择菜单项并按回车键，进入相应的讨论区，进行浏览或发表文章。

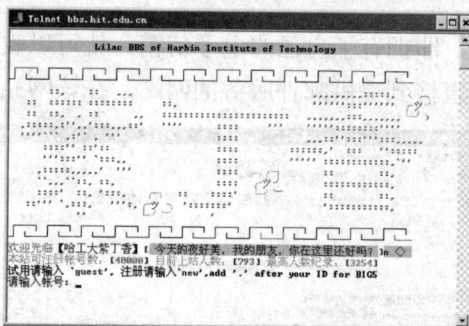

图 10-22　Telnet 窗口

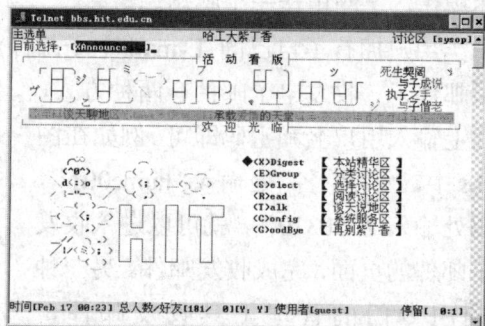

图 10-23　紫丁香主功能菜单

另外，还有一种 WWW 形式的 BBS，它不需要用远程登录的方式，同一般的网站(网页)一样，用户可通过浏览器直接登录。它除了仍然保持传统 BBS 的基本内容和功能外，界面及使用都有很大变化。它不仅可以包含文字信息，还可加入图片等多媒体信息，如常见的论坛、留言板等。显然，这种 BBS 操作更为方便快捷，并且具有更强的即时性和交互性。

10.5.6　文件传输服务

1. 文件传输概述

文件传输被用来获取远程计算机上的文件。与远程登录类似的是，文件传输是一种实时的联机服务，在进行工作时用户首先要登录到对方的计算机上。与远程登录不同的是，用户在登录后仅可以进行与文件搜索和文件传送有关的操作，如改变当前工作目录、列文件目录、设置传输参数、传送文件等。使用 FTP 可以传送多种类型的文件，如图像文件、声音文件、数据压缩文件等。

　　文件传输协议 FTP(File Transfer Protocol)是 Internet 文件传输的基础。通过该协议，用户可以从一个 Internet 主机向另一个 Internet 主机"下载"或"上传"文件。"下载"文件就是从远程主机复制文件至自己的计算机上；"上传"文件就是将文件从自己的计算机中复制至远程主机上。用户可通过匿名 FTP 或身份验证(通过用户名及密码验证)连接到远程主机上，并下载文件，FTP 主要用于下载公共文件。

2. 应用举例

　　在 Internet 上使用 FTP 服务一般有 3 种方法。

　　(1) 使用 Windows 中自带的 FTP 应用程序

　　用户可单击"开始"按钮，选择"运行"命令，在弹出的"运行"对话框中输入"FTP 域名(或 IP 地址)"，例如输入 FTP ftp.tsinghua.edu.cn，此时会出现 DOS 界面的窗口，如图 10-24 所示。在该窗口中，用户在 "user(ftp.tsinghua.edu.cn:(none)):" 处输入 anonymous 并按回车键即可。成功登录后，用户利用 FTP 指令即可完成文件的上传与下载，但该方法使用较少，原因是需要掌握 FTP 的指令。

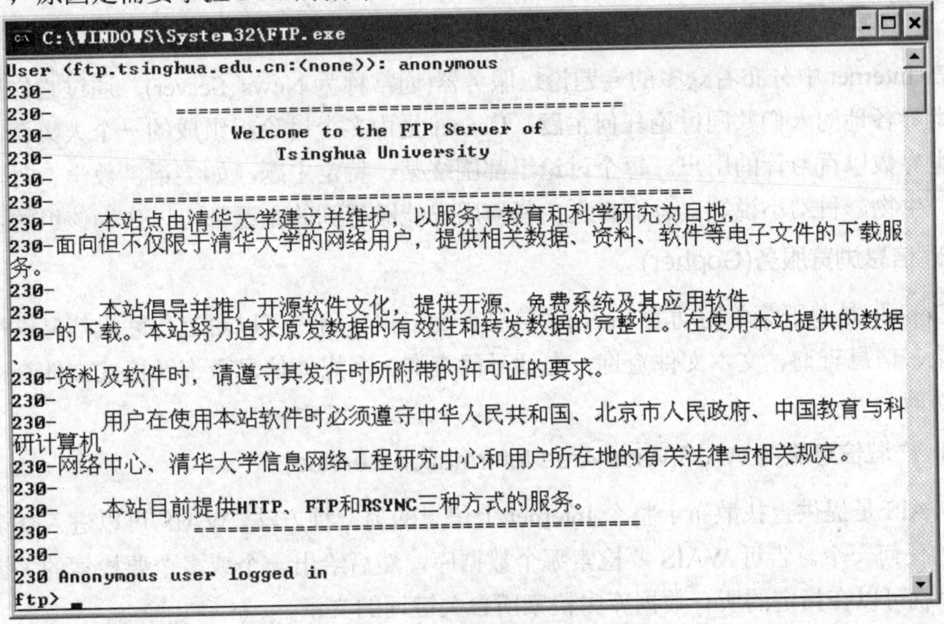

```
C:\WINDOWS\System32\FTP.exe
User (ftp.tsinghua.edu.cn:(none)): anonymous
230-
230-        ==========================================
230-           Welcome to the FTP Server of
230-                 Tsinghua University
230-
230-        ==========================================
230-     本站点由清华大学建立并维护，以服务于教育和科学研究为目地，
230-面向但不仅限于清华大学的网络用户，提供相关数据、资料、软件等电子文件的下载服
务。
230-
230-     本站倡导并推广开源软件文化，提供开源、免费系统及其应用软件
230-的下载。本站努力追求原发数据的有效性和转发数据的完整性。在使用本站提供的数据
、
230-资料及软件时，请遵守其发行时所附带的许可证的要求。
230-
230-     用户在使用本站软件时必须遵守中华人民共和国、北京市人民政府、中国教育与科
研计算机
230-网络中心、清华大学信息网络工程研究中心和用户所在地的有关法律与相关规定。
230-
230-     本站目前提供HTTP、FTP和RSYNC三种方式的服务。
230-        ==========================================
230-
230 Anonymous user logged in
ftp>
```

图 10-24　FTP 服务的 DOS 界面

　　(2) 使用 IE 浏览器

　　在 IE 浏览器的地址栏内直接输入 FTP 服务器的地址。例如，在 IE 浏览器的地址栏中输入 "ftp://ftp.tsinghua.edu.cn"，出现图 10-25 所示的窗口。

　　在图 10-25 中，显示方式及操作方法与 Windows 的资源管理器类似。如果要下载某一个文件夹或文件，首先右击该文件夹或文件，在弹出的快捷菜单中选择"复制到文件夹"命令，出现图 10-26 所示的对话框，在该对话框中选择要保存文件或文件夹的磁盘位置，单击"确定"按钮即可。

(3) 使用专门的 FTP 下载工具

常见的 CuteFTP、QuickFTP2000、FTP Works 等都是 FTP 下载工具。这些工具操作简单、实用，使 Internet 上的 FTP 服务更方便、快捷。

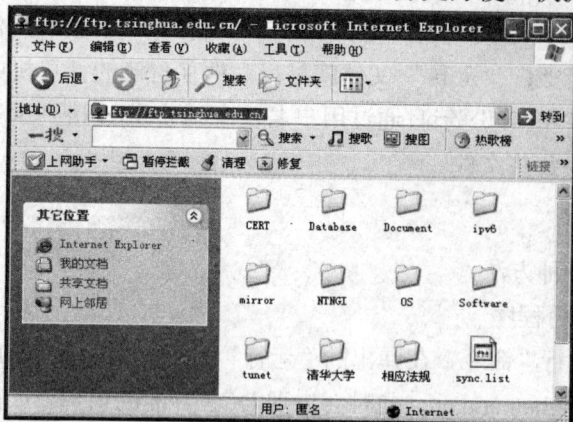

图 10-25　用 IE 浏览器访问 FTP 站点

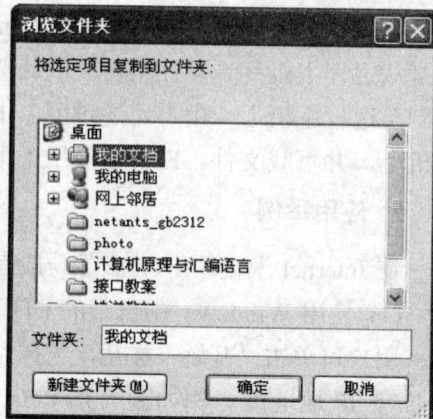

图 10-26　"浏览文件夹"对话框

10.5.7　其他常见服务

1. 专题讨论(Usenet)

在 Internet 中分布着众多的专题论坛服务器(通常称为 News Server)，通过它们用户可以同世界各地的人们共同讨论任何主题。Usenet 是由多个讨论组组成的一个大集合，包括了全世界数以百万计的用户。每个讨论组都围绕某一特定主题，如笑话、数学、哲学、计算机、生物、科幻小说等。总而言之，任何用户能够想到的主题都可以作为该组的主题。

2. 信息浏览服务(Gopher)

Gopher 是基于菜单驱动的 Internet 信息查询工具。用户可以对远程联机信息进行如远程登录、信息查询、文本文件查询、电话号码查询、多媒体信息查询及格式文件查询等的实时访问。

3. 广域信息服务 WAIS(Wide Area Information Service)

WAIS 是提供查找散布于整个 Internet 上信息的另一种方法。WAIS 可以进入众多数据库中的任何一个。告诉 WAIS 要检索哪个数据库，然后给出一个或多个要检索的关键词，WAIS 就可以在指定的所有数据库中检索所含关键词的文章。

除上述服务外，还有电子商务、电子政务、网络传真、IP 电话、电视会议、网络游戏等。

10.6　网　页　制　作

在 Internet 上网站(网页)精彩纷呈，如何使网站(网页)受到用户欢迎，一个关键因素就是要设计出用户体验良好的网页。

10.6.1　网站与网页

网站是指存放在网络服务器上的完整信息的集合体，其中可以有一个或多个网页。这些网页按照一定的组织结构，通过超链接等方式连接在一起，形成一个整体，描述一组完整的信息。在建立网站时，首先要明确网站的设计目标，了解网站的性质、特点、内容，然后收集素材、进行规划。

网页是用户可直接浏览的信息页面。网页的制作可以使用网页设计语言 HTML 或网页制作工具来实现。早期直接使用 HTML 语言来制作网页，随后出现了 FrontPage、Dreamweaver 等一系列具有所见即所得功能的网页制作工具，使用户可以轻松地制作出精美的网页。若用户需要制作交互式或某些特殊的页面，可使用 JavaScript、ASP、CGI、PHP 等工具来完成网页设计(这些工具一般需要开发人员具有一定的编程基础)，使用 Photoshop、Flash、Cool 3D 等网页美化工具对网页进行美化。

10.6.2　FrontPage 2010 简介

HTML 语言格式的文件是 Internet 上可以用 WWW 浏览器查看的网页文件，但 HTML 语言语法复杂，直接用 HTML 语言来写网页是比较麻烦的，而网页制作工具，如前面所述的 FrontPage 能够提供简单的界面和命令，让用户无须了解 HTML 语言的语法规则，就可以制作出比较复杂的网页。

FrontPage 是 Microsoft 公司专门为制作 Web 页面而开发的工具。FrontPage 2010 是 Office 2010 的组件之一，其用户界面与 Word 相似，为使用者带来了方便，即使用户不懂 HTML 语言，也能制作出专业效果的网页。

1. FrontPage 2010 窗口介绍

FrontPage 2010 的窗口可分成菜单栏、工具栏、任务窗格、主编辑窗口、网页视图按钮等，如图 10-27 所示。

(1) 菜单栏：为用户提供各种编辑网页和管理网页的命令项。

(2) 工具栏：为用户提供编辑网页和管理网页的常用命令按钮。

(3) 任务窗格：位于窗口的右侧，提供了"开始工作""新建""帮助""搜索结果"等 17 种任务窗格，使用户可以方便地创建和编辑网页和网站。

(4) 主编辑窗口：是用户的工作区(视图区)，在不同的视图方式下，工作区显示的内容不同。

(5) 网页视图按钮：从左到右依次为设计视图、拆分视图、代码视图、预览视图。

其中：

设计视图：可以采用类似 Word 一样的"所见即所得"方式设计并编辑网页。

拆分视图：拆分主编辑窗口，使代码视图和设计视图同屏显示。

代码视图：可以查看网页的 HTML 代码和使用 HTML 语言进行网页的设计。

预览视图：可以显示与网页在 Web 浏览器中的外观相近似的视图，便于修改正在编辑的网页。

菜单拦
工具拦

主编辑窗口

任务窗格

网页视图按钮

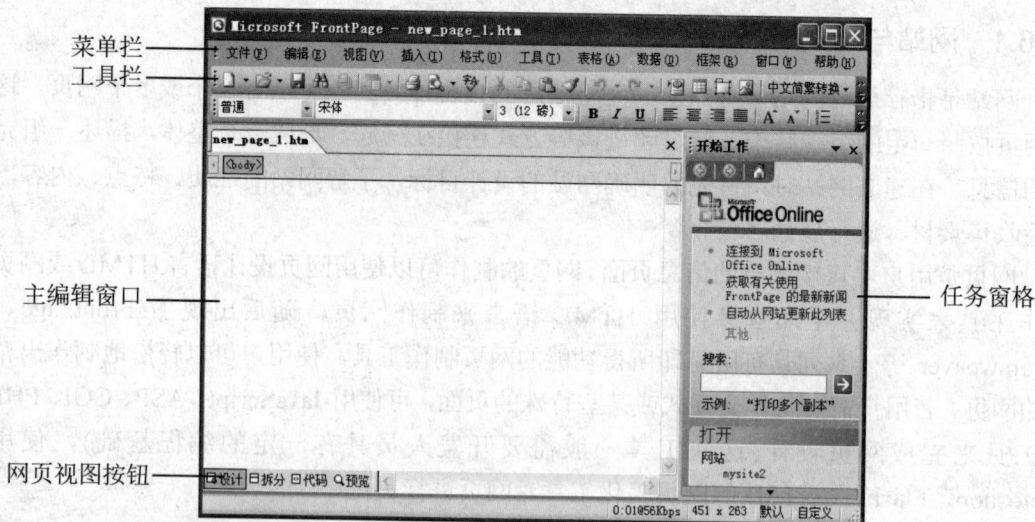

图 10-27　FrontPage 2010 窗口

10.6.3　使用 FrontPage 2010 创建网站和网页

1. 创建网站

创建网站指在本地计算机中设计一个网站或网页。制作好的网站上传到指定的 Web 服务器后，即可在互联网上浏览。创建网站的操作步骤如下：

(1) 选择"文件"菜单中的"新建"命令或在任务窗格中选择"新建"选项，在右侧任务窗格中会显示"新建"任务窗格的内容。

(2) 在"新建"任务窗格中选择"新建网站"区域的任意一项，可以打开如图 10-28 所示的"网站模板"对话框。

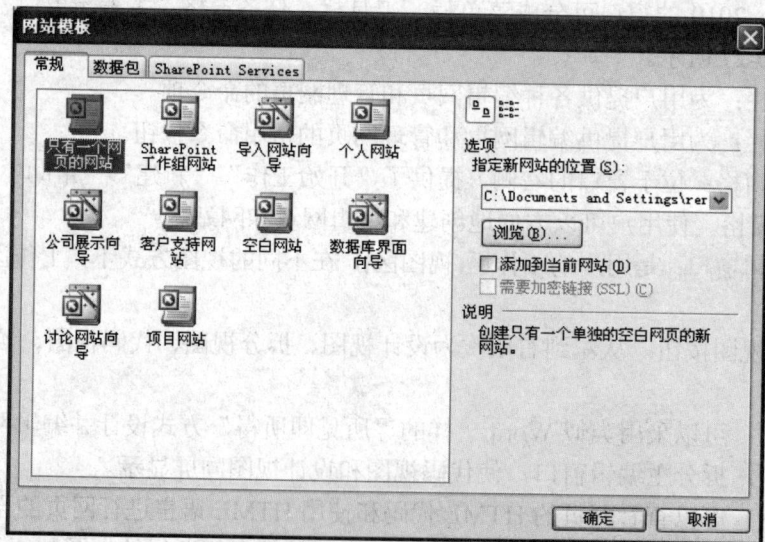

图 10-28　"网站模板"对话框

(3) 在"网站模板"对话框中选择一个模板，单击"确定"按钮就完成了网站的创建，这时工作界面会切换到网站的"文件夹"视图，如图 10-29 所示。

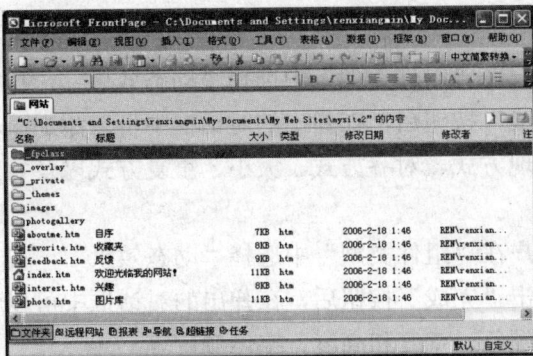

图 10-29　网站的"文件夹"视图

(4) 在"文件夹"视图中，用户可以直接双击"网站模板"所提供的网页文件编辑所创建的网站中的网页。

对于一个已经建立的网站，用户单击"文件"菜单中的"打开网站"命令即可打开该网站。

2. 创建网页

通常在启动 FrontPage 2010 时，会自动创建一个新的空白页面，并默认其名称为"New_Page_1.htm"。另外单击"常用"工具栏中的 ⬜ 按钮、"新建"任务窗格中的"空白网页"选项和利用组合键 Ctrl+N 也可以创建新的空白网页。

另外，用户可以利用"新建"任务窗格列表中的"根据现有网页…"和"其他网页模板"选项提供的网页模板，创建具有一定样式的网页和框架网页。

网页的打开和保存与前面介绍的 Office 组件的打开方法相同。

3. 网页的编辑与修饰

(1) 常规编辑

网页中通常包含标题、文本、图片、表格、超链接、声音、视频、动画等元素，而这些元素的编辑界面与 Word 2010 非常相似，保持了 Office 2010 的一致性，本节不做介绍。

(2) 插入 Web 组件

在网页视图下，单击要插入 Web 组件的位置，再单击"插入"菜单中的"Web 组件…"命令，弹出"插入 Web 组件"对话框，如图 10-30 所示。

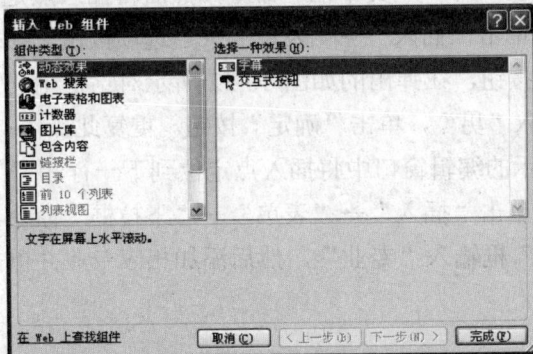

图 10-30　"插入 Web 组件"对话框

① 滚动字幕

在图 10-30 中，用户在"组件类型"中选择"动态效果"，在"选择一种效果"中选择"字幕"，单击"完成"按钮后，在弹出的对话框中可以添加滚动字幕，设置字幕的移动方向、移动速度、表现方式、对齐方式、大小、重复方式以及背景颜色等。

② 交互式按钮

在图 10-30 中，用户在"组件类型"中选择"动态效果"，在"选择一种效果"中选择"交互式按钮"，单击"完成"按钮后，在弹出的对话框中可以输入按钮的文本内容、链接指向、效果、背景颜色、宽度和高度、字体颜色等。

③ 计数器

在图 10-30 中，用户在"组件类型"中选择"计数器"，在"选择计数器样式"中选择样式，单击"完成"按钮即可。

④ 表单

表单是用来收集站点访问者信息的域集。站点的访问者填写表单的方式是输入文本、单击单选按钮与复选框，以及从下拉菜单中选择选项。通常在填好表单之后，站点访问者便输出所输入的数据。如常见的登记表和调查表等信息就可以利用表单完成。

下面以一个专业性-调查表为例介绍如何创建一个表单。

在网页视图下，单击要建立表单的位置，单击"插入"→"表单"→"表单"命令，显示如图 10-31 所示的编辑窗口。

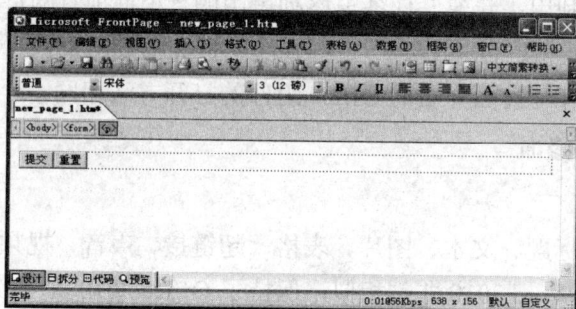

图 10-31　表单初始编辑窗口

将光标定位在表单起始区域，输入"姓名："。

单击"插入"→"表单"→"文本框"命令，然后将插入点定位到下一行。

输入"性别："。单击"插入"→"表单"→"选项按钮"命令；在该选项按钮后输入"男"，双击该选项按钮，在弹出的如图 10-32 所示对话框中的"组名称"框输入"性别"，在"值"框中输入"男"，单击"确定"按钮。重复此操作，完成性别为女的设置。在返回的如图 10-31 所示的编辑窗口中将插入点定位到下一行。

输入"专业："。单击"插入"→"表单"→"下拉框"命令，双击该下拉框，在弹出的对话框中的"名称"框输入"专业"，然后添加相应专业并单击"确定"按钮，如图 10-33 所示。

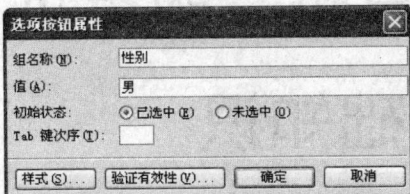

图 10-32　单选按钮属性设置　　　　　　　图 10-33　下拉框属性设置

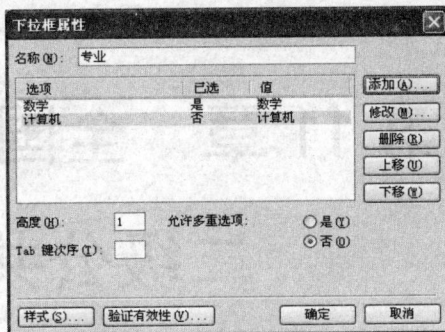

表单设计完成后，保存当前页面，如图 10-34 所示。

另外，用户还可以利用"表单网页向导"来创建表单。在"新建"任务窗格中的"新建网页"栏中，选择"其他网页模板"，在弹出的"网页模板"窗口的"常规"选项卡中，双击"表单网页向导"，然后按向导提示完成表单的创建。

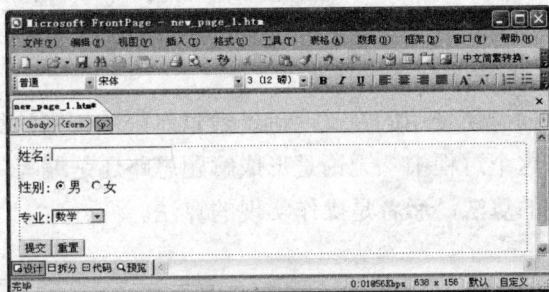

图 10-34　创建表单实例

⑤ 框架

框架是把网页视窗分成几个部分，每个部分都是独立的网页，其设计方法与单独网页的设计方法相同。用户可以很容易地利用 FrontPage 2010 创建一个具有框架的网页。

在"新建"任务窗格中的"新建网页"栏中，选择"其他网页模板"，在弹出的"网页模板"窗口的"框架网页"选项卡中，双击选定的框架模板类型即可。

(3) 用户可以利用"格式"菜单中的命令项对网页进行修饰，其中"属性"命令项可以设置网页的标题、背景音乐、背景图片、背景颜色、前景颜色、超链接颜色、网页边距、样式等网页属性，其命令项基本与 Word 2010 中的相同。

4．网页设计的技巧

要设计一个效果好、复杂的网页，除具有较好的创意外，还要恰当运用以下技术和手段。

- 使用框架、表格或绝对定位来精确定位网页上的文本和图形。
- 添加网页元素，例如文本、图形、表格、表单、超链接、字幕、交互式按钮、计数器等。
- 应用样式或使用样式表来设置文本格式。
- 设置网页元素动画属性和网页过渡功能，使得网页效果栩栩如生。
- 设置背景颜色、图片或声音。
- 创建自己的网页模板。

第 11 章 　全国计算机等级考试二级公共基础知识

11.1 　算法与数据结构

11.1.1 　算法

1. 算法的基本概念

算法是为解决某一问题所使用的定义明确、数量有限的规则的集合。通俗地说，就是计算机解题的过程。在这个过程中，无论是形成解题思路还是编写程序，都是在实施某种算法。前者是推理实现的算法，后者是操作实现的算法。

(1) 算法的特性

① 有限性：一个算法必须保证在执行有限步骤之后结束。

② 确定性：算法的每一步骤必须有定义明确，不存在模棱两可的解释，不能有多义性。

③ 输入：一个算法有零个或者多个输入，以确定运算对象的初始情况。所谓零个输入是指算法本身给出了初始条件。

④ 输出：一个算法有一个或多个输出，以反映对输入数据加工后的结果。没有输出的算法是毫无意义的。

⑤ 可行性：算法原则上能够精确地运行，原理上能由人用纸和笔在有限的时间内完成。

当用算法来解决某问题时，算法设计要达到的目标是正确、可读、健壮、高效低能。

(2) 算法的基本要素

一个算法通常由两种基本要素组成：一是对数据对象的运算和操作，二是算法的控制结构。

算法中对数据的运算和操作包括：

① 算术运算：+、 -、 *和/ 等四则运算。

② 逻辑运算：与、或、非等运算。

③ 关系运算：大于(>)、小于(<)、等于(==)、不等于(≠)等运算。

④ 数据传输：赋值、输入与输出等操作。

算法的控制结构包括：顺序结构、选择结构和循环结构。

(3) 算法的描述

算法的描述方法可以归纳为以下几种：

① 自然语言。

② 图形，如流程图，图的描述与算法语言的描述相对应。

③ 算法语言，即计算机语言、程序设计语言、伪代码。

④ 形式语言，用数学的方法，可以避免自然语言的二义性。

用各种算法描述方法所描述的同一算法，该算法的功用是一样的，允许在算法的描述和实现方法上有所不同。

(4) 算法设计的基本方法

① 列举法：根据提出的问题，列举所有可能的情况，并用问题中给定的条件检验哪些是需要的，哪些是不需要的。

② 归纳法：通过列举少量的特殊情况，经过分析，最后找出一般的关系。

③ 递推：从已知的初始条件出发，逐次推出所要求的各中间结果和最后结果。

④ 递归：将问题逐层分解，最后归结为一个最简单的问题。

⑤ 减半递推技术：将问题的规模减半，逐步重复，直到问题解决。

⑥ 回溯法：处理复杂问题用上面的归纳法无法解决时，可用回溯法，回溯法就是"试"，找出解决问题的一个线索，沿着线索进行试探，如果试探失败，再逐步回退，从另一个线索试探。

2. 算法的复杂性

算法的复杂性是算法效率的度量，在评价算法性能时，复杂性是一个重要的依据。算法的复杂性的程度与运行该算法所需要的计算机资源的多少有关，所需要的资源越多，表明该算法的复杂性越高；所需要的资源越少，表明该算法的复杂性越低。

计算机的资源，最重要的是指运算所需的时间和存储程序和数据所需的空间资源，算法的复杂性有时间复杂性和空间复杂性之分。

(1) 算法的时间复杂性

算法的时间复杂性是指执行算法所需要的计算工作量。可用下面两种方法来分析算法的工作量：

① 平均性态(Average Behavior)：是指用各种特定输入下的基本运算次数的加权平均值来度量算法的工作量。平均性态 $A(n)$ 定义为：

$$A(n) = \sum p(x)t(x), \quad x \in Dn$$

其中 $p(x)$：输入为 x 的概率，$t(x)$：输入为 x 所执行的运算次数，Dn：当规模为 n 时，算法执行时所有可能的输入集合。

② 最坏情况复杂性(Worst-Case Complexity)：指在规模为 n 时，算法所执行的基本运算的最大次数。最坏情况复杂性 $W(n)$ 定义为：

$$W(n) = \max \{t(x)\}, \quad x \in Dn$$

其中 $t(x)$：输入为 x 所执行的运算次数，Dn：当规模为 n 时，算法执行时所有可能的输入集合。

(2) 算法的空间复杂性

算法的空间复杂性是指执行这个算法所需要的内存空间。

对于给定的问题，设计出复杂性尽可能低的算法是在设计算法时需要考虑的一个重要目标。另外，当给定的问题有多种算法时，选择其中复杂性最低者是选用算法时应遵循的一个重要准则。因此，算法的复杂性分析对算法的设计和选用有着重要的指导意义和实用价值。

11.1.2　数据结构的基本概念

数据结构是计算机领域的一门学科，主要研究和讨论如下 3 个方面的问题：

(1) 数据集合中数据元素之间所固有的逻辑关系，即数据的逻辑结构。

(2) 在对数据进行处理时，各数据元素在计算机中的存储关系，即数据的存储结构。

(3) 对各种数据结构进行的运算。

1. 什么是数据结构

数据结构是指相互之间存在一种或多种特定关系的数据元素的集合。一般情况下，在具有相同特征的数据元素集合中，各个数据元素之间存在有某种关系(联系)，这种关系反映了该集合中的数据元素所固有的一种结构。在数据处理领域中，通常把数据元素之间这种固有的关系简单地用前后件关系(或直接前驱与直接后继关系)来描述。例如，父亲是儿子的前件，儿子是父亲的后件。

(1) 数据的逻辑结构：指带有结构的数据元素的集合。结构就是指数据元素之间的前后件关系。一个数据结构包含两方面的信息：表示数据元素的信息和表示各数据元素之间的前后件关系。

(2) 数据的存储结构：数据逻辑结构在计算机存储空间中的存放形式称为数据存储结构(也称数据的物理结构)。

2. 数据结构的图形表示

一个数据结构除了用二元关系表示外，还可以直观地用图形表示。在数据结构的图形表示中，对于数据集合 D 中的每一个数据元素用中间标有元素值的方框表示，一般称之为数据结点，简称为结点；为了进一步表示各数据元素之间的前后件关系，对于关系 R 中的每一个二元组，用一条有向线段从前件结点指向后件结点，如图 11-1 和 11-2 所示。

图 11-1　行程数据结构的图形表示

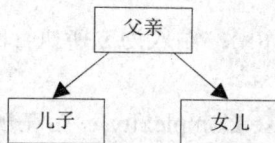

图 11-2　家庭成员间辈分关系数据结构的图形表示

在数据结构中，没有前件的结点称为根结点；没有后件的结点称为终端结点(也称为叶子结点)；数据结构中除了根结点与终端结点外的其他结点一般称为内部结点。

3. 线性结构与非线性结构

如果数据结构中一个元素都没有，则称该数据结构为空的数据结构，在空数据结构中插入一个元素后就变为非空的数据结构。根据数据结构中各元素之间前后件关系的复杂程度，一般将数据结构分为两大类：线性结构与非线性结构。

一个非空的数据结构满足下列两个条件：

(1) 有且只有一个根结点。

(2) 每一个结点最多有一个前件，也最多有一个后件。

则称该数据结构为线性结构，线性结构又称为线性表，如图 11-1 所示。一个数据结构不是线性结构，则称为非线性结构，如图 11-2 所示。

11.1.3　线性表及其顺序存储结构

1. 线性表的基本概念

线性表由一组数据元素构成。如一个 n 维向量$(a_1,a_2,\cdots a_n)$是一个长度为 n 的线性表，其中每个分量就是一个数据元素。

一个非空线性表有如下一些特征：

(1) 有且只有一个根结点 a_1，它无前件。

(2) 有且只有一个终端结点 a_n，它无后件。

(3) 除根结点与终端结点外，其他所有结点有且只有一个前件，也有且只有一个后件。线性表中结点的个数 n 称为线性表的长度。当 n=0 时，称为空表。

2. 线性表的顺序存储结构

在计算机中存放线性表，一种最简单的方法是顺序存储，也称为顺序分配。线性表的顺序存储结构具有以下两个基本特点：

(1) 线性表中所有元素所占的存储空间是连续的。

(2) 线性表中各数据元素在存储空间中是按逻辑顺序依次存放的。

在线性表的顺序存储结构中，其前后件两个元素在存储空间中是紧邻的，且前件元素一定存储在后件元素的前面。

在线性表的顺序存储结构中，如果线性表中各数据元素所占的存储空间(字节数)相等，则要在该线性表中查找某一个元素是很方便的。

假设线性表中的第一个数据元素的存储地址(第一个字节的地址)为 $ADR(a_1)$，每一个数据元素占 k 个字节，则线性表中第 i 个元素 a_i 在计算机存储空间中的地址为：

$$ADR(a_i)=ADR(a_1)+(i-1)k$$

在程序设计语言中，通常定义一维数组来表示线性表的顺序存储空间。用一维数组存放线性表时，数组定义的长度要比实际大一些，以便于操作(如插入)。

在线性表的顺序存储结构下，可以对线性表进行各种处理。主要的运算有以下几种：

- 在线性表的指定位置处加入一个新的元素。
- 在线性表中删除指定的元素。
- 在线性表中查找某个(或某些)特定的元素。
- 对线性表中的元素进行排序。
- 按要求将一个线性表分解成多个线性表。
- 按要求将多个线性表合成一个线性表。

- 复制一个线性表。
- 逆转一个线性表。

3. 顺序表的插入运算

一般在第 i(1<=i<=n)个元素之前插入一个新元素时，首先要从最后一个元素开始，直到第 i 个元素之间共 n-i+1 个元素依次向后移动一个位置，移动结束后，第 i 个位置被空出，然后将新元素插入到第 i 项。插入结束后，线性表的长度就增加 1。

4. 顺序表的删除运算

一般情况下，要删除第 i(1<=i<n)个元素时，要从第 i+1 个元素开始，直到第 n 个元素之间共 n-i 个元素依次向前移动一个位置；若 i=n，无须移动结点。删除结束后，线性表的长度就减少 1。

11.1.4　栈和队列

1. 栈及其基本运算

(1) 什么是栈

栈(Stack)实际上也是线性表，只不过是一种特殊的线性表。这种特殊的线性表，其插入与删除运算都只在线性表的一端进行。即在这种线性表的结构中，一端是封闭的，不允许插入和删除元素；另一端是开口的，允许插入与删除元素。在顺序存储结构下，对这类线性表的插入与删除运算不需要移动表中的其他数据元素。

在栈中，允许插入与删除的一端称为栈顶，不允许插入与删除的一端称为栈底。栈顶元素是最后被插入的元素，同时也是首先被删除的元素；栈底元素是最早被插入的元素，同时也是最后被删除的元素。也就是说栈是按照"先进后出"(FILO，First In Last Out)或"后进先出"(LIFO，Last In First Out)的原则组织数据的，因此栈也被称为"先进后出"表或"后进先出"表。

(2) 栈的顺序存储及其运算

与一般的线性表一样，在程序设计语言中，用一维数组 S(1:m)作为栈的顺序存储空间，其中 m 为栈的最大容量。

栈有 3 种运算：压栈运算、出栈运算与取栈顶元素。

通常用指针 top 来指向栈顶的位置，用指针 bottom 指向栈底。向栈中插入一个元素称为压栈运算，从栈中删除一个元素称为出栈运算。

① 压栈运算：如果栈不满，在栈顶位置插入一个新元素。操作是：首先将栈顶指针加 1(top 加 1)，然后将新元素插入到栈指针指向的位置。

② 出栈运算：如果栈不空，取出栈顶元素并赋给一个指定变量。操作是：首先将栈顶元素赋给一个指定变量，然后将栈顶指针减 1(top 减 1)。

③ 取栈顶元素：将栈顶元素赋给一个指定变量。当栈顶指针为 0 时，说明栈空，读不到栈顶元素。

2. 队列及其基本运算

(1) 队列的概念

队列(queue)是只允许在一端进行插入运算，在另一端进行删除运算的线性表。允许插入的一端称为队尾，用一个尾指针(rear)指向队尾元素。允许删除的一端称为排头(也称队头)，用一个排头指针(front)指向排头元素的前一个位置。图 11-3 是具有 6 个元素的队列示意图。

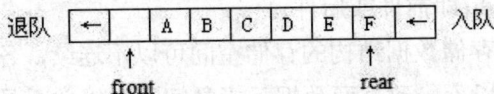

退队　←[　A　B　C　D　E　F　←]　入队
　　　　　↑　　　　　　　　　↑
　　　　front　　　　　　　　rear

图 11-3　具有 6 个元素的队列示意图

队列是"先进先出"(FIFO，First In First Out)或"后进后出"(LILO，Last In Last Out)的线性表，它体现了先来先服务的原则。

在计算机系统中，如果一次只能执行一个用户程序，则在多个用户程序需要执行时，这些用户程序必须按照到来的先后顺序排序等待。这通常是由计算机操作系统进行管理的。在操作系统中，用一个线性表来组织管理用户程序的排队执行，原则是：

① 初始时线性表为空。

② 当用户程序来到时，将该用户程序加入到线性表末尾，进行等待。

③ 当计算机系统执行完当前的用户程序后，就从线性的头部取出一个用户程序执行。

这种线性表中，需要加入的元素总是插入到线性表的末尾，同时又总是从线性表的头部取出(删除)元素。这种线性表称为队列，如图 11-3 所示。

往队列的队尾插入一个元素称为入队运算，从队列的排头删除一个元素称为退队操作。

(2) 循环队列及其运算

在实际应用中，队列的顺序存储结构一般采用循环队列的形式。所谓循环队列，是将队列存储空间的最后一个位置绕到第一个位置，形成逻辑上的环状空间，供队列循环使用。

循环队列中，用队尾指针(rear)指向队列的队尾元素，用排头指针(front)指向排头的前一个位置，从排头指针(front)指向的后一个位置直到队尾指针(rear)指向的位置之间的所有元素均为队列中的元素。

循环队列主要有两种运算：入队运算与退队运算。

① 入队运算：如果队列不满，在循环队列的队尾加入一个新元素。操作过程是：首先将队尾指针后移一位(即 rear=rear+1)，然后将新元素插入到队尾指针指向的位置。

② 退队运算：如果队列不空，在循环队列的排头位置退出一个元素并赋给指定的变量。操作是：首先将排头指针加 1(front=front+1)，然后将排头指针指向的元素赋给指定的变量。

11.1.5　线性链表

1. 线性链表的基本概念

前节介绍了线性表的顺序存储结构和存储方式。但是线性表的顺序存储结构存在以下几方面的缺点：

① 对于大的线性表，采用顺序存储结构时，插入与删除的运算效率很低。

② 顺序存储结构下的线性表的存储空间不便于扩充。

③ 线性表的顺序存储结构对存储空间不便于动态分配。

因此线性表可以采用链式存储结构。数据结构中，每个数据存储在一个存储单元中，这个存储单元称为结点。在链式存储方式中，要求每个结点由两部分组成：一部分用于存放数据元素值，称为数据域；另一部分用于存放指针，称为指针域。其中指针用于指向该结点的前一个或后一个结点(即前件或后件)。

在链式存储结构中，存储数据结构的存储空间可以不连续，各个数据结点的存储顺序与数据元素的逻辑关系可以不一致，而数据元素之间的逻辑关系是由指针来确定的。

链式存储方式可以用于表示线性结构，也可以用于表示非线性结构。在用链式结构表示较复杂的非线性结构时，其指针域的个数要多一些。

(1) 线性链表：线性表的链式存储结构称为线性链表。为了适应线性表中的每一个元素，计算机存储空间被划分为一个一个小块，每一小块占若干字节，通常称为存储结点。每一个存储结点分为两部分：一部分用于存储数据元素的值，称为数据域；另一部分用于存放下一个数据元素的存储序号(即存储结点的地址)，用于指向后件结点，称为指针域。在链表中，用一个专门的指针 HEAD(头指针)指向线性链表中第一个元素的结点(即第一个结点的指针)。线性表中最后一个元素没有后件，即线性链表中最后一个结点没有指针域(用 NULL 或 0 表示)。线性链表的逻辑结构如图 11-4 所示。

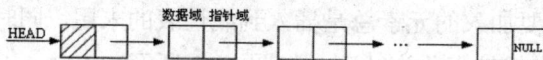

图 11-4 线性链表的逻辑结构

(2) 带链的栈：栈也是线性表，也可以采用链式存储结构。

(3) 带链的队列：队列也是线性表，也可以采用链式存储结构。

2. 线性链表的基本运算

线性链表的运算主要如下：

① 在线性链表中包含指定元素的结点前插入一个新元素。

② 在线性链表中删除包含指定元素的结点。

③ 将两个线性链表按要求合并成一个线性链表。

④ 将一个线性链表按要求进行分解。

⑤ 逆转线性链表。

⑥ 复制线性链表。

⑦ 线性链表的排序。

⑧ 线性链表的查找。

(1) 在线性链表中查找指定元素

在对线性链表进行插入或者删除的运算中，首先需要找到插入或者删除的位置，这需要对线性链表进行扫描查找，在线性链表中寻找包含指定元素的结点的前一个结点。找到后就可以在该结点后插入新结点或删除该结点后面的一个结点。

在非空线性链表中查找包含指定元素 x 的结点的前一个结点 p 的基本方法为：

从头指针开始往后沿指针进行扫描，直到后面没有结点或下一个结点的数据域为 x 截止。如果找到，则此时 p 为包含元素 x 的结点的前一个结点序号(地址)；如果没有找到，则 p 为线性链表的最后结点的序号。

(2) 线性链表的插入

在线性链表中插入一个新元素的方法是：首先为新元素分配一个新结点，用于存储元素的值，然后再将新结点链接到线性链表中的指定位置。

(3) 线性链表的删除

在线性链表中删除指定元素的结点的方法是：在线性链表中找到包含元素 x 的结点，然后删除该结点，将下一个结点链接到前一个结点的指针域中。

3. 循环链表及其基本运算

循环链表的结构与线性链表相比，有两个特点：

① 在循环链表中增加一个表头结点，其数据域为任意或者根据需要设置，指针域指向线性表的第一个元素结点。循环链表头指针指向表的最后结点。

② 循环链表中最后一个结点的指针域不是空，而是指向头结点。即在循环链表中，所有结点的指针构成了一个环形链。

循环链表的插入与删除方法与线性链表基本相同。

11.1.6　树与二叉树

1. 树的基本概念

树是一种简单的非线性结构。在树这种结构中，所有元素之间的关系具有明显的层次关系。用图形表示树这种数据结构时，类似自然界中倒长的树，如图 11-5 所示。

在树结构中，每个结点只有一个前件，称为父结点，没有前件的结点只有一个，称为树的根结点，简称为树的根(如图 11-5 中的结点 R)。

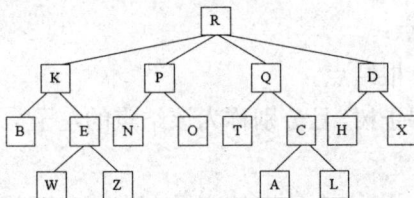

图 11-5　一般的树

在树结构中，每一个结点可以有多个后件，它们都称为该结点的子结点。没有后件的结点称为叶子结点(如图 11-5 中的结点 W、Z、A、L、B、N、O、T、H、X)。

在树结构中，一个结点拥有的后件个数称为结点的度(如图 11-5 中的根结点 R 的度为 4，结点 K、P、Q、D、E、C 的度均为 2)。

树的结点是层次结构，一般按如下原则分层：根结点在第 1 层；同一层上所有结点的所有子结点都在下一层。树的最大层次称为树的深度。如图 11-5 所示的树的深度为 4，根结点 R 有 4 棵子树，结点 K、P、Q、D、E、C 各有两棵子树；结点 W、Z、A、L 没有子树，称为叶子结点。

在计算机中，可以用树结构表示算术运算。在算术运算中，一个运算符可以有若干个运算对象。如取正(+)与取负(-)运算符只有一个运算对象，称为单目运算符；加(+)、减(-)、乘(*)、除(/)、乘幂(**)有两个运算对象，称为双目运算符；三元函数 f(x,y,z)为 f 函数运算符，有三个运算对象，称为三目运算符。多元函数有多个运算对象称多目运算符。

用树表示算术表达式的原则是：

① 表达式中的每一个运算符在树中对应一个结点，称为运算符结点。

② 运算符的每一个运算对象在树中为该运算结点的子树(在树中的顺序为从左到右)。

③ 运算对象中的单变量均为叶子结点。

根据以上原则可将表达式 a*(b+c/d)+c*h-g*f 表示成如图 11-6 所示的树。

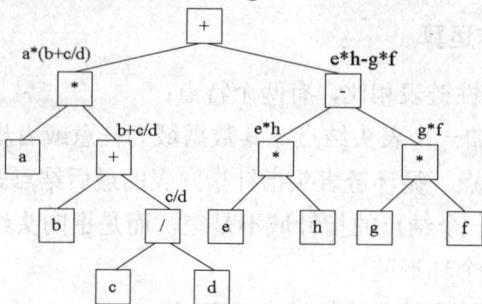

图 11-6 表达式树

树在计算机中通常用多重链表表示，多重链表的每个结点描述了树中对应结点的信息，每个结点中的链域(指针域)个数随树中该结点的度而定。

2. 二叉树及其基本性质

(1) 什么是二叉树

二叉树是很有用的非线性结构。它与树结构很相似，树结构的所有术语都可用到二叉树这种结构上。

二叉树具有以下两个特点：

① 非空二叉树只有一个根结点。

② 每个结点最多有两棵子树，且分别称为该结点的左子树与右子树。

也就是说，在二叉树中，每一个结点的度最大为 2，而且所有子树也均为二叉树。二叉树中的每一个结点可以只有左子树，也可以只有右子树，甚至左右子树都没有。如图 11-7 就是一棵二叉树。

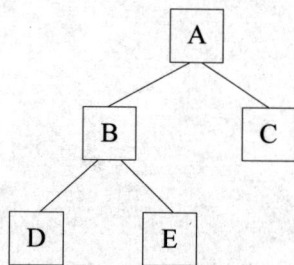

图 11-7 二叉树

(2) 二叉树的基本性质

二叉树的基本性质有以下几个方面：

性质 1：在二叉树的第 k 层上，最多有 $2^{k-1}(k>=1)$个结点。

性质 2：深度为 m 的二叉树最多有 2^m-1 个结点。

性质 3：在任意一棵二叉树中，度为 0 的结点(即叶子结点)总比度为 2 的结点多一个。

性质 4：具有 n 个结点的二叉树，其深度至少为[log₂n]+1，其中[log₂n]表示取 log₂n 的整数部分。

(3) 满二叉树与完全二叉树

① 满二叉树

满二叉树是除了最后一层外，每一层上的所有结点都有两个子结点。即在满二叉树中，每一层上的结点数都达到最大值。在满二叉树的第 k 层上有 2^{k-1} 个结点，且深度为 m 的满二叉树有 2^m-1 个结点。如图 11-8(a)、11-8(b)、11-8(c)所示。

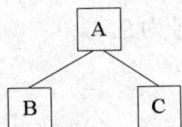

图 11-8(a)　深度为 2 的满二叉树　　　　　图 11-8(b)　深度为 3 的满二叉树

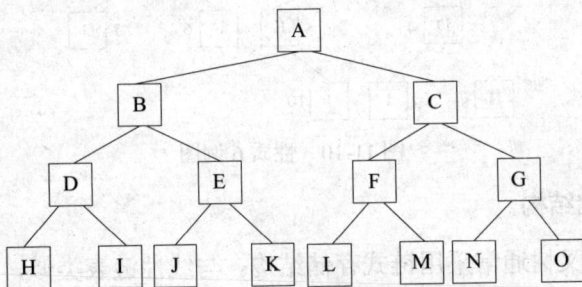

图 11-8(c)　深度为 4 的满二叉树

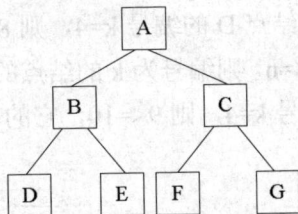

② 完全二叉树

完全二叉树除最后一层外，每一层上的结点数均达到最大数；最后一层只缺少右边的若干结点。如图 11-9(a)、11-9(b)所示。

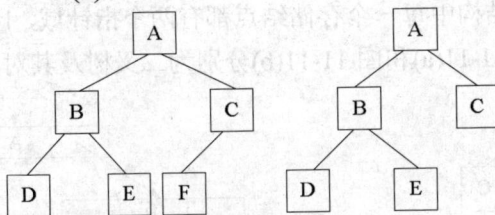

图 11-9(a)　深度为 3 的完全二叉树

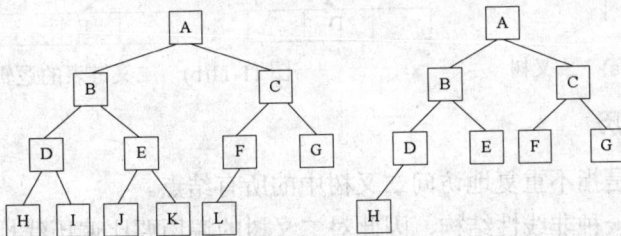

图 11-9(b)　深度为 4 的完全二叉树

完全二叉树具有以下两个性质：

性质 5：具有 n 个结点的完全二叉树的深度为[$\log_2 n$]+1。

性质 6：设完全二叉树有 n 个结点(如图 11-10 有 10 个结点，编号如图)。如果从根结点开始，按层序用自然数 1,2,…,n 给结点进行编号，则对于编号为 k(k=1,2,…,n)的结点有以下结论：

① 若 k=1，则该结点为根结点，它没有父结点；若 k>1，则该结点的父结点编号为 INT(k/2)。例如结点 D 的编号 k=4，则它的父结点 B 的编号为 2。

② 若 2k<=n，则编号为 k 的结点的左子结点编号为 2k，否则该结点无左子结点(也无右子结点)，例如结点 D 的编号 k=4，则 8<=10，它的左子结点 H 的编号为 8。

③ 若 2k+1<=n，则编号为 k 的结点的右子结点编号为 2k+1，否则该结点无右子结点。例如结点 D 的编号 k=4，则 9<=10，它的右子结点 I 的编号为 9。

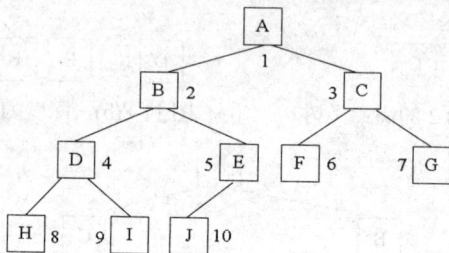

图 11-10　性质 6 例图

3. 二叉树的存储结构

在计算机中，二叉树通常采用链式存储结构。与线性链表类似，用于存储二叉树中各元素的存储结点，它也由两部分组成：数据域与指针域。但在二叉树中，由于每一个元素可以有两个后件(即两个子结点)，因此，用于存储二叉树的存储结点的指针域有两个：一个用于指向结点的左子树根结点的存储地址，称为左指针域；另一个用于指向右子树根结点的存储地址，称为右指针域。

由于二叉树的存储结构中每一个存储结点都有两个指针域，因此二叉树的链式存储结构也称为二叉链表。图 11-11(a)和图 11-11(b)分别为二叉树及其对应的存储结构。

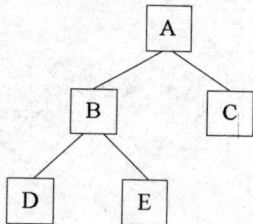

图 11-11(a)　二叉树　　　　　　　图 11-11(b)　二叉链表的逻辑状态

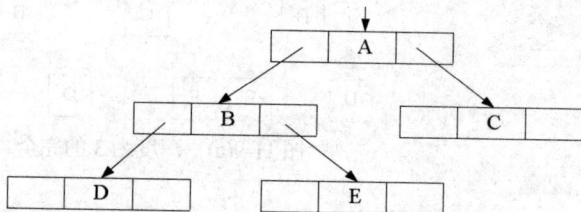

4. 二叉树的遍历

二叉树的遍历是指不重复地访问二叉树中的所有结点。

由于二叉树是一种非线性结构，因此对二叉树的遍历要比遍历线性表复杂很多。在遍历二叉树的过程中，当访问到某个结点时，再往下访问可能有两个分支，应访问哪一个分支呢？对于二叉树来说需要访问根结点、左子树的所有结点、右子树的所有结点，在这三者中，应访问哪一个？也就是说，遍历二叉树实际是要确定访问各结点的顺序。以便不重复又不能丢掉访问结点，直到访问到所有结点。

在遍历二叉树的过程中，一般先遍历左子树，然后再遍历右子树。在先左后右原则下根据访问结点的次序，二叉树的遍历分为如下 3 种方法。

(1) 前序遍历(Degree Left Right，DLR)：前序遍历首先访问根结点，然后遍历左子树，最后遍历右子树。在遍历左、右子树时，仍然先访问根结点，然后遍历左子树，最后遍历右子树。

若二叉树为空则结束并返回，否则：

① 访问根结点。

② 前序遍历左子树。

③ 前序遍历右子树。

需注意的是：遍历左右子树时仍然采用前序遍历方法。

例：如图 11-12 所示的二叉树，则前序遍历的结果是：A、B、D、E、C、F。

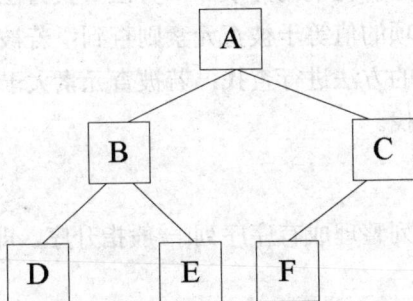

图 11-12　二叉树

(2) 中序遍历(Left Degree Right，LDR)：中序遍历首先遍历左子树，然后访问根结点，最后遍历右子树。在遍历左、右子树时，仍然先遍历左子树，再访问根结点，最后遍历右子树。

若二叉树为空则结束并返回，否则：

① 中序遍历左子树。

② 访问根结点。

③ 中序遍历右子树。

需注意的是：遍历左右子树时仍然采用中序遍历方法。

例：如图 11-12 所示的二叉树，则中序遍历的结果是：D、B、E、A、F、C。

(3) 后序遍历(Left Right Degree，LRD)：后序遍历首先遍历左子树，然后遍历右子树，最后访问根结点。在遍历左、右子树时，仍然先遍历左子树，然后遍历右子树，最后访问根结点。

若二叉树为空则结束并返回，否则：

① 后序遍历左子树；

② 后序遍历右子树；

③ 最后访问根结点。

需要注意的是：遍历左右子树时仍然采用后序遍历方法。

例：如图 11-12 所示的二叉树，则后序遍历的结果是：D、E、B、F、C、A。

11.1.7　查找技术

查找是数据处理领域中的一个重要内容。所谓查找是指在一个给定的数据结构中查找某个指定元素。

1. 顺序查找

顺序查找是从线性表的第一个元素开始，依次将线性表的元素与被查元素进行比较，若相等则表示找到；若线性表中所有元素都与被查元素进行了比较都不相等，则表示线性表中没有要找的元素。

顺序查找适合无序表和使用链式存储结构的线性表。

2. 二分法查找

二分法查找只适用于顺序存储的有序表。二分法查找方法如下：将被查元素与线性表的中间项进行比较，若中间项的值等于被查元素则查到；若被查元素小于中间项的值，则在线性表的前半部分以相同的方法进行查找；若被查元素大于中间项的值，则在线性表的后半部分以相同方法进行查找。

11.1.8　排序技术

排序是指将一个无序序列整理成有序序列(一般指升序，即非递减顺序)。

1. 交换类排序法

(1) 冒泡排序法

冒泡排序法的基本过程是：从线性表开头逐次比较相邻数据元素的大小，若相邻两个元素中，前面元素大于后面元素，则将它们交换。依次下去最后将最大元素换到了表的最后。然后再从剩下的线性表中按上述方法进行操作，直到剩下的线性表变空为止。此时线性表已经变为有序。

(2) 快速排序法

快速排序法的基本思想：从线性表中选取一个元素，设为 Y，将线性表后面小于 Y 的元素移到前面，而前面大于 Y 的元素移到后面，结果就将线性表分成了两部分，Y 插入到其分界线的位置处，这个过程称为线性表的分割。通过对线性表一次分割，就以 Y 为分界线，将线性表分成了前后两个子表，前面子表中所有元素均不大于 Y，后面的子表中所有元素均不小于 Y。

对分割后的各子表再按上述原则进行分割，直到所有子表变空为止，则线性表就变成了有序表。

快速排序法的关键是对线性表进行分割，以及对各分割出的子表再进行分割。

2. 插入类排序法

(1) 简单插入排序法

插入排序是将无序序列中的各元素依次插入到已经有序的线性表中。插入过程是：将第 j 个元素放入一个变量 X 中,然后从有序子表的最后一个元素开始,往前逐个与 X 比较,将大于 X 的元素均依次向后移动一个位置,直到发现一个不大于 X 的元素为止,此时就将 X 插入到刚移出的空位置上。接下来对无序序列中剩余的其他元素重复上述操作,直到无序序列变空为止,此时无序序列中的元素都被插入到有序线性表中。

(2) 希尔排序法

希尔排序法的基本思想是:将整个无序序列分割成若干小的子序列分别进行插入排序。子序列的分割方法是:将相邻某个增量 h 的元素构成一个子序列。在排序过程中,逐次减少这个增量,最后当 h 减到 1 时,进行一次插入排序。增量序列一般取 $h_t=n/2^k(k=1,2,\cdots,[\log_2 n])$,其中 n 为待排序序列的长度。

3. 选择类排序法

(1) 简单选择排序法

选择排序法的基本思想是:对整个线性表,从中选择出最小的的元素,将它交换到最前面,然后对剩下的子表采用同样方法,直到子表空为止。

(2) 堆排序法

堆排序法属于选择类的排序方法。堆的定义如下:

具有 n 个元素的序列$(h_1,h_2,\cdots,h_n)$,当且仅当满足:

$h_i>=h_{2i}$ 和 $h_i>=h_{2i+1}$

$h_i<=h_{2i}$ 和 $h_i<=h_{2i+1}$

(i=1,2,$\cdots$,n/2)时称之为堆。这里只讨论满足前者条件的堆。堆顶元素(第一个元素)必为最大项。

在实际处理中,可以用一维数组来存储堆序列中的元素,也可以用完全二叉树来直观表示堆的结构。如序列(91,85,53,36,47,30,24,12)是一个堆,它所对应的完全二叉树如图 11-13 所示。用完全二叉树表示堆时,树中所有非叶子结点均不小于其左、右子树的根结点值。

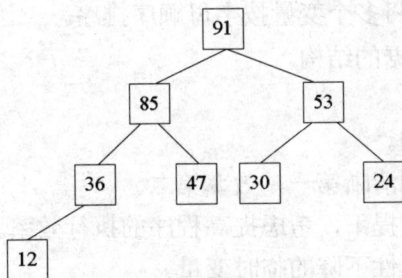

图 11-13　堆顶元素为最大值的堆

在调整建堆过程中,总是将根结点值与左、右子树的根结点值进行比较,若不满足堆的条件,则将左、右子树结点值中的大者与根结点进行交换。直到所有子树均为堆为止。

设无序序列 H(1:n)以完全二叉树表示,从完全二叉树的最后一个非叶子子结点(即第 (n/2 个元素)开始,直到根结点(即第一个元素)为止,对每一个结点进行调整建堆,最后就可以得到与该序列对应的堆。

由此得到堆的排序方法为:

① 首先将一个无序序列建成堆。

② 然后将堆顶元素(序列中的最大项)与堆中最后一个元素交换(最大项应该在序列的最后)。

11.2　程序设计基础

程序是指令的有序排列，所谓指令，就是控制计算机进行工作的指示和命令。

计算机的工作是用程序来控制的，计算机的工作过程也就是指令的执行过程。

11.2.1　程序设计风格

程序设计风格是指编写程序时所表现出的特点、习惯和逻辑思路。程序设计风格会影响软件的质量和可维护性，良好的程序设计风格可以使程序结构清晰合理，使程序代码便于维护。因此，程序员在编写程序时应该形成良好的程序设计风格，应主要注重和考虑以下因素：

(1) 源程序文档化

- 标识符的命名：应具有实际意义，最好能做到见名知意。
- 程序注释：可以帮助读者理解程序，注释一般分为序言性注释和功能性注释。序言性注释通常位于程序的开头部分，它给出程序的整体说明，如：程序文件名、程序的功能、主要算法、程序设计者、复审日期和修改日期等。功能性注释一般位于程序体中，主要用于描述其后的语句或其同一行左侧语句的功能。
- 视觉组织：是在程序中插入的空格、空行、缩进等格式，使程序看起来整洁规整，可读性强。

(2) 数据说明的方法

数据类型的说明次序规范化，可使数据的属性容易查找，有利于程序的调试、排错和维护。

声明多个变量时，最好将多个变量按字母顺序排序。

使用注释来说明复杂数据的结构。

(3) 语句的书写规范

- 一行内只写一条语句。
- 程序编写时尽量做到清晰第一，效率第二。
- 在确保程序正确的前提下，考虑提高程序的执行效率。
- 避免使用使程序可读性下降的临时变量。
- 避免不必要的程序控制的转移。
- 尽可能使用库函数。
- 避免采用复杂的条件表达式语句。
- 数据结构要有利于程序的简化。
- 模块化设计，模块的功能尽可能单一化，模块的内聚性要强，耦合性要小。
- 利用信息隐蔽，确保每一个模块的独立性和安全性。
- 从数据出发去构造程序。

(4) 输入和输出

- 对所有输入的数据都要检验数据的合法性。
- 输入格式要简单，以使得输入的步骤和操作都尽量简单。
- 输入数据时，应允许使用自由格式。
- 应允许使用默认值。
- 输入一批数据时，最好使用输入结束标志。
- 在使用交互方式进行输入、输出时，最好在屏幕上使用提示符提示用户输入信息。

11.2.2　结构化程序设计方法

程序设计方法主要经历了结构化的程序设计和面向对象的程序设计两个阶段。

20 世纪 60 年代，产生的结构化程序设计思想，在 70 年代到 80 年代成为所有软件开发设计领域及每个程序员都采用的方法。

(1) 结构化程序设计方法的主要原则

- 自顶向下、逐步求精：程序设计时，先考虑整体，后考虑细节；先从最上层的总目标开始设计，逐步使问题具体化、细化。
- 程序结构模块化：把一个复杂的问题，分解成许多相对简单的问题，再把简单的问题进一步分解，直到分解成能够用程序实现的功能模块；各模块之间的关系尽可能简单，在功能上相对独立。
- 每一个模块内部均由顺序、选择、循环 3 种基本结构组成。
- 选择控制结构只允许有一个入口和一个出口。
- 限制使用 goto 语句：goto 语句可使程序的执行流程跳转到语句标号处去执行，有时会破坏程序的结构，故应限制使用 goto 语句。

采用结构化程序设计方法编写的程序可使结构清晰，易读，提高程序设计的质量和效率。

结构化程序设计方法中使用了 3 种基本的控制结构：顺序结构、选择结构和循环结构。在描述这 3 种结构的流程图中用到的图符有：控制流(↓)、加工步骤(▭)、逻辑条件(◇)。

① 顺序结构

如图 11-14 所示，虚线框内是一个顺序结构。其中 A 和 B 两个框是顺序执行的，即在执行 A 框所指定的操作后，接着执行 B 框指定的操作。顺序结构是最简单的一种基本结构。

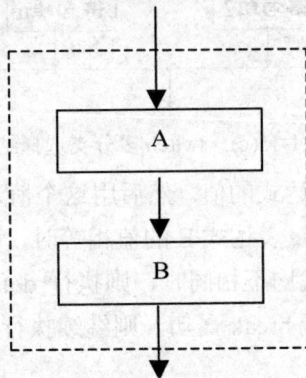

图 11-14　顺序结构

② 选择结构

选择结构又称分支结构，它包括简单的选择结构和多分支选择结构。

如图 11-15(a)所示，虚线框内是包含两个分支的简单选择结构。根据给定的条件是否成立而选择执行 A 框或 B 框之一，A 或 B 两个框中可以有一个是空的，即不执行任何操作。

如图 11-15(b)所示，虚线框内是包含多个分支的 if 选择结构。

其执行过程是：首先判断给定的条件是否成立，即结果是否为真，若为真则执行语句(组)1，若为假则继续判断表达式 2 的值，若表达式 2 的值为真则执行语句(组)2，否则继续判断表达 3 的值，若表达式 3 的值为真则执行语句(组)3，若为假则继续判断表达式 4 的值，若表达式 4 的值为真则执行语句(组)4，若为假执行语句(组)5，执行完某一个语句后，就跳出该选择结构。

图 11-15(c)所示的虚线框内是包含多个分支的 switch 选择结构。

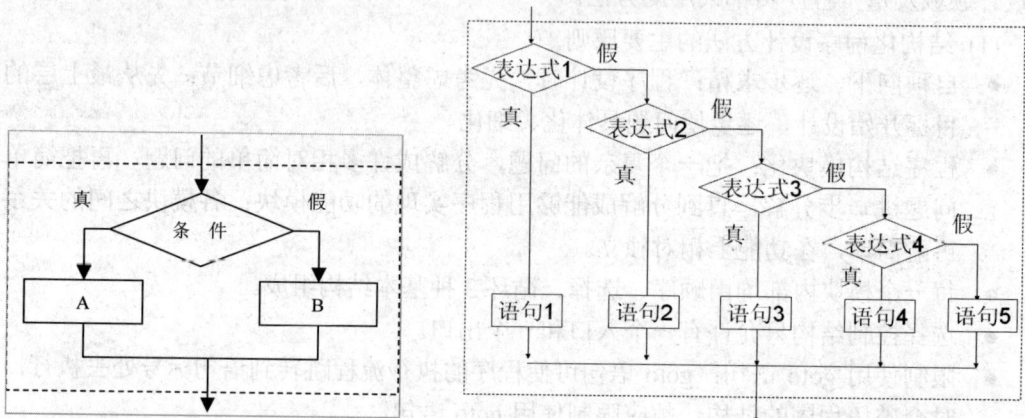

图 11-15(a)　简单的选择结构

图 11-15(b)　if 多分支选择结构

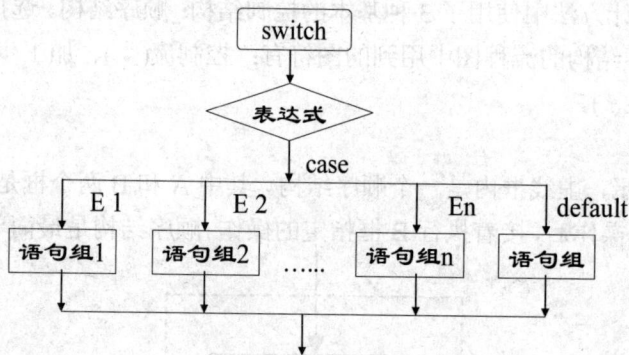

图 11-15(c)　switch 多分支选择结构

其执行过程是：首先计算表达式的值。然后用这个值逐个与其后的常量表达式 E 的值相比较，当表达式的值与某个常量表达式 E 的值相等时，即执行其后的语句组，如表达式的值与所有 case 后的常量表达式均不相同时，则执行 default 后的语句组。若语句组里有 break 语句，则跳出该结构，若无 break 语句，则继续执行后面的所有 case 后的语句。

③ 循环结构

又称为重复结构，即反复执行某一部分的操作。有两类循环结构：当型循环结构和直到型循环结构，如图 11-16(a)和图 11-16(b)所示。

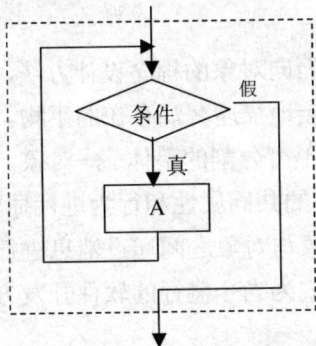

图 11-16(a)　当型循环结构　　　　图 11-16(b)　直到型循环结构

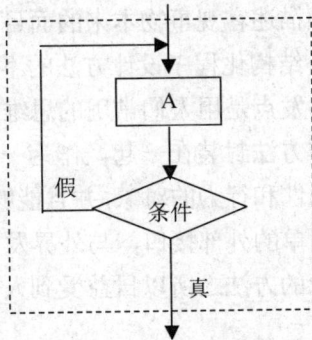

- 当型循环结构：先判断条件是否为真，如果条件为真，则执行 A 框操作，执行完 A 操作后，再判断条件是否为真，如果条件为真再执行 A 框操作，反复判断条件是否为真，直到条件为假时，结束循环结构。
- 直到型循环结构：先执行 A 框操作，再判断条件是否为假，如果条件为假，则继续执行 A 操作后，再判断条件是否为假，反复执行 A 操作和判断条件，直到条件为真时，结束循环结构。

以上 3 种基本结构有以下共同特点：
- 只有一个入口。
- 只有一个出口。
- 结构中的每一部分都有机会被执行到。
- 结构内不存在死循环。

11.2.3　面向对象的程序设计

结构化程序设计方法的优点是能有效地将一个较复杂的程序系统设计任务分解成许多易于控制和处理的子任务，便于开发和维护。

它的缺点是代码的可重用性差、数据安全性差、难以开发大型软件和图形界面的应用软件。

传统的结构化程序设计方法多是面向过程的，其核心方法是以算法(解决问题的方法和步骤)为核心，把数据和处理数据的过程作为相互独立的部分，数据代表问题空间中的客体，程序则用于处理这些数据，在计算机内部，数据和程序是分开存放的，当数据结构改变时，所有相关的处理过程都要进行相应的修改，每一种相对于老问题的新方法都要带来额外的开销。这样分开存放往往也会发生使用错误的数据调用正确的程序模块的情况，其原因在于传统的程序设计方法忽略了数据和操作之间的内在联系，用这种方法设计出来的软件系统的解空间与问题空间不一致，使人不容易理解。

我们用计算机解决的问题都是现实世界中的问题，这些问题都由客观事物和事物之间的联系组成，每个客观事物都有属性和行为(或功能)两个方面的特征。因此，把描述事物的静态属性的数据结构和描述其动态行为(或功能)的操作封装在一起，形成一个整体，这样更能如实地描述客观事物本来的面目。

为了弥补结构化程序设计方法的不足，出现了面向对象的程序设计方法，它是以对象为核心，其出发点是用人们常用的思维方法来更直接地描述客观存在的事物。它将数据和对数据的操作方法封装在一起，作为一个相互依存不可分割的整体——对象，将客观事物描述成具有属性和行为的对象，并且能够将一类对象的共同属性和行为进行抽象描述为类。类通过一个简单的外部接口，与外界发生关系，对象与对象之间通过消息进行通信。

面向对象的方法之所以日益受到人们的欢迎，成为当今盛行的软件开发方法，源自以下优点：

- 用人们习惯的思维方法更直接地描述客观存在的事物。
- 程序模块间的关系更为简单，程序模块的独立性、数据的安全性就有了良好的保障。
- 通过继承与多态性，可以大大提高程序的可重用性，使得软件的开发和维护都更为方便。
- 易于开发大型软件和具有图形化界面的软件。

11.2.4 面向对象的基本概念

(1) 对象

一般意义上的对象是现实世界中一个实际存在的事物。可以是有形的，如一辆汽车、一家公司；也可以是无形的，如一项计划、一次会议等。它是构成现实世界的一个独立单位，具有静态特征(可以用某种数据来描述)和动态特征，即对象所表现的行为或具有的功能(可以用函数来描述)。

面向对象方法中的对象是系统中用来描述客观事物的一个实体，它是用来构成系统的一个基本单位，对象由一组属性和一组行为构成。其中属性是用来描述对象静态特征的数据项，行为是用来描述对象动态特征的操作序列。如一辆汽车是一个对象，它包含了汽车的属性(如颜色、型号等)及其行为(如启动、刹车等)。

对象具有的基本特点是标识唯一性、分类性、多态性、封装性和模块的独立性。

标识唯一性是指对象之间有区别，是可区分的，此对象区别于彼对象，外在的区别是对象名不同，内在的区别也是本质的区别，是对象的静态属性值不同。

分类性、多态性、封装性后面会有介绍。

模块的独立性是指对象是面向对象的软件的基本模块，它是由数据及对该数据的操作组成的一个统一体，对象以数据为中心，操作围绕数据来设置，没有跟数据无关的操作。从模块的独立性考虑，对象内部各种元素彼此结合得很紧密，内聚性较强。

(2) 类

我们经常说学生、工人、农民等，把众多事物归纳、划分成一些类，是人类在认识客观事物时经常采用的思维方法。分类是人类通常的思维方法，分类所依据的原则是抽象，即忽略事物的非本质特征，只注意那些与当前目标有关的本质特征，从而找出事物的共性，把具有共同性质的事物划分为一类，得出一个抽象的概念。例如，石头、树木、汽车、房屋等都是人们在长期的生产和生活实践中抽象出来的概念。

面向对象方法中的"类"是具有相同属性和服务的一组对象的集合。它为属于该类的所有对象提供了抽象的描述，包括属性和行为两个主要部分。

一个属于某类的对象称为该类的一个实例。例如，用面向对象的语言编写的一个图形程序：在屏幕中分别显示 3 个圆，这 3 个圆的圆心和半径都不同，它们是 3 个不同的对象。但是，它们又有相同的属性(圆心坐标和半径)和相同的行为(显示自己、在屏幕上移动位置等)，因此，它们是同一类事物，可以定义成一个"圆"类。

(3) 消息

面向对象的世界是通过对象与对象间彼此的相互合作来推动的，对象间的这种相互合作需要一个机制协助进行，这样的机制称为"消息"，对象间是通过消息进行通信的。

消息是一个对象实例与另一个对象实例之间传递的信息，它是指请求对象执行某一处理或回答某一要求的信息。消息的使用类似于函数的调用，消息中指定了某一个实例，一个操作名和一个参数表(参数可以为空)。接受消息的实例执行消息中指定的操作，并将形式参数与参数表中的相应实际参数的值结合起来。通常一个消息包含三部分信息，分别是接收信息的对象名、消息标识符和参数。例如，MyCircle 是一个半径为 4CM，圆心为(20,30)的 Circle 类的一个对象(实例)，要求它以绿色在屏幕上显示自己时，用 C++描述为：

MyCircle.show(Green);

其中，MyCircle 是接收消息的对象名，show 是消息名，Green 是消息的参数。

(4) 封装

把对象的属性和行为(或功能)结合成一个独立的系统单元，尽可能隐蔽对象的内部细节，对外形成一个边界(或者说一道屏障)，只保留有限的对外接口使之与外部发生联系。从外面不能直接修改对象内部的状态(或属性)，对象的内部状态只能由对象通过其自身行为来改变。

(5) 继承

继承对于软件复用有着重要意义，是面向对象技术能够提高软件开发效率的重要原因之一。广义上说，继承是指能够直接获得已有的属性和行为，不必重复定义它们，可以根据需要，再增加一些新的属性和行为。

继承是特殊类的对象拥有其一般类的全部属性与服务，称作特殊类对一般类的继承。即使用已有类作为基类，在基类的基础上建立新类。

例如，将轮船作为一个一般类，客轮便是一个特殊类。

继承分为单继承和多继承。单继承指建立新类时只能从一个基类(父类)继承，多继承指建立新类时可以从多个基类继承。

(6) 多态

多态是指同样的消息被不同类型的对象接收时导致不同的行为。所谓的消息是指对类的成员函数的调用，不同的行为是指不同的实现，也就是调用了不同的函数。

例如，加法运算符，我们使用同样的"+"号，可以实现整数之间、复数之间的加法运算，同样的消息相加，被不同类型的对象(整数或复数)接收后，采用不同的运算规则。

11.3　软件工程基础

11.3.1　软件工程的基本概念

软件工程是一门研究软件开发与维护的普遍原理和技术的工程学科。

软件工程的研究范围非常广泛，包括软件开发的技术方法、软件开发的工具、软件开发过程中的管理及软件的维护等许多方面。

1. 软件的定义与特点

计算机软件(Software)是计算机系统中与硬件相互依存的另一部分，是包括程序、数据及相关文档的完整集合。

软件在开发、生产、维护和使用方面与计算机硬件相比存在明显的差异。深入理解软件的定义需要了解软件的特点：

① 软件是逻辑实体，而不是物理实体，具有抽象性。

② 软件的生产与硬件不同，它没有明显的制作过程。

③ 软件在运行、使用期间不存在磨损、老化问题。

④ 软件的开发、运行对计算机系统具有依赖性，受计算机系统的限制，这导致了软件移植问题。

⑤ 软件复杂性高、成本昂贵。

⑥ 软件开发涉及诸多的社会因素。

软件根据应用目标不同，是多种多样的。软件按功能可以分为：应用软件、系统软件、支撑软件(或工具软件)。

- 应用软件是为解决特定领域的应用而开发的软件。如事务处理软件，人工智能软件等。

- 系统软件是计算机管理自身资源、提高计算机使用效率并为计算机用户提供各种服务的软件。如操作系统、编译程序、汇编程序、网络软件等。

- 支撑软件是介于系统软件与应用软件之间，协助用户开发软件的工具性软件。

2. 软件危机与软件工程

1968 年北大西洋公约组织的计算机科学家在联邦德国召开国际会议，讨论软件危机问题，在这次会议上正式提出并使用了"软件工程"这个名词。从此诞生了"软件工程"学科。

(1) 软件危机是指在计算机软件开发和维护过程中所遇到的一系列严重问题。例如，如何开发软件、如何满足对软件日益增长的需求、如何维护已有的软件等。

软件危机主要有如下表现：

① 软件需求的增长得不到满足。用户对系统不满意的情况经常发生。

② 软件开发成本和进度无法控制。开发成本超出预算，开发周期大大超过规定日期的情况经常发生。

③ 软件质量难以保证。

④ 软件不可维护或维护程度非常低。

⑤ 软件成本不断提高。

⑥ 软件开发生产率的提高赶不上硬件的发展和应用需求的增长。

总之，可以将软件危机归结为成本、质量、生产率等问题。

(2) 产生软件危机的原因有很多，比较常见的有：

① 管理和控制软件开发过程相当困难。软件是计算机中的逻辑部件，写出程序代码上机试运行之前，难以控制软件开发过程的进展和评价软件开发的质量。

② 软件不同于程序，它规模庞大，是众人合作的结果。要将每个人的工作合在一起构成一个高质量的软件系统是一个极端复杂的难题。不仅涉及分析方法、设计方法、形式说明方法及版本控制等协调一致的技术问题，还要有严格的科学管理。

③ 软件维护通常意味着改正或修改原来的设计，由于在开发时期采用了错误的方法和技术，给软件的维护带来困难。

④ 对用户要求没有完整准确的认识就急于着手编写程序是许多软件开发工程失败的主要原因之一。只有用户才真正了解自己的需要，但许多用户开始时并不能准确具体地叙述他们的需要，软件开发人员需要做大量深入细致的调查研究工作。如果在对用户没有正确认识的前提下就编写程序，就好比不打好地基就盖楼一样。

为了消除软件危机，通过认真研究解决软件危机的方法，认识到软件工程是使计算机软件走向工程的途径，便形成了软件工程学。软件工程就是用工程、科学和数学的原理和方法研制、维护计算机软件有关技术及管理方法。

软件工程包括 3 个要素，即方法、工具和过程。

- 方法是完成软件工程项目的技术手段。它包括了多方面的任务，如项目计划与估算、软件系统需求分析、数据结构、系统总体结构的设计、算法过程的设计、编码、测试以及维护等。

- 工具为软件工程方法提供了自动的或半自动的软件支撑环境。目前，已经推出了许多软件工具，这些软件工具集成起来，建立了称之为计算机辅助软件工程 CASE (Computer Aided Software Engineering)的软件开发支撑系统。CASE 将各种软件工具、开发机器和一个存放开发过程信息的工程数据库组合起来形成一个软件工程环境。

- 过程则是将软件工程的方法和工具综合起来以达到合理、及时地进行计算机软件开发的目的。过程定义了方法使用的顺序、要求交付的文档资料、为保证质量和协调变化所需要的管理。

软件工程的核心思想是把软件看作一个工程产品来处理。把需求计划、可行性研究、工程审核、质量监督等工程化的概念引入到软件生产中，以期达到工程项目的 3 个基本要素：进度、经费和质量的目标。

3. 软件工程过程与软件生命周期

(1) 软件工程过程

ISO 9000(International Organization for Standards)定义：软件工程过程是把输入转化

为输出的一组彼此相关的资源和活动。它定义了支持软件工程的两方面内涵:

一方面,软件工程是指为获得软件产品,在软件工具支持下由软件工程师完成的一系列软件工程的活动。基于这个方法,软件工程过程通常包括 4 种基本活动:

① P(Plan)——软件规格说明,即规定软件的功能及运行时间限制。

② D(Do)——软件开发,即产生满足规格说明的软件。

③ C(Check)——软件确认,即确认软件能够满足用户的要求。

④ A(Action)——软件演进,为满足客户要求,软件必须在使用过程中演进。

另一方面,从软件开发的观点看,它就是使用适当的资源(包括人员、软硬件工具、时间等)为开发软件进行的一组开发活动,在过程结束时将输入转化为输出。

(2) 软件生命周期

一个软件从提出、实现、使用、维护、修订到停止使用的过程称为软件的生命周期。即软件产品从考虑其概念开始,到该软件产品不能使用为止的整个时期都属于软件生命周期。一般包括可行性研究与需求分析、软件设计、编码实现、测试、交付使用以及维护等活动。

① 可行性研究与计划制定。确定软件开发系统开发的目标和总的要求,给出它的功能、性能、可靠性以及接口等方面的可能方案,制定完成开发任务的实施计划。

② 需求分析。对待开发软件提出的需求进行分析并给出详细定义。编写软件规格说明书及初步的用户手册,提交评审。

③ 软件设计。系统设计人员和程序设计人员应该在反复理解软件需求的基础上给出软件结构、模块划分、功能的分配以及处理流程。在系统比较复杂的基础上,设计阶段可分解成概要设计阶段(总体设计)和详细设计阶段。编写概要设计说明书、详细设计说明书和测试计划初稿,提交评审。

④ 编码实现。把软件设计转换为计算机可以接受的程序代码。即完成程序编码,编写用户手册、操作手册等面向用户的文档,编写单元测试计划。

⑤ 软件测试。在设计测试用例基础上,检验软件的各个组成部分。编写测试分析报告。

⑥ 运行和维护。将交付的软件投入运行,并在运行中不断维护,根据新提出的需求进行必要的扩充和修改。

4. 软件工程的目标与原则

(1) 软件工程的目标

软件工程的目标:在给定成本、进度的前提下,开发出具有有效性、可靠性、可理解性、可维护性、可重用性、可适应性、可移植性、可追踪性和可互操作性且满足用户需求的软件产品。

软件工程需要达到的目标:付出较低的开发成本;达到要求的软件功能;取得较好的软件性能;开发的软件易于移植;需要较低的维护费用;及时交付使用。

基于软件工程的目标,软件工程的理论和技术性研究的内容主要包括软件开发技术和软件工程管理。

① 软件开发技术

软件开发技术包括：软件开发方法学、开发过程、开发工具和软件工程环境，其主要内容是软件开发方法学。软件开发方法学是根据不同的软件类型，按不同观点和原则，对软件开发中应遵循的策略、原则、步骤和必须产生的文档资料都做出规定，从而使软件的开发能够进入规范化和工程化的阶段，以克服早期的手工方法生产中的随意性和非规范性做法。

② 软件工程管理

软件工程管理包括：软件管理学、软件工程经济学、软件心理学等。

软件工程管理是软件按工程化生产时的重要环节，它要求按照预先制定的计划、进度和预算执行，以实现预期的经济效益和社会效益。

软件工程经济学是研究软件开发中成本的估算、成本效益分析的方法和技术，用经济学的基本原理研究软件工程开发中的经济效益问题。

软件心理学是从个体心理、人类行为、组织行为和企业文化等角度研究软件管理和软件工程。

(2) 软件工程的原则

为了达到软件工程的目标，在软件开发过程中，必须遵循软件工程的基本原则。这些原则适用于所有的软件项目。这些基本原则包括抽象、信息隐蔽、模块化、局部化、确定性、一致性、完备性和可验证性。

① 抽象。抽象事物最基本的特点和行为，忽略非本质细节。采用分层抽象，自顶向下，逐层细化的办法控制软件开发过程。

② 信息隐蔽。采用填充包装技术，将程序模块的实现细节隐藏起来，使模块尽量简单。

③ 模块化。模块是程序中的相对独立的成分，一个独立的编程单位，应有良好的接口定义。

④ 局部化。要求在一个物理模块内集中逻辑上相互关联的计算机资源，保证模块之间具有松散的耦合，模块内部具有较强的内聚。这有助于控制解的复杂性。

⑤ 确定性。软件开发过程中所有概念的表达应是确定的、无歧义且规范的。

⑥ 一致性。包括程序、数据和文档的整个软件系统的各个模块应使用书籍的概念、符号和术语，程序内外接口保持一致，系统规格说明与系统行为保持一致。

⑦ 完备性。软件系统不丢失任何重要部分，完全实现系统所需的功能。

⑧ 可验证性。系统自顶向下、逐层分解应遵循容易检查、测评、评审的原则，以确保系统的正确性。

5. 软件开发工具与软件开发环境

软件工程方法能得以实施，重要的保证是软件开发工具和环境。

(1) 软件开发工具

早期的软件开发由于缺少工具的支持，编程的工作量非常大，质量和进度难以保证，软件开发工具的完善和发展将促进软件开发方法的完善，促进软件开发的高速度和高质量。软件开发工具为软件工程方法提供了半自动或自动的软件支撑环境。

(2) 软件开发环境

软件开发环境或称软件工程环境是全面支持软件开发全过程的软件工具集合。这些软件工具按照一定方法或模式组合起来,支持软件生命周期内的各个阶段和各项任务的完成。

11.3.2　结构化分析方法

软件开发方法是软件开发过程所遵循的方法和步骤,其目的在于有效地得到一些工作产品,即程序和文档,并满足质量要求。软件开发方法包括分析方法、设计方法和程序设计方法。

结构方法经过 30 多年的发展,已成为系统、成熟的软件开发方法之一。结构化方法包括结构化分析方法、结构化设计方法和结构化编程方法,其核心和基础是结构化程序设计理论。

1. 需求分析与需求分析方法

(1) 需求分析

需求分析是指用户对目标系统的功能、行为、性能、设计约束等方面的期望。需求分析的任务是发现需求、求精、建模和定义需求的过程。需求分析将创建所需的数据模型、功能模型和控制模型。

需求分析定义。1997 年 IEEE 软件工程标准对需求分析的定义如下:

① 用户解决问题或达到目标所需的条件或权能。

② 系统或系统部件要满足合同、标准、规范或其他正式规定文档所需具有的条件或权能。

③ 一种反映前面所述的条件或权能的文档说明。

需求分析阶段的工作。需求分析阶段包括 4 个方面:

① 需求获取。确定对目标系统的各方面需求。

② 需求分析。对获取的需求进行分析和综合,最终给出系统的解决方案和目标系统的逻辑模型。

③ 编写需求规格说明书。说明书作为需求分析的阶段成果,可为用户、分析人员和设计人员之间的交流提供方便,可以直接支持目标软件系统的确认,又可以作为控制软件开发进程的依据。

④ 需求评审。需求分析最后一关,对需求分析阶段的工作进行复审,验证需求文档的一致性、可行性、完整性和有效性。

(2) 需求分析方法

① 结构化分析方法。包括面向数据流的结构化分析方法、面向数据流结构的 Jackson方法、面向数据结构的结构化数据系统开发方法。

② 面向对象的分析方法。从需求分析建立的模型的特性来分,需求分析方法又分为静态分析方法和动态分析方法。

2. 结构化分析方法

(1) 结构化分析方法概述

结构化分析方法的实质是着眼于数据流，自顶向下，逐层分解，建立系统的处理流程，以数据流图和数据字典为主要工具，建立系统的逻辑模型。

结构化分析的步骤如下：

① 通过对用户的调查，以软件的需求为线索，获得当前系统的具体模型。

② 去掉具体模型中的非本质因素，抽象出当前系统的逻辑模型。

③ 根据计算机的特点分析当前系统与目标系统的差别，建立目标系统的逻辑模型。

④ 完善目标系统并补充细节，写出目标系统的软件需求规格说明。

⑤ 评审直到确认完全符合用户对软件的需求。

(2) 结构化分析的常用工具

数据流图(DFD，Data Flow Diagram)：描述数据处理过程的工具，是需求理解的逻辑模型的图形表示，它直接支持系统的功能建模。数据流图中的主要图形元素如图 11-17 所示。

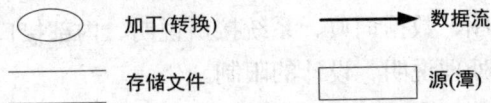

图 11-17　数据流图的基本图符

建立数据流图的步骤如下：

第 1 步：由外向内，先画系统的输入和输出，然后画系统的内部。

第 2 步：自顶向下，顺序完成顶层、中间层、底层数据流图。

第 3 步：逐层分解。

为保证构造的数据流图表达完整、准确、规范，应遵循以下数据流图的构造规则和注意事项：

① 对加工处理建立唯一、层次性的编号，且每个加工处理通常要求既有输入又有输出。

② 数据存储之间不应该有数据流。

③ 数据流图的一致性。

④ 父图、子图的关系与平衡规则。

数据字典(DD，Data Dictionary)：数据词典是结构化分析方法的核心。数据字典是对所有与系统相关的数据元素的一个有组织的列表，以及精确严格的定义，它可以使用户和系统分析员对输入、输出、存储成分和中间结果有共同的理解。

数据字典的作用是对数据流图(DFD)中出现的被命名的图形元素进行确切的解释。通常，数据词典包含的信息有名称、别名、何处使用/如何使用、内容描述、补充信息等。

判定树：使用判定树进行描述时，应先从问题定义的文字描述中分清哪些是判定条件，哪些是判定的结论，根据描述材料中的连接词找出判定条件之间的从属关系、并列关系、选择关系，然后根据它们构造判定树。

判定表：判定表与判定树相似，当数据流图中的加工要依赖于多个逻辑条件的取值，即完成该加工的一组动作是由于某一组条件取值的组合而引发时，使用判定表描述比较适宜。

判定表由 4 部分组成：基本条件、条件项、基本动作和动作项。

3. 软件需求规格说明书

软件需求规格说明书是需求分析阶段的最后成果，是软件开发中的重要文档之一。

(1) 软件需求规格说明书的作用

① 便于用户、开发人员进行理解和交流。

② 反映出用户问题的结构，可以作为软件开发工作的基础和依据。

③ 作为确认测试和验收的依据。

(2) 软件需求规格说明书的内容

软件需求规格说明书是作为需求分析的一部分而制定的可交付文档。该说明把在软件计划中确定的软件范围加以展开，制定出完整的信息描述、详细功能说明、恰当的检验标准以及其他与要求有关的数据。

软件需求规格说明书所包括的内容和书写框架如下：

① 概述。

② 数据描述：数据流图、数据词典、系统接口说明、内部接口。

③ 功能描述：功能、处理说明、设计的限制。

④ 性能描述：性能参数、测试种类、预期的软件响应、应考虑的特殊问题。

⑤ 参考文献目录。

⑥ 附录。

(3) 软件需求规格说明书的特点

软件需求规格说明书是确保软件质量的有力措施，衡量软件需求规格说明书好坏的标准、标准的优先级及标准的内涵是：

① 正确性。体现待开发系统的真实要求。

② 无歧义性。对每一个需求只有一种解释，其陈述具有唯一性。

③ 完整性。包括全部有意义的需求，如功能的、性能的、设计的、约束的、属性或外部接口等方面的需求。

④ 可验证性。描述的每一个需求都是可以验证的。

⑤ 一致性。各个需求的描述不矛盾。

⑥ 可理解性。需求说明书必须简明易懂，尽量少包含计算机的概念和术语，以便用户和软件人员都能接受它。

⑦ 可修改性。

⑧ 可追踪性。每一个需求的来源、流向是清楚的，当产生和改变文档编制时，可以方便地引证每一个需求。

11.3.3 结构化设计方法

1. 软件设计的基本概念

(1) 软件设计的基础

软件设计是软件工程的重要阶段，是一个把软件需求转换为软件表示的过程。软件设计的重要性和地位可概括为以下几点。

① 软件开发阶段(设计、编码、测试)占据软件项目开发总成本的绝大部分，是在软件开发中形成质量的关键环节。

② 软件设计是开发阶段最重要的步骤，是将需求准确地转化为完整的软件产品或系统的唯一途径。

③ 软件设计做出的决策最终影响软件实现的成败。

④ 设计是软件工程和软件维护的基础。

(2) 软件设计的基本原理

软件设计遵循软件工程的基本目标和原则，建立了适用于软件设计中应该遵循的基本原理和与软件设计有关的概念。

① 抽象。把事物本质的共同特性提取出来而不考虑其他细节。

② 模块化。把一个待开发的软件分解成若干小的简单的部分。

③ 信息隐蔽。在一个模块内包含的信息(过程或数据)，对于不需要这些信息的其他模块来说是不能访问的。

④ 模块独立性。每个模块只能完成系统要求的独立的子功能，并且与其他模块的联系最少且接口简单。衡量软件的模块独立性使用内聚性和耦合性的度量标准。

- 内聚性。一个模块内部各个元素彼此结合的紧密程度的度量。内聚性按由弱到强有下面几种：偶然内聚、逻辑内聚、时间内聚、过程内聚、通信内聚、顺序内聚、功能内聚。

- 耦合性。模块间相互结合的紧密程度的度量。耦合度由高到低排列有下面几种：内容耦合、公共耦合、外部耦合、控制耦合、标记耦合、数据耦合、非直接耦合。

(3) 结构化设计方法

结构化设计就是采用最佳的可能方法来设计系统的各个组成部分以及各成分之间的内部联系。

2. 概要设计

(1) 概要设计的任务

① 设计软件系统结构：在概要设计阶段，需要进一步分解，划分为模块以及模块的层次结构，划分的具体过程是：

- 采用某种设计方法，将一个复杂的系统按功能划分成模块。
- 确定每个模块的功能。
- 确定模块之间的调用关系。
- 确定模块之间的接口，即模块之间传递的信息。
- 评价模块结构的质量。

② 数据设计

数据设计是实现需求定义和规格说明过程中提出的数据对象的逻辑表示。数据设计的具体任务是：确定输入、输出文件的详细数据结构；结合算法设计，确定算法所必需的逻辑操作；结合算法设计，确定算法的逻辑数据结构及其操作；确定对逻辑结构所必需的那些操作的程序模块，限制和确定各个数据设计决策的影响范围；需要与操作系统或调度程序接口所必需的控制表进行数据交换时，确定其详细的数据结构和使用规则；数据的保护性设计：防卫性、一致性、冗余性设计。

数据设计中应该注意掌握以下设计原则：

- 用于功能和行为的系统分析原则也应用于数据。
- 应该标识所有的数据结构以及其上的操作。
- 应当建立数据词典，并用于数据设计和程序设计。
- 低层的设计决策应该推迟到设计过程的后期。
- 只有那些需要直接使用数据结构、内部数据的模块才能看到数据的表示。
- 应该开发一个由有用的数据结构和应用于其上的操作组成的库。
- 软件设计和程序设计语言应该支持抽象数据类型的规格说明和实现。

③ 编写设计文档。在概要设计阶段，需要编写的文档有概要设计说明书、数据库设计说明书、集成测试计划等。

④ 概要设计文档评审。在概要设计中，对设计部分是否完整地实现了需求中规定的功能、性能等要求，设计方案的可行性，关键的处理及内部接口定义的正确性、有效性，各部分的一致性等要进行评审，以免在以后的设计中因出现大的问题而返工。

常用的软件结构设计工具是结构图(Structure Chart，SC)。结构图是描述软件结构的图形工具。基本图符如图 11-18 所示。

图 11-18　结构图的基本图符

(2) 面向数据流的设计方法

在需求分析阶段，主要是分析信息在系统中如何流动的情况。面向数据流的设计方法定义了一些不同的映射方法，利用这些映射方法可以把数据流变换成结构图表示的软件结构。数据流的类型分为变换型和事务型。

- 变换型。变换型是指信息沿输入通路进入系统，同时由外部形式变换成内部形式，进入系统的信息通过变换中心，经加工处理以后再沿输出通路变换成外部形式离开软件系统。变换型数据处理的工作过程可分为 3 步，即传入数据、变换数据和传出数据，如图 11-19 所示。

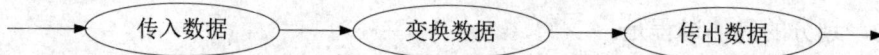

图 11-19　变换型数据流结构

- 事务型。在很多软件应用中，存在某种作业数据流，它可以引发一个或多个处理，这些处理能够完成作业要求的功能，这种数据流叫作事务。事务型数据流的特点是接受一项事务，根据事务处理的特点和性质，选择分派一个适当的处理单元(事务处理中心)，然后给出结果，如图 11-20 所示。

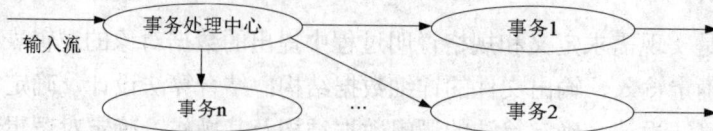

图 11-20　事务型数据流结构

面向数据流的结构设计过程和步骤如下：

第 1 步：分析、确认数据流图的类型，区分是事务型还是变换型。

第 2 步：说明数据流的边界。

第 3 步：把数据流图映射为程序结构。

第 4 步：根据设计准则对产生的结构进行细化和求精。

(3) 设计的准则

① 提高模块独立性。

② 模块规模适中。

③ 软件结构的深度、宽度、扇出和扇入适当。深度：表示软件结构中控制的层数。宽度：软件结构内同一层次上的模块总和的最大值。扇出：一个模块直接控制的模块数。扇入：有多个上级模块直接调用一个模块。

④ 使模块的作用域在该模块的控制域内。

⑤ 应减少模块的接口和界面的复杂性。

⑥ 设计成单入口、单出口的模块。

⑦ 设计功能可预测的模块。

3. 详细设计

详细设计的任务是为软件结构图中的每一个模块确定实现算法和局部数据结构，用某种选定的表达工具表示算法和数据结构的细节。常见的软件过程设计工具有：

- 图形工具：程序流程图(一般流程图)，N-S 图(由美国人 I. Nassi 和 B.(Shneiderman 共同提出)，PAD 图(Problem Analysis Diagram)，HIPO(Hierarchy Plus Input/Processing/Output)图。
- 表格工具：判定表。
- 语言工具：PDL(Program Design Language，也称伪码)。

(1) 程序流程图

程序流程图是一种传统的、应用广泛的软件过程设计表示工具，通常也称为程序框图。构成程序流程图的最基本图符有：

控制流(─→或↓)、加工步骤(▭)、逻辑条件(◇)。

按照结构化程序设计要求，程序流程图构成的任何程序可用 5 种控制结构来描述。这 5 种结构是：

- 顺序型：几个连续的加工步骤依次排列构成。
- 选择型：由某个逻辑判断式的取值决定选择两个加工中的一个。
- 先判断重复型：先判断循环控制条件是否成立，成立则执行循环体语句。
- 后判断重复型：重复执行某些特定的加工，直到控制条件成立。
- 多分支选择型：列举多种加工情况，根据控制变量的取值，选择执行其中之一。

这 5 种控制结构具体参见图 11-21。

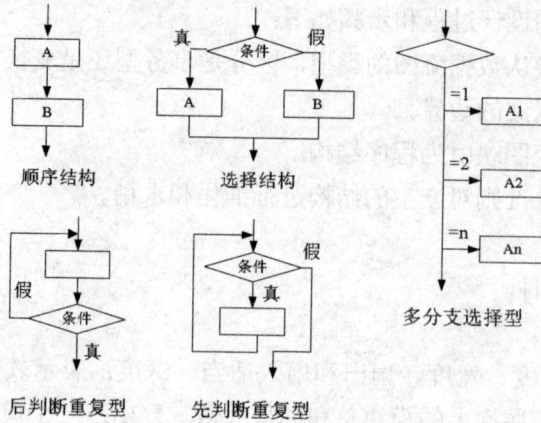

图 11-21　程序流程图构成的 5 种控制结构

(2) N-S 图

N-S 图用方框图代替传统的程序流程图，基本图符及表示的 5 种基本控制结构如图 11-22 所示。

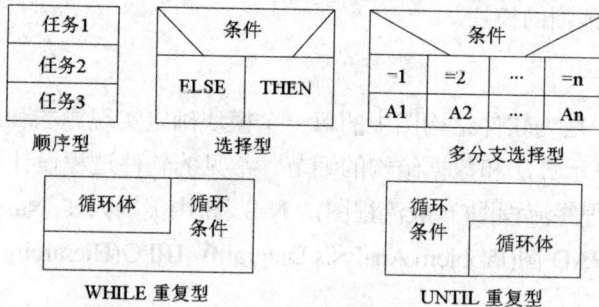

图 11-22　N-S 图图符与构成的 5 种控制结构

N-S 图有以下特征：

① 每个构件具有明确的功能域。

② 控制转移必须遵守结构化要求。

③ 易于确定局部数据和全局数据的作用域。

④ 易于表达嵌套关系和模块的层次结构。

(3) PAD 图

PAD 图是问题分析图(Problem Analysis Diagram)的英文缩写，主要用于描述软件详细设计的图形表示工具。基本图符及表示的 5 种基本控制结构如图 11-23 所示。

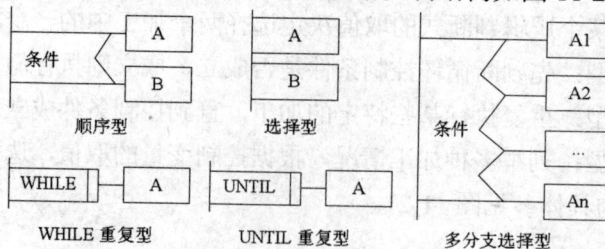

图 11-23　PAD 图图符与构成的 5 种控制结构

PAD 图有以下特征：

① 结构清晰，结构化程度高。

② 易于阅读。

③ 最左端的纵线是程序的主干线，每增加一层 PAD 图向右扩展一条纵线，程序的纵线是程序的层次数。

④ 程序执行，从 PAD 图最左主干线端的结点开始、自上而下、自左向右依次执行，程序终止于最左主干线。

11.3.4　软件测试

软件测试是保证软件质量的重要手段，其主要过程涵盖了整个软件生命周期的过程，包括需求定义阶段的需求测试、编码阶段的单元测试、集成测试以及后期的确认测试、系统测试，验证软件是否合格、能否交付用户使用等。

1. 软件测试的目的

软件测试是为了发现错误而执行程序的过程。使用人工或自动手段来运行或测定某个系统的过程，其目的在于检验它是否满足规定的需求或是弄清预期结果与实际结果之间的差别。

2. 软件测试的准则

要做好软件测试，设计出有效的测试方案和好的测试用例，软件测试人员需要充分理解和运行软件测试的一些基本准则：

(1) 测试的根本目的是满足用户需求。

最严重的错误是导致程序无法满足用户需求的错误。

(2) 严格执行测试计划，排除随意性。

软件测试应当制定明确的测试计划并按照计划执行。测试计划应包括：所测试软件的功能、输入和输出、测试内容、各项测试的目的和进度安排、测试资料、测试工具、测试用例的选择、资源要求、测试的控制方式和过程等。

(3) 充分注意测试中的群集现象。

为了提高测试效率，测试人员应该集中对付那些错误群集的程序。

(4) 程序员避免检查自己的程序。

为了达到好的测试效果，应该由独立的第三方来构造测试。

(5) 穷举测试不可能。

穷举测试是指把程序所有可能的执行路径都进行测试。

(6) 妥善保存测试计划、测试用例、出错统计和最终分析报告，为维护提供方便。

3. 软件测试技术与方法综述

软件测试的方法和技术是多种多样的。从是否需要执行的角度分为静态测试和动态测试。从功能上可划分为白盒测试和黑盒测试。

(1) 静态测试与动态测试

① 静态测试

静态测试包括代码检查、静态结构分析、代码质量度量等。

代码检查主要检查代码和设计的一致性，包括代码的逻辑表达的正确性，代码结构的合理性等方面。代码检查包括代码审查、代码走查、桌面检查、静态分析等具体方式。

- 代码审查：小组集体阅读、讨论检查代码。
- 代码走查：小组成员通过用脑仔细研究、执行程序来检查代码。
- 桌面检查：由程序员自己检查自己编写的程序。
- 静态分析：对代码的机械性、程序化的特性进行分析的方法。包括控制流分析、接口分析、表达式分析。

② 动态测试

静态测试不实际运行软件，主要通过人工进行。动态测试是基于计算机的测试，是为了发现错误而执行程序的过程。可通过实例去运行程序，以发现错误。

(2) 白盒测试方法与测试用例设计

白盒测试方法也称结构测试或逻辑驱动测试，它是根据软件产品的内部工作过程，检查内部成分，以确认每种内部操作符合设计规格要求。

白盒测试的基本原则是：保证所测试模块中每一独立路径至少执行一次；保证所测试模块所有判断的每一分支至少执行一次；保证所测试模块每一循环都在边界条件和一般条件中各执行一次；验证所有内部数据结构的有效性。

白盒测试的主要方法有逻辑覆盖测试、基本路径测试等。

① 逻辑覆盖测试

逻辑覆盖是泛指一系列以程序内部的逻辑结构为基础的测试用例设计技术。程序中的逻辑表示有判断、分支、条件等几种表示方式。

- 语句覆盖。选择足够的测试用例，使程序中的每个语句至少都能被执行一次。
- 路径覆盖。执行足够的测试用例，使程序中所有可能的路径都至少执行一次。
- 判定覆盖。设计的测试用例保证程序中的每个取值分支至少执行一次。
- 条件覆盖。设计的测试用例保证程序中每个判断的每个条件的可能取值至少执行一次。
- 判断-条件覆盖。设计足够的测试用例，使判断中每个条件的所有可能取值至少执行一次，同时每个判断的所有可能取值分支至少执行一次。

② 基本路径测试

基本路径测试的思想和步骤是根据软件过程性描述中的控制流程来确定程序的环路复杂性度量，用此度量来定义基本路径集合，并由此导出一组测试用例，对每一条独立执行的路径进行测试。

(3) 黑盒测试方法与测试用例设计

黑盒测试方法也称功能测试或数据驱动测试。黑盒测试是对软件已经实现的功能是否能满足需求进行测试和验证。黑盒测试完全不考虑程序内部的逻辑结构和内部特征，只依据程序的需求和功能规格说明，检查程序的功能是否符合它的功能说明。

黑盒测试主要诊断方面：功能不对或遗漏、界面错误、数据结构或外部数据库访问错误、性能错误、初始和终止条件错误。

黑盒测试方法有：等价类划分法、边界值分析法、错误推测法等。

① 等价类划分法

等价类划分是一种典型的黑盒测试方法。它将程序的所有可能的输入数据划分成若干部分，然后从每个等价类中选取数据作为测试用例。使用等价类划分法设计测试方案时，首先需要划分输入集合的等价类，等价类包括：

- 有效等价类：合理、有意义的输入数据构成的集合。
- 无效等价类：不合理、无意义的输入数据构成的集合。

② 边界值分析法

边界值分析法是指针对各种输入、输出范围的边界情况设计测试用例的方法。使用边界值分析方法设计测试用例时，在确定边界情况时应考虑选取正好等于、刚刚大于或刚刚小于边界的值作为测试数据，这样发现程序中错误的概率较大。

③ 错误推测法

人们可以靠经验和直觉推测程序中可能存在的各种错误，从而有针对性地编写检查这些错误的例子。

错误推测法的基本思想是：列举出程序中所有可能有的错误和容易发生错误的特殊情况，根据它们选择测试用例。错误推测法针对性强，可以直接切入可能的错误，直接定位，是一种非常实用且有效的方法。

4. 软件测试的实施

软件测试是保证软件质量的重要手段，软件测试是一个过程，其测试流程是该过程规定的程序，目的是使软件测试工作系统化。

软件测试一般按 4 步进行：单元测试、集成测试、验收测试(确认测试)和系统测试。

(1) 单元测试

单元测试是对软件设计的最小单位——模块(程序单元)进行正确性检验的测试。单元测试的目的是发现各模块内部可能存在的各种错误。单元测试的依据是详细设计说明书和源程序。单元测试可以采用静态分析和动态测试。

动态测试主要针对模块的 5 个基本特性进行：

① 模块接口测试。测试通过模块的数据流。

② 局部数据结构测试。检查数据说明一致性、数据初始化、数据类型一致性等。

③ 重要执行路径的检查。

④ 出错处理测试。

⑤ 影响以上各点及其他相关点的边界条件测试。

(2) 集成测试

集成测试是测试和组装软件的过程。它将模块按照设计要求组装起来同时进行测试，主要目的是发现与接口有关的错误。

集成测试的内容包括软件单元的接口测试、全局数据结构测试、边界条件和非法输入的测试等。

集成测试将模块组装成程序时通常采用两种方式：非增量方式组装和增量方式组装。

增量方式包括下面 3 种方式：

　　① 自顶向下的增量方式。

　　② 自底向上的增量方式。

　　③ 混合增量方式(自顶向下与自底向上相结合)。

　　(3) 确认测试

确认测试的任务是验证软件的功能和性能及其他特性是否满足了需求规格说明中确定的各种需求，以及软件配置是否正确。

　　(4) 系统测试

系统测试是将通过测试确认的软件，作为整个基于计算机系统的一个元素，与计算机硬件、外设、支持软件、数据和人员等其他元素组合在一起，在实际运行环境下对计算机系统进行一系列的集成测试和确认测试。

系统测试的目的是在真实的系统工作环境下检验软件是否能与系统正确连接，发现软件与系统需求不一致的地方。系统测试的具体实施一般包括功能测试、性能测试、操作测试、配置测试、外部接口测试和安全性测试等。

11.3.5　程序的调试

1. 基本概念

对程序的测试成功之后还要进行程序调试(通常称为排错——Debug)。程序调试的任务是诊断和改正程序中的错误。

程序调试由两部分组成，一是根据错误的迹象确定程序中错误的确切性质、原因和位置。二是对程序进行修改，排除这个错误。

　　(1) 程序调试的基本步骤

　　① 错误定位。

　　② 修改设计和代码，排除错误。

　　③ 进行回归测试，防止引进新的错误。

　　(2) 程序调试的原则

　　① 确定错误的性质和位置时的注意事项

* 分析思考与错误征兆有关的信息。

* 避开死胡同。在调试中陷入困境时，最好暂时避开，留到适当时间再考虑。

* 只把调试工具当作辅助手段来使用。

* 避免用试探法，最多只能把它当作最后手段。

　　② 修改错误时的注意事项

* 在出错的地方，可能还有别的错误。

* 修改错误的一个常见的失误是只修改了这个错误的征兆或错误的表现，而没有修改错误本身。

* 注意修正一个错误的同时可能会引入新的错误。

- 修改错误的过程将迫使人们暂时回到程序设计阶段。
- 修改源代码程序，不要改变目标代码。

2. 软件调试方法

调试的关键在于推断程序内部的错误位置及其原因。从是否跟踪和执行程序的角度来看，软件调试类似于软件测试，分为静态调试和动态调试。静态调试主要是指通过人的思维来分析源程序代码和排错，是主要的调试手段。而动态调试是辅助静态调试的。主要调试方法可以采用：

(1) 强行排错法。

(2) 回溯法。

(3) 原因排除法。

11.4 数据库设计基础

随着计算机应用的普及和深入，计算机应用领域已从最开始的科学计算到复杂的事务处理再到决策支持甚至人工智能。在这一过程中，计算机所处理的数据量呈几何级急剧增长，数据间关系的复杂性也随之增加。数据库技术是数据管理的最新技术，也是数据处理中的一项非常重要的新技术。

11.4.1 数据库系统

数据库系统(DBS，DataBase System)是采用数据库技术构建的复杂计算机系统。它是综合了计算机硬件、软件、数据库(数据集合)和数据库管理人员，并遵循数据库规则，向用户和应用程序提供信息服务的集成系统。

(1) 数据库(DB，DataBase)

数据是描述客观事物的一种符号记录。

数据库是以一定组织结构存储在一起的，各种应用相关的数据的集合。其内容主要分为两个部分：一是物理数据库，记载了所有数据；二是数据字典，描述了不同数据之间的关系和数据组织的结构。

数据库的主要特点：

- 最小冗余：即数据以最大可能不重复。
- 资源共享：即以最优方式为多个用户服务。
- 数据独立：即数据的存在独立于使用它的程序。
- 安全性：即保护数据以防止不合法的使用。
- 完整性：即数据库中的数据在操作和维护过程中可保证准确无误。

(2) 软件系统

软件系统包括了数据库管理系统(DBMS，DataBase Management System)、操作系统(OS，Operating System)、应用程序开发工具及各种应用程序。

图 11-24 详细描述了应用程序通过 DBMS 和操作系统访问(读取)数据库的过程。

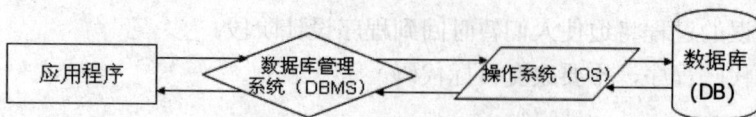

图 11-24　应用程序访问数据库

① 数据库管理系统(DBMS)

数据库管理系统是一种系统软件，负责数据库中的数据组织、数据操纵、数据维护、数据控制和保护、数据服务等。DBMS 是 DBS 的核心，它主要有以下功能：

- 数据定义功能

DBMS 提供数据定义语言(DDL，Data Definition Language)，用户通过它可以方便地对数据库中的数据进行定义。

- 数据操纵功能

DBMS 提供数据操纵语言(DML，Data Manipulation Language)，用户使用 DML 语言来操纵数据，实现对数据库的基本操作，如查询、插入、删除和修改等。

- 数据库的运行管理

DBMS 提供数据控制语言(DCL，Data Control Language)，数据库在建立、运行和维护时，用户使用 DCL 语言实现对数据库的统一管理、统一控制，以保证数据的安全性、完整性、多用户对数据的并发使用及发生故障后的系统恢复。

- 数据库的建立和维护功能

包括数据库初始数据的输入、转换功能，数据库的转储、恢复功能，数据库的重组功能和性能监视、分析功能等。这些功能通常由一些实用程序完成。

② 操作系统(Operating System)

它是系统的基础软件平台，目前常用的操作系统有 UNIX 与 Windows 两种。

③ 应用程序开发工具及各种应用程序

是为开发数据库应用程序所提供的工具，包括程序设计语言如 C、C++、VB、PB 等，还包括与 Internet 有关的 HTML、XML 等专用开发工具。

(3) 硬件系统

硬件系统是指支持数据库系统运行的全部硬件，主要包括计算机和网络。

不同的数据库对硬件系统的要求有所不同，中小型数据库可使用微型机、小型机、中型机，而一些大型数据库，则对硬件系统有较高的要求，需使用大型机和巨型机。

另外，如果是联网的数据库系统则还需要购买配套的网络设备。

(4) 数据库管理员(DBA，Database Administrator)

数据库管理员是专门负责数据库系统的规划、设计、运行和维护的专职人员。其主要工作如下：

- 数据库规划设计：具体来说主要是进行数据模式的设计。
- 数据库维护：对数据库中数据的安全性、完整性、并发控制及系统恢复、数据定期转存等进行实施与维护。
- 系统性能和效率的改善：DBA 必须随时监视数据库的运行状态，不断调整内部结构，使系统保持最佳状态与最高效率。

(5) 数据库应用系统(DBAS, DataBase Application System)

利用数据库系统进行应用开发的软件系统，其核心问题是数据库的设计。数据库应用系统由数据库系统、应用软件及应用界面三部分组成。其中应用软件是由数据库系统所提供的数据库管理系统及数据库系统开发工具编写的，应用界面多数由相关的可视化工具开发而成。

数据库系统在整个计算机系统中的地位如图 11-25 所示。

图 11-25　数据库系统在整个计算机系统中的地位

11.4.2　数据库系统的发展

数据库技术的发展大致经过了 3 个阶段：人工管理阶段、文件系统阶段和数据库系统阶段。

(1) 人工管理阶段

这一阶段的数据管理具有如下几个特点：

- 数据不保存。
- 应用程序管理数据，没有相应的软件对数据进行管理。
- 数据不共享，一组数据对应一个程序，无法互相利用、互相参照。
- 程序与程序之间有大量的冗余数据。
- 数据不具有独立性，数据的逻辑结构或物理结构发生变化时，必须对应用程序做相应的修改。

这个时期程序与数据之间是一一对应的关系，如图 11-26 所示。

图 11-26　人工管理阶段应用程序与数据之间的对应关系

(2) 文件系统阶段

这一阶段的数据管理具有如下几个特点：

- 数据可以长期保存在外存。

- 由专门的软件即文件系统进行数据管理，应用程序与数据之间有一定的独立性。
- 文件组织已多样化。
- 数据不再属于某个特定的程序，可以重复使用。

上述特点比人工管理阶段有了很大的改进，但随着数据量的急剧增加，数据管理规模的扩大，文件系统显露出了 3 个缺点：

① 数据冗余度大。

② 数据不一致性。

③ 数据和程序缺乏独立性。

这个时期程序与数据的关系如图 11-27 所示。

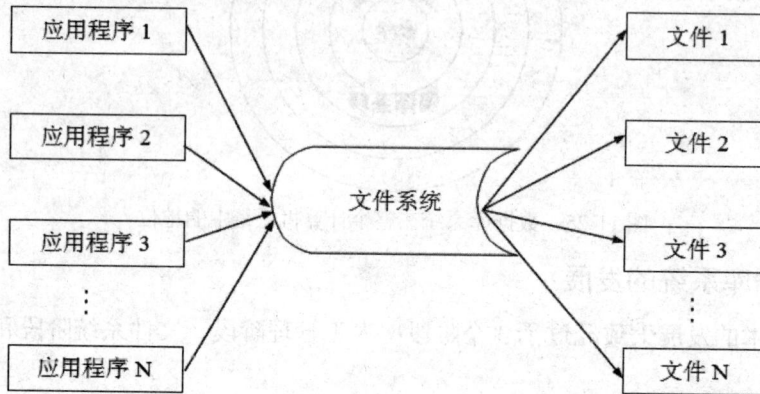

图 11-27　文件系统阶段应用程序与数据之间的对应关系

(3) 数据库系统阶段

这一阶段的数据管理具有如下几个特点：

- 采用复杂的数据模型(结构)描述数据本身的特点和数据之间的联系。
- 有较高的数据独立性，包括逻辑独立性和物理独立性。
- 数据的共享性高，冗余度低，易扩充。
- 提供方便的用户接口。
- 数据由 DBMS 统一管理和控制。
- 数据库系统为用户提供了方便的用户接口，用户可使用查询语言或简单的终端命令操作数据库，也可以用程序方式操作数据库。

这个时期程序与数据的关系如图 11-28 所示。

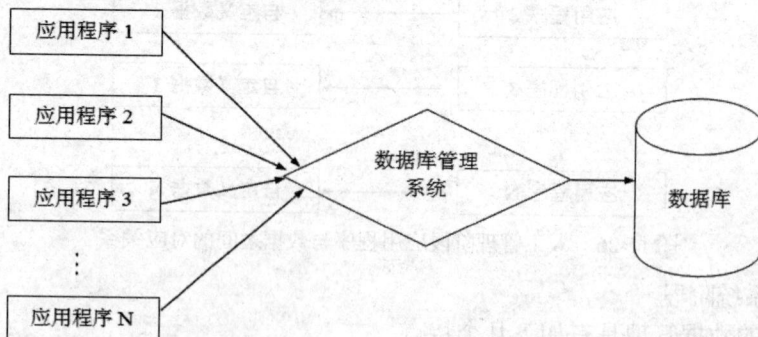

图 11-28　数据库系统阶段应用程序与数据之间的对应关系

关于数据管理 3 个阶段中的软硬件背景特点，对比如表 11-1 所示。

表 11-1　数据管理 3 个阶段的比较

		人工管理阶段	文件系统阶段	数据库系统阶段
背景	应用背景	科学计算	科学计算、事务管理	大规模事务管理
	硬件背景	无直接存取设备	磁盘、磁鼓	大容量磁盘
	软件背景	无操作系统	有文件系统	有数据库管理系统
	处理方式	批处理	批处理、联机实时处理	批处理、联机实时处理和分布处理
特点	数据管理者	人	文件系统	数据库系统
	数据面向对象	某个应用程序	某个应用程序	现实世界
	数据共享程度	无共享、冗余度大	共享性差、冗余度大	共享性大、冗余度大
	数据独立性	不独立、完全依赖于程序	独立性差	具有高度的物理独立性和一定的逻辑独立性
	数据结构化	无结构	记录内有结构，整体无结构	整体结构性，用数据模型描述
	数据控制能力	应用程序自己控制	应用程序自己控制	由 DBMS 提供数据安全性、完整性、并发控制和恢复

11.4.3　数据库系统的内部结构体系

数据库系统在其内部具有三级模式及二级映象，三级模式分别是模式(逻辑模式)、内部模式和外部模式，二级映象分别是模式到内模式映象和外模式到模式映象。这种三级模式与二级映象构成了数据库系统内部的抽象结构体系，如图 11-29 所示。

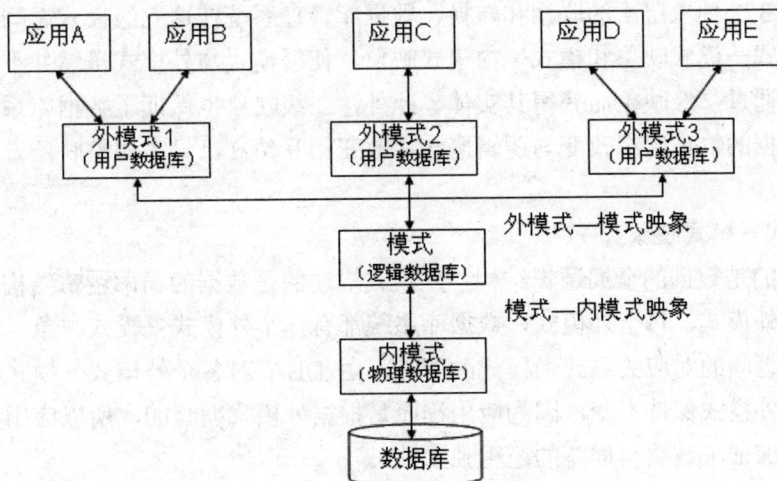

图 11-29　三级模式、两级映象

(1) 数据库的三级模式结构

① 模式

模式也称逻辑模式,是数据库系统中全体数据逻辑结构和特征的描述,是所有用户的公共数据视图。此种描述是一种抽象的描述,不涉及具体的软硬件环境。数据库模式以某一种数据模型为基础,统一综合地考虑了所有用户的需求,并将这些需求有机地结合成一个逻辑整体,定义模式时既要定义数据结构又要定义数据之间的联系和数据有关的安全性、完整性要求。

DBMS 提供了模式描述语言(模式 DDL)来严格定义模式。

② 外模式

外模式也称子模式或用户模式,它是数据库用户能够看到和使用的局部数据的逻辑结构和特征的描述,是数据库用户的数据视图,是与某一应用有关的数据的逻辑表示。

一个数据库可以有多个外模式,如果用户的需求不同、看待数据的方式不同、对数据保密的要求不同,其外模式描述就不同。每个用户只能访问与其对应的外模式中的数据,其余的数据不可见,这样也有利于数据的保护。

DBMS 提供了子模式描述语言(子模式 DDL)来严格定义外模式。

③ 内模式

内模式又称存储模式或物理模式,一个数据库只有一个内模式,它是数据物理结构和存储方式的描述,是数据在数据库内部的表示方式。

例如,记录的存储方式是顺序存储;按照 B 树结构存储还是按 hash 方法存储;索引按照什么方式组织;数据是否压缩存储,是否加密等。

DBMS 提供了内模式描述语言(内模式 DDL)来严格定义内模式。

(2) 数据库系统的二级映象

数据库系统的三级模式是对数据的 3 个级别的抽象,它把数据的具体组织留给 DBMS 管理,使用户与设计者不必关心数据在计算机中的具体表示方式与存储方式。为了在计算机内部实现这 3 个抽象层次的联系和转换,数据库管理系统在这三级模式之间提供了二级映象,即外模式—模式映象和模式—内模式映象,使得模式与外模式虽然并不具备物理存在,但是也能通过二级映象而获得其实体。此外,二级映象也保证了数据库系统中数据的独立性,即数据的物理组织改变与逻辑概念级改变相互独立,只需调整映象方式而不必改变用户模式。

① 外模式—模式映象

模式描述的是数据的全局逻辑结构,外模式描述的是数据的局部逻辑结构。一个模式可以定义多个外模式,每个外模式,数据库系统都有一个外模式—模式映象,它定义了该外模式与模式之间的对应关系。当模式改变时,由 DBA 对各个外模式—模式映象做相应改变,可以使外模式保持不变,因为应用程序是根据外模式编写的,所以应用程序可以不必修改,从而保证了数据与程序的逻辑独立性。

② 模式—内模式映象

它定义了数据全局逻辑结构与存储结构之间的对应关系。当数据库的存储结构改变时,由 DBA 对模式—内模式映象做相应改变,这样可以使模式保持不变,从而应用程序可以不必修改，保证了数据与程序的物理独立性。

11.4.4　数据模型

通俗地讲，数据模型就是现实世界的模拟，数据库中的数据模型可以将复杂的现实世界的要求反映到计算机数据库中的物理世界，这种反映是一个逐步转化的过程，它分为两个阶段：由现实世界向信息世界的转变和由信息世界向机器世界的转变，从而完成整个转化。

- 现实世界：用户为了某种需要，需将现实世界中的部分需求用数据库实现，这样，我们所见到的是客观世界中的划定边界的一个部分环境，它称为现实世界。
- 信息世界：通过抽象对现实世界进行数据库级的刻画所构成的逻辑模型叫信息世界。信息世界与数据库的具体模型有关，如层次、网状、关系模型等。
- 机器世界：在信息世界基础上致力于其在计算机物理结构上的描述，从而形成的物理模型叫作机器世界。现实世界的要求只有在机器世界中才得到真正的物理实现，而这种实现是通过信息世界逐步转化得到的。

数据是现实世界符号的抽象，而数据模型则是数据特征的抽象，它从抽象层次上描述了系统的静态特征、动态特征和约束条件，为数据库系统的信息表示与操作提供一个抽象的框架。数据模型所描述的内容包括三部分，它们是数据结构、数据操作与数据约束。

（1）数据结构

主要描述数据的类型、内容、性质以及数据间的联系等。数据结构是数据模型的基础，数据操作与约束均建立在数据结构之上。不同数据有不同的操作与约束，因此，一般数据模型的分类均以数据结构的不同而划分。

（2）数据操作

主要描述在相应数据结构上的操作类型与操作方式。

（3）数据约束

主要描述数据结构内数据间的语法、语义联系，它们之间的制约与依存关系，以及数据动态变化的规则，以保证数据的正确、有效与相容。

数据模型按不同的应用目的可划分成两类：概念模型和数据模型，它们分别属于两个不同的层次。

1. 概念模型

概念模型用于信息世界的建模，它的出发点是更直观地模拟现实世界。该种模型将现实世界的客观事物及其特征和事物之间的联系转化成实体、联系、属性等，它反映了信息从现实世界到信息世界的转化。

最常用的概念模型是 1976 年由 Peter Chen 首先提出的实体-联系模型，即 E-R 模型，它用一些框图来描述现实世界，E-R 模型提供了表示实体、属性和联系的方法。

（1）实体和实体集：客观存在并可相互区别的事物都可以抽象成为一个实体。将多个具有共性的实体组成一个集合称为实体集。如一个学生是一个实体，全体学生是一个实体集。

E-R 模型中实体用一个矩形框表示，矩形框内写明实体的名称。

（2）属性：属性是客观事物的一些特性，属性刻画了实体的特征。如某一学生实体的属性有学号、姓名、性别、出生日期、专业等。

E-R 模型中属性用椭圆形表示，椭圆形内写明属性的名称，并用无向边将其与所对应的实体连接起来，图 11-30 表示的是实体及其所对应的属性。

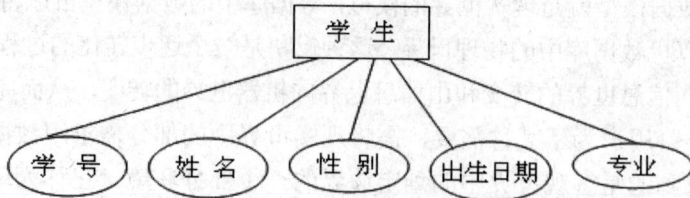

图 11-30　学生实体及其属性

(3) 码：唯一标识实体的属性集称为码。例如，学号是学生实体的码，码也可以是多个属性的集合，例如姓名与成绩。

(4) 域：属性的取值范围称为该属性的域。例如，学号的域是 10 位正整数，年龄的域是小于 38 的正整数，党员的域为(是，否)。

(5) 实体集：实体集是指具有相同属性的实体的集合，如全体学生。

(6) 联系：客观事物之间的关系，在概念模型中表现为实体集间的关系。

E-R 模型-中的联系用菱形框表示，菱形框内写明联系的名称，并用无向边分别与有关实体连接起来，并注明联系的类型。

联系的类型有如下 3 种：

- 一对一关系(1:1)：如一个公司有只有一个总经理，公司与总经理之间是 1:1 关系。
- 一对多关系(1:n)：如一个部门有多个职工，部门和职工之间是 1:n 关系。
- 多对多关系(n:n)：如学生和课程，一个学生可以选修多门课程，一门课程可以被多个学生选修。

例如，下面给出了学生、课程、班级、班长各实体及其所对应的属性以及各实体之间的联系，如图 11-31 所示。

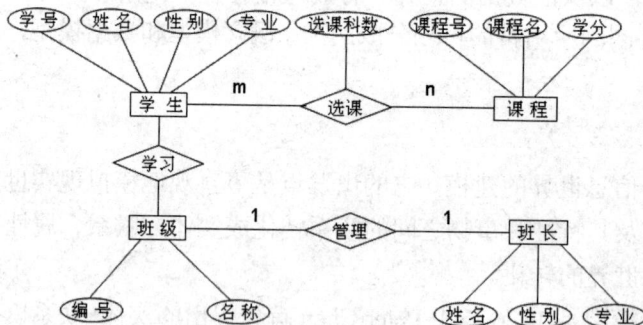

图 11-31　E-R 图的一个实例

2. 数据模型

数据模型是机器世界的数据模型，它是一种面向数据库的模型，描述了计算机中数据的逻辑结构，还涉及信息在存储器上的具体组织。常见的结构数据模型有层次模型、网状模型以及关系模型。

1) 层次模型(Hierarchical Model)

层次模型是数据库系统中最早出现的数据模型，层次模型用树型结构来表示各类实体以及实体间的联系，树的结点表示实体，树的枝(连线)表示实体之间的关系。这种关系是一对多(包括一对一)的关系，如家族关系，学校机构等。层次数据库系统的典型代表是 IBM 公司的数据库管理系统。

图 11-32 是一个学校的行政机构 E-R 图，略去了其中的属性，图 11-33 所示的是它所对应的树。

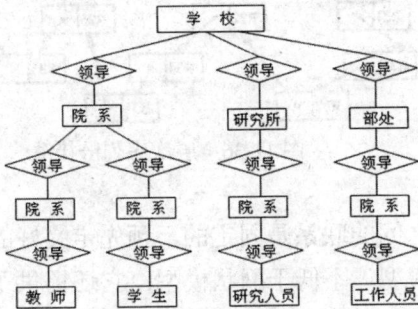

图 11-32　学校行政机构 E-R 图　　　　图 11-33　学校行政机构树型结构

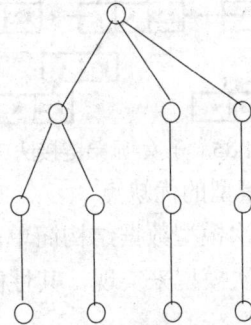

(1) 层次模型的特点

- 有且只有一个结点(实体或实体集)，没有双亲结点，该结点称为根结点。
- 除根结点外其他结点有且只有一个双亲结点。
- 同一双亲的子女结点称为兄弟结点，没有子女结点的结点称为叶子结点。

(2) 层次模型的数据操纵与完整性约束

主要有查询、插入、删除和修改，进行这些操作时要满足层次模型的完整性约束条件：

- 进行插入操作时，若没有相应的双亲结点就不能进行插入操作。
- 进行删除操作时，若删除双亲结点，则相应的子女结点同时被删除。
- 进行更新操作时，应更新所有相应的记录，以确保数据的一致性。

(3) 层次数据模型的存储结构

层次数据模型不仅要存储数据本身，还要存储数据之间的层次联系。常用的存储方法有两种：

- 邻接法：按照层次树前序穿越的顺序把所有记录值依次邻接存放，即通过物理空间的位置相邻来体现层次顺序，如图 11-34 所示。

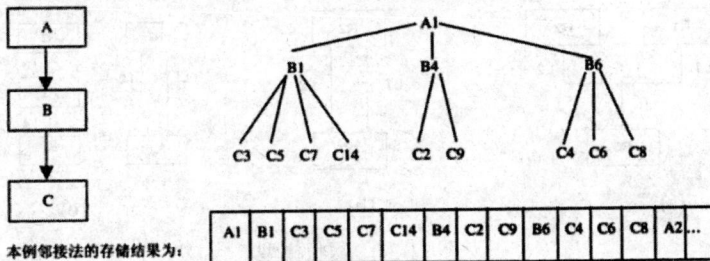

图 11-34　邻接法示例

- 链接法：用指引元来反映数据之间的层次关系，常用的链接方法有子女-兄弟链接法和层次序列链接法。

① 子女-兄弟链接法：每个记录设有两类指引元，一个指引元指向它最左边的子女，另一个指引元指向它最近的兄弟，如图 11-35 所示。

② 层次序列链接法：层次序列链接法按树的前序穿越顺序，链接各记录值，如图 11-36 所示。

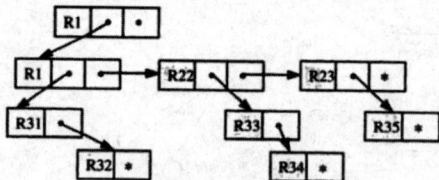

图 11-35　子女-兄弟链接法

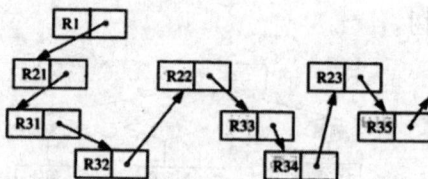

图 11-36　层次序列链接法

(4) 层次模型的优缺点

优点：层次模型数据结构简单，对于实体之间的联系是固定的，预先定义好的应用系统，若采用层次模型来实现，其性能优于关系模型，不低于网状模型；它还提供了良好的完整性支持。

缺点：现实世界中的很多联系是非层次性的，需要将其分解成一对多的关系，才能用层次模型表示，操作起来很困难，插入和删除的操作限制比较多，查询子女结点的操作也不方便，它不适合表示非层次性的联系。

2) 网状模型(Network Model)

层次模型表示的是一对多(包括一对一)的层次关系，但是，现实生活中事物之间的联系更多的是非层次关系，用层次模型表示起来很困难，而用网状模型可以更好地表示出来。

网状模型的数据结构是有向图，使用网络结构表示实体以及它们之间的联系，反映的是多对多的关系。网状数据库典型的代表是 DBTG 系统，亦称 CODASYL 系统。

网状模型的特点：

- 可以有一个或一个以上的结点无父结点。
- 一个子结点可以有两个或多个父结点。
- 至少有一个结点有多于一个的父结点。

与层次模型一样，网状模型中的每个结点表示一个记录(表示一个实体)，每个记录包含若干字段(表示实体的属性)，结点间的连线表示记录(实体)之间一对多的父子关系，要为每个联系命名。如图 11-37 中，(a)、(b)、(c)是 3 个网状模型的例子。

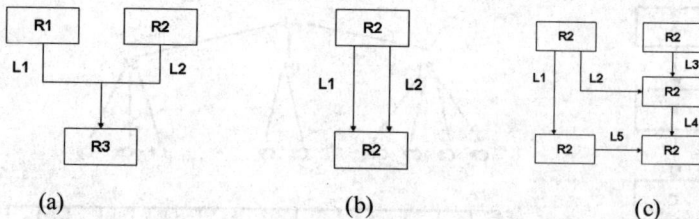

(a)　　　　　　　　　(b)　　　　　　　　　(c)

图 11-37　网状模型

在实现中，网状模型将通用的网络拓扑结构分成一些基本结构。一般采用的分解方法是将一个网络分成若干个二级树，即只有两个层次的树。为了实现方便，一般规定根结点与叶子结点间的关系均是一对多的关系(包含一对一的关系)。

下面以学生选课为例，图 11-38 所示是网状数据库模式中数据的组织形式。

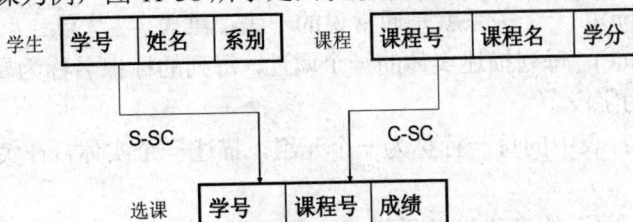

图 11-38　学生/选课/课程的网状数据库模式

按照常规语义，每个学生可以选修多门课程，每门课程可以被多名同学选修，学生与课程之间是多对多的关系，用 DBTG 模型来表示时，不能直接表示记录之间的多对多的关系，为此引入了一个学生"选课"的联结记录，表示某个学生选修某一门课程及其成绩。

这样，每个学生可以选修多门课程，对学生记录中的一个值，选课记录中可以有多个值与之联系，而选课记录中的一个值，只能与学生记录中的一个值联系，学生与选课之间是一对多的联系，联系名是 S-SC，课程与选课之间的联系也是一对多的联系，联系名为C-SC。

(2) 网状模型的数据操纵与完整性约束

网状模型数据的基本操作是简单的二级树中的操作，主要有查询、增加、删除和修改操作，进行这些操作时要满足如下的完整性约束条件：

● 进行插入操作时，允许插入尚未确定父结点值的子女结点值。

● 进行删除操作时，只允许删除双亲结点值。

● 进行更新操作时，只更新指定记录。

(3) 网状数据模型的存储结构

网状数据模型记录之间的联系比较复杂，不同的系统存储方法也不同，常用的方法是链接法，包括单向链接、双向链接、环状链接、向首链接等，还有其他实现方法，如指引元阵列法、二进制阵列法、索引法等。

(4) 网状数据模型的优缺点

优点：更能直接地描述现实世界，能够描述更为复杂的关系；具有良好的性能，存取效率较高。

缺点：数据的独立性差，由于实体间的联系本质上是通过存取路径指示的，因此应用程序在访问数据时要指定存取路径；DDL、DML 语言复杂，用户不容易使用。

3) 关系模型

关系模型是应用最为广泛的一种结构数据模型，它是由 IBM 公司 San　Jose 研究室的研究员 E.F.Codd 提出的，该数据模型的产生开创了数据库的新模式，为数据库技术奠定了理论基础。

在关系模型中，现实世界的实体以及实体间的各种联系均用关系来表示，它把数据组织成一张二维表，一个关系就是一张二维表，表格中的行称为记录，列称为字段。这种模型既可以描述一对多的关系，也可以描述多对多的实体间的关系。

(1) 关系模型的基本概念

- 关系(relation)：一个关系就是通常说的一张二维表。
- 属性(attribute)：每列描述实体的一个属性，每列的标识名称为属性名，在关系型数据库中称为字段。
- 元组(tuple)：表中的每一行称为一个元组，描述一个实体，在关系型数据库中称为记录。
- 关系模式：关系的型称为关系模式，关系模式是对关系的描述，关系模式一般表示为：关系名(属性 1，属性 2，…，属性 n)。
- 域：属性的取值范围称为域。例如，大学生年龄属性的域为(16～35)。
- 分量：元组的一个属性值称为分量。
- 键：表中凡能唯一标识元组的最小属性集称为该表的键或码。
- 候选码(或候选键)：二维表中可能有若干个键，它们都称为候选码(或候选键)，
- 候选码可以有多个。
- 主键：在候选关键字中选定其中的一个作为用户使用的键，称其为主键(或主码)，一个表中主键只能有一个。

如表 11-2 所示是一个教师登记表的关系模型。

表 11-2　教师登记表的关系模型

标　号	姓　名	性别	出 生 日 期	婚否	职　称	工　资	备　注
200101	刘杰	女	1974-4-23	T	副教授	2500.00	memo
200102	王大力	男	1968-12-4	T	教授	3000.00	memo
200103	李帆	男	1980-6-12	F	讲师	2000.00	memo
200104	张洋	男	1979-4-19	F	讲师	2100.00	memo
200105	赵小丽	女	1972-6-23	T	副教授	2600.00	memo
200106	白刚	男	1968-8-25	T	教授	3100.00	memo
200107	吴帆雷	男	1971-3-26	T	副教授	2700.00	memo
200108	陈静	女	1977-9-15	T	讲师	2100.00	memo
200109	张朋宇	男	1963-6-30	T	教授	3300.00	memo
200110	孙微	女	1973-4-30	T	副教授	2600.00	memo

在上述表格文件中，记录了 10 个人的有关数据，并将其相关数据分为标号、姓名、性别、出生日期、婚否、职称、工资和备注 8 个数据项。每个数据项可为数据库的一个字段，而一个人的所有数据项，组成一个人的记录，多个记录的集合则组成一个数据库文件。

(2) 关系模型的特点

- 每一列(称为字段或属性)中的所有数据是同一类的数据，各个列应给予不同的字段名。
- 不允许有两个相同的行。
- 数据库的数据行或数据列的顺序可以任意交换，不影响数据库的使用。
- 概念简单、操作方便、数学基础严密。

(3) 关系模型的数据操纵和关系的完整性约束条件

① 关系模型的数据操纵

关系模型的数据操纵是指建立在关系上的数据操纵，一般有查询、插入、删除和修改 4 种操作：

● 数据查询

用户可以查询关系数据库中的数据，它包括一个关系内的查询和涉及多个关系的查询。

在一个关系内的查询，查询的基本单位是元组分量，查询过程是先定位后操作，定位包括纵向定位和横向定位，前者是指定一些属性列，后者是选择满足条件的元组行，定位后即可进行查询操作。

对多个关系间的数据查询，查询过程可分为 3 步：第一步，将多个关系合并成一个关系；第二步，对合并后的一个关系进行定位；第三步：操作，即选择一些满足条件的数据。

● 数据删除

数据删除的基本单位是一个关系内的元组，它的功能是将指定关系内的指定的元组删除。它也分为定位和操作两部分，其中定位只需横向定位，无须纵向定位。

● 数据插入

插入操作是在一个关系中进行的，在指定的关系中插入一个或多个元组。插入操作不需要定位。

● 数据修改

修改操作也是在一个关系中进行的，修改指定的元组与属性。它也分为定位和操作两部分。

② 完整性约束

为了维护数据库中数据与现实世界的一致性，关系型数据库数据的插入与更新必须遵循以下 3 个完整性约束：

● 实体完整性规则

该约束要求关系中，主键的属性值不能为空。如果出现空值，那么主键值就不能保证元组的唯一性。

● 引用完整性规则

该约束要求不允许引用不存在的元组。

● 用户定义的完整性规则

这是针对某一具体数据的约束条件，一般由环境决定。它反映了某一具体应用所涉及的数据必须满足的语义要求。系统一般会提供定义和检验这类完整性的机制，以便使用统一的方法处理它们，不再由应用程序承担这项工作。

(4) 关系模型的存储结构

在关系数据库的物理组织中，关系以文件形式存储。一些小型的关系型数据库管理系统直接利用操作系统文件的方式来实现关系存储，一个关系对应一个数据文件。许多小型关系型数据库管理系统为了提高系统性能，自己独立设计文件结构、文件格式和数据存取机制进行关系存储，以保证数据的物理独立性和逻辑独立性，以便更有效地保证数据的安全性和完整性。

(5) 关系模型的优缺点

优点:

- 关系模型以严格的数学概念为基础。
- 概念单一, 无论是实体还是联系都用关系表示, 数据操纵的结果也是关系, 所以, 其数据结构简单、清晰, 用户易懂易用。
- 关系模型的存取路径对用户隐蔽, 从而具有更高的数据独立性, 更好的安全保密性, 简化了程序员的工作和数据库开发的工作。

缺点:

- 查询效率不如非关系模型, 需要进行优化。
- 关系模型是数字化的二维表, 它把数据看作二维表中的元素。关系模型可赋予二维表选择、投影和连接 3 种基本操作。

11.4.5 关系代数

关系代数是一种抽象的查询语言, 是关系型数据库操纵语言的一种传统表达方式, 它是用对关系的运算来表达查询的。关系运算的运算对象是关系, 运算的结果也是关系。

按照运算符不同可将关系代数分为传统的集合运算和专门的关系运算两类。传统的集合运算是从关系的水平行方向进行的, 专门的关系运算不仅涉及行而且涉及列。

1. 传统的集合运算

传统的集合运算包括并、交、差、广义笛卡尔积 4 种运算。设关系 R 和关系 S 具有相同的目 n(即两个关系都有 n 个属性), 且相应的属性值取自同一域, 则定义的并、交、差和广义笛卡尔积的运算如下:

(1) 并

关系 R 与关系 S 的并记作: $R \cup S = \{t | t \in R \lor t \in S\}$

其结果仍为 n 目关系, 由属于 R 或属于 S 的元组组成。

图 11-39(a)、(b)分别是具有 3 个属性列的关系 R 和 S, 图 11-39(c)是关系 R 和 S 的并。

(2) 交

关系 R 与关系 S 的交记作: $R \cap S = \{t | t \in R \land t \in S\}$

其结果仍为 n 目关系。由既属于 R 又属于 S 的元组组成。关系的交可以用差来表示, 即 $R \cap S = R - (R - S)$, 如图 11-39(d)。

(3) 差

关系 R 与关系 S 的差记作: $R - S = \{t | t \in R \land t \notin S\}$

其结果仍为 n 目关系, 由属于 R 而不属于 S 的所有元组组成, 如图 11-39(e)所示。

(4) 广义笛卡尔积

两个分别为 n 目和 m 目的关系 R 和 S 的广义笛卡尔积是一个(n+m)列的元组的集合。元组的前 n 列是关系 R 的一个元组, 后 m 列是关系 S 的一个元组。若 R 有 t1 个元组, S 有 t2 个元组, 则关系 R 和关系 S 的广义笛卡尔积有 t1×t2 个元组, 由 R 与 S 的有序组组合而成, 如图 11-39(f)所示。

R

A	B	C
a_1	b_1	c_1
a_1	b_2	c_2
a_2	b_2	c_1

(a)

S

A	B	C
a_1	b_2	c_2
a_1	b_3	c_2
a_2	b_2	c_1

(b)

R∪S

A	B	C
a_1	b_1	c_1
a_1	b_2	c_2
a_2	b_2	c_1
a_1	b_3	c_2

(c)

R∩S

A	B	C
a_1	b_2	c_2
a_2	b_2	c_1

(d)

R×S

A	B	C	A	B	C
a_1	b_1	c_1	a_1	b_2	c_2
a_1	b_1	c_1	a_1	b_3	c_2
a_1	b_1	c_1	a_2	b_2	c_1
a_1	b_2	c_2	a_1	b_2	c_2
a_1	b_2	c_2	a_1	b_3	c_2
a_1	b_2	c_2	a_2	b_2	c_1
a_2	b_2	c_1	a_1	b_2	c_2
a_2	b_2	c_1	a_1	b_3	c_2
a_2	b_2	c_1	a_2	b_2	c_1

R-S

A	B	C
a_1	b_1	c_1

(e)

(f)

图 11-39　集合运算举例

2. 专门的关系运算

专门的关系运算包括选择、投影、连接、除等。

设有一个学生-课程数据库，包括学生关系 Student、课程关系 Course 和选修关系 SC，如图 11-40 所示为关系运算的例子。

(1) 选择运算：是在关系中选择满足给定条件的元组，表示为：

$$\sigma_F(R)=\{t|t\in R\wedge F(t)=\text{'真'}\}$$

其中 F 表示选择条件，它是一个逻辑表达式，取逻辑值"真"或"假"，逻辑表达式 F 可由逻辑运算符￢、∧、∨ 连接各算术表达式组成。算术表达式的基本形式为：

$$X_1\theta Y_1$$

其中 θ 表示比较运算符，它可以是＞、≥、＜、≤、＝和≠。

X_1、Y_1 是属性名或常量，也可以是简单函数，属性名可以用序号来代替。

图 11-40(a)是一个学生关系 Student，图 11-40(b)是课程关系 Course，图 11-40(c)是选修关系 SC，下面的几个例子都是基于这 3 个关系的运算。

Student

学号 Sno	姓名 Sname	性别 Ssex	年龄 Sage	所在系 Sdept
95001	王龙	男	21	CS
95002	李娜	女	20	IS
95003	张小松	男	19	MA
95004	刘晨	女	20	IS

(a) 学生关系

Course

课程号 Cno	课程名 Cname	先行课 Cpno	学分 Ccredit
1	数据库	5	4
2	数学		2
3	信息系统	1	4
4	操作系统	6	3
5	数据结构	7	4
6	数据处理		2
7	PASCAL 语言	6	4

(b) 课程关系

SC

学　号 Sno	课程号 Cno	成绩 Grade
95001	1	60
95001	2	87
95002	2	54
95003	4	90
95003	3	78

(c) 选修关系

Sno	Sname	Ssex	Sage	Sdept
95002	李娜	女	20	IS
95004	刘晨	女	20	IS

(d) 选择运算举例

图 11-40　关系运算举例

例如，查询计算机系的所有女学生。

$\sigma_{Ssex='女'}(Student)$

或 $\sigma_{3='女'}(Student)$

结果如图 11-40(d)所示。

(2) 投影运算：投影操作是从列的角度进行的运算。它从一个关系中选择若干个字段(属性列)，组成一个新的关系，它是一种垂直方向上的选择。

$\Pi_A(R)=\{t[A]|t\in R\}$，其中 A 为 R 中的属性列。

例如，查询学生的学号、姓名和所在系，即是求 Student 关系在学生的学号、姓名和所在系 3 个属性上的投影。

$\Pi_{Sno, Sname, Sdept}(Student)$

或　$\Pi_{1, 2, 5}(Student)$

结果如图 11-41(a)所示。

投影之后取消了原来的某些属性列，这样就可能出现重复行，还会取消这些完全相同的行。

学号 Sno	姓名 Sname	所在系 Sdept
95001	王龙	CS
95002	李娜	IS
95003	张小松	MA
95004	刘晨	IS

(a)

所在系 Sdept
CS
IS
MA

(b)

图 11-41　投影运算举例

例如，查询学生关系 Student 中有哪些系，即是求 Student 关系在所在系属性上的投影。

$\prod_{Sdept}(Student)$

或　$\prod_5(Student)$

结果如图 11-41(b)所示。

(3) 连接运算：连接运算又称为 θ 连接，它是从两个关系的笛卡尔积中选取属性间满足一定条件的元组。记作：

$$R \underset{A\theta B}{\bowtie} S = \{ \widehat{t_r t_s} \mid t_r \in R \wedge t_s \in S \wedge t_r[A] \ \theta \ t_s[B] \}$$

其中 A 和 B 分别为 R 和 S 上度数相等且可比的属性组，θ 是比较运算符。连接运算从 R 和 S 的广义笛卡尔积 R×S 中选取在 A 属性组上的值与在 B 属性组上的值满足比较关系 θ 的元组。

有两种最为常用的连接，分别是等值连接和自然连接。

● 等值连接用 "=" 表示，它是从关系 R 与 S 的广义笛卡尔积中选取 A、B 属性值相等的那些元组。记作：

$$R \underset{A=B}{\bowtie} S = \{ \widehat{t_r t_s} \mid t_r \in R \wedge t_s \in S \wedge t_r[A] \ \theta \ t_s[B] \}$$

● 自然连接是一种特殊的等值连接，它要求两个关系中进行比较的分量必须是相同的属性组，并且在结果中把重复的属性列去掉，记作：

$$R \bowtie S = \{ \widehat{t_r t_s} \mid t_r \in R \wedge t_s \in S \wedge t_r[B] = t_s[B] \}$$

例如，图 11-42 中，图(a)和图(b)分别是关系 R 和关系 S，图(c)是等值连接 $R \underset{R.B=S.B}{\bowtie} S$ 的结果，图(d)是自然连接 $R \bowtie S$ 的结果。

R

A	B	C
a_1	b_1	7
a_1	b_1	9
a_2	b_3	3
a_2	b_4	4

(a)

S

B	E
b_1	2
b_1	13
b_3	6
b_3	8

(b)

图 11-42　连接运算举例

A	R.B	C	S.B	E
a_1	b_1	7	b_1	2
a_1	b_2	9	b_2	13
a_2	b_3	3	b_3	6
a_2	b_3	3	b_3	8

(c)

A	B	C	E
a_1	b_1	7	2
a_1	b_2	9	13
a_2	b_3	3	6
a_2	b_3	3	8

(d)

图 11-42　连接运算举例(续)

11.4.6　关系型数据库的设计

数据库设计的基本任务是根据用户对象的信息需求、处理需求和数据库的支持环境(包括软、硬件环境)设计出数据模式。数据库设计中有一些约束条件，它们是系统设计平台，包括系统软件、工具软件以及设备、网络等硬件。因此，数据库设计是在一定平台的制约下，根据信息需求与处理需求设计出性能良好的数据模式。

数据库设计有两种方法：

- 面向数据的方法：以信息需求为主，兼顾处理需求。
- 面向过程的方法：以处理需求为主，兼顾信息需求。

早期使用面向过程的方法较多，近期使用面向对象的方法较多。由于数据在系统中稳定性高，数据已成为系统的核心，因此面向数据的设计方法已成为当前数据库设计方法的主流。

数据库的设计分为以下 5 个阶段。

(1) 需求分析

要设计出一个有效的数据库必须要用系统工程的观点来考虑问题。这一阶段数据库设计者必须准确了解与分析用户需求，然后在此基础上确定系统的功能。

计算机人员和用户双方需要共同收集数据库所需要的信息内容、用户对处理的要求、系统安全性和完整性等，作为系统分析的基础，其中收集调查的重点是"数据"和"处理"。

- 信息要求：指用户需要从数据库中获得信息的内容与性质。
- 处理要求：指用户要完成什么处理功能，对处理的响应时间有何要求，处理方式是批处理还是联机处理。
- 安全性与完整性要求：为了更好地完成调查任务，设计人员必须不断地与用户交流，与用户达成共识，以便更好地了解用户的实际需要。

需求分析人员既要懂得数据库技术，又要对应用环境的业务比较熟悉。需求分析是整个设计活动的基础，也是最困难、最花时间的一步。

调查了解用户的需求后，还需进一步分析和表达用户的需求。经常采用的方法有结构化分析方法和面向对象的方法。结构化方法以自顶向下、逐层分解的方式分析问题。用数据流图表达数据和处理过程的关系，用数据字典对系统中的数据进行详细描述，它是各类数据属性的集合，是进行详细的数据收集和数据分析所获得的主要成果。

数据字典通常包括数据项、数据结构、数据流、数据存储和处理过程 5 个部分。

其中数据项是数据的最小单位；数据结构是若干数据项的有意义的集合；数据流可以是数据项，也可以是数据结构，表示某一处理过程的输入或输出；数据存储是数据结构停留或保存的地方，也是数据流的来源和去向之一，它可以是手工文档，也可以是计算机文档；处理过程的具体处理逻辑一般是用判定表或判定树来描述。

(2) 概念结构设计

概念设计是将需求分析得到的用户需求抽象为信息结构，即概念模型。它是数据库设计的关键，概念设计也称模式设计。

这个阶段得到的概念结构要能充分地反映现实世界中各种事物之间的联系。同时，系统结构必须易扩充、易理解、易修改。

① 数据库概念设计的方法

数据库概念设计的方法有以下两种。

● 集中式模式设计法

它是一种统一的模式设计方法，它根据需求由一个统一机构或人员设计一个综合的全局模式，该方法设计简单方便，它强调统一与一致，适合于小型单位或部门。

● 视图集成设计法

它是将一个单位分解成若干个部分，对每个部分做局部模式设计，建立各个部分的视图，然后以各视图为基础进行集成。该方法合适于大型与复杂的单位，避免设计的粗糙与不周到，目前此种方法使用较多。

② 概念设计步骤

概念设计的主要步骤分 3 步：

● 进行数据抽象，设计局部概念模式。
● 将局部概念模式综合成全局概念模式。
● 评审。

③ 数据抽象

数据抽象有两种形式：聚集和概括。

聚集其数学意义就是笛卡尔积的概念，通过聚集，形成对象之间的一个联系对象。有一些对象如老师、课程、班级、上课时间，通过聚集可以得到一个联系对象"课程表"。

概括是从一类其他对象形成一个对象。如有桃树、李树、杏树等对象，我们通过概括可以得到一个对象"树"。概括表示的是"is_a"的关系，如"李树"是一种"树"。

④ 基本 ER 模型的扩展

E-R 模型是对现实世界的一种抽象，它的主要成分是实体、联系和属性。但是在现实世界中还有一些特殊的语义。需要扩展 ER 模型的概念才能更好地模拟现实世界。

依赖关系：现实世界中，实体对另外一些实体有很强的依赖关系，即一个实体的存在必须以另一个实体的存在为前提。前者就称为"弱实体"，如在人事管理系统中，职工子女的信息就是以职工的存在为前提的，子女实体是弱实体，子女与职工的联系是一种依赖联系。在 E-R 图中用双线框表示弱实体，用箭头表示依赖关系。

子类：子类是现实中存在于某个实体类型中的所有实体，同时也是另一实体类型中的实体，此时，我们称前一实体类型为后者的子类，后一实体类型称为超类。子类有一个很重要的性质：继承性。在 ER 图中，超类用两端双线框表示，并用加圈的线与子类相连。

⑤ ER 模型的操作

ER 模型在数据库概念设计过程中经常需要进行变换，包括实体类型、联系类型和属性的分裂、合并和增删等。

实体类型的分割包括垂直分割与水平分割。

注意在垂直分割时，键必须在分裂后的每个实体类型中出现。在联系类型合并时，所合并的联系类型必须定义在相同的实体类型中。

⑥ 采用 ER 方法的数据库概念设计

采用 ER 方法进行数据库概念设计分 3 步进行：

首先设计局部 ER 模式，然后把各局部 ER 模式综合成全局 ER 模式，最后对全局 ER 模式进行优化。

(3) 逻辑结构设计

按计算机系统的观点对数据建模。即把概念模型转换为数据库管理系统能处理的数据模型。常用的逻辑模型有层次模型、网状模型、关系模型和面向对象模型。

设计逻辑结构时一般分为以下 3 步：

- 将概念结构转换成一般的关系、网状、层次模型。
- 将转换后的关系、网状、层次模型向特定的 DBMS 支持下的数据模型转换。
- 对数据模型进行优化。

下面以 E-R 模型向关系模型转换为例，介绍转换的原则与方法：

将 E-R 图转换为关系模型实际上就是将实体、实体的属性和实体之间的联系转换为关系模式，这种转换一般遵循如下原则：

- 一个实体型转换为一个关系模式。实体的属性就是关系的属性。实体的码就是关系的码。
- 一个 m:n 联系转换为一个关系模式。与该联系相连的各实体的码以及联系本身的属性均转换为关系的属性。而关系的码为各实体码的组合。
- 一个 1:n 联系可以转换为一个独立的关系模式，也可以与 n 端对应的关系模式合并。如果转换为一个独立的关系模式，则与该联系相连的各实体的码以及联系本身的属性均转换为关系的属性，而关系的码为 n 端实体的码。
- 一个 1:1 联系可以转换为一个独立的关系模式，也可以与任意一端对应的关系模式合并。
- 3 个或 3 个以上实体间的一个多元联系转换为一个关系模式。与该多元联系相连的各实体的码以及联系本身的属性均转换为关系的属性。而关系的码为各实体码的组合。
- 同一实体集的实体间的联系，即自联系，也可按上述 1:1、1:n 和 m:n 三种情况分别处理。
- 具有相同码的关系模式可合并。

为了进一步提高数据库应用系统的性能，通常以规范化理论为指导，还应该适当地修改、调整数据模型的结构，这就是数据模型的优化。这种优化包括确定数据依赖，消除冗余的联系；确定各关系模式分别属于第几范式；确定是否要对它们进行合并或分解。一般来说将关系分解为 3NF 的标准，即：

- 表内的每一个值都只能被表达一次。
- 表内的每一行都应该被唯一标识(有唯一键)。
- 表内不应该存储依赖于其他键的非键信息，即数据库的数据不存在冗余性。

(4) 物理结构设计

数据库在物理设备上的存储结构与存取方法称为数据库的物理结构，它依赖于具体的计算机系统。为给定的逻辑数据模型选择一个最适合应用环境的物理结构的过程，就是数据库的物理结构设计。

数据库的物理结构设计通常分为两步，分别是确定数据库的物理结构和对物理结构进行评价，评价的重点是时间和空间效率。

(5) 数据库的实现和维护

数据库的实现是根据物理设计的结果产生一个具体的数据库和它的应用程序，并把原始数据装入数据库。此过程是数据库的实施阶段。

数据库的实施阶段包括两个重要部分，分别是数据加载和应用程序的编码和调试。

数据库的试运行阶段是指将一小部分数据输入数据库后，所进行的数据库系统的联合调试。

数据库试运行成功后，数据库的开发工作就基本完成，即可进入正式运行阶段了。在运行阶段，数据库管理员对数据库经常性的维护工作包括：

- 数据库的转储和恢复。
- 数据库的安全性、完整性控制。
- 数据库性能的监督、分析和改善。
- 数据库的重组织与重构造。

附录 A 全国计算机等级考试二级公共基础知识考试大纲 (2013 年版)

基本要求

1. 掌握算法的基本概念。
2. 掌握基本数据结构及其操作。
3. 掌握基本排序和查找算法。
4. 掌握逐步求精的结构化程序设计方法。
5. 掌握软件工程的基本方法,具有初步应用相关技术进行软件开发的能力。
6. 掌握数据库的基本知识,了解关系数据库的设计。

考试内容

一、基本数据结构与算法

1. 算法的基本概念;算法复杂度的概念和意义(时间复杂度与空间复杂度)。
2. 数据结构的定义;数据的逻辑结构与存储结构;数据结构的图形表示;线性结构与非线性结构的概念。
3. 线性表的定义;线性表的顺序存储结构及其插入与删除运算。
4. 栈和队列的定义;栈和队列的顺序存储结构及其基本运算。
5. 线性单链表、双向链表与循环链表的结构及其基本运算。
6. 树的基本概念;二叉树的定义及其存储结构;二叉树的前序、中序和后序遍历。
7. 顺序查找与二分法查找算法;基本排序算法(交换类排序、选择类排序和插入类排序)。

二、程序设计基础

1. 程序设计方法与风格。
2. 结构化程序设计。
3. 面向对象的程序设计方法,对象,方法,属性及继承与多态性。

三、软件工程基础

1. 软件工程基本概念,软件生命周期概念,软件工具与软件开发环境。
2. 结构化分析方法,数据流图,数据字典,软件需求规格说明书。
3. 结构化设计方法,总体设计与详细设计。

4. 软件测试的方法，白盒测试与黑盒测试，测试用例设计，软件测试的实施，单元测试、集成测试和系统测试。

5. 程序的调试，静态调试与动态调试。

四、数据库设计基础

1. 数据库的基本概念：数据库、数据库管理系统、数据库系统。

2. 数据模型，实体联系模型及 E-R 图，从 E-R 图导出关系数据模型。

3. 关系代数运算，包括集合运算及选择、投影、连接运算，数据库规范化理论。

4. 数据库设计方法和步骤：需求分析、概念设计、逻辑设计和物理设计的相关策略。

考试方式

1. 公共基础知识不单独考试，与其他二级科目组合在一起，作为二级科目考核内容的一部分。

2. 考试方式为上机考试，10 道选择题，占 10 分。

附录 B 全国计算机等级考试
二级笔试

公共基础知识模拟题

一、选择题

(1) 下面叙述正确的是_____。(C)

    A. 算法的执行效率与数据的存储结构无关

    B. 算法的空间复杂度是指算法程序中指令(或语句)的条数

    C. 算法的有穷性是指算法必须能在执行有限个步骤之后终止

    D. 以上 3 种描述都不对

(2) 以下数据结构中不属于线性数据结构的是_____。(C)

    A. 队列   B. 线性表   C. 二叉树   D. 栈

(3) 在一棵二叉树上第 5 层的结点数最多是_____。(B)

    A. 8   B. 16   C. 32   D. 15

(4) 以下描述中，符合结构化程序设计风格的是_____。(A)

    A. 使用顺序、选择和重复(循环)3 种基本控制结构表示程序的控制逻辑

    B. 模块只有一个入口，可以有多个出口

    C. 注重提高程序的执行效率

    D. 不使用 goto 语句

(5) 以下概念中，不属于面向对象方法的是_____。(D)

    A. 对象   B. 继承   C. 类   D. 过程调用

(6) 在结构化方法中，用数据流图(DFD)作为描述工具的软件开发阶段是_____。(B)

    A. 可行性分析   B. 需求分析   C. 详细设计   D. 程序编码

(7) 在软件开发中，以下任务不属于设计阶段的是_____。(D)

    A. 数据结构设计   B. 给出系统模块结构

    C. 定义模块算法   D. 定义需求并建立系统模型

(8) 数据库系统的核心是_____。(B)

    A. 数据模型   B. 数据库管理系统

    C. 软件工具   D. 数据库

(9) 下列叙述中正确的是_____。(C)

    A. 数据库是一个独立的系统，不需要操作系统的支持

    B. 数据库设计是指设计数据库管理系统

C. 数据库技术的根本目标是要解决数据共享的问题

D. 数据库系统中，数据的物理结构必须与逻辑结构一致

(10) 下列模式中，能够给出数据库物理存储结构与物理存取方法的是_____。(A)

　　A. 内模式　　　　　B. 外模式　　　　　C. 概念模式　　　　　D. 逻辑模式

(11) 算法的时间复杂度是指_____。(C)

　　A. 执行算法程序所需要的时间

　　B. 算法程序的长度

　　C. 算法执行过程中所需要的基本运算次数

　　D. 算法程序中的指令条数

(12) 下列叙述中正确的是_____。(A)

　　A. 线性表是线性结构　　　　　　　　B. 栈与队列是非线性结构

　　C. 线性链表是非线性结构　　　　　　D. 二叉树是线性结构

(13) 设一棵完全二叉树共有 699 个结点，则在该二叉树中的叶子结点数为_____。(B)

　　A. 349　　　　　　B. 350　　　　　　C. 255　　　　　　D. 351

(14) 结构化程序设计主要强调的是_____。(B)

　　A. 程序的规模　　B. 程序的易读性　　C. 程序的执行效率　　D. 程序的可移植性

(15) 在软件生命周期中，能准确地确定软件系统必须做什么和必须具备哪些功能的阶段是_____。(D)

　　A. 概要设计　　　B. 详细设计　　　　C. 可行性分析　　　　D. 需求分析

(16) 数据流图用于抽象描述一个软件的逻辑模型，数据流图由一些特定的图符构成。下列图符名标识的图符不属于数据流图合法图符的是_____。(A)

　　A. 控制流　　　　B. 加工　　　　　　C. 数据存储　　　　　D. 源和潭

(17) 软件需求分析阶段的工作，可以分为 4 个方面：需求获取、需求分析、编写需求规格说明书以及_____。(B)

　　A. 阶段性报告　　B. 需求评审　　　　C. 总结　　　　　　　D. 都不正确

(18) 下述关于数据库系统的叙述中正确的是_____。(A)

　　A. 数据库系统减少了数据冗余

　　B. 数据库系统避免了一切冗余

　　C. 数据库系统中数据的一致性是指数据类型的一致

　　D. 数据库系统比文件系统能管理更多的数据

(19) 关系表中的每一横行称为一个_____。(A)

　　A. 元组　　　　　B. 字段　　　　　　C. 属性　　　　　　　D. 码

(20) 数据库设计包括两个方面的设计内容，它们是_____。(A)

　　A. 概念设计和逻辑设计　　　　　　　B. 模式设计和内模式设计

　　C. 内模式设计和物理设计　　　　　　D. 结构特性设计和行为特性设计

(21) 算法的空间复杂度是指_____。(D)

　　A. 算法程序的长度　　　　　　　　　B. 算法程序中的指令条数

  C. 算法程序所占的存储空间　　　　　　D. 算法执行过程中所需要的存储空间

(22) 下列关于栈的叙述中正确的是_____。(D)

  A. 在栈中只能插入数据　　　　　　　　B. 在栈中只能删除数据

  C. 栈是先进先出的线性表　　　　　　　D. 栈是先进后出的线性表

(23) 在深度为 5 的满二叉树中,叶子结点的个数为_____。(C)

  A. 32　　　　　　B. 31　　　　　　C. 16　　　　　　D. 15

(24) 对建立良好的程序设计风格,下面描述正确的是_____。(A)

  A. 程序应简单、清晰、可读性好　　　B. 符号名的命名要符合语法

  C. 充分考虑程序的执行效率　　　　　D. 程序的注释可有可无

(25) 下面对对象概念描述错误的是_____。(A)

  A. 任何对象都必须有继承性　　　　　B. 对象是属性和方法的封装体

  C. 对象间的通信靠消息传递　　　　　D. 操作是对象的动态性属性

(26) 下面不属于软件工程的 3 个要素的是_____。(D)

  A. 工具　　　　　　B. 过程　　　　　　C. 方法　　　　　　D. 环境

(27) 程序流程图(PFD)中的箭头代表的是_____。(B)

  A. 数据流　　　　　B. 控制流　　　　　C. 调用关系　　　　D. 组成关系

(28) 在数据管理技术的发展过程中,经历了人工管理阶段、文件系统阶段和数据库系统阶段。其中数据独立性最高的阶段是_____。(A)

  A. 数据库系统　　　B. 文件系统　　　　C. 人工管理　　　　D. 数据项管理

(29) 用树型结构来表示实体之间联系的模型称为_____。(B)

  A. 关系模型　　　　B. 层次模型　　　　C. 网状模型　　　　D. 数据模型

(30) 关系数据库管理系统能实现的专门关系运算包括_____。(B)

  A. 排序、索引、统计　　　　　　　　B. 选择、投影、连接

  C. 关联、更新、排序　　　　　　　　D. 显示、打印、制表

(31) 算法一般都可以用哪几种控制结构组合而成_____。(D)

  A. 循环、分支、递归　　　　　　　　B. 顺序、循环、嵌套

  C. 循环、递归、选择　　　　　　　　D. 顺序、选择、循环

(32) 数据的存储结构是指_____。(B)

  A. 数据所占的存储空间量　　　　　　B. 数据的逻辑结构在计算机中的表示

  C. 数据在计算机中的顺序存储方式　　D. 存储在外存中的数据

(33) 设有下列二叉树:

```
        A
       / \
      B   C
     / \  /
    D  E F
```

对此二叉树中序遍历的结果为_____。(B)

  A. ABCDEF　　　　B. DBEAFC　　　　C. ABDECF　　　　D. DEBFCA

(34) 在面向对象方法中，一个对象请求另一对象为其服务的方式是通过发送_____。(D)

　　　A. 调用语句　　　B. 命令　　　　C. 口令　　　　D. 消息

(35) 检查软件产品是否符合需求定义的过程称为_____。(A)

　　　A. 确认测试　　　B. 集成测试　　　C. 验证测试　　　D. 验收测试

(36) 下列工具中属于需求分析常用工具的是_____。(D)

　　　A. PAD　　　　　B. PFD　　　　　C. N-S　　　　　D. DFD

(37) 下面不属于软件设计原则的是_____。(C)

　　　A. 抽象　　　　　B. 模块化　　　　C. 自底向上　　　D. 信息隐蔽

(38) 索引属于_____。(B)

　　　A. 模式　　　　　B. 内模式　　　　C. 外模式　　　　D. 概念模式

(39) 在关系数据库中，用来表示实体之间联系的是_____。(D)

　　　A. 树结构　　　　B. 网结构　　　　C. 线性表　　　　D. 二维表

(40) 将 E-R 图转换到关系模式时，实体与联系都可以表示成_____。(B)

　　　A. 属性　　　　　B. 关系　　　　　C. 键　　　　　　D. 域

(41) 在下列选项中，哪个不是一个算法一般应该具有的基本特征_____。(C)

　　　A. 确定性　　　　B. 可行性　　　　C. 无穷性　　　　D. 拥有足够的情报

(42) 希尔排序法属于哪一种类型的排序法_____。(B)

　　　A. 交换类排序法　B. 插入类排序法　C. 选择类排序法　D. 建堆排序法

(43) 下列关于队列的叙述中正确的是_____。(C)

　　　A. 在队列中只能插入数据　　　　　B. 在队列中只能删除数据

　　　C. 队列是先进先出的线性表　　　　D. 队列是先进后出的线性表

(44) 对长度为 N 的线性表进行顺序查找，在最坏情况下所需要的比较次数为_____。(B)

　　　A. N+1　　　　　B. N　　　　　　C. (N+1)/2　　　D. N/2

(45) 信息隐蔽的概念与下述哪一种概念直接相关_____。(B)

　　　A. 软件结构定义　B. 模块独立性　　C. 模块类型划分　D. 模拟耦合度

(46) 面向对象的设计方法与传统的面向过程的设计方法有本质上的不同，它的基本原理是_____。(C)

　　　A. 模拟现实世界中不同事物之间的联系

　　　B. 强调模拟现实世界中的算法而不强调概念

　　　C. 使用现实世界的概念抽象地思考问题从而自然地解决问题

　　　D. 鼓励开发者在软件开发的绝大部分中都用实际领域的概念去思考

(47) 在结构化方法中，软件功能分解属于下列软件开发中的阶段是_____。(C)

　　　A. 详细设计　　　B. 需求分析　　　C. 总体设计　　　D. 编程调试

(48) 软件调试的目的是_____。(B)

　　　A. 发现错误　　　B. 改正错误　　　C. 改善软件的性能　D. 挖掘软件的潜能

(49) 按条件 f 对关系 R 进行选择，其关系代数表达式为_____。(C)

　　　A. R|X|R　　　　B. R|X|R f　　　　C. $\sigma f(R)$　　　　D. $\prod f(R)$

(50) 数据库概念设计的过程中，视图设计一般有 3 种设计次序，以下各项中不正确的是＿＿＿＿＿。(D)

　　　A. 自顶向下　　　　B. 由底向上　　　　C. 由内向外　　　　D. 由整体到局部

(51) 在计算机中，算法是指＿＿＿＿＿。(C)

　　　A. 查询方法　　　　　　　　　　　B. 加工方法

　　　C. 解题方案的准确而完整的描述　　D. 排序方法

(52) 栈和队列的共同点是＿＿＿＿＿。(C)

　　　A. 都是先进后出　　　　　　　　　B. 都是先进先出

　　　C. 只允许在端点处插入和删除元素　D. 没有共同点

(53) 已知二叉树后序遍历序列是 dabec，中序遍历序列是 debac，它的前序遍历序列是＿＿＿＿＿。(A)

　　　A. cedba　　　　B. acbed　　　　C. decab　　　　D. deabc

(54) 在下列几种排序方法中，要求内存量最大的是＿＿＿＿＿。(D)

　　　A. 插入排序　　　B. 选择排序　　　C. 快速排序　　　D. 归并排序

(55) 在设计程序时，应采纳的原则之一是＿＿＿＿＿。(A)

　　　A. 程序结构应有助于读者理解　　　B. 不限制 goto 语句的使用

　　　C. 减少或取消注解行　　　　　　　D. 程序越短越好

(56) 下列不属于软件调试技术的是＿＿＿＿＿。(B)

　　　A. 强行排错法　　　B. 集成测试法　　　C. 回溯法　　　D. 原因排除法

(57) 下列叙述中，不属于软件需求规格说明书的作用的是＿＿＿＿＿。(D)

　　　A. 便于用户、开发人员进行理解和交流

　　　B. 反映出用户问题的结构，可以作为软件开发工作的基础和依据

　　　C. 作为确认测试和验收的依据

　　　D. 便于开发人员进行需求分析

(58) 在数据流图(DFD)中，带有名字的箭头表示＿＿＿＿＿。(C)

　　　A. 控制程序的执行顺序　　　　　　B. 模块之间的调用关系

　　　C. 数据的流向　　　　　　　　　　D. 程序的组成成分

(59) SQL 语言又称为＿＿＿＿＿。(C)

　　　A. 结构化定义语言　　　　　　　　B. 结构化控制语言

　　　C. 结构化查询语言　　　　　　　　D. 结构化操纵语言

(60) 视图设计一般有 3 种设计次序，下列不属于视图设计的是＿＿＿＿＿。(B)

　　　A. 自顶向下　　　B. 由外向内　　　C. 由内向外　　　D. 自底向上

(61) 数据结构中，与所使用的计算机无关的是数据的＿＿＿＿＿。(C)

　　　A. 存储结构　　　B. 物理结构　　　C. 逻辑结构　　　D. 物理和存储结构

(62) 栈底至栈顶依次存放元素 A、B、C、D，在第 5 个元素 E 入栈前，栈中元素可以出栈，则出栈序列可能是＿＿＿＿＿。(D)

　　　A. ABCED　　　　B. DBCEA　　　　C. CDABE　　　　D. DCBEA

(63) 线性表的顺序存储结构和线性表的链式存储结构分别是_____。(B)

A. 顺序存取的存储结构、顺序存取的存储结构

B. 随机存取的存储结构、顺序存取的存储结构

C. 随机存取的存储结构、随机存取的存储结构

D. 任意存取的存储结构、任意存取的存储结构

(64) 在单链表中，增加头结点的目的是_____。(A)

A. 方便运算的实现   B. 使单链表至少有一个结点

C. 标识表结点中首结点的位置   D. 说明单链表是线性表的链式存储实现

(65) 软件设计包括软件的结构、数据接口和过程设计，其中软件的过程设计是指_____。(B)

A. 模块间的关系   B. 系统结构部件转换成软件的过程描述

C. 软件层次结构   D. 软件开发过程

(66) 为了避免流程图在描述程序逻辑时的灵活性，提出了用方框图来代替传统的程序流程图，通常也把这种图称为_____。(B)

A. PAD 图   B. N-S 图   C. 结构图   D. 数据流图

(67) 数据处理的最小单位是_____。(C)

A. 数据   B. 数据元素   C. 数据项   D. 数据结构

(68) 下列有关数据库的描述，正确的是_____。(C)

A. 数据库是一个 DBF 文件   B. 数据库是一个关系

C. 数据库是一个结构化的数据集合   D. 数据库是一组文件

(69) 单个用户使用的数据视图的描述称为_____。(A)

A. 外模式   B. 概念模式   C. 内模式   D. 存储模式

(70) 需求分析阶段的任务是确定_____。(D)

A. 软件开发方法   B. 软件开发工具   C. 软件开发费用   D. 软件系统功能

(71) 算法分析的目的是_____。(D)

A. 找出数据结构的合理性   B. 找出算法中输入和输出之间的关系

C. 分析算法的易懂性和可靠性   D. 分析算法的效率以求改进

(72) n 个顶点的强连通图的边数至少有_____。(C)

A. n-1   B. n(n-1)   C. n   D. n+1

(73) 已知数据表 A 中的每个元素距其最终位置不远，为节省时间，应采用的算法是_____。(B)

A. 堆排序   B. 直接插入排序   C. 快速排序   D. 直接选择排序

(74) 用链表表示线性表的优点是_____。(A)

A. 便于插入和删除操作   B. 数据元素的物理顺序与逻辑顺序相同

C. 花费的存储空间较顺序存储少   D. 便于随机存取

(75) 下列不属于结构化分析常用工具的是_____。(D)

A. 数据流图   B. 数据字典   C. 判定树   D. PAD 图

(76) 软件开发的结构化生命周期方法将软件生命周期划分成_____。(A)

　　A. 定义、开发、运行维护　　　　　　B. 设计阶段、编程阶段、测试阶段

　　C. 总体设计、详细设计、编程调试　　D. 需求分析、功能定义、系统设计

(77) 在软件工程中，白盒测试法可用于测试程序的内部结构。此方法将程序看作是_____。(C)

　　A. 循环的集合　　B. 地址的集合　　C. 路径的集合　　D. 目标的集合

(78) 在数据管理技术发展过程中，文件系统与数据库系统的主要区别是数据库系统具有_____。(D)

　　A. 数据无冗余　　　　　　　　　B. 数据可共享

　　C. 专门的数据管理软件　　　　　D. 特定的数据模型

(79) 分布式数据库系统不具有的特点是_____。(B)

　　A. 分布式　　　　　　　　　B. 数据冗余

　　C. 数据分布性和逻辑整体性　D. 位置透明性和复制透明性

(80) 下列说法中，不属于数据模型所描述的内容的是_____。(C)

　　A. 数据结构　　B. 数据操作　　C. 数据查询　　D. 数据约束

(81) 下列叙述中正确的是_____。(D)

　　A. 栈是"先进先出"的线性表

　　B. 队列是"先进后出"的线性表

　　C. 循环队列是非线性结构

　　D. 有序线性表既可以采用顺序存储结构，也可以采用链式存储结构

(82) 支持子程序调用的数据结构是_____。(A)

　　A. 栈　　　　　　B. 树　　　　　　C. 队列　　　　　　D. 二叉树

(83) 某二叉树有 5 个度为 2 的结点，则该二叉树中的叶子结点数是_____。(C)

　　A.10　　　　　　B. 8　　　　　　C. 6　　　　　　D. 4

(84) 下列排序方法中，最坏情况下比较次数最少的是_____。(D)

　　A. 冒泡排序　　B. 简单选择排序　　C. 直接插入排序　　D. 堆排序

(85) 软件按功能可以分为：应用软件、系统软件和支撑软件(或工具软件)。下面属于应用软件的是_____。(C)

　　A. 编译程序　　B. 操作系统　　C. 教务管理系统　　D. 汇编程序

(86) 下面叙述中错误的是_____。(A)

　　A. 软件测试的目的是发现错误并改正错误

　　B. 对被调试的程序进行"错误定位"是程序调试的必要步骤

　　C. 程序调试通常也称 Debug

　　D. 软件测试应严格执行测试计划，排除测试的随意性

(87) 耦合性和内聚性是对模块独立性度量的两个标准。下列叙述中正确的是_____。(B)

　　A. 提高耦合性降低内聚性有利于提高模块的独立性

　　B. 降低耦合性提高内聚性有利于提高模块的独立性

C. 耦合性是指一个模块内部各个元素间彼此结合的紧密程度

D. 内聚性是指模块间互相连接的紧密程度

(88) 数据库应用系统中的核心问题是_____。(A)

A. 数据库设计　　B. 数据库系统设计　　C. 数据库维护　　D. 数据库管理员培训

(89) 有两个关系 R，S 如下：

	R				S	
A	B	C		A	B	
a	3	2		a	3	
b	0	1		b	0	
c	2	1		c	2	

由关系 R 通过运算得到关系 S，则所使用的运算为_____。(B)

A. 选择　　　　　B. 投影　　　　　C. 插入　　　　　D. 连接

(90) 将 E-R 图转换为关系模式时，实体和联系都可以表示为_____。(C)

A. 属性　　　　　B. 键　　　　　C. 关系　　　　　D. 域

(91) 程序流程图中带有箭头的线段表示的是_____。(C)

A. 图元关系　　　B. 数据流　　　C. 控制流　　　D. 调用关系

(92) 结构化程序设计的基本原则不包括_____。(A)

A. 多态性　　　　B. 自顶向下　　　C. 模块化　　　D. 调用关系

(93) 程序设计中模块划分遵循的准则是_____。(B)

A. 低内聚低耦合　B. 高内聚低耦合　C. 低内聚高耦合　D. 高内聚高耦合

(94) 在软件开发中，需求分析阶段产生的主要文档是_____。(B)

A. 可行性分析报告　　　　　　　　B. 软件需求规格说明书

C. 概要设计说明书　　　　　　　　D. 集成测试计划

(95) 算法的有穷性是指_____。(A)

A. 算法程序的运行时间是有限的　　B. 算法程序所处理的数据量是有限的

C. 算法程序的长度是有限的　　　　D. 算法只能被有限的用户使用

(96) 对长度为 n 的线性表排序，最坏的情况下，比较次数不是 n(n-1)/2 的排序方法是_____。(D)

A. 快速排序　　　B. 冒泡排序　　　C. 直接插入排序　D. 堆排序

(97) 下列关于栈的叙述正确的是_____。(B)

A. 栈按"先进先出"组织数据　　　　B. 栈按"先进后出"组织数据

C. 只能在栈底插入数据　　　　　　D. 不能删除数据

(98) 在数据库设计中，将 E-R 图转换成关系数据模型的过程属于_____。(C)

A. 需求分析阶段　B. 概念设计阶段　C. 逻辑设计阶段　D. 物理设计阶段

(99) 有 3 个关系 R、S 和 T，如下：

R		
B	C	D
a	0	k1
b	1	n1

S		
B	C	D
f	3	k2
a	0	k1
n	2	x1

T		
B	C	D
a	0	k1

由关系 R 和 S 通过运算得到关系 T，则所使用的运算为_____。(D)

　　A. 并　　　　　　　B. 自然连接　　　　C. 笛卡尔积　　　D. 交

(100) 设有表示学生选课的三个表，学生 S(学号，姓名，性别，年龄，身份证号)，课程 C(课号，课名)，选课 SC(学号，课号，成绩)，则表 SC 的关键字(键或码)为_____。(C)

　　A. 课号，成绩　　B. 学号，成绩　　C. 学号，课号　　D. 学号，姓名，成绩

二、填空题

(1) 算法的复杂度主要包括_____复杂度和空间复杂度。

　　答：时间

(2) 数据的逻辑结构在计算机存储空间中的存放形式称为数据的_____。

　　答：模式#逻辑模式#概念模式

(3) 若按功能划分，软件测试的方法通常分为白盒测试方法和_____测试方法。

　　答：黑盒

(4) 如果一个工人可管理多个设施，而一个设施只被一个工人管理，则实体"工人"与实体"设备"之间存在_____联系。

　　答：一对多#1：N#1:n

(5) 关系数据库管理系统能实现的专门关系运算包括选择、连接和_____。

　　答：投影

(6) 在先左后右的原则下，根据访问根结点的次序，二叉树的遍历可以分为 3 种：前序遍历、_____遍历和后序遍历。

　　答：中序

(7) 结构化程序设计方法的主要原则可以概括为自顶向下、逐步求精、_____和限制使用 goto 语句。

　　答：模块化

(8) 软件的调试方法主要有：强行排错法、_____和原因排除法。

　　答：回溯法

(9) 数据库系统的三级模式分别为_____模式、内部级模式与外部级模式。

　　答：概念#概念级

(10) 数据字典是各类数据描述的集合，它通常包括 5 个部分，即数据项、数据结构、数据流、_____和处理过程。

　　答：数据存储

(11) 设一棵完全二叉树共有 500 个结点，则在该二叉树中有_____个叶子结点。

答：250

(12) 在最坏情况下，冒泡排序的时间复杂度为_____。

答：n(n-1)/2#n*(n-1)/2#O(n(n-1)/2)#O(n*(n-1)/2)

(13) 面向对象的程序设计方法中涉及的对象是系统中用来描述客观事物的一个_____。

答：实体

(14) 软件的需求分析阶段的工作，可以概括为 4 个方面：_____、需求分析、编写需求规格说明书和需求评审。

答：需求获取

(15) _____是数据库应用的核心。

答：数据库设计

(16) 数据结构包括数据的_____结构和数据的存储结构。

答：逻辑

(17) 软件工程研究的内容主要包括：_____技术和软件工程管理。

答：软件开发

(18) 与结构化需求分析方法相对应的是_____方法。

答：结构化设计

(19) 关系模型的完整性规则是对关系的某种约束条件，包括实体完整性、_____和自定义完整性。

答：参照完整性

(20) 数据模型按不同的应用层次分为 3 种类型，它们是_____数据模型、逻辑数据模型和物理数据模型。

答：概念

(21) 栈的基本运算有 3 种：入栈、退栈和_____。

答：读栈顶元素#读栈顶的元素#读出栈顶元素

(22) 在面向对象方法中，信息隐蔽是通过对象的_____性来实现的。

答：封装

(23) 数据流的类型有_____和事务型。

答：变换型

(24) 数据库系统中实现各种数据管理功能的核心软件称为_____。

答：数据库管理系统#DBMS

(25) 关系模型的数据操纵即是建立在关系上的数据操纵，一般有_____、增加、删除和修改 4 种操作。

答：查询

(26) 实现算法所需的存储单元的多少和算法的工作量大小分别称为算法的_____。

答：空间复杂度和时间复杂度

(27) 数据结构包括数据的逻辑结构、数据的_____以及对数据的操作运算。

答：存储结构

(28) 一个类可以从直接或间接的祖先中继承所有属性和方法。采用这种方法提高了软件的_____。

答：可重用性

(29) 面向对象的模型中，最基本的概念是对象和_____。

答：类

(30) 软件维护活动包括以下几类：改正性维护、适应性维护、_____维护和预防性维护。

答：完善性

(31) 算法的基本特征是可行性、确定性、_____和拥有足够的情报。

答：有穷性

(32) 顺序存储方法是把逻辑上相邻的结点存储在物理位置_____的存储单元中。

答：相邻

(33) Jackson 结构化程序设计方法是英国的 M. Jackson 提出的，它是一种面向_____的设计方法。

答：数据结构

(34) 数据库设计分为以下 6 个设计阶段：需求分析阶段、_____、逻辑设计阶段、物理设计阶段、实施阶段、运行和维护阶段。

答：概念设计阶段#数据库概念设计阶段

(35) 数据库保护分为：安全性控制、_____、并发性控制和数据的恢复。

答：完整性控制

(36) 测试的目的是暴露错误，评价程序的可靠性；而_____的目的是发现错误的位置并改正错误。

答：调试

(37) 在最坏情况下，堆排序需要比较的次数为_____。

答：$O(nlog_2^n)$

(38) 若串 s= "Program"，则其子串的数目是_____。

答：29

(39) 一个项目具有一个项目主管，一个项目主管可管理多个项目，则实体"项目主管"与实体"项目"的联系属于_____的联系。

答：1 对多#1：N

(40) 数据库管理系统常见的数据模型有层次模型、网状模型和_____3 种。

答：关系模型

参 考 文 献

[1] 李菲，李姝博，邢超. 计算机基础实用教程(Windows 7+office 2010 版)[M]. 北京：清华大学出版社，2012.

[2] 韩相军，梁艳荣. 计算机应用基础(第 2 版)[M]. 北京：清华大学出版社，2013.

[3] 黄林国，康志辉. 计算机应用基础项目化教程(Windows 7+office 2010)[M]. 北京：清华大学出版社，2013.

[4] 王剑云，张维，张超，叶文珺. 计算机应用基础(第 2 版)[M]. 北京：清华大学出版社，2013.

[5] 巩政，郝莉. 大学计算机应用基础(2 版) [M]. 北京：清华大学出版社，2013.

[6] 侯东梅. 计算机应用基础教程 Windows 7+Office 2010[M]. 北京：中国铁道出版社，2012.

[7] 宋翔. Excel 2010 办公专家从入门到精通[M]. 北京：石油工业出版社，2011.

[8] 刘文平. 大学计算机基础(第三版) [M]. 北京：中国铁道出版社，2011.

[9] 张锡华，詹文英. 办公软件高级应用安全教程[M]. 北京：中国铁道出版社，2012.

[10] 邓蓓，孙锋. 新思路计算机应用基础[M]. 北京：中国铁道出版社，2012.

[11] 叶丽珠，马焕坚. 大学计算机项目式教程——Windows 7+Office 2010[M]. 北京：北京邮电大学出版社，2013.

[12] 胡维华，郭艳华. 计算机基础与应用案例教程(Windows 7+Office 2010) [M]. 北京：科学出版社，2013.

[13] 郑德庆. 21 世纪高等学校计算机公共基础课规划教材·高职高专系列：计算机应用基础(Windows 7+Office 2010) [M]. 北京：中国铁道出版社，2011.

[14] 唐光海，李作主. 大学计算机应用基础(Windows 7+Office 2010)(第 2 版) [M]. 北京：电子工业出版社出版，2013.

[15] 刘瑞新. 大学计算机基础(Windows 7+Office2010 第 3 版) [M]. 北京：机械工业出版社，2013.

[16] 李淑华. 计算机文化基础(Windows 7+Office 2010) [M]. 北京：高等教育出版社，2013.

[17] 张爱民，陈炯. 计算机应用基础(Windows 7+Office 2010) [M]. 北京：电子工业出版社，2013.

[18] 李畅. 计算机应用基础(Windows 7+Office 2010) [M]. 北京：人民邮电出版社，2013.

[19] 李俊霞. 计算机应用基础——Windows 7+Office 2010[M]. 北京：北京理工大学出版社，2013.

[20] 徐辉. 大学计算机应用基础(Windows 7+Office2010) [M]. 北京：北京理工大学出版社，2013.

[21] 袁爱娥. 计算机应用基础：Windows 7+Office 2010+Photoshop CS5+Movie Maker 2012[M]. 北京：中国铁道出版社，2013.

[22] 赵荣，龙燕，全学成. 全国高职高专公共课程"十二五"规划教材：计算机基础教程(Windows 7+Office 2010) [M]. 北京：中国铁道出版社，2013.

[23] 宋强，刘凌霞等. Windows XP+Office 2010 标准教程(2013—2015 版) [M]. 北京：清华大学出版社，2013.

[24] 朱颖雯，孙勤红. 计算机基础及 MS Office 一级教程(Windows 7 和 Office 2010)(工业和信息化普通高等教育"十二五"规划教材立项项目) [M]. 北京：人民邮电出版社，2013.

[25] 贾小军. 大学计算机(Windows 7 Office 2010 版)[M]. 长沙：湖南大学出版社，2013.

[26] 刘祖萍，宋燕福. 计算机文化及 MS Office 案例教程(Windows 7+Office 2010) (第 2 版) [M]. 北京：中国水利水电出版社，2014.

[27] 张永，夏平. 信息化应用基础实践教程(Windows 7+Office 2010) [M]. 北京：电子工业出版社，2013.

[28] 赖利君，张朝清，谢宇. 信息技术基础项目式教程(Windows 7+Office 2010) [M]. 北京：人民邮电出版社，2013.

[29] 吴卿. 办公软件高级应用(Office2010) [M]. 杭州：浙江大学出版社，2012.

[30] 张静，张俊才. 办公应用项目化教程[M]. 北京：清华大学出版社，2012.

[31] 教育部考试中心. 全国计算机等级考试——一级 MS-Office2010 教程(2013 年版)[M]. 天津：南开大学出版社，2013.

[32] 教育部考试中心. 全国计算机等级考试——一级 MS-Office2010 考试参考书(2013 年版)[M]. 天津：南开大学出版社，2013.

[33] 李周芳. Word+Excel+Powerpoint 三合一无师自通(2010 版) [M]. 北京：清华大学出版社，2012.

[34] 贾学明. 大学计算机机基础[M]. 北京：中国水利水电出版社，2012.

[35] 亓常松，刘军，冯相忠. 计算机基础(第二版)(高等学校计算机应用规划教材) [M]. 北京：清华大学出版社，2012.

[36] 高巍巍. 大学计算机基础(第三版)(普通高等应用型院校"十二五"规划教材) [M]. 北京：中国水利水电出版社，2016.